Angewandte Funktionalanalysis

Manfred Dobrowolski

Angewandte Funktionalanalysis

Funktionalanalysis, Sobolev-Räume
und elliptische Differentialgleichungen

2., korrigierte und überarbeitete Auflage

 Springer

Prof. Dr. Manfred Dobrowolski
Universität Würzburg
Institut für Mathematik
Am Hubland
97074 Würzburg
Deutschland
dobro@mathematik.uni-wuerzburg.de

ISBN 978-3-642-15268-9   e-ISBN 978-3-642-15269-6
DOI 10.1007/978-3-642-15269-6
Springer Heidelberg Dordrecht London New York

Die Deutsche Nationalbibliothek verzeichnet diese Publikation in der Deutschen Nationalbibliografie; detaillierte bibliografische Daten sind im Internet über http://dnb.d-nb.de abrufbar.

Mathematics Subject Classification (2010): 46-01, 35-01, 65-01

Einbandentwurf: WMXDesign GmbH, Heidelberg

Gedruckt auf säurefreiem Papier

Springer ist Teil der Fachverlagsgruppe Springer Science+Business Media (www.springer.com)

Für Lisa

Vorwort

Das vorliegende Buch ist aus einem Skriptum zu einer zweisemestrigen Vorlesung mit dem Titel „Höhere Analysis" entstanden, die ich mehrfach an den Universitäten Erlangen/Nürnberg und Würzburg gehalten habe. Die Idee dieser Vorlesung besteht darin, neben der Funktionalanalysis auch Anwendungen aus der konkreten Analysis darzustellen. Ähnlich wie in einem Grundwortschatz einer Fremdsprache orientiert sich die Auswahl des Stoffs daran, daß der Leser nach der Lektüre dieses Buches möglichst viele Originalarbeiten aus dem Bereich Angewandte Analysis, Theorie und Numerik elliptischer Differentialgleichungen lesen und verstehen kann. Eine Ausnahme bilden die Sobolev-Räume, die sehr detailliert behandelt werden. Da dieser Stoff trocken und schwierig ist, werden die technischen Sätze in Kapitel 6 zum Nachschlagen zusammengestellt. In meinen Vorlesungen bespreche ich dieses Kapitel nur kursorisch und stelle die konkreten Resultate erst dann vor, wenn sie tatsächlich gebraucht werden. Diese Vorgehensweise empfehle ich auch dem Leser.

Für Verbesserungsvorschläge, auch Hinweise auf Tippfehler, bin ich jedem Leser dankbar (dobro@mathematik.uni.wuerzburg.de). Jegliche Resonanz, auch Fragen zu den Übungsaufgaben sind erwünscht. Für die Leser steht eine Internetseite (http://www.mathematik.uni-wuerzburg.de/~dobro/af/index.html) mit Ergänzungen zum Buch zur Verfügung.

Mein Dank gilt allen, die beim Zustandekommen dieses Buches mitgewirkt haben: Frau Gertraud Hein für ihre Unterstützung beim Abfassen des Manuskripts, Herrn Dr. David Seider, Herrn Dipl.-Math. Ralf Winkler und meiner Frau Helga Dobrowolski für ihre Anregungen und ihr geduldiges Korrekturlesen, und nicht zuletzt dem Springer-Verlag.

Würzburg, im Juni 2005 *Manfred Dobrowolski*

Vorwort zur zweiten Auflage

Neben einigen Korrekturen habe ich für die zweite Auflage vor allem das
6. Kapitel neu gefaßt und erweitert. Es enthält nun auch die Charakterisierung der Sobolev-Räume gebrochener Ordnung als Spurräume von Funktionen
in $H^{1,p}$ sowie eine kurze Darstellung der Interpolation von Banach-Räumen
mit Anwendungen auf die Theorie der Sobolev-Räume.

Würzburg, im Juli 2010   *Manfred Dobrowolski*

Inhaltsverzeichnis

1

Topologische und metrische Räume

1.1 Topologische Räume und stetige Abbildungen

In der Analysis des $\mathbb{R}^n$ kann man mit dem Begriff der offenen Menge die Konvergenz von Folgen definieren: Eine Folge im $\mathbb{R}^n$ *konvergiert* gegen ein $x \in \mathbb{R}^n$, wenn in jeder offenen Menge, die x enthält, fast alle Folgenglieder liegen. Durch die topologischen Räume werden diese Strukturen auf allgemeine Mengen übertragen.

Definition 1.1. *Eine* Topologie τ *auf einer Menge X ist ein System von Teilmengen von X, die* offene Mengen *genannt werden, mit:*

(a) *$\emptyset$ und X sind offen.*

(b) *Die Vereinigung beliebig vieler offener Mengen ist offen.*

(c) *Der Durchschnitt endlich vieler offener Mengen ist offen.*

Das Paar (X, τ) ist dann ein topologischer Raum.

Ein topologischer Raum heißt Hausdorff-Raum, *wenn das folgende Trennungsaxiom erfüllt ist:*

(T) *Zu allen $x, y \in X$ mit $x \neq y$ gibt es offene Mengen A, B mit $x \in A$, $y \in B$ und $A \cap B = \emptyset$.*

Wenn τ_1, τ_2 Topologien auf der Menge X sind mit $\tau_1 \subset \tau_2$, so heißt τ_1 gröber *als τ_2 und entsprechend τ_2* feiner *als τ_1.*

Für eine beliebige Menge ist die Potenzmenge von X eine Topologie auf X, die *diskrete Topologie* genannt wird. Sie macht (X, τ) zu einem Hausdorff-Raum und ist die feinste überhaupt mögliche Topologie. Dagegen besteht die gröbste Topologie einer Menge X nur aus der leeren Menge und dem ganzen Raum. Wenn X aus mehr als einem Element besteht, so ist für diese Topologie das Trennungsaxiom nicht erfüllt.

Definition 1.2. *Sei (X, τ) ein topologischer Raum und $A \subset X$ eine beliebige Teilmenge. Dann ist A zusammen mit den Mengen $\{M \cap A : M \in \tau\}$ ein topologischer Raum. Diese Topologie heißt* Relativtopologie auf A.

M. Dobrowolski, *Angewandte Funktionalanalysis*, Springer-Lehrbuch Masterclass, 2nd ed., DOI 10.1007/978-3-642-15269-6_1, © Springer-Verlag Berlin Heidelberg 2010

Wenn A nicht selber offen in X ist, so sind die offenen Mengen der Relativtopologie nicht notwendig offen in X.

Analog zu den Begriffen im $\mathbb{R}^n$ definiert man für Teilmengen A eines topologischen Raums X:

A ist abgeschlossen $\Leftrightarrow A^c$ ist offen, $(A^c = X \setminus A = \text{Komplement von } A)$

$\text{int } A$ = Vereinigung aller in A enthaltenen offenen Mengen,

$\overline{A}$ = Durchschnitt aller abgeschlossenen Mengen, die A enthalten.

$\text{int } A$ heißt das *Innere* von A, $\overline{A}$ der *Abschluß* von A. Nach Definition ist $\text{int } A$ offen. Da die abgeschlossenen Mengen durch Komplementbildung definiert sind, gilt: Der beliebige Durchschnitt und die endliche Vereinigung abgeschlossener Mengen sind abgeschlossen, insbesondere ist $\overline{A}$ abgeschlossen.

In der diskreten Topologie sind alle Mengen A offen und abgeschlossen und es gilt $A = \text{int } A = \overline{A}$. In der gröbsten Topologie sind nur die leere Menge und der ganze Raum offen und abgeschlossen.

Definition 1.3. *Sei (X, τ) ein topologischer Raum. Eine Menge $U \subset X$ heißt* Umgebung *eines $x \in X$, wenn U offen ist mit $x \in U$. x heißt* innerer Punkt *einer Menge $A \subset X$, wenn eine Umgebung von x in A enthalten ist. $x \in X$ heißt* Berührpunkt *von $A \subset X$, wenn in jeder Umgebung von x mindestens ein Punkt von A liegt. $x \in X$ heißt* Randpunkt *von $A \subset X$, wenn in jeder Umgebung von X mindestens ein Punkt von A und mindestens ein Punkt von A^c liegt. Mit ∂A wird die Menge der Randpunkte von A bezeichnet.*

Mit diesen Definitionen lassen sich offene und abgeschlossene Mengen auch anders charakterisieren:

Lemma 1.4. *Sei (X, τ) ein topologischer Raum und $A \subset X$. Dann gilt:*

(a) A ist offen $\Leftrightarrow$ Jedes $x \in A$ ist innerer Punkt von A,

(b) A ist abgeschlossen $\Leftrightarrow$ Jeder Berührpunkt von A gehört zu A,

(c) $\text{int } A$ = Menge der inneren Punkte von A,

(d) $\overline{A}$ = Menge der Berührpunkte von A.

Beweis. (a): Die Richtung „$\Leftarrow$" gilt wegen $A = \cup_{x \in A} U(x)$, wobei $U(x)$ eine ganz in A liegende Umgebung von x ist. Wenn umgekehrt A offen ist, so ist A auch eine ganz in A enthaltene Umgebung eines jeden $x \in A$.

(b) folgt aus (a) durch Betrachtung des Komplements. (c) und (d) folgen direkt aus (a) bzw. (b).   □

Definition 1.5. *Sei (X, τ) ein topologischer Raum. Eine Folge $(x_k)_{k \in \mathbb{N}}$ heißt* konvergent *gegen ein $x \in X$, wenn in jeder Umgebung von x alle bis auf endlich viele Folgenglieder liegen. In diesem Fall schreiben wir $\lim_{k \to \infty} x_k = x$ oder $x_k \to x$.*

Offenbar ist der Grenzwert nur in einem Hausdorff-Raum immer eindeutig, sofern er existiert. Konvergenz läßt sich um so leichter erzwingen, je weniger offene Mengen es gibt. Wenn eine Menge X mit der Topologie $\{\emptyset, X\}$ versehen wird, so ist jede Folge gegen jedes $x \in X$ konvergent. Im anderen Extrem, der diskreten Topologie, konvergieren nur die ab einem Index konstanten Folgen.

Definition 1.6. *Seien X, Y topologische Räume. Eine Abbildung $f : X \to Y$ heißt* stetig, *wenn die Urbilder offener Mengen offen sind. Die Abbildung heißt* offen, *wenn die Bilder offener Mengen offen sind.*

Auch hier wollen wir uns die Definition an einem Extremfall veranschaulichen. Wenn der Raum X mit der diskreten Topologie ausgestattet ist, so sind unabhängig von der Topologie in Y alle Abbildungen stetig. Der Leser mache sich klar, daß man die Stetigkeit einer Abbildung erzwingen kann, indem man genügend viele offene Mengen zur Topologie des Definitionsraums hinzufügt. Direkt aus der Definition beweist man den bekannten Satz, daß die Komposition stetiger Abbildungen zwischen topologischen Räumen wiederum stetig ist. Weiter folgt aus der Definition der Stetigkeit durch Komplementbildung, daß eine Abbildung genau dann stetig ist, wenn die Urbilder abgeschlossener Mengen abgeschlossen sind.

Definition 1.7. *Seien X, Y topologische Räume. Eine Abbildung $f : X \to Y$ heißt* Homöomorphismus, *wenn sie bijektiv, stetig und die inverse Abbildung f^{-1} ebenfalls stetig ist. Wenn zwischen topologischen Räumen eine solche Abbildung existiert, so heißen die Räume* homöomorph.

Ein Homöomorphismus ist also bijektiv, stetig und offen. Homöomorphe topologische Räume können miteinander identifiziert werden, weil beide Räume die gleiche topologische Struktur besitzen.

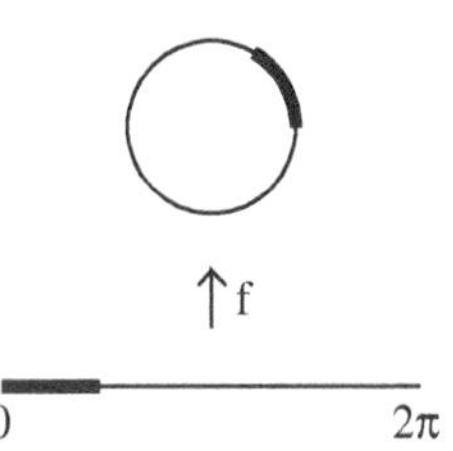

In der Analysis einer Veränderlicher gilt der Satz, daß die inverse Funktion einer stetigen und bijektiven Funktion ebenfalls stetig ist. In allgemeinen topologischen Räumen ist das nicht immer richtig.

Beispiel 1.8. Sei X das Intervall $[0, 2\pi)$ und Y der Einheitskreis des $\mathbb{R}^2$, beide Räume seien mit der Relativtopologie des $\mathbb{R}^1$ bzw. $\mathbb{R}^2$ versehen. Die Abbildung $f = (f_1, f_2)^T$ mit

$$f_1(x) = \cos x, \quad f_2(x) = \sin x,$$

ist bijektiv und stetig, die Inverse ist dagegen unstetig, denn die relativ offene Menge $[0, a)$ wird nicht auf eine offene Menge abgebildet.

Viele Begriffe der Analysis im $\mathbb{R}^n$ lassen sich sowohl mit offenen Mengen als auch mit Hilfe von Folgen unter Verwendung des Konvergenzbegriffs definieren. So gibt es neben dem oben eingeführten Begriff der Stetigkeit auch die Folgenstetigkeit einer Abbildung. Ein weiteres Beispiel im $\mathbb{R}^n$ ist die Charakterisierung des Abschlusses einer Menge $A \subset \mathbb{R}^n$ als Menge aller Häufungspunkte von Folgen, die man aus Elementen von A bilden kann. In der mengentheoretischen Topologie ist man übereingekommen, als „richtige" Definition immer diejenige zu nehmen, die ohne den Folgenbegriff auskommt, und damit nur unter Verwendung von offenen und abgeschlossenen Mengen formuliert werden kann. Wir wollen uns nun der Frage zuwenden, wann man eine solche rein topologische Definition auch anders mit Hilfe von Folgen ausdrücken kann und führen daher eine weitere Strukturbedingung an den topologischen Raum ein.

Definition 1.9. *Sei X ein topologischer Raum und $x \in X$. Ein System von offenen Teilmengen $\{U_i\}_{i \in I}$ heißt* Umgebungsbasis *von x, wenn jede Umgebung von x eine dieser Mengen U_i enthält. Ein topologischer Raum erfüllt* das *erste Abzählbarkeitsaxiom, wenn jedes Element von X eine abzählbare Umgebungsbasis besitzt.*

Die offenen Kugeln mit Radius $1/k$, $k \in \mathbb{N}$, und Mittelpunkt x bilden eine Umgebungsbasis für die Standardtopologie des $\mathbb{R}^n$, der damit das erste Abzählbarkeitsaxiom erfüllt.

Wie in der Analysis des $\mathbb{R}^n$ üblich, nennen wir eine Abbildung f zwischen den topologischen Räumen X und Y *folgenstetig*, wenn für alle $x \in X$ und alle Folgen in X mit $x_k \to x$ gilt $f(x_k) \to f(x)$.

Satz 1.10. *Seien X, Y topologische Räume und $f : X \to Y$ eine Abbildung. Dann gilt:*

(a) *f ist stetig $\Rightarrow$ f ist folgenstetig.*

(b) *Erfüllt X das erste Abzählbarkeitsaxiom, so ist die Stetigkeit von f mit der Folgenstetigkeit äquivalent.*

Beweis. (a) Sei $x_k \to x$ in X, V eine Umgebung von $f(x)$ und $U = f^{-1}(V)$. Da f stetig ist, ist U offen und damit Umgebung von x. Nach Definition der Konvergenz liegen fast alle Folgenglieder in U. Also befinden sich fast alle Folgenglieder auch in V und die $f(x_k)$ konvergieren gegen $f(x)$.

(b) Angenommen, f wäre folgenstetig, aber nicht stetig. Dann ist für eine offene Menge $V \subset Y$ die Urbildmenge $U = f^{-1}(V)$ nicht offen. Nach Lemma 1.4(a) gibt es daher ein $x \in U$, das keine Umgebung in U besitzt. Sei $\{U_k\}$ eine abzählbare Umgebungsbasis von x. Aus jedem $\cap_{i=1}^{k} U_i$ wählen wir ein beliebiges x_k mit $x_k \notin U$ aus. Dies ist möglich, denn andernfalls wäre $\cap_{i=1}^{k} U_i \subset U$ und $\cap_{i=1}^{k} U_i$ wäre Umgebung von x in U. Nun gilt $x_k \to x$, aber $f(x_k) \notin V$. Damit ist f nicht folgenstetig. $\square$

Lemma 1.11. *Wenn der topologische Raum X das erste Abzählbarkeitsaxiom erfüllt, so gibt es zu jedem Berührpunkt einer Menge in X eine Folge in dieser Menge, die gegen diesen Berührpunkt konvergiert. Insbesondere stimmt der Abschluß einer Menge mit den Grenzwerten der konvergenten Folgen in dieser Menge überein.*

Beweis. Ähnlich wie im Beweis von Satz 1.10 betrachten wir die Schnitte $\cap_{i=1}^{k} U_i$ der Umgebungsbasis U_i des Berührpunktes und wählen für jedes k ein Element der Menge in diesem Schnitt aus. Auf diese Art gewinnen wir eine Folge, die gegen den Berührpunkt konvergiert. $\square$

Im allgemeinen ist eine Topologie auf einer Menge nicht direkt vorgegeben, sondern wird durch ein einfaches Konstruktionsverfahren erzeugt, das auch bei der Definition der Standardtopologie des $\mathbb{R}^n$ verwendet wird.

Definition 1.12. *Sei X eine beliebige Menge. Ein nichtleeres System von Teilmengen $\{U_i(x)\}_{i\in I}$ heißt* lokale Basis *von $x \in X$, wenn $x \in U_i(x)$ und es zu jedem $i, j \in I$ ein $k \in I$ gibt mit $U_k(x) \subset U_i(x) \cap U_j(x)$.*

Auf der Menge X sei für jedes $x \in X$ eine lokale Basis vorgegeben. Für eine Teilmenge A von X heißt $x \in A$ *innerer Punkt*, wenn es ein Element der lokalen Basis von x gibt mit $U_i(x) \subset A$. A heißt *offen*, wenn alle Punkte von A innere Punkte sind. Wegen seiner Wichtigkeit formulieren wir das an sich selbstverständliche Ergebnis dieser Konstruktion als Satz.

Satz 1.13. *Die so definierten offenen Mengen bilden eine Topologie auf X. Sind alle $U_i(x)$ in dieser Topologie offen, so bilden sie eine Umgebungsbasis von x.*

Beweis. Es ist nur zu bemerken, daß es zu jeder endlichen Indexmenge $I_0 \subset I$ ein $k \in I$ gibt mit $U_k(x) \subset \cap_{i\in I_0} U_i(x)$. Dies stellt sicher, daß ein endlicher Durchschnitt von offenen Mengen offen ist. $\qquad\qquad\square$

Anmerkung 1.14. Topologien lassen sich noch einfacher konstruieren, indem man ein Teilmengensystem $\{A_i\}_{i\in I}$ als offen auszeichnet. Erklärt man die beliebige Vereinigung von endlichen Durchschnitten dieser Mengen als offen, so bilden diese offenen Mengen zusammen mit X und der leeren Menge eine Topologie auf X, die die von $\{A_i\}$ *erzeugte Topologie* genannt wird. Sie ist gleichzeitig die gröbste Topologie, in der alle A_i offen sind. In diesem Fall heißt die Familie $\{A_i\}$ *Subbasis*, die endlichen Durchschnitte der A_i heißen *Basis* der Topologie, weil jede offene Menge als Vereinigung von Basiselementen dargestellt werden kann.

Sind in Satz 1.13 alle lokalen Basiselemente offen, was in unseren Anwendungen immer der Fall ist, so bilden sie eine Basis der Topologie.

Das zweite Abzählbarkeitsaxiom

Offenbar können die Begriffe Basis und Subbasis auf allgemeine topologische Räume ausgedehnt werden. Dies gibt Anlaß zu einer neuen Definition: Ein topologischer Raum erfüllt das *zweite Abzählbarkeitsaxiom*, wenn seine Topologie durch eine abzählbare Basis (oder Subbasis) erzeugt werden kann. Das zweite Abzählbarkeitsaxiom impliziert das erste. Der $\mathbb{R}^n$ mit der Standardtopologie erfüllt das zweite Abzählbarkeitsaxiom. Als Basis kann man die offenen Intervalle mit rationalen Endpunkten nehmen.

Aufgabe: Zeigen Sie, daß aus dem zweiten Abzählbarkeitsaxiom die Separabilität des Raums folgt.

Definition 1.15. *Eine Teilmenge A eines topologischen Raums X heißt* dicht, *wenn $\overline{A} = X$. Ein topologischer Raum heißt* separabel, *wenn er eine abzählbare dichte Teilmenge besitzt.*

Der $\mathbb{R}^n$ mit der Standardtopologie ist separabel, weil die Punkte mit rationalen Koordinaten dicht liegen. Man kann dies wegen Lemma 1.11 mit Hilfe des Folgenabschlusses beweisen: Jeder Punkt des $\mathbb{R}^n$ läßt sich durch Punkte mit rationalen Koordinaten beliebig genau approximieren.

Definition 1.16. *Seien (X, τ_X), (Y, τ_Y) topologische Räume. Die* Produkttopologie *auf $X \times Y$ ist die gröbste Topologie, die alle Mengen der Form $A \times B$ mit $A \in \tau_X$, $B \in \tau_Y$, umfaßt.*

Sind $\{U_i(x)\}_{i \in I}$, $\{V_j(y)\}_{j \in J}$ Umgebungsbasen der Punkte $x \in X$ und $y \in Y$, so ist $\{U_i \times V_j\}_{i \in I, j \in J}$ eine Umgebungsbasis von (x, y) bezüglich der Produkttopologie. Gilt in X und Y das erste Abzählbarkeitsaxiom, so gilt es auch in $X \times Y$. Konvergenz in $X \times Y$ bedeutet

$$(x_k, y_k) \to (x, y) \quad \Leftrightarrow \quad x_k \to x \text{ und } y_k \to y.$$

1.2 Metrische Räume

Mit der metrischen Struktur wird der aus dem $\mathbb{R}^n$ bekannte Abstandsbegriff abstrahiert. Wir können uns einen metrischen Raum als eine Punktmenge vorstellen, in der Entfernungen zwischen den Punkten definiert sind, die den folgenden plausiblen Bedingungen genügen.

Definition 1.17. *Sei X eine Menge. Eine Abbildung $d : X \times X \to [0, \infty)$ heißt* Metrik *auf X, wenn:*

(a) $d(x, y) = 0 \Leftrightarrow x = y$,

(b) $d(x, y) = d(y, x) \quad$ *(Symmetrie)*,

(c) $d(x, z) \le d(x, y) + d(y, z) \quad$ *(Dreiecksungleichung).*

Das Paar (X, d) heißt dann metrischer Raum.

Aus der Definition der Metrik folgt die *Vierecksungleichung*

$$|d(x, y) - d(x', y')| \le d(x, x') + d(y, y'), \qquad (1.1)$$

denn die Dreiecksungleichung liefert

$$d(x, y) \le d(x, x') + d(x', y') + d(y, y'),$$

$$d(x', y') \le d(x, x') + d(x, y) + d(y, y'),$$

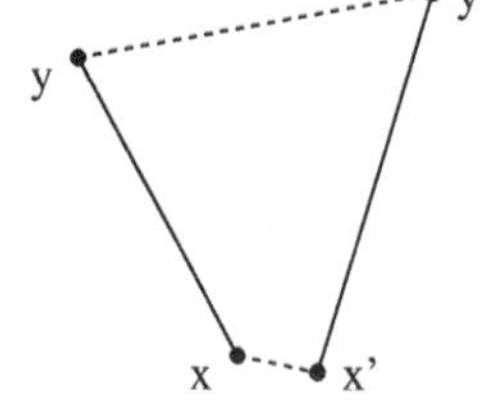

womit (1.1) gezeigt ist. Analog beweist man die *umgekehrte Dreiecksungleichung*

$$|d(x, y) - d(y, z)| \le d(x, z).$$

Mit der Metrik lassen sich auch die Entfernung zwischen zwei Teilmengen von X angeben, nämlich

$$\mathrm{dist}\,(A, B) = \inf_{x \in A,\, y \in B} d(x, y).$$

Beispiele 1.18 (i) Der $\mathbb{K}^n$ mit $d(x, y) = |x - y|$ ist metrischer Raum.

(ii) Auf einer beliebigen Menge X läßt sich die *diskrete Metrik* definieren durch $d(x, y) = 1$ für $x \neq y$ und $d(x, x) = 0$.

(iii) Jede Teilmenge eines metrischen Raums ist mit der gleichen Abstandsfunktion selber ein metrischer Raum.

(iv) Für einen metrischen Raum (X, d) setze

$$\tilde{d}(x, y) = \frac{d(x, y)}{1 + d(x, y)}.$$

Dann ist auch $(X, \tilde{d})$ metrischer Raum. Die Dreiecksungleichung erhält man mit der Funktion $f(t) = t/(1 + t)$, $t \geq 0$, die monoton wachsend ist, und für die $f(b + c) \leq f(b) + f(c)$ für alle $b, c \geq 0$ gilt. Für $a \leq b + c$ erhalten wir

$$f(a) \leq f(b + c) \leq f(b) + f(c).$$

Mit $a = d(x, z)$, $b = d(x, y)$, $c = d(y, z)$ folgt die behauptete Dreiecksungleichung.

(v) (*Erlanger Metrik*) Um in Erlangen mit dem Bus von einem Ortsteil in den benachbarten zu kommen (Fußweg 5'), muß man zuerst zum zentralen Busbahnhof fahren, dort umsteigen und dann im wesentlichen die gleiche Strecke wieder zurückfahren. Diese Metrik, die nicht nur bei den Mathematikern, sondern auch bei den Benutzern des öffentlichen Nahverkehrs immer wieder neu auf große Begeisterung stößt, kann folgendermaßen abstrakt definiert werden: Grundraum ist der $\mathbb{R}^2$ mit dem Ursprung als ausgezeichneten Punkt, die Metrik ist

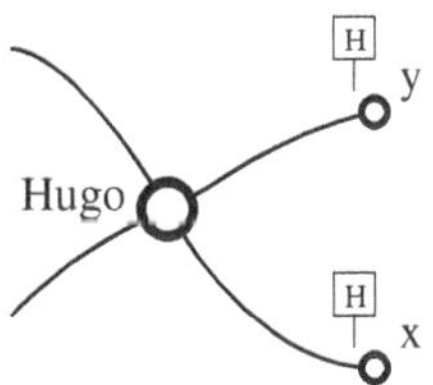

$$d(x, y) = \begin{cases} |x - y| & \text{wenn } x = \lambda y \text{ für ein } \lambda \in \mathbb{R}, \\ |x| + |y| & \text{sonst.} \end{cases}$$

Der Beweis der Dreiecksungleichung macht einige Fallunterscheidungen notwendig, ist ansonsten trivial. Ich habe übrigens diese Metrik unter dem Namen „Französische Eisenbahn Metrik" kennengelernt (fährt immer über Paris), in einem amerikanischen Buch wird sie „Washington D.C. Metrik" genannt. Die Probleme sind also überall die gleichen.

Wir definieren die Kugeln

$$B_R(x) = \{y \in X : d(x, y) < R\}, \quad \tilde{B}_R(x) = \{y \in X : d(x, y) \leq R\},$$

und machen den metrischen Raum zu einem Hausdorff-Raum, indem wir $B_{1/k}(x)$ zur lokalen Basis von $x \in X$ erklären (siehe Satz 1.13), insbesondere:

$$A \subset X \text{ ist offen} \iff \text{Zu jedem } x \in A \text{ gibt es ein } k > 0, \text{ so daß } B_{1/k} \subset A.$$

Wie aus der Dreiecksungleichung sofort folgt, ist $B_{1/k}(x)$ selber offen. Das Mengensystem $\{B_{1/k}(x)\}_{k \in \mathbb{N}}$ ist daher eine Umgebungsbasis des Punktes x, womit die so definierte Topologie das erste Abzählbarkeitsaxiom erfüllt. Damit ist die Stetigkeit einer Abbidung zwischen metrischen Räumen mit der Folgenstetigkeit äquivalent (siehe Lemma 1.10). Konvergenz einer Folge $x_k \to x$ bedeutet, daß in jeder Umgebung von x fast alle Folgenglieder liegen müssen, also:

$$\text{Zu jedem } \varepsilon > 0 \text{ gibt es ein } K \in \mathbb{N}, \text{ so daß } d(x_k, x) < \varepsilon \text{ für alle } k \geq K.$$

Im Gegensatz zum $\mathbb{R}^n$ gilt nicht immer $\overline{B_R(x)} = \tilde{B}_R$. Für die diskrete Metrik aus Beispiel 1.18(ii), deren induzierte Topologie gerade die diskrete Topologie ist, erhalten wir $\overline{B_1(x)} = \{x\}$ und $\tilde{B}_1(x) = X$.

Die Metrik eines metrischen Raums ist folgenstetig, denn wenn $x_k \to x$ und $y_k \to y$, so folgt aus der Vierecksungleichung (1.1)

$$|d(x, y) - d(x_k, y_k)| \leq d(x, x_k) + d(y, y_k) < 2\varepsilon,$$

also $d(x_k, y_k) \to d(x, y)$. Mit dem ersten Abzählbarkeitsaxiom auf $X \times X$ (vergleiche Definition 1.16) ist die Abstandsfunktion auch stetig.

Analog zur Analysis des $\mathbb{R}^n$ definieren wir:

Definition 1.19. *Eine Folge (x_k) im metrischen Raum X heißt Cauchy-Folge, wenn es zu jedem $\varepsilon > 0$ ein $K \in \mathbb{N}$ gibt mit*

$$d(x_k, x_l) < \varepsilon \quad \text{für alle } k, l \geq K.$$

X heißt vollständig, *wenn jede Cauchy-Folge gegen ein $x \in X$ konvergiert.*

Jede konvergente Folge ist Cauchy-Folge, denn aus $d(x_k, x) < \varepsilon$, $d(x_l, x) < \varepsilon$ für alle $k, l \geq K$ folgt mit der Dreiecksungleichung $d(x_k, x_l) < 2\varepsilon$. Weiter ist jede Cauchy-Folge *beschränkt*, also für ein $x \in X$ in einer Kugel $B_R(x)$ enthalten.

Lemma 1.20. *Sei X ein vollständiger metrischer Raum und $A \subset X$. Dann gilt:*

$$A \text{ ist vollständig} \iff A \text{ ist abgeschlossen.}$$

Beweis. Sei A abgeschlossene Teilmenge des vollständigen metrischen Raums X. Eine Cauchy-Folge (x_k) in A hat einen Grenzwert $x \in X$. x ist Berührpunkt von A und gehört nach Lemma 1.4 ebenfalls zu A. Wenn umgekehrt A nicht abgeschlossen ist, so gibt es einen Berührpunkt von A, der nicht zu A gehört. Nach Lemma 1.11 existiert eine Folge in A, die gegen diesen Berührpunkt konvergiert. Da eine konvergente Folge auch eine Cauchy-Folge ist, ist die Behauptung gezeigt. $\square$

Definition 1.21. *Seien* $(X, d_x), (Y, d_y)$ *metrische Räume. Eine Abbildung* $T :$ $X \to Y$ *heißt* Isometrie, *wenn für alle* $x, x' \in X$ *gilt*

$$d_x(x, x') = d_y(T(x), T(x')).$$

Zwei metrische Räume heißen isometrisch, *wenn es eine bijektive Isometrie zwischen ihnen gibt.*

Eine Isometrie ist injektiv und stetig. Die auf dem Bildbereich definierte Umkehrabbildung einer Isometrie ist ebenfalls eine Isometrie. Daher sind isometrische Räume als topologische Räume homöomorph und besitzen überdies die gleiche metrische Struktur, können also miteinander identifiziert werden.

In der elementaren Analysis konstruiert man die reellen aus den rationalen Zahlen, indem man Cauchy-Folgen in den rationalen Zahlen zu Äquivalenzklassen zusammenfaßt und diese mit einer reellen Zahl identifiziert. Die gleiche „Vervollständigung" kann bei allgemeinen metrischen Räumen durchgeführt werden. Wir können uns daher den Beweis des nächsten Satzes schenken.

Satz 1.22. *Sei* X *ein metrischer Raum. Dann gibt es einen vollständigen metrischen Raum* $\tilde{X}$ *und eine Isometrie* $i : X \to \tilde{X}$, *so daß* $i(X)$ *dicht in* $\tilde{X}$ *ist.*

1.3 Der Banachsche Fixpunktsatz

Für eine Abbildung $T : X \to X$ in einem metrischen Raum X möchten wir die *Fixpunktgleichung*

$$T\tilde{x} = \tilde{x}$$

mit Hilfe des einfachsten Verfahrens, der *sukzessiven Approximation,*

$$x_{k+1} = Tx_k, \quad x_0 \in X \text{ vorgegeben,} \tag{1.2}$$

lösen. Da schon einfachste Beispiele im $\mathbb{R}^1$ zeigen, daß dieses Verfahren auch bei Existenz eines Fixpunktes nicht konvergieren muß, benötigen wir einschränkende Voraussetzungen an die Abbildung T.

Definition 1.23. *Seien* (X, d_x) *und* (Y, d_y) *metrische Räume.* $T : X \to Y$ *heißt* lipschitzstetig, *wenn es ein* $L \in \mathbb{R}_+$ *gibt mit*

$$d_y(Tx, Tx') \le L d_x(x, x') \quad \forall x, x' \in X.$$

L *heißt dann* Lipschitzkonstante. *Wenn* $X = Y$ *und* $L < 1$ *in dieser Abschätzung gewählt werden kann, so heißt* T Kontraktion.

Man weist aus der Definition nach, daß eine lipschitzstetige Abbildung stetig ist.

Satz 1.24 (Banachscher Fixpunktsatz). *Sei (X, d) ein vollständiger metrischer Raum und $T : X \to X$ eine Kontraktion. Dann besitzt T genau einen Fixpunkt $\tilde{x}$ und die Folge der sukzessiven Approximation (1.2) konvergiert für alle Startwerte $x_0 \in X$ gegen $\tilde{x}$. Weiter gilt die Fehlerabschätzung*

$$d(x_k, \tilde{x}) \leq \frac{L^k}{1 - L} d(x_0, Tx_0).$$

Beweis. Es gibt höchstens einen Fixpunkt, denn für Fixpunkte $\tilde{x}, \tilde{y} \in X$ folgt

$$d(\tilde{x}, \tilde{y}) = d(T\tilde{x}, T\tilde{y}) \leq L d(\tilde{x}, \tilde{y})$$

und damit $d(\tilde{x}, \tilde{y}) = 0$ und $\tilde{x} = \tilde{y}$.

Aus (1.2) erhalten wir

$$d(x_k, x_{k+1}) = d(Tx_{k-1}, Tx_k) \leq L d(x_{k-1}, x_k) \leq L^k d(x_0, Tx_0)$$

und aus der Dreiecksungleichung

$$d(x_k, x_{k+l}) \leq \sum_{i=0}^{l-1} d(x_{k+i}, x_{k+i+1}) \leq \sum_{i=0}^{l-1} L^{k+i} d(x_0, Tx_0)$$

$$= \frac{L^k - L^{k+l}}{1 - L} d(x_0, Tx_0).$$

Damit ist (x_k) Cauchy-Folge und konvergiert wegen der Vollständigkeit von X gegen ein $x \in X$. Aufgrund der Stetigkeit von T kann man in der Gleichung (1.2) zum Grenzwert $k \to \infty$ gehen und erhält $x = Tx$. Die Fehlerabschätzung ergibt sich aus der letzten Ungleichung für $l \to \infty$. $\square$

Beispiel 1.25 (Gewöhnliche Differentialgleichungen). Für $f : [0, a] \times \mathbb{R}^n \to \mathbb{R}^n$ betrachten wir das Anfangswertproblem

$$x'(t) = f(t, x(t)), \quad x(0) = x_0 \in \mathbb{R}^n \text{ vorgegeben.} \tag{1.3}$$

Unter einer Lösung dieses Problems verstehen wir eine Funktion $x \in C^1([0, a])^n$, für die die Differentialgleichung in jedem Punkt des Intervalls erfüllt ist. f sei stetig bezüglich t und lipschitzstetig bezüglich x, d.h.

$$|f(t, x) - f(t, y)| \leq L|x - y| \quad \text{für alle } t \in [0, a] \text{ und } x, y \in \mathbb{R}^n. \tag{1.4}$$

Unter diesen Voraussetzungen ist das Anfangswertproblem zur Integralgleichung

$$x(t) = x_0 + \int_0^t f(\tau, x(\tau)) \, d\tau$$

äquivalent: Jede Lösung $x \in C([0, a])^n$ dieser Integralgleichung ist aufgrund der Voraussetzungen an f stetig differenzierbar und eine Lösung der Anfangswertaufgabe (1.3). Wir zeigen nun, daß die Integralgleichung eine eindeutige Lösung im Raum $C([0, a])^n$ mit Metrik

$$d(x, y) = \max_{t \in [0,a]} |x(t) - y(t)| \, e^{-2Lt}$$

besitzt. Die Metrik ist aus technischen Gründen etwas anders gewählt als die übliche Maximumsmetrik (vgl. Abschnitt 2.5), die beiden Metriken können jedoch mit einer Konstanten gegenseitig abgeschätzt werden und erzeugen daher den gleichen Konvergenzbegriff. Somit ist $C([0,a])^n$ auch mit der modifizierten Metrik ein vollständiger metrischer Raum. Der Integralgleichung ordnen wir den Operator

$$Tx(t) = x_0 + \int_0^t f(\tau, x(\tau)) \, d\tau$$

zu, der wegen

$$|Tx(t) - Ty(t)| \, e^{-2Lt} = \left| \int_0^t \{f(\tau, x(\tau)) - f(\tau, y(\tau))\} \, d\tau \right| e^{-2Lt}$$

$$\leq L \int_0^t |x(\tau) - y(\tau)| \, e^{-2L\tau} e^{2L\tau} \, d\tau \, e^{-2Lt}$$

$$\leq Ld(x, y) \int_0^t e^{2L\tau} \, d\tau \, e^{-2Lt} \leq \frac{L}{2L} d(x, y)$$

eine Kontraktion auf $(C([0,a])^n, d)$ mit Konstante $\leq \frac{1}{2}$ ist. Nach dem Banachschen Fixpunktsatz besitzt das Anfangswertproblem genau eine Lösung. Wenn $f : [0,a] \times \Omega \to \mathbb{R}^n$ nur in einer offenen Menge Ω mit $x_0 \in \Omega$ einer Lipschitzbedingung genügt, so erhalten wir Existenz und Eindeutigkeit in einem Intervall $[0, a']$, siehe [Wal72, S. 51f.].

Wir wollen uns nun der Bedingung (1.4) zuwenden, also der Frage, wann eine Funktion einer Lipschitzbedingung genügt.

Lemma 1.26. *Sei $\Omega \subset \mathbb{R}^n$ ein konvexes Gebiet. Dann ist jede in Ω stetig differenzierbare Funktion $f : \Omega \to \mathbb{R}^m$ mit beschränkter Ableitung $\sup_{x \in \Omega} |Df(x)| = K$ lipschitzstetig in Ω mit Lipschitzkonstante K,*

$$|f(x) - f(y)| \leq K|x - y| \quad \forall x, y \in \Omega. \tag{1.5}$$

Beweis. Für $x, y \in \Omega$ liegt die Verbindungsstrecke ebenfalls in Ω. Aus $\frac{d}{dt} f(tx + (1-t)y) = Df(\ldots)(x - y)$ folgt

$$f(x) - f(y) = \int_0^1 Df(tx + (1-t)y))(x - y) \, dt.$$

In dieser Gleichung setzen wir Beträge und schätzen $|Df|$ durch K ab. $\square$

Eine differenzierbare Funktion mit unbeschränkter Ableitung ist nicht lipschitzstetig, wie z.B. die Funktion $f(x) = x^2$. Die Differentialgleichung $x' = x^2$ zeigt dann auch, daß das Resultat aus Beispiel 1.25 nicht zu verbessern ist, denn diese Gleichung hat mit $x(t) = 1/(c - t)$ Lösungen, die nicht für alle t existieren.

1.4 Kompakte Räume

In unzähligen Prüfungen spielt sich folgendes Gespräch ab:

P: Was ist eine kompakte Menge? S: Eine Menge ist kompakt, wenn sie abgeschlossen und beschränkt ist. P: Ich hatte nach einer Definition gefragt, aber Sie antworten mit einem Satz. S: ???

Freilich hat S nicht genug in die Bücher geschaut, aber Kompaktheitsbeweise können geführt werden, ohne diesen Begriff überhaupt zu erwähnen. Als Beispiel für einen typischen Kompaktheitsschluß, wollen wir den Beweis des Satzes „Auf einer beschränkten und abgeschlossenen Menge nimmt eine stetige Funktion ihr Minimum an" kurz rekapitulieren.

Sei $d = \inf_{x \in K} f(x) \in \mathbb{R} \cup \{-\infty\}$ das Infimum der stetigen Funktion f auf der beschränkten und abgeschlossenen Menge K. Sei $(x_k)_{k \in \mathbb{N}}$ eine *Minimalfolge* in K, d.h. $f(x_k) \to d$. Nach dem Satz von Bolzano-Weierstraß gibt es ein $x \in K$ und eine Teilfolge (x_{k_l}) mit $x_{k_l} \to x$. Wegen der Stetigkeit von f folgt $f(x_{k_l}) \to f(x) = d$. Damit ist d endlich und das Minimum wird in x angenommen.

Eine Überprüfung des Beweises zeigt, daß eine stetige Funktion auf jeder Teilmenge des $\mathbb{R}^n$ das Minimum annimmt, die die Bolzano-Weierstraß-Eigenschaft hat: Jede Folge in K besitzt eine konvergente Teilfolge. Im $\mathbb{R}^n$ sind dies genau die beschränkten und abgeschlossenen Mengen. Allgemeiner definieren wir:

Definition 1.27. *Sei X ein topologischer Raum.*

(a) *$A \subset X$ heißt* kompakt, *wenn jedes System von offenen Mengen, das A überdeckt, eine endliche Teilüberdeckung enthält.*

(b) *$A \subset X$ heißt* folgenkompakt, *wenn jede Folge in A eine Teilfolge besitzt, die gegen ein $x \in A$ konvergiert.*

(c) *$A \subset X$ heißt* relativ kompakt, *wenn $\overline{A}$ kompakt ist.*

Diese Definitionen werden natürlich auch für den Fall $X = A$ angewendet. Der Satz, daß beschränkte und abgeschlossene Mengen kompakt sind, ist in allgemeinen topologischen Räumen nicht richtig.

Lemma 1.28. *Wenn der topologische Raum X das erste Abzählbarkeitsaxiom erfüllt, so folgt aus der Kompaktheit von X die Folgenkompaktheit von X.*

Beweis. Sei X kompakt. Wir zeigen durch indirekten Beweis, daß X folgenkompakt ist. Angenommen, es gibt eine Folge $(x_k)_{k \in \mathbb{N}}$, die keine konvergente Teilfolge besitzt. Als erstes beweisen wir die Zwischenbehauptung:

Zu jedem $x \in X$ gibt es eine Umgebung $U(x)$, so daß $U(x)$ nur endlich viele Folgenglieder enthält.

Zum Beweis benötigen wir das erste Abzählbarkeitsaxiom. Zur Umgebungsbasis $\{U_m\}_{m \in \mathbb{N}}$ des Punktes x definieren wir die Mengen $V_m = \cap_{i=1}^m U_i$. Wenn in jedem V_m unendlich viele Folgenglieder liegen, so können wir induktiv aus V_m

ein Folgenglied x_{k_m} auswählen mit $k_m > k_{m-1}$. Da jede Umgebung von x ein V_m enthält, enthält sie auch fast alle Glieder dieser Teilfolge, d.h. $x_{k_m} \to x$. Widerspruch!

Die auf diese Art gewonnenen $U(x)$ bilden eine offene Überdeckung, die wegen der Kompaktheit von X eine endliche Teilüberdeckung enthält. Nach Konstruktion liegen in dieser Teilüberdeckung nur endlich viele Folgenglieder, was einen Widerspruch bedeutet. $\qquad\square$

Satz 1.29. *Die Teilmengen eines kompakten Hausdorff-Raums sind genau dann kompakt, wenn sie abgeschlossen sind.*

Beweis. $\Rightarrow$: Sei $A \subset X$ kompakt. Wir zeigen, daß A^c offen ist. Sei $z \in A^c$. Zu jedem $x \in A$ gibt es nach dem Trennungsaxiom offene Umgebungen V_x von z und U_x von x mit leerem Durchschnitt. Dann ist $\{U_x \cap A : x \in A\}$ eine offene Überdeckung von A bezüglich der Relativtopologie. Weil A kompakt ist, existieren $x_1, \ldots, x_k \in A$ mit $A \subset \cup_{i=1}^k U_{x_i}$. Dann ist $V = \cap_{i=1}^k V_{x_i}$ eine Umgebung von z mit $V \cap A = \emptyset$, also $V \subset A^c$.

$\Leftarrow$: Sei A abgeschlossen und $\{U_i\}_{i \in I}$ eine offene Überdeckung von A. Dann ist das System $\{U_i\}_{i \in I}$, A^c eine offene Überdeckung des ganzen Raums X, das wegen der Kompaktheit von X eine endliche Teilübeckung von X und damit auch von A enthält. $\qquad\square$

Im metrischen Raum lassen sich präzisere Aussagen machen. Wenn ein metrischer Raum folgenkompakt ist, so ist er vollständig. Um dies einzusehen, geben wir uns eine beliebige Cauchy-Folge (x_k) vor. Diese besitzt aufgrund der Folgenkompaktheit eine Teilfolge mit $x_{k_l} \to x$. Zu vorgegebenem $\varepsilon > 0$ existiert ein $l \in \mathbb{N}$ und ein $M \in \mathbb{N}$ mit $d(x_{k_l}, x) < \varepsilon$ und $d(x_{k_l}, x_m) < \varepsilon$ für alle $m \geq M$. Daher $d(x_m, x) < 2\varepsilon$ für alle $m \geq M$. Eine Cauchy-Folge ist bereits konvergent, wenn eine Teilfolge konvergent ist.

Definition 1.30. *Ein metrischer Raum X heißt* präkompakt, *wenn es zu jedem $\varepsilon > 0$ endlich viele offene Kugeln vom Radius ε gibt, die X überdecken.*

Satz 1.31. *Sei X ein vollständiger metrischer Raum und A eine Teilmenge von X.*

(a) *Die Menge A ist genau dann kompakt, wenn sie folgenkompakt ist.*

(b) *Wenn A abgeschlossen ist, so ist auch die Präkompaktheit von A mit der Kompaktheit äquivalent.*

Anmerkung 1.32. Man überlege sich, daß der Abschluß einer präkompakten Menge ebenfalls präkompakt ist (vergleiche Aufgabe 1.8). Daher gilt im vollständigen metrischen Raum

$$A \text{ präkompakt} \quad \Leftrightarrow \quad A \text{ relativ kompakt.}$$

Beweis. A kompakt $\Rightarrow$ A folgenkompakt: Da ein metrischer Raum das erste Abzählbarkeitsaxiom erfüllt, ist dies eine Konsequenz aus Lemma 1.28.

A folgenkompakt $\Rightarrow$ A präkompakt und abgeschlossen: Da jeder Grenzwert von Folgen in A zu A gehören muß, ist A abgeschlossen. Angenommen, A wäre folgenkompakt, aber nicht präkompakt. Dann gibt es ein $\varepsilon > 0$ und eine Folge (x_k) in A mit $d(x_k, x_l) \geq \varepsilon$. Diese x_k besitzen offenbar keine konvergente Teilfolge.

A präkompakt und abgeschlossen $\Rightarrow$ A kompakt: Angenommen, $\{A_i\}_{i \in I}$ wäre eine offene Überdeckung von A, die keine endliche Teilüberdeckung enthält. A läßt sich durch Kugeln $B^1, \ldots, B^i$ vom Radius 1 überdecken. Unter diesen muß es eine Kugel $B_0(x_0)$ geben, so daß die Menge $B_0(x_0)$ sich ebenfalls nicht durch endlich viele dieser A_i überdecken läßt. $B_0(x_0)$ wird durch endlich viele Kugeln vom Radius $\varepsilon_1 = 2^{-1}$ überdeckt und wieder wird eine Kugel $B_1(x_1)$ gefunden, die sich nicht durch endlich viele A_i überdecken läßt. Dieses Argument wird mit $\varepsilon_k = 2^{-k}$ iteriert. Wir erhalten eine Folge von Kugeln $U_k = B_{2^{-k}}(x_k)$, die sich nicht durch endlich viele A_i überdecken lassen. Nach Konstruktion kann auch $U_k \cap U_{k+1} \neq \emptyset$ erreicht werden. Damit gilt $d(x_k, x_{k+1}) < 2^{-k+1}$ und (x_k) ist Cauchy-Folge, die aufgrund der Vollständigkeit von A einen Grenzwert $x \in A$ besitzt. Für ein i ist $x \in A_i$ und mit A_i offen ist $B_r(x) \subset A_i$ mit $r > 0$. Daher $U_k \subset A_i$ für genügend großes k. Widerspruch! $\qquad\square$

Als Anwendung dieses Satzes beweisen wir folgende Eigenschaft kompakter metrischer Räume.

Satz 1.33. *Ein kompakter metrischer Raum ist separabel.*

Beweis. Für $\varepsilon_k = 1/k$ können wir den Raum durch endlich viele Kugeln mit Mittelpunkten $x_{kl}, l = 1, \ldots, N_k$, überdecken. Diese Mittelpunkte liegen dicht, denn jeder Punkt des Raums läßt sich durch solche Mittelpunkte beliebig genau approximieren. $\qquad\square$

Nun verallgemeinern wir einen aus der Analysis wohlbekannten Satz.

Satz 1.34. *Das stetige Bild eines kompakten Raums ist kompakt. Insbesondere nehmen auf kompakten Räumen stetige, reellwertige Abbildungen Maximum und Minimum an.*

Anmerkung 1.35. Wie das Beweisbeispiel zu Beginn dieses Abschnitts zeigt, bleibt der Satz richtig, wenn man kompakt durch folgenkompakt und stetig durch folgenstetig (siehe Lemma 1.10(b)) ersetzt.

Beweis. Seien X, Y topologische Räume mit X kompakt und $f : X \to Y$ sei stetig. Wir betrachten die Urbildmengen einer offenen Überdeckung von $f(X)$. Diese bilden eine offene Überdeckung von X, aus der wir eine endliche Teilüberdeckung auswählen können. Die zugehörigen Mengen im Bildbereich bilden die gesuchte endliche Überdeckung von $f(X)$. $\qquad\square$

Der folgende Satz zeigt, daß es in einer Folge von Topologien (τ_k) auf einer Menge X mit $\tau_k \subset \tau_{k+1}$ höchstens eine gibt, die X zu einem kompakten Hausdorff-Raum macht.

Satz 1.36. *Sei (X, τ) ein kompakter Hausdorff-Raum.*

(a) *Ist $\tau_g \subset \tau$, $\tau_g \neq \tau$, so ist (X, τ_g) nicht mehr hausdorffsch.*

(b) *Ist $\tau_f \supset \tau$, $\tau_f \neq \tau$, so ist (X, τ_f) nicht mehr kompakt.*

Beweis. In (a) ist (X, τ_g) kompakt und in (b) ist (X, τ_f) ein Hausdorff-Raum. Für die Beweisteile (a) und (b) genügt es daher folgendes zu zeigen:

Sind $\tau_1 \subset \tau_2$ Topologien auf der Menge X, so daß (X, τ_i) kompakte Hausdorff-Räume sind, so gilt $\tau_1 = \tau_2$.

Es gilt für jedes $A \subset X$

$$A \text{ ist } \tau_2\text{-kompakt} \;\Rightarrow\; A \text{ ist } \tau_1\text{-kompakt.}$$

Nach Satz 1.29 ist eine Teilmenge eines kompakten Hausdorff Raums genau dann kompakt, wenn sie abgeschlossen ist. Daher

$$A \text{ ist } \tau_2\text{-abgeschlossen} \;\Rightarrow\; A \text{ ist } \tau_1\text{-abgeschlossen.}$$

Da τ_2 mehr offene Mengen als τ_1 enthält, ist dies nur möglich, wenn $\tau_1 = \tau_2$.

$\square$

Aufgaben

Die den Aufgaben beigefügten Zahlen sollen eine grobe Information über den Schwierigkeitsgrad geben:

$1 = $ trivial, $2 = $ heminormal, $3 = $ normal, $4 = $ doktoral, $5 = $ suizidal.

1.1. (2) Endliche Mengen in einem Hausdorff-Raum sind abgeschlossen.

1.2. (1) Seien X, Y topologische Räume. Welche Abbildungen $f : X \to Y$ sind unabhängig von den Topologien auf X, Y immer stetig?

1.3. (2) Ein offenes Intervall von $\mathbb{R}$ ist homöomorph zu $\mathbb{R}$, ein abgeschlossenes beschränktes Intervall ist nicht homöomooph zu $\mathbb{R}$.

1.4. (3) Sei X eine unendliche Menge. τ bestehe aus der leeren Menge und allen Teilmengen von X, deren Komplement endlich ist. Man zeige: τ ist eine Topologie auf X, die nicht hausdorffsch ist, in der aber alle einpunktigen Teilmengen abgeschlossen sind. Wie sehen die Berührpunkte einer Folge aus? Welche Folgen sind konvergent?

1.5. (4) Sei l der Raum aller reellwertigen Zahlenfolgen. Zu einer Zahlenfolge $a = (a(i))$ mit $a(i) > 0$ definieren wir die Mengen

$$V_a = \{x \in l : |x(i)| < a(i) \;\; \forall i \in \mathbb{N}\}$$

und $U_a(x) = x + V_a \subset l$ für $x \in l$. Das „+" ist dabei komponentenweise Addition. Das System $\{U_a(x)\}$ für alle solchen Folgen a sei die Umgebungsbasis von $x \in l$. Charakterisieren Sie die Folgen (x_k) mit $x_k \to 0$ in dieser Topologie und konstruieren Sie eine Menge $A \subset l$, die den Berührpunkt 0 besitzt, ohne eine Folge (x_k), $x_k \in A$, zu enthalten mit $x_k \to 0$.

Bemerkung: Wegen Lemma 1.11 ist damit gezeigt, daß in dieser Topologie das erste Abzählbarkeitsaxiom nicht gilt.

1.6. (3) Ist X ein topologischer Raum, Y ein Hausdorff-Raum und $f : X \to Y$ stetig, so ist der *Graph* von f,

$$G(f) = \{(x, f(x) : x \in X\} \subset X \times Y,$$

abgeschlossen in $X \times Y$.

Bemerkung: Man vergleiche mit dem Satz vom abgeschlossenen Graphen 3.9.

1.7. (2) Die drei Axiome der Metrik sind redundant. Zeigen Sie, daß eine Abbildung $d : X \times X \to \mathbb{R}$ mit

(i) $d(x, y) = 0 \ \Leftrightarrow \ x = y$

(ii) $d(x, z) \leq d(x, y) + d(z, y)$

eine Metrik auf der Menge X ist.

1.8. (2) Sei X ein metrischer Raum und $A \subset X$. Für jedes $\varepsilon > 0$ gilt

$$\overline{A} \subset A_\varepsilon = \cup_{x \in A} B_\varepsilon(x).$$

1.9. Sei l der Raum aller Zahlenfolgen in $\mathbb{K} = \mathbb{R}$ oder $\mathbb{K} = \mathbb{C}$.

a) (1) Jedem $x \in l$ ordnen wir die Umgebungsbasis $U_k(x) = x + V_k$ zu mit

$$V_k = \{x \in l : |x(i)| < 1/k \ \forall i \in \mathbb{N}\}.$$

Was bedeutet $x_k \to x$ in der so erzeugten Topologie?

b) (3) Auf l definieren wir die Metrik

$$d(x, y) = \sum_{i=1}^{\infty} 2^{-i} \frac{|x(i) - y(i)|}{1 + |x(i) - y(i)|}.$$

Was bedeutet $x_k \to x$ in der durch diese Metrik erzeugten Topologie? Ist (l, d) vollständig?

1.10. (3) Eine Teilmenge eines separablen metrischen Raums ist separabel.

Bemerkung: Diese Aussage ist für allgemeine topologische Räume nicht richtig.

1.11. (3) Für eine Teilmenge A eines metrischen Raums X definieren wir den *Durchmesser* durch

$$\operatorname{diam}(A) = \sup_{x, y \in A} d(x, y).$$

Beweisen Sie: X ist genau dann vollständig, wenn eine fallende Folge nichtleerer abgeschlossener Teilmengen A_k mit $\lim_{k \to \infty} \operatorname{diam} A_k = 0$ genau ein Element von X enthält, d.h. $\cap_{k=1}^{\infty} A_k = \{x\}$.

1.12. (3) Geben Sie auf $\mathbb{R}$ eine Metrik an, so daß die Folge $(k)_{k \in \mathbb{N}}$ eine Cauchy-Folge ist, die keinen Grenzwert besitzt. Machen Sie den Raum vollständig, indem Sie weitere Elemente hinzufügen.

1.13. (3) Geben Sie ein Beispiel für homöomorphe metrische Räume, so daß der eine vollständig, der andere unvollständig ist.

Bemerkung: Vollständigkeit ist keine topologische Eigenschaft eines metrischen Raums.

1.14. (4) Der Raum l_∞ der beschränkten Zahlenfolgen ist mit $d_\infty(x,y) = \sup_{i \in \mathbb{N}} |x(i) - y(i)|$ offenbar ein metrischer Raum. Beweisen Sie: (*Frechet*) Jeder separable metrische Raum kann isometrisch auf eine Teilmenge von l_∞ abgebildet werden.

1.15. (2) Sei $X = C([0,1])$ versehen mit der Maximumsmetrik. Sei

$$Tx(t) = \int_0^t x(\xi)\, d\xi.$$

Zeigen Sie, daß T lipschitz ist und bestimmen Sie die Lipschitzkonstante. Hat T einen Fixpunkt?

1.16. (3) Sei (X,d) ein vollständiger metrischer Raum und $T : X \to X$ eine Abbildung mit der Eigenschaft, daß T^m eine Kontraktion ist für ein $m \in \mathbb{N}$. Dann besitzt T einen eindeutigen Fixpunkt.

1.17. (2) Sei X eine unendliche Menge. Gibt es eine Hausdorff-Topologie auf X, in der jede Teilmenge von X kompakt ist?

1.18. (3) Sei (X,τ) ein nichtkompakter Hausdorff-Raum. Zu $x^* \notin X$ setze $X^* = X \cup \{x^*\}$ und definiere auf folgende Weise eine Topologie τ^* auf X^*. Zu τ^* gehören alle Elemente von τ, der ganze Raum X^* sowie die Teilmengen A^* von X^* mit $x^* \in A^*$, so daß $X^* \setminus A^*$ kompakt in (X,τ) ist. (X^*,τ^*) heißt *Alexandrovsche Ein-Punkt-Kompaktifizierung* von (X,τ).

a) (X^*,τ^*) ist ein kompakter Hausdorff-Raum mit X dicht in X^*.

b) Ist $X = \mathbb{R}^n$ versehen mit der Standard-Topologie, so ist seine Ein-Punkt-Kompaktifizierung homöomorph zur Einheitssphäre des $\mathbb{R}^{n+1}$.

1.19. (2) Ein System $\{A_i\}_{i \in I}$ von Teilmengen eines topologischen Raums X heißt *zentriert*, wenn die A_i abgeschlossen sind und $\cap_{i \in I_0} A_i \neq \emptyset$ für jede endliche Indexmenge $I_0 \subset I$. Beweisen Sie: X ist genau dann kompakt, wenn für jedes zentrierte System $\cap_{i \in I} A_i \neq \emptyset$ erfüllt ist.

1.20. (3) Sei X ein vollständiger metrischer Raum. Zu $A \subset X$ und $x \in X$ hatten wir den Abstand zwischen x und A durch

$$\operatorname{dist}(x,A) = \inf_{y \in A} d(x,y)$$

definiert.

a) Zeigen Sie, daß A genau dann abgeschlossen ist, wenn für alle $x \in X$ gilt

$$\operatorname{dist}(x,A) = 0 \;\Rightarrow\; x \in A.$$

b) Zeigen Sie, daß in der Definition des Abstands das Infimum angenommen wird, falls A kompakt ist.

1.21. (1) Zeigen Sie, daß die abgeschlossene Einheitskugel der Erlanger Metrik nicht kompakt ist.

1.22. (4) Jede Isometrie eines kompakten metrischen Raums in sich ist bijektiv.

1.23. (3) Ist X ein kompakter Raum und gibt es stetige reellwertige Abbildungen $(f_k)_{k\in\mathbb{N}}$, die die Punkte in X trennen, so ist X metrisierbar.

Bemerkung und Hinweis: „Punkte trennen" bedeutet, daß es zu verschiedenen $x, y \in X$ ein $k \in \mathbb{N}$ gibt mit $f_k(x) \neq f_k(y)$. Man versuche, mit Hilfe der f_k überhaupt eine Metrik auf X anzugeben. Für den Nachweis, daß die Metrik die gleiche Topologie erzeugt, verwende man Satz 1.36.

Banach- und Hilbert-Räume

Alle linearen Räume in diesem Kapitel sind reell oder komplex, entsprechend wird mit $\mathbb{K}$ einer der Körper $\mathbb{R}$ oder $\mathbb{C}$ bezeichnet.

2.1 Banach-Räume

Definition 2.1. *Sei X ein linearer Raum. Eine Abbildung $\|\cdot\|_X : X \to [0, \infty)$ heißt Norm auf X, wenn die folgenden Bedingungen erfüllt sind:*

(a) $\|x\|_X > 0$ *für $x \neq 0$ (Definitheit)*,

(b) $\|\alpha x\|_X = |\alpha|\,\|x\|_X$ *für alle $\alpha \in \mathbb{K}$ (positive Homogenität)*,

(c) $\|x + y\|_X \leq \|x\|_X + \|y\|_X$ *(Dreiecksungleichung)*.

Das Paar $(X, \|\cdot\|_X)$ heißt dann normierter Raum.

$\|\cdot\|_X : X \to [0, \infty)$ *heißt* Halbnorm, *wenn nur die Axiome* (b) *und* (c) *erfüllt sind.*

Aus den Normaxiomen folgt sofort, daß

$$d(x, y) = \|x - y\|_X$$

eine Metrik auf X ist. Jeder normierte Raum ist damit auch ein metrischer Raum, so daß alle Begriffsbildungen aus dem letzten Kapitel verwendet werden können. Die Norm $\|\cdot\| : X \to \mathbb{R}$ ist stetig wegen $\|x\| = d(x, 0)$. Konvergente Folgen sind *beschränkt*: Wenn $x_k \to x$, so gibt es ein K mit $\|x_k\| \leq K$. Die linearen Operationen Addition und Skalarmultiplikation sind stetig,

$$x_k \to x \ \text{ und } \ y_k \to y \ \ \Rightarrow \ \ x_k + y_k \to x + y,$$

$$\alpha_k \to \alpha \ \text{ und } \ x_k \to x \ \ \Rightarrow \ \ \alpha_k x_k \to \alpha x.$$

Die Aussagen folgen aus der Dreiecksungleichung und der Homogenität der Norm

M. Dobrowolski, *Angewandte Funktionalanalysis*, Springer-Lehrbuch Masterclass, 2nd ed., DOI 10.1007/978-3-642-15269-6_2, © Springer-Verlag Berlin Heidelberg 2010

$$\|(x + y) - (x_k + y_k)\| \leq \|x - x_k\| + \|y - y_k\|,$$

$$\|\alpha x - \alpha_k x_k\| \leq \|\alpha(x - x_k)\| + \|(\alpha - \alpha_k)x_k\| \leq |\alpha|\,\|x - x_k\| + |\alpha - \alpha_k|\,\|x_k\|.$$

Ferner sieht die Topologie eines normierten Raums in jedem Punkt gleich aus: Die Kugeln $\{B_{1/k}(0)\}$ bilden eine Nullumgebungsbasis und man erhält jede andere Umgebungsbasis durch Translation, $B_{1/k}(x) = x + B_{1/k}(0)$, wobei wir die fast schon selbsterklärende Notation

$$A \pm B = \{z = x \pm y : x \in A,\ y \in B\}, \quad A, B \subset X$$

verwenden.

Definition 2.2. *Ein vollständiger normierter Raum heißt* Banach-Raum.

Beispiel 2.3 (Die Räume l_p und $c_0(\mathbb{N})$). l_p ist für $1 \leq p \leq \infty$ der Raum der Zahlenfolgen $x = (x(1), x(2), \ldots)$, $x(i) \in \mathbb{K}$, für die der Ausdruck

$$\|x\|_{l_p} = \Big(\sum_{i=1}^{\infty} |x(i)|^p\Big)^{1/p} \text{ für } 1 \leq p < \infty, \quad \|x\|_{l_\infty} = \sup_{i \in \mathbb{N}} |x(i)|,$$

beschränkt ist. $c_0 = c_0(\mathbb{N})$ ist der Raum der Nullfolgen, der ebenfalls mit $\|\cdot\|_{l_\infty}$ versehen wird.

Wir wollen zeigen, daß diese Räume Banach-Räume unter den angegebenen Ausdrücken sind. Abgesehen von der Dreiecksungleichung sind die Normaxiome trivialerweise erfüllt. Zu ihrem Nachweis verwenden wir als technisches Hilfsmittel die *Hölder-Ungleichung*: Sei $1 < p < \infty$ und $p^{-1} + q^{-1} = 1$. Für $x \in l_p$, $y \in l_q$ ist die Folge $xy = (x(i)y(i))_{i \in \mathbb{N}} \in l_1$ und es gilt

$$\|xy\|_{l_1} \leq \|x\|_{l_p} \|y\|_{l_q}.$$

Für $\|x\|_{l_p} = \|y\|_{l_q} = 1$ folgt dies aus der verallgemeinerten Cauchy-Ungleichung (A.4) durch Grenzübergang, den allgemeinen Fall erhält man mit einem Homogenitätsargument. Nun zur Dreiecksungleichung: Für $p = 1$ ist sie trivial und für $1 < p < \infty$ gilt für $x, y \in l_p$

$$|x(i) + y(i)|^p = |x(i) + y(i)|\,|x(i) + y(i)|^{p-1} \leq \big\{|x(i)| + |y(i)|\big\}|x(i) + y(i)|^{p-1},$$

sowie nach Summation und Anwendung der Hölderschen Ungleichung mit $q = p/(p-1)$

$$\|x + y\|_{l_p}^p \leq \big\{\|x\|_{l_p} + \|y\|_{l_p}\big\}\Big(\sum |x(i) + y(i)|^p\Big)^{(p-1)/p}.$$

Für $\|x + y\|_{l_p} \neq 0$ folgt die Dreiecksungleichung durch Division.

Damit ist l_p ein Vektorraum mit Norm $\|\cdot\|_{l_p}$. Wir zeigen die Vollständigkeit und beginnen mit dem Fall $1 \leq p < \infty$. Für eine Cauchy-Folge $(x_k)_{k \in \mathbb{N}}$ in l_p folgt aus

$$\|x_k - x_l\|_{l_p} \leq \varepsilon \quad \forall k, l \geq K,$$

daß $(x_k(i))$ eine Cauchy-Folge in $\mathbb{K}$ ist für jedes i. Da $\mathbb{K}$ vollständig ist, folgt die punktweise Konvergenz $x_k(i) \to x(i)$ für $k \to \infty$. Für festes $j \in \mathbb{N}$ gilt

$$\sum_{i=1}^{j} |x_k(i) - x_l(i)|^p \leq \varepsilon^p$$

und nach Grenzübergang $l \to \infty$

$$\sum_{i=1}^{j} |x_k(i) - x(i)|^p \leq \varepsilon^p.$$

Die rechte Seite hängt nicht von j ab, so daß auch $\|x_k - x\|_{l_p} \leq \varepsilon$ und damit $x_k \to x$ in l_p und $x = x_k - (x_k - x) \in l_p$.

Für den Raum l_∞ kann der Beweis analog geführt werden, indem die Summe durch das Supremum ersetzt wird.

Sei $(x_k)_{k \in \mathbb{N}}$ eine Cauchy-Folge in $c_0(\mathbb{N})$. Wegen der Vollständigkeit von l_∞ gibt es ein $x \in l_\infty$ mit

$$|x_k(i) - x(i)| \leq \frac{1}{2}\varepsilon \quad \text{für alle } k \geq K \text{ und } i \in \mathbb{N}.$$

Da $x_K \in c_0(\mathbb{N})$, existiert ein $I \in \mathbb{N}$ mit $|x_K(i)| \leq \frac{1}{2}\varepsilon$ für alle $i \geq I$. Aus der Dreiecksungleichung folgt für diese i auch $|x(i)| \leq |x_K(i) - x(i)| + |x_K(i)| \leq \varepsilon$. Damit ist $x \in c_0(\mathbb{N})$ und der Raum vollständig.

2.2 Endlich dimensionale Räume

Definition 2.4. *Zwei Normen $\|\cdot\|_1, \|\cdot\|_2$ eines linearen Raums X heißen äquivalent, wenn es Konstanten $m, M > 0$ gibt mit*

$$m\|x\|_1 \leq \|x\|_2 \leq M\|x\|_1 \quad \forall x \in X.$$

Äquivalente Normen erzeugen die gleiche Topologie. Davon wurde bereits in Beispiel 1.25 Gebrauch gemacht, als die Maximumsnorm auf $C([0, a])$ durch eine Gewichtsfunktion modifiziert wurde.

Die Quintessenz dieses Abschnitts ist die einfache Tatsache, daß man bei endlich dimensionalen Räumen unsere Begriffsbildungen nicht braucht und mit der üblichen linearen Algebra auskommt. Es gibt keine topologischen Fragestellungen, denn jeder endlich dimensionale Raum läßt sich über ein Skalarprodukt normieren.

Satz 2.5. *Auf einem endlich dimensionalen Raum sind alle Normen äquivalent. Endlich dimensionale Räume sind Banach-Räume. Endlich dimensionale Unterräume normierter Räume sind abgeschlossen und damit vollständig.*

Beweis. Sei $e_1, \ldots, e_n$ eine Basis des endlich dimensionalen Raums $(X, \|\cdot\|)$. Jedem $x \in X$ ordnen wir in der Entwicklung $x = \sum_{i=1}^{n} \alpha_i e_i$ den Vektor $\alpha = (\alpha_1, \ldots, \alpha_n)^T \in \mathbb{K}^n$ zu. Die Abbildungen $\alpha \mapsto x \mapsto \|x\|$ sind stetig. Daher nimmt $\|x\|$ auf der kompakten Menge $\{\alpha : |\alpha| = 1\}$ Maximum und Minimum an. Das Minimum muß strikt positiv sein, denn $\alpha = 0$ gehört nicht zu dieser Menge. Damit sind die Normen $|\alpha(x)|$ und $\|x\|$ für $|\alpha| = 1$ äquivalent. Ein Homogenitätsargument liefert die Äquivalenz für allgemeine x. Daher ist eine beliebige Norm äquivalent zur Norm $|\alpha(x)|$. Die Vollständigkeit von X folgt aus der Vollständigkeit des Koeffizientenraums $(\mathbb{K}^n, |\cdot|)$. $\qquad \square$

Auch bezüglich der Kompaktheit nehmen endlich dimensionale Räume eine ausgezeichnete Position ein. Wir bereiten das entsprechende Resultat mit einem nützlichen Lemma vor.

Lemma 2.6 (Rieszsches Lemma). *Ist U ein abgeschlossener echter Unterraum eines Banach-Raums X, so gibt es zu jedem $0 < \lambda < 1$ ein $x_\lambda \in X$ mit*

$$\|x_\lambda\| = 1 \quad und \quad \|x_\lambda - u\| \geq \lambda \quad \forall u \in U.$$

Beweis. Für $x \notin U$ gilt $d = \operatorname{dist}(x, U) > 0$, weil U abgeschlossen ist (siehe Aufgabe 1.20). Wegen $\lambda < 1$ gibt es ein $u_\lambda \in U$ mit $d \leq \|x - u_\lambda\| \leq d/\lambda$. Mit $\gamma = 1/\|x - u_\lambda\| \geq \lambda/d$ folgt für $x_\lambda = \gamma(x - u_\lambda)$, daß $\|x_\lambda\| = 1$. Für alle $u \in U$ ist dann

$$\|x_\lambda - u\| = \|\gamma(x - u_\lambda) - u\| = \gamma \|x - \underbrace{\left(u_\lambda + \frac{1}{\gamma} u\right)}_{\in U}\| \geq \frac{\lambda}{d} \cdot d = \lambda.$$

$$\square$$

Satz 2.7. *Sei X ein Banach-Raum. Dann gilt:*

$$\tilde{B}_1(0) \text{ ist kompakt} \iff X \text{ ist endlich dimensional.}$$

Beweis. $\Leftarrow$: Im letzten Satz hatten wir gesehen, daß endlich dimensionale Räume homöomorph zu $(\mathbb{K}^n, |\cdot|)$ sind.

$\Rightarrow$: Zu einem beliebigen x_1, $\|x_1\| = 1$, setze $U_1 = \operatorname{span}\{x_1\}$ und $x_2 = x_{1/2}$ mit $x_{1/2}$ aus dem Rieszschen Lemma für $U = U_1$. Mit $U_2 = \operatorname{span}\{x_1, x_2\}$ wird die Konstruktion fortgesetzt. Wir erhalten eine Folge (x_k) mit $\|x_k\| = 1$ und $\|x_k - x_j\| \geq 1/2$ für alle $j < k$. Diese Folge enthält offenbar keine konvergente Teilfolge. $\qquad \square$

Dieses negative Resultat zählt zu den entscheidenden Anstößen, die zur Entwicklung der Funktionalanalysis geführt haben. Um Kompaktheitsschlüsse zu gestatten, werden später „schwache" Topologien definiert, die gröber als die Normtopologie sind.

2.3 Stetige lineare Abbildungen und der normierte Dualraum

Wie in der linearen Algebra beweist man, daß für eine lineare Abbildung T zwischen normierten Räumen der Nullraum $\mathcal{N}(T)$ und der Bildraum $\mathcal{R}(T)$ lineare Räume sind. Ist T überdies stetig, so ist der Nullraum als Urbild einer abgeschlossenen Menge ebenfalls abgeschlossen.

Lemma 2.8. *Seien X, Y normierte Räume und $T : X \to Y$ eine lineare Abbildung. Dann sind äquivalent:*

(a) *T ist stetig.*

(b) *T ist im Nullpunkt stetig.*

(c) *Der Ausdruck*

$$\|T\|_{X \to Y} = \sup_{x \in X,\, x \neq 0} \frac{\|Tx\|_Y}{\|x\|_X}$$

ist beschränkt.

Beweis. (a)$\Rightarrow$(b) ist klar.

(b)$\Rightarrow$(c): Zu $\varepsilon = 1$ gibt es ein $\delta > 0$, so daß für alle x mit $\|x\|_X = \delta$ gilt $\|Tx\|_Y \leq 1$. Für $\|x\|_X = \delta$ ist der Ausdruck in (c) beschränkt. Für allgemeine $x \neq 0$ setzen wir $\tilde{x} = \delta x / \|x\|_X$, somit $\|\tilde{x}\|_X = \delta$, und erhalten das gewünschte Resultat mit Hilfe der Homogenität der Norm.

(c)$\Rightarrow$(a): Für eine Folge $x_k \to x$ folgt aus der Linearität von T und aus (c)

$$\|Tx_k - Tx\|_Y \leq \|T\|_{X \to Y} \|x_k - x\|_X \to 0.$$

$\square$

Aufgrund der Eigenschaft (c) nennen wir stetige lineare Abbildungen zwischen normierten Räumen auch *beschränkt*. Direkt aus der Definition beweist man:

Lemma 2.9. *Seien X, Y, Z normierte Räume und $T : X \to Y$, $S : Y \to Z$ stetige lineare Abbildungen. Dann gilt:*

(a) $\|T\|_{X \to Y} = \sup \left\{ \|Tx\|_Y : x \in X,\ \|x\|_X = 1 \right\}$,

(b) $\|Tx\|_Y \leq \|T\|_{X \to Y} \|x\|_X$,

(c) $\|ST\|_{X \to Z} \leq \|S\|_{Y \to Z} \|T\|_{X \to Y}$.

Mit $\mathcal{L}(X, Y)$ bezeichnen wir den Raum der linearen und beschränkten Abbildungen zwischen den normierten Räumen X und Y. Im Spezialfall $X = Y$ schreiben wir kürzer $\mathcal{L}(X)$.

Satz 2.10. $(\mathcal{L}(X, Y), \| \cdot \|_{X \to Y})$ *ist ein normierter Raum. Wenn Y ein Banach-Raum ist, so ist auch $\mathcal{L}(X, Y)$ ein Banach-Raum.*

Beweis. $\mathcal{L}(X, Y)$ ist offenbar Vektorraum mit der Nullabbildung $0 : y \mapsto 0$. Die Homogenität der Norm folgt aus $\|\alpha Tx\|_Y = |\alpha| \|Tx\|_Y$ und die Dreiecksungleichung aus

$$\|(T_1 + T_2)x\|_Y \leq \|T_1 x\|_Y + \|T_2 x\|_Y \leq \left\{\|T_1\|_{X \to Y} + \|T_2\|_{X \to Y}\right\}\|x\|_X.$$

Sei nun Y vollständig und $(T_k)_{k \in \mathbb{N}}$ eine Cauchy-Folge in $\mathcal{L}(X, Y)$. Für jedes $x \in X$ ist auch $(T_k x)$ eine Cauchy-Folge in Y und hat einen Grenzwert, den wir $T(x)$ nennen. Wir müssen zeigen, daß die so gewonnene Abbildung T linear und stetig ist. Die Linearität folgt aus der punktweisen Konvergenz der $T_k x$,

$$T(x + y) = \lim T_k(x + y) = \lim(T_k x + T_k y) = T(x) + T(y),$$

$$T(\alpha x) = \lim T_k(\alpha x) = \lim \alpha T_k(x) = \alpha T(x).$$

Als Cauchy-Folge sind die Normen der T_k durch eine Konstante K gleichmäßig beschränkt und es gilt

$$\|Tx\|_Y = \lim \|T_k x\|_Y \leq K\|x\|_X.$$

Nach Lemma 2.8 ist T stetig. In der Beziehung $\|(T_k - T_l)x\|_Y \leq \varepsilon\|x\|_X$ können wir wegen $T_l x \to Tx$ und der Stetigkeit der Norm zum Grenzwert $l \to \infty$ übergehen und erhalten $\|T_k - T\|_{X \to Y} \leq \varepsilon$. $\qquad\qquad \square$

Wegen dieses Satzes heißt $\|T\|_{X \to Y}$ die *Operatornorm* von T.

Definition 2.11. *Für einen normierten Raum X heißt der Raum $\mathcal{L}(X, \mathbb{K})$ der* Dualraum *von X und wird kürzer mit X' bezeichnet mit Norm $\|\cdot\|_{X'} = \|\cdot\|_{X \to \mathbb{K}}$. Die $f \in X'$ heißen* stetige lineare Funktionale.

Als Spezialfall erhalten wir aus dem vorigen Satz, daß der Dualraum eines normierten Raums vollständig ist.

Beispiele 2.12 Da eine gleichmäßige konvergente Folge stetiger Funktionen eine stetige Grenzfunktion besitzt, ist $C([0, 1])$ Banach-Raum unter der Norm $\|x\|_\infty = \max_{t \in [0,1]} |x(t)|$ (siehe Abschnitt 2.5).

(i) $T : C([0, 1]) \to C([0, 1])$ mit

$$Tx(t) = \int_0^t x(\tau)\, d\tau$$

ist offenbar linear mit $\|Tx\|_\infty \leq \|x\|_\infty$. Die Funktion $x(t) = 1$ beweist $\|T\|_{\infty \to \infty} = 1$.

(ii) Das Funktional $f : C([-1, 1]) \to \mathbb{R}$ mit

$$fx = -\int_{-1}^0 x(\tau)\, d\tau + \int_0^1 x(\tau)\, d\tau$$

ist ebenfalls linear mit $|fx| \leq 2\|x\|_\infty$. Dieses Beispiel zeigt, daß in der Definition der Operatornorm das Supremum nicht angenommen werden muß. Es läßt sich leicht eine Folge stetiger, stückweise linearer Funktionen x_k konstruieren mit $x_k \to \mathrm{sign}\,(x)$ punktweise und $|fx_k| \to 2$.

(iii) Sei X der Raum der endlichen Folgen versehen mit der Norm $\|\cdot\|_{l_2}$. Das Funktional $f(x) = \sum_i ix(i)$ ist linear auf X, aber offenbar unbeschränkt. Die Konstruktion eines unstetigen linearen Funktionals gelingt hier leicht, weil $(X, \|\cdot\|_{l_2})$ nicht vollständig ist. Wir können die linear unabhängige Menge $\{e_k\}_{k\in\mathbb{N}}$ mit $\{e_i\}_{i\in I}$ zu einer Basis von l_2 (im Sinne der linearen Algebra) ergänzen und $f(e_i) = 0$ setzen. Damit ist das unstetige Funktional auf ganz l_2 definiert. Wie in Aufgabe 3.5 bewiesen wird, ist l_2 überabzählbar dimensional. Daher ist die Indexmenge I überabzählbar und für die Angabe von $\{e_i\}_{i\in I}$ wird das Auswahlaxiom verwendet, so daß wir die Struktur dieser Auswahl nicht kennen. Es ist daher nicht möglich, die Werte $f(x)$ für $x \notin \operatorname{span}\{e_k\}_{k\in\mathbb{N}}$ explizit anzugeben. Ist andererseits ein Operator auf einem Banach-Raum definiert und wird er ohne Verwendung des Auswahlaxioms konstruiert, so ist er stetig.

Beispiel 2.13 (Die Dualräume von l_p). Wir setzen das Beispiel 2.3 fort und zeigen, daß für $1 < p < \infty$ gilt $l_p' \cong l_q$ mit $q = p/(p-1)$ sowie $l_1' \cong l_\infty$. In Aufgabe 2.20 wird überdies bewiesen, daß $c_0(\mathbb{N})' \cong l_1$.

Sei zunächst $1 < p < \infty$. Jedem $f \in l_p'$ können wir mit $y(i) = f(e_i)$ eine Zahlenfolge zuordnen, wobei e_i die kanonischen Einheitsvektoren bezeichnen. Wir zeigen nun, daß die Abbildung $T : f \mapsto y$ ein isometrischer Isomorphismus $T : l_p' \to l_q$ ist. Wegen $\sum_{i\geq k} |x(i)|^p \to 0$ für $k \to \infty$ ist die Reihe

$$x = \sum_{i=1}^{\infty} x(i)e_i \tag{2.1}$$

normkonvergent. Linearität und Stetigkeit von f liefern daher

$$f(x) = \sum_{i=1}^{\infty} x(i)y(i).$$

Mit der speziellen Wahl

$$x(i) = \begin{cases} |y(i)|^q/y(i) & \text{falls } i \leq k \text{ und } y(i) \neq 0 \\ 0 & \text{sonst} \end{cases}$$

erhalten wir für $k \in \mathbb{N}$

$$\sum_{i=1}^{k} |y(i)|^q = f(x) \leq \|f\|_{l_p'}\|x\|_{l_p} = \|f\|_{l_p'}\Big(\sum_{i=1}^{k} |y(i)|^q\Big)^{1/p},$$

und für $k \to \infty$

$$\|y\|_{l_q} \leq \|f\|_{l_p'}.$$

Damit bildet T den Raum l_p' auf l_q ab. Die Linearität von T ist klar. Da wir aus der Hölderschen Ungleichung überdies $|f(x)| \leq \|x\|_{l_p}\|y\|_{l_q}$ erhalten, ist gezeigt, daß T eine Isometrie ist.

Ganz analog beweist man $l_1' \cong l_\infty$. Es sei noch bemerkt, daß $l_\infty' \ncong l_1$. Ein entsprechender Beweisversuch scheitert daran, daß die Reihe (2.1) in l_∞ nicht konvergiert.

Der folgende Satz ist sehr nützlich für die Konstruktion von stetigen linearen Abbildungen.

Satz 2.14. *Seien X, Y Banach-Räume, M ein dichter Unterraum von X und $T : M \to Y$ stetig und linear. Dann gibt es genau eine Fortsetzung $\tilde{T} \in \mathcal{L}(X, Y)$ mit $\tilde{T}|_M = T$ und $\|T\|_{M \to Y} = \|\tilde{T}\|_{X \to Y}$.*

Beweis. Zu $x \in X$ gibt es eine Folge (x_k) in M mit $x_k \to x$. Aufgrund der Abschätzung

$$\|T(x_k - x_l)\|_Y \le \|T\|_{M \to Y} \|x_k - x_l\|_X \tag{2.2}$$

ist auch (Tx_k) Cauchy-Folge in Y und besitzt einen Grenzwert, den wir $\tilde{T}x$ nennen. Dieser Grenzwert ist unabhängig von der Cauchy-Folge, denn wenn zwei Cauchy-Folgen gegen x konvergieren, so ist die Differenzenfolge eine Nullfolge und aus (2.2) folgt die Eindeutigkeit von $\tilde{T}x$. Wie üblich zeigt man direkt aus der Definition die Linearität von $\tilde{T}$. Aus $\|Tx\|_Y \le \|T\|_{M \to Y} \|x\|_X$ für alle $x \in M$ erhält man für eine Folge $x_k \to x$, $x_k \in M$, durch Grenzübergang $\|\tilde{T}x\|_Y \le \|T\|_{M \to Y} \|x\|_X$ und daher $\|\tilde{T}\|_{X \to Y} \le \|T\|_{M \to Y}$. Die umgekehrte Richtung ist trivial. $\qquad\square$

Definition 2.15. *Seien X, Y Banach-Räume. Eine Abbildung $T : X \to Y$ heißt* kompakt, *wenn sie beschränkte Mengen in X auf relativ kompakte Mengen in Y abbildet.*

Offenbar ist eine kompakte lineare Abbildung stetig, denn das Bild der abgeschlossenen Einheitskugel ist eine beschränkte Menge, so daß $\|T\|_{X \to Y} = \sup_{\|x\|=1} \|Tx\|$ existiert. Wir können kompakte Abbildungen auch äquivalent dadurch charakterisieren, daß sie beschränkte Folgen auf Folgen abbildet, die eine konvergente Teilfolge besitzen.

Definition 2.16. *Seien X, Y Banach-Räume mit $X \subset Y$. Wir sagen, daß X* eingebettet *werden kann in Y und schreiben dann $X \to Y$, wenn X ein Unterraum von Y ist mit stetiger Identität $Id : X \to Y$, $Id(x) = x$. Es gilt dann die Abschätzung*

$$\|x\|_Y \le c\|x\|_X \quad \forall x \in X.$$

Die Einbettung $X \to Y$ heißt kompakt, *wenn die Identität eine kompakte lineare Abbildung ist. Die Einbettung $X \to Y$ heißt* dicht, *wenn $Id(X)$ dicht in Y ist.*

Wenn X, Y endlich dimensionale Räume sind mit $X \subset Y$, dann ist die Einbettung zwischen X und Y kompakt, denn die Identität bildet beschränkte Mengen auf beschränkte und damit relativ kompakte Mengen ab. Im unendlich dimensionalen Banach-Raum sind die Verhältnisse komplizierter; so ist die Einbettung eines unendlich dimensionalen Banach-Raums in sich selbst nie kompakt.

Beispiel 2.17. Seien l_p die Banach-Räume aus Beispiel 2.3. Offenbar gilt $l_p \subset l_\infty$ mit stetiger Einbettung wegen $\|x\|_{l_\infty} \leq \|x\|_{l_p}$. Diese Einbettung ist aber nicht kompakt, denn die Folge (e_k) mit $e_k(i) = \delta_{ki}$ ist beschränkt in l_p, besitzt aber keine konvergente Teilfolge in l_∞.

Als nächstes geben wir ein Beispiel für eine nichttriviale kompakte Abbildung.

Beispiel 2.18. Wir betrachten die Abbildung

$$T : l_\infty \to l_\infty, \quad (Tx)(i) = \frac{1}{i} x(i).$$

Die R-Kugel wird dabei auf die Menge

$$M = \left\{ x \in l_\infty : |x(i)| \leq \frac{R}{i}, \quad i \in \mathbb{N} \right\} \tag{2.3}$$

abgebildet. Wir zeigen nun, daß M und damit T kompakt ist. Dazu beweisen wir, daß jede Folge $(x_k)_{k \in \mathbb{N}}$ in M eine konvergente Teilfolge besitzt. Dies geschieht durch ein Argument, das „Auswahl der Diagonalfolge" genannt wird. Da die Folge $(x_k(1))_{k \in \mathbb{N}}$ beschränkt ist, besitzt sie einen Häufungspunkt $y(1)$ und es existiert eine Teilfolge $(x_k)_{k \in N_1}$, $N_1 \subset \mathbb{N}$, so daß $(x_k(1))_{k \in N_1}$ gegen $y(1)$ konvergiert. Wir schreiben diese Teilfolge in die erste Zeile einer quadratischen Tafel. Aus dieser Teilfolge können wir wiederum eine Teilfolge $(x_k)_{k \in N_2}$, $N_2 \subset N_1$, auswählen mit $x_k(2) \to y(2)$, $k \in N_2$. Diese Teilfolge schreiben wir in die zweite Zeile der Tafel. Durch fortgesetzte Auswahl von Teilfolgen füllen wir die gesammte Tafel, so daß die Teilfolge in Zeile k in den ersten k Komponenten konvergiert. Die Teilfolge in der Diagonalen konvergiert damit punktweise in allen Komponenten, $x_k(i) \to y(i)$ für alle i. Wir müssen die gleichmäßige Konvergenz dieser Teilfolge zeigen. Zu einem beliebig vorgegebenem $\varepsilon > 0$ gibt es ein $I \in \mathbb{N}$ mit $|x(i)| \leq \varepsilon$ für alle $x \in M$ und $i > I$. Weil punktweise Konvergenz gleichmäßig ist auf endlichen Indexmengen, gibt es ein $K \in \mathbb{N}$ mit $|x_k(i) - y(i)| \leq \varepsilon$ für $1 \leq i \leq I$ und $k \geq K$. Für $k \geq K$ gilt

$$\|x_k - y\|_{l_\infty} = \sup_{i \in \mathbb{N}} |x_k(i) - y(i)| \leq \sup_{i \leq I} |x_k(i) - y(i)| + \sup_{i > I} |x_k(i) - y(i)|$$

$$\leq \varepsilon + \sup_{i > I} |x_k(i)| + \sup_{i > I} |y(i)| \leq 3\varepsilon,$$

und daher $x_k \to y$ in der Norm $\| \cdot \|_{l_\infty}$.

Ein im Grunde einfacherer Beweis läßt sich mit Hilfe der Präkompaktheit führen, was dem Leser als Übung empfohlen wird.

Lemma 2.19. *Seien X, Y, Z Banach-Räume mit Einbettungen $X \to Y \to Z$. Wenn eine dieser Einbettungen kompakt ist, so ist auch die Einbettung $X \to Z$ kompakt.*

Beweis. Eine stetige lineare Abbildung bildet beschränkte Mengen auf beschränkte ab und konvergente Folgen auf konvergente Folgen. Wenn daher (x_k) eine beschränkte Folge in X ist, und die Einbettung $X \to Y$ kompakt ist, so können wir eine konvergente Teilfolge in Y auswählen, die auf eine konvergente Folge in Z abgebildet wird. Der andere Fall wird analog untersucht.

$\square$

2.4 Hilbert-Räume

Im folgenden bezeichnet der Querstrich die komplexe Konjugation ($z = x+iy$, $\bar{z} = x - iy$). Wenn der zugrunde liegende Vektorraum reell ist, so hat er keine Bedeutung.

Definition 2.20. *Sei X ein linearer Raum über $\mathbb{K}$. Eine Abbildung $(\cdot, \cdot)$: $X \times X \to \mathbb{K}$ heißt* inneres Produkt *oder* Skalarprodukt *in X, wenn die folgenden Bedingungen*

(a) $(\alpha_1 x_1 + \alpha_2 x_2, x_3) = \alpha_1(x_1, x_3) + \alpha_2(x_2, x_3)$ *(Linearität)*,

(b) $(x_1, x_2) = \overline{(x_2, x_1)}$ *(Antisymmetrie)*,

(c) $(x, x) > 0$ *für $x \neq 0$ (Definitheit)*,

erfüllt sind, wobei $\alpha_i \in \mathbb{K}$ und $x_i \in X$.

Wegen (b) ist $(x, x) \in \mathbb{R}$. Aus (a) und (b) folgt, daß das innere Produkt eine *Sesquilinearform* ist, d.h. es ist linear in der ersten Komponente und *antilinear* in der zweiten,

$$(x_1, \alpha_2 x_2 + \alpha_3 x_3) = \overline{(\alpha_2 x_2 + \alpha_3 x_3, x_1)} = \overline{\alpha_2}(x_1, x_2) + \overline{\alpha_3}(x_1, x_3).$$

Im Fall reeller Räume ist das innere Produkt eine Bilinearform. Als erstes wollen wir nachweisen, daß ein Raum mit innerem Produkt gleichzeitig ein normierter Raum mit Norm $\|x\|_X = (x, x)^{1/2}$ ist. Dazu benötigen wir ein vorbereitendes Lemma.

Lemma 2.21 (Cauchy-Ungleichung). *In einem Raum mit innerem Produkt gilt für alle x, y*

$$|(x, y)| \leq \|x\|_X \|y\|_X.$$

Beweis. Aus den Axiomen für das innere Produkt erhalten wir

$$0 \leq (\alpha x + y, \alpha x + y) = |\alpha|^2 \|x\|_X^2 + 2\mathrm{Re}\left(\alpha(x, y)\right) + \|y\|_X^2.$$

Wir können $x \neq 0$ voraussetzen und wählen $\alpha = -\overline{(x, y)}/\|x\|_X^2$, also

$$0 \leq \|\alpha x + y\|_X^2 = \|y\|_X^2 - \frac{|(x, y)|^2}{\|x\|_X^2}.$$

Damit ist die Ungleichung bewiesen. $\square$

Lemma 2.22. $\|x\|_X = (x,x)^{1/2}$ *ist eine Norm auf* X.

Beweis. Die beiden ersten Normaxiome folgen direkt aus der Definition der Sesquilinearform, die Dreiecksungleichung beweist man mit Hilfe der Cauchy-Ungleichung

$$\|x+y\|_X^2 = \|x\|_X^2 + 2\mathrm{Re}\,(x,y) + \|y\|_X^2 \leq \|x\|_X^2 + 2\|x\|_X\|y\|_X + \|y\|_X^2$$

$$= (\|x\|_X + \|y\|_X)^2.$$

$\square$

Aus der Cauchy-Ungleichung folgt die Stetigkeit des inneren Produkts $(\,,\,)$: $X \times X \to \mathbb{K}$; für $x_k \to x$ und $y_k \to y$ gilt

$$|(x_k, y_k) - (x, y)| = |(x_k - x, y_k) + (x, y_k - y)|$$

$$\leq \|x_k - x\|_X\|y_k\|_X + \|x\|_X\|y_k - y\|_X \;\to\; 0.$$

Durch direkte Rechnung beweist man die *Parallelogramm-Gleichung*

$$2\|x\|_X^2 + 2\|y\|_X^2 = \|x+y\|_X^2 + \|x-y\|_X^2. \tag{2.4}$$

Definition 2.23. *Ein linearer Raum mit innerem Produkt, der vollständig ist bezüglich der induzierten Norm* $\|\cdot\|_X = (\cdot,\cdot)^{1/2}$, *heißt* Hilbert-Raum.

Ein Hilbert-Raum ist damit ein spezieller Banach-Raum. Im Gegensatz zu endlich dimensionalen Räumen geht nicht jeder unendlich dimensionale Banach-Raum aus einem Hilbert-Raum hervor.

Beispiele 2.24 (i) Sei $(\cdot,\cdot)_X$ ein inneres Produkt auf $X = \mathbb{R}^n$. Mit

$$a_{ij} = (e_i, e_j)_X$$

gilt für die zugehörige Matrix $A = (a_{ij})_{i,j=1,\ldots,n}$, daß $(x,y)_X = (Ax, y)$. Aus den Axiomen für das innere Produkt folgt $A = A^T$ und $(Ax, x) > 0$ für $x \neq 0$. Damit ist jedes innere Produkt des $\mathbb{R}^n$ von der Form (Ax, y) mit einer symmetrischen und positiv-definiten Matrix $A \in \mathbb{R}^{n \times n}$. Ferner gilt für diese Matrizen die Cauchy-Ungleichung

$$|(Ax, y)| \leq (Ax, x)^{1/2}(Ay, y)^{1/2}.$$

(ii) Der Raum l_2 ist Hilbert-Raum mit innerem Produkt $(x,y) = \sum_{i=1}^{\infty} x(i)\overline{y(i)}$.

(iii) Auf dem Raum $C([0,1])$ ist das innere Produkt $(x,y) = \int x(\tau)\overline{y(\tau)}\,d\tau$ erklärt. Wie in Kapitel 4 ausgeführt wird, ist der zugehörige normierte Raum unvollständig, $C([0,1])$ mit diesem inneren Produkt daher kein Hilbert-Raum.

Jedem $x \in X$ kann ein lineares Funktional $f_x(y) = (y, x)$ zugeordnet werden, das wegen $|f_x(y)| \le \|y\|_X \|x\|_X$ auch stetig ist. Die Frage, ob die damit verbundene Abbildung $j : X \to X'$, $x \mapsto f_x$, bijektiv ist, kann positiv beantwortet werden:

Satz 2.25 (Rieszscher Darstellungssatz). (a) *Zu jedem stetigen linearen Funktional f in einem Hilbert-Raum X gibt es genau ein $x \in X$ mit*

$$(y, x) = f(y) \quad \forall y \in X \tag{2.5}$$

und $\|f\|_{X'} = \|x\|_X$, die zugehörige Abbildung $j : X \to X'$, $x \mapsto (\cdot, x)$, ist eine bijektive, antilineare Isometrie.

(b) *Das x in (2.5) ist auch die eindeutig bestimmte Lösung des Problems*

$$F(y) = (y, y) - 2\operatorname{Re} f(y) \; \to \; \text{Min} \quad \text{unter allen } y \in X. \tag{2.6}$$

Beweis. Wir zeigen als erstes die Existenz eines Minimums in (2.6). Mit der Youngschen Ungleichung (A.1) folgt

$$F(y) = (y, y) - 2\operatorname{Re} f(y) \ge \|y\|_X^2 - 2\|f\|_{X'}\|y\|_X \ge -\|f\|_{X'}^2,$$

F ist daher nach unten beschränkt und $d = \inf F(y)$ existiert. Wir wählen eine *Minimalfolge* (y_k), also $F(y_k) \to d$. Aus der Parallelogrammgleichung (2.4) folgt

$$\|y_k - y_l\|_X^2 = 2\|y_k\|_X^2 + 2\|y_l\|_X^2 - \|y_k + y_l\|_X^2$$

$$= 2\|y_k\|_X^2 - 4\operatorname{Re} f(y_k) + 2\|y_l\|_X^2 - 4\operatorname{Re} f(y_l) - 4\left\|\frac{y_k + y_l}{2}\right\|^2 + 8\operatorname{Re} f\left(\frac{y_k + y_l}{2}\right)$$

$$= 2F(y_k) + 2F(y_l) - 4F\left(\frac{y_k + y_l}{2}\right) \le 2F(y_k) + 2F(y_l) - 4d \; \to \; 0.$$

Damit ist (y_k) Cauchy-Folge und konvergiert gegen ein $x \in X$. Aus der Stetigkeit von F folgt $F(x) = d$ und x ist ein Minimum. Für jedes $\xi \in \mathbb{K}$ und $y \in X$ gilt folglich $F(x) \le F(x + \xi y)$, daher

$$0 \le 2\operatorname{Re} \xi(y, x) - 2\operatorname{Re} \xi f(y) + |\xi|^2 \|y\|_X^2.$$

Wir wählen hier speziell $\xi = ta$ mit reellem $t > 0$, teilen durch t, gehen zum Grenzwert $t \to 0$ über und wählen anschließend $a = \pm 1$ sowie bei $\mathbb{K} = \mathbb{C}$ zusätzlich $a = \pm i$. Dann folgt $0 = 2(y, x) - 2f(y)$, das ist (2.5).

Die Gleichung (2.5) besitzt daher mindestens eine Lösung. Sind x_1, x_2 Lösungen, so folgt $(y, x_1 - x_2) = 0$ für alle $y \in X$. Setzen wir hier $y = x_1 - x_2$, so $x_1 = x_2$. Da jede Lösung des Minimierungsproblems der Variationsgleichung genügt, letztere aber eindeutig lösbar ist, ist auch das Minimierungsproblem eindeutig lösbar.

Die Identität $\|f\|_{X'} = \|x\|_X$ folgt zum einen aus der Cauchy-Ungleichung

$$\|f\|_{X'} = \sup_{y \neq 0} \frac{|(y,x)|}{\|y\|_X} \leq \sup_{y \neq 0} \frac{\|y\|_X \|x\|_X}{\|y\|_X} = \|x\|_X,$$

und zum anderen aus

$$\|x\|_X^2 = (x,x) = f(x) \leq \|f\|_{X'} \|x\|_X.$$

Mit $f = j(x)$ ist j eine bijektive Isometrie. j ist antilinear, weil das innere Produkt antilinear in der zweiten Komponente ist. $\qquad\qquad\square$

Auch wenn die Abbildung j für einen komplexen Hilbert-Raum keine *lineare* Isometrie ist, so ist die Antilinearität offenbar ausreichend, um die Räume X und X' miteinander zu identifizieren.

Die intuitive Bedeutung des inneren Produkts ist ähnlich wie im endlich dimensionalen Fall, was durch die folgende Definition unterstrichen wird.

Definition 2.26. *Zwei Elemente x, y eines Hilbert-Raums heißen* orthogonal, *wenn $(x,y) = 0$, was auch mit $x \perp y$ bezeichnet wird. Zu einer Teilmenge A eines Hilbert-Raums heißt*

$$A^\perp = \{x \in X : x \perp A\}$$

das orthogonale Komplement *von A.*

$A^\perp$ ist als Durchschnitt der Nullräume von $f_y(x) = (x,y)$, $y \in A$, ein abgeschlossener Unterraum. Die Beziehung $A \subset A^{\perp\perp} = (A^\perp)^\perp$ folgt direkt aus der Definition.

Zu einem Hilbert-Raum X und einem Unterraum A definieren wir ebenfalls in Anlehnung an den endlich dimensionalen Fall die *orthogonale Projektion* $P : X \to A$ durch die Bedingung

$$(Px, y) = (x, y) \quad \forall y \in A, \qquad (2.7)$$

also $x - Px \perp A$.

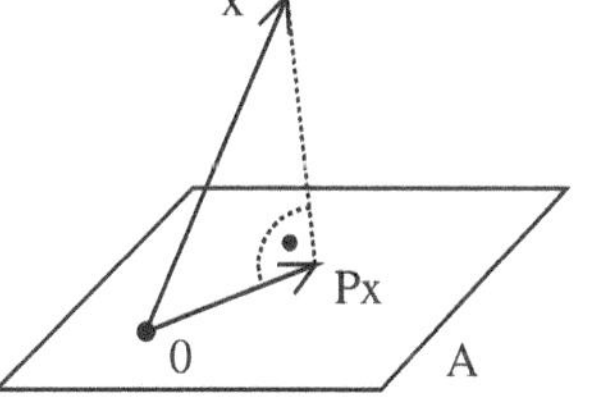

Satz 2.27 (Projektionssatz). *Sei A ein nichtleerer abgeschlossener Unterraum eines Hilbert-Raums X.*

(a) *Die Abbildung P in (2.7) existiert und ist eindeutig bestimmt. P ist linear und stetig. Falls $A \neq \{0\}$, so $\|P\|_{X \to X} = 1$.*

(b) *Zu jedem $x \in X$ gibt es eine eindeutige Darstellung $x = y + z$ mit $y = Px \in A$ und $z \in A^\perp$.*

(c) *Es gilt $A = A^{\perp\perp}$.*

Beweis. (a) Als erstes wird gezeigt, daß in

$$d = \text{dist}\,(x, A) = \inf_{y \in A} \|x - y\|_X$$

das Infimum angenommen wird. Das Funktional

$$F(y) = \|x - y\|_X^2 = \|x\|_X^2 - 2\operatorname{Re}(y, x) + \|y\|_X^2, \quad y \in A,$$

besitzt die gleiche Struktur wie (2.6): $(\cdot, x)$ ist ein stetiges lineares Funktional und $\|x\|_X^2$ ist lediglich eine Konstante. Da der abgeschlossene Unterraum A selber Hilbert-Raum ist, nimmt nach dem Rieszschen Darstellungssatz 2.25 das Funktional F das Minimum im eindeutig bestimmten Punkt $Px \in A$ an, der der Variationsgleichung

$$(y, Px) = (y, x) \quad \forall y \in A.$$

genügt.

$P : X \to A$ ist offenbar linear. $\|P\|_{X \to X} \leq 1$ erhält man mit $(Px, Px) = (x, Px) \leq \|x\|_X \|Px\|_X$. $\|P\|_{X \to X} = 1$ folgt aus $Py = y$ für alle $y \in A$.

(b) Aus $x = y + z$ folgt $(x, w) = (y, w)$ für alle $w \in A$, womit nach (a) $y = Px$ eindeutig bestimmt ist.

(c) Bezeichnen wir hier die orthogonale Projektion in den abgeschlossenen Unterraum A mit P_A, so folgt aus (b) $Id - P_A = P_{A^\perp}$, also auch $Id - P_{A^\perp} = P_{A^{\perp\perp}}$, zusammen daher $P_A = P_{A^{\perp\perp}}$ und $A = A^{\perp\perp}$. $\qquad\qquad\Box$

Nun beweisen wir eine Verallgemeinerung des Rieszschen Darstellungssatzes auf unsymmetrische Sesquilinearformen.

Definition 2.28. *Eine Sesquilinearform* $b : X \times X \to \mathbb{K}$ *heißt* beschränkt, *wenn es eine Konstante* c_b *gibt mit*

$$|b(x, y)| \leq c_b \|x\|_X \|y\|_X \quad \forall x, y \in X,$$

und sie heißt koerziv, *wenn es eine Konstante* $c_e > 0$ *gibt mit*

$$|b(x, x)| \geq c_e \|x\|_X^2 \quad \forall x \in X.$$

Satz 2.29 (Lax-Milgram). *Sei* $b(\cdot, \cdot)$ *eine beschränkte und koerzive Sesquilinearform auf dem Hilbert-Raum* X. *Dann gibt es ein bijektives* $R \in \mathcal{L}(X)$, *so daß für jedes* $x \in X$

$$b(y, Rx) = (y, x) \quad \forall y \in X. \tag{2.8}$$

Ferner gilt $\|R\| \leq c_e^{-1}$, $\|R^{-1}\| \leq c_b$.

Anmerkungen 2.30 (i) Nach dem Rieszschen Darstellungssatz gibt es damit auch einen stetigen Operator $\tilde{R} : X' \to X$ mit $b(y, \tilde{R}f) = f(y)$ für alle $y \in X$. Der Operator $\tilde{R}$ genügt den gleichen Abschätzungen wie R.

(ii) Sei X^* der Raum der stetigen, antilinearen Funktionale auf X, also der stetigen f mit $f(x + y) = f(x) + f(y)$ und $f(\alpha x) = \overline{\alpha} f(x)$. Da die komplexe Konjugation $f \mapsto \overline{f}$ eine bijektive antilineare Isometrie zwischen X' und X^* ist, besitzen die beiden Räume die gleiche Struktur. Man nennt X^* den *Antidualraum* von X. Im Zusammenhang mit Hilbert-Räumen ist er natürlicher als der Dualraum, denn in vielen Anwendungen ist zu $f \in X^*$ ein $R^* f \in X$ gesucht mit

$$b(R^* f, y) = f(y) \quad \forall y \in X.$$

Man führt dieses Problem auf (2.8) zurück, indem man diese Gleichung auf beiden Seiten komplex konjugiert und $b^*(y, x) = \overline{b(x, y)}$ setzt. b^* ist ebenfalls eine beschränkte, koerzive Sesquilinearform, *adjungierte Sesquilinearform* genannt, und die zugehörige rechte Seite $\overline{f}$ liegt in X'. $R^* : X^* \to X$ besitzt die gleichen Stetigkeitseigenschaften wie R.

Beweis. Das Funktional $b(\cdot, x)$ ist linear und stetig mit $\|b(\cdot, x)\|_{X'} \leq c_b \|x\|_X$. Nach dem Darstellungssatz von Riesz existiert daher genau ein Tx mit $b(y, x) = (y, Tx)$ für alle $y \in X$. Da beide Formen sesquilinear sind, ist $T : X \to X$ linear und wegen

$$\|Tx\|_X^2 = (Tx, Tx) = b(Tx, x) \leq c_b \|Tx\|_X \|x\|_X, \qquad (2.9)$$

auch stetig. Wegen

$$c_e \|x\|_X^2 \leq |b(x, x)| = |(Tx, x)| \leq \|Tx\|_X \|x\|_X, \qquad (2.10)$$

ist $\mathcal{N}(T) = \{0\}$. Weiter folgt aus dieser Abschätzung, daß der Bildraum $\mathcal{R}(T)$ abgeschlossen ist. Denn wenn für eine Folge (x_k) gilt $Tx_k \to y$, so liefert (2.10) $\|x_k - x_l\| \leq c_e^{-1} \|Tx_k - Tx_l\|$. Damit ist (x_k) eine Cauchy-Folge, also $x_k \to x$ und wegen der Stetigkeit von T auch $Tx_k \to Tx = y$.

Sei $x_0 \perp \mathcal{R}(T)$. Aus $(x_0, Tx) = 0$ für alle $x \in X$ folgt $0 = (x_0, Tx_0) = b(x_0, x_0) \geq c_e \|x_0\|_X^2$ und damit $x_0 = 0$. Da $\mathcal{R}(T)$ abgeschlossen ist, erhalten wir $\mathcal{R}(T) = X$. Damit ist T bijektiv und $R = T^{-1}$. Die Normabschätzungen für R folgen aus (2.9) und (2.10), indem man dort x durch $T^{-1}x$ ersetzt. $\quad\square$

2.5 Räume stetiger Funktionen und der Satz von Arzela-Ascoli

Sei X ein kompakter metrischer Raum und $C(X)$ der Raum der auf X stetigen, $\mathbb{K}$-wertigen Funktionen mit Norm

$$\|u\|_\infty = \max_{x \in X} |u(x)|.$$

Da u und $|\cdot|$ stetig sind, existiert das Maximum von $|u(\cdot)|$ wegen Satz 1.34. Der Spezialfall $X = K \subset \mathbb{R}^n$ mit einer kompakten Menge K ist für viele Anwendungen interessant genug. Mit gleichem Beweis wie in diesem Spezialfall zeigt man, daß die Elemente von $C(K)$ gleichmäßig stetig sind (siehe Aufgabe 2.23).

Satz 2.31. $(C(X), \|\cdot\|_\infty)$ *ist Banach-Raum.*

Beweis. Die Axiome einer Norm sind offenbar erfüllt. Die Konvergenz $u_k \to u$ in dieser Norm ist die gleichmäßige Konvergenz. Wenn (u_k) eine Cauchy-Folge ist, so bedeutet das

$$\max_{x \in X} |u_k(x) - u_l(x)| < \varepsilon \quad \forall k, l \geq K, \qquad (2.11)$$

insbesondere auch, daß $(u_k(x))$ für alle $x \in X$ Cauchy-Folge in $\mathbb{K}$ ist. Es gibt also eine Funktion $u(x)$ mit $u_k(x) \to u(x)$ punktweise in $\mathbb{K}$. Da der Betrag stetig ist, können wir in (2.11) zum Grenzwert $l \to \infty$ übergehen und erhalten

$$\max_{x \in X} |u_k(x) - u(x)| \leq \varepsilon \quad \forall k \geq K,$$

woraus die gleichmäßige Konvergenz folgt. Wir müssen nun zeigen, daß diese Grenzfunktion stetig ist, was im Fall $X = K \subset \mathbb{R}^n$ ein wohlbekannter Satz der reellen Analysis ist. Der Beweis verläuft hier völlig analog: Sei $x \in X$ und $\varepsilon > 0$ vorgegeben. Dann gibt es ein k mit $\|u - u_k\|_\infty \leq \varepsilon$ und eine Kugel $B_\delta(x)$ mit $|u_k(x) - u_k(y)| \leq \varepsilon$ für alle $y \in B_\delta(x)$. Aus der Dreiecksungleichung folgt dann

$$|u(x) - u(y)| \leq |u(x) - u_k(x)| + |u_k(x) - u_k(y)| + |u_k(y) - u(y)| \leq 3\varepsilon.$$

Damit ist u stetig und $(C(X), \|\cdot\|_\infty)$ vollständig. $\qquad\qquad\square$

Nun untersuchen wir die relativ kompakten Teilmengen von $C(X)$.

Definition 2.32. *Eine Menge $E \subset C(X)$ heißt* gleichgradig stetig, *wenn es zu jedem $\varepsilon > 0$ ein $\delta > 0$ gibt mit*

$$|u(x) - u(y)| \leq \varepsilon \quad \text{für alle } x, y \in X \text{ mit } d(x, y) \leq \delta \text{ und für alle } u \in E.$$

In der gleichgradigen Stetigkeit muß das gesuchte δ unabhängig von $u \in E$ sein. Ein Beispiel für eine nicht gleichgradig stetige Funktionenmenge ist $u_\alpha(x) = x^\alpha \in C([0, 1])$ für $0 < \alpha \leq 1$.

Satz 2.33 (Arzela-Ascoli). *Wenn die Funktionen in einer Menge $E \subset C(X)$ gleichmäßig beschränkt und gleichgradig stetig sind, so ist E relativ kompakt in $C(X)$.*

Beweis. Sei $(u_k)_{k \in \mathbb{N}}$ eine gleichmäßig beschränkte und gleichgradig stetige Folge von Funktionen. Wir müssen zeigen, daß sie eine gleichmäßig konvergente Teilfolge besitzt. Nach Satz 1.33 existiert eine abzählbare dichte Teilmenge $\{x_m\}_{m \in \mathbb{N}}$ von X. Mit dem Diagonalfolgenargument aus Beispiel 2.18 erhalten wir eine Teilfolge, die wieder mit $(u_k)_{k \in \mathbb{N}}$ bezeichnet wird, mit $u_k(x_m) \to v_m$ für alle $m \in \mathbb{N}$.

Im folgenden zeigen wir die gleichmäßige Konvergenz dieser Teilfolge. Sei $\varepsilon > 0$ vorgegeben und sei $\delta > 0$ das zugehörige δ aus der Definition der gleichgradigen Stetigkeit. Aufgrund der Kompaktheit von X gibt es eine endliche

Überdeckung $\{B_i\}_{1 \leq i \leq I}$ von X mit Kugeln B_i vom Durchmesser δ. Aus der gleichgradigen Stetigkeit erhalten wir

$$|u_k(x) - u_k(y)| \leq \varepsilon \quad \forall x, y \in B_i.$$

Zu jedem B_i gibt es einen Punkt x_i in der dichten Teilmenge $\{x_m\}$ mit $x_i \in B_i$. Die punktweise Konvergenz der u_k liefert ein $k_0 \in \mathbb{N}$ mit

$$|u_k(x_i) - u_l(x_i)| \leq \varepsilon \quad \text{für alle } k, l \geq k_0 \text{ und } i = 1, \dots, I.$$

Sei $x \in X$ ein beliebiger Punkt und B_i eine Kugel mit $x \in B_i$. Aus den oben hergeleiteten Abschätzungen folgt für $k, l \geq k_0$

$$|u_k(x) - u_l(x)| \leq |u_k(x) - u_k(x_i)| + |u_k(x_i) - u_l(x_i)| + |u_l(x_i) - u_l(x)| \leq 3\varepsilon.$$

Damit ist die Teilfolge (u_k) gleichmäßig konvergent. $\qquad\qquad\square$

Es gilt auch die umgekehrte Richtung dieses Satzes. Anstatt dies zu beweisen, überprüfen wir die Notwendigkeit der Voraussetzungen. Als erstes sieht man leicht, daß die oben angegebene Menge $u_\alpha(x) = x^\alpha$ nicht relativ kompakt in $C([0,1])$ ist. Um zu zeigen, daß auch die Kompaktheit von X notwendig ist, wählen wir beispielsweise $u = x^2(1-x)^2$ in $(0,1)$ und $u = 0$ in $\mathbb{R} \setminus (0,1)$. Die Folge $u_k \in C(\mathbb{R})$ mit

$$u_k(x) = u(x + k), \quad k \in \mathbb{N}.$$

konvergiert punktweise, aber nicht gleichmäßig gegen die Nullfunktion. Nach Lemma 1.26 gilt aber

$$|u_k(x) - u_k(y)| \leq K|x - y| \quad \forall k \in \mathbb{N},$$

was die gleichgradige Stetigkeit der Funktionenfolge impliziert.

Beispiel 2.34. Wir setzen das in Beispiel 1.25 begonnene Studium des Anfangswertproblems

$$x'(t) = f(t, x(t)), \quad x(0) = x_0 \in \mathbb{R}^n \text{ vorgegeben,} \qquad (2.12)$$

fort, wobei $f : [0, a_0] \times \mathbb{R}^n \to \mathbb{R}^n$ hier nur als stetig vorausgesetzt wird.

Satz 2.35. *Sei f stetig in einer Umgebung U von $(0, x_0) \in \mathbb{R}^{n+1}$. Dann existiert ein $a > 0$, so daß das Anfangswertproblem im Intervall $[0, a]$ mindestens eine Lösung besitzt.*

Beweis. Wie in Beispiel 1.25 gezeigt, ist die Differentialgleichung äquivalent zur Aufgabe

$$x(t) = x_0 + \int_0^t f(\tau, x(\tau)) \, d\tau. \qquad (2.13)$$

Für $\alpha > 0$ betrachten wir die Funktionen

$$x_\alpha(t) = \begin{cases} x_0 & \text{für } t \le 0, \\ x_0 + \int_0^t f(\tau, x_\alpha(\tau - \alpha))\, d\tau & \text{für } t \ge 0 \end{cases}. \qquad (2.14)$$

Durch diese Vorschrift ist x_α eindeutig bestimmt, denn um beispielsweise auf das Intervall $[0, \alpha]$ zuzugreifen, werden von x_α nur die Werte im Intervall $[-\alpha, 0]$ benötigt. Wegen $|f| \le K$ in einer kompakten Teilmenge von U folgt $|x_\alpha(t)| \le |x_0| + Kt$ für $t \in [0, a]$ für genügend klein gewähltes $a > 0$. Da die Funktionen x_α wegen $|x'| \le K$ gleichgradig stetig sind, existiert nach dem Satz von Arzela-Ascoli eine Folge $\alpha_k \to 0$ mit $x_{\alpha_k} \to x$ gleichmäßig im Intervall $[0, a]$. In der Abschätzung

$$|x_{\alpha_k}(t - \alpha_k) - x(t)| \le |x_{\alpha_k}(t - \alpha_k) - x_{\alpha_k}(t)| + |x_{\alpha_k}(t) - x(t)|$$

konvergieren aufgrund der gleichgradigen Stetigkeit und der gleichmäßigen Konvergenz beide Terme auf der rechten Seite gegen Null. Aus dem Grenzübergang $\alpha_k \to 0$ in (2.14) folgt, daß x eine Lösung der Integralgleichung (2.13) ist. $\qquad\square$

Die Differentialgleichung $x' = 2\sqrt{x}$, $x(0) = 0$, besitzt die stetig differenzierbaren Lösungen

$$x_\tau(t) = \begin{cases} 0 & \text{für } t \le \tau, \\ (t - \tau)^2 & \text{für } t \ge \tau, \end{cases} \qquad \tau \ge 0.$$

Wir können daher keine eindeutige Lösung erwarten.

2.6 Die Hölder-Räume $C^{m,\alpha}(\overline{\Omega})$

Definition 2.36. *$\Omega \subset \mathbb{R}^n$ heißt Gebiet, wenn Ω offen und zusammenhängend ist. Ω_0 heißt kompakt enthalten in Ω (Schreibweise $\Omega_0 \subset\subset \Omega$), wenn $\overline{\Omega_0}$ kompakt und in Ω enthalten ist. Für eine Funktion $u : \Omega \to \mathbb{K}$ heißt*

$$\operatorname{supp}(u) = \overline{\{x \in \Omega : u(x) \ne 0\}}$$

der Träger (engl. support) von u.

Ist $\Omega_0 \subset\subset \Omega$, so besitzen Ω und Ω_0 einen positiven Randabstand, $\operatorname{dist}(\partial\Omega, \partial\Omega_0) > 0$ ($\overline{\Omega_0}$ ist kompakt!).

Definition 2.37. *Sei Ω ein Gebiet des $\mathbb{R}^n$. Zu $m \in \mathbb{N}_0$ ist $C^m(\Omega)$ der Raum der reell- oder komplexwertigen Funktionen, die auf Ω definiert und dort m-mal stetig differenzierbar sind. Weiter ist $C^\infty(\Omega) = \cap_{m=0}^\infty C^m(\Omega)$ der Raum der unendlich oft differenzierbaren Funktionen. $C_0^m(\Omega)$ und $C_0^\infty(\Omega)$ sind die Unterräume von $C^m(\Omega)$ bzw. $C^\infty(\Omega)$, die aus Funktionen mit kompaktem Träger in Ω bestehen.*

Die Funktionen in $C_0^m(\Omega)$ besitzen einen Träger innerhalb von Ω, sie und ihre Ableitungen müssen daher in einer Umgebung von $\partial\Omega$ verschwinden.

Die partiellen Ableitungen erster Ordnung $\frac{\partial}{\partial x_i}u$ nach dem i-ten Einheitsvektor e_i werden kürzer als $D_i u$ geschrieben. Der *Gradient* einer Funktion u ist der Vektor

$$Du = (D_1 u, .., D_n u)^T.$$

Entsprechend können die partiellen Ableitungen der Ordnung m in Form eines Tensors angeordnet werden,

$$D^m u = (D^m_{i_1,\ldots,i_m} u)_{1 \le i_j \le n}.$$

Bei Tensoren bezeichnet der Absolutbetrag die *euklidische Norm*, beispielsweise ist $|D^2 u|^2 = \sum_{i,j} |D^2_{ij} u|^2$.

Definition 2.38. *Ein* Multiindex *ist ein Vektor* $\alpha = (\alpha_1, .., \alpha_n)^T$ *mit* $\alpha_i \in \mathbb{N}_0$ *mit den Konventionen*

$$|\alpha| = \sum_{i=1}^n \alpha_i, \quad \alpha! = \prod_{i=1}^n \alpha_i!, \quad x^\alpha = x_1^{\alpha_1} \ldots x_n^{\alpha_n}, \quad D^\alpha u = \frac{\partial^{|\alpha|}}{\partial x_1^{\alpha_1} \ldots \partial x_n^{\alpha_n}} u,$$

sowie

$$\alpha \le \beta \quad \Leftrightarrow \quad \alpha_i \le \beta_i \ \ \text{für } i = 1, \ldots, n.$$

Der Satz von Schwarz rechtfertigt die Schreibweise $D^{(1,1)}u = D_1 D_2 u = D_2 D_1 u$.

Da die Funktionen in $C^m(\Omega)$ nicht beschränkt zu sein brauchen, definieren wir außerdem:

Definition 2.39. *$C^0(\overline{\Omega})$ ist der Raum der in Ω beschränkten und gleichmäßig stetigen Funktionen. $C^m(\Omega)$ ist der Unterraum von $C^m(\Omega)$, der aus den Funktionen besteht, die beschränkte und gleichmäßig stetige Ableitungen für alle $|\alpha| \le m$ besitzen. Auf $C^m(\overline{\Omega})$ definieren wir*

$$\|u\|_{m,\infty} = \|u\|_{m,\infty;\Omega} = \max_{|\alpha| \le m} \sup_{x \in \Omega} |D^\alpha u(x)|.$$

Man kann eine Funktion u in $C^0(\overline{\Omega})$ auf eindeutige Weise zu einer auf $\overline{\Omega}$ stetigen Funktion fortsetzen. Ist nämlich x ein Randpunkt von Ω und (x_k) eine Folge in Ω, die gegen x konvergiert, so ist (x_k) insbesondere eine Cauchy-Folge und aus der gleichmäßigen Stetigkeit von u folgt, daß auch $(u(x_k))$ eine Cauchy-Folge ist, die einen Grenzwert $u(x)$ besitzt. Dieser Grenzwert ist offenbar unabhängig von der gewählten Cauchy-Folge. Daß die so konstruierte Fortsetzung von u auch auf $\overline{\Omega}$ stetig ist, beweist man genauso mit Hilfe der definierenden Cauchy-Folgen. Umgekehrt läßt sich einfach zeigen, daß jede Funktion in $C(K)$ bei kompaktem K gleichmäßig stetig ist (siehe Aufgabe 2.23). Damit stimmt bei beschränktem Ω der Raum $C^0(\overline{\Omega})$ mit dem zuvor definierten Raum $C(K)$, $K = \overline{\Omega}$, überein. Man beachte, daß die Schreibweise

$C^0(\overline{\Omega})$ bei unbeschränktem Ω auch eine unterscheidende Bedeutung hat: Es gilt $\overline{\mathbb{R}^n} = \mathbb{R}^n$, aber $C^0(\overline{\mathbb{R}^n}) \neq C^0(\mathbb{R}^n)$.

Eine auf $\Omega \subset \mathbb{R}^n$ definierte Funktion heißt *hölderstetig* mit Exponent α, $0 < \alpha < 1$, wenn für alle $x, y \in \Omega$ gilt

$$|u(x) - u(y)| \leq c|x - y|^\alpha \tag{2.15}$$

mit einer von x und y unabhängigen Konstanten c. Für $\alpha = 1$ übernehmen wir diese Definition und nennen die Funktion u *lipschitzstetig*. Eine hölder- oder lipschitzstetige Funktion ist gleichmäßig stetig. Die kleinstmögliche Konstante c in (2.15) ist gegeben durch

$$|u|_{C^\alpha} = \sup_{x \neq y} \frac{|u(x) - u(y)|}{|x - y|^\alpha}.$$

Definition 2.40. *$C^{m,\alpha}(\overline{\Omega})$, $m \in \mathbb{N}_0$, $0 < \alpha \leq 1$ ist der Unterraum der Funktionen in $C^m(\overline{\Omega})$, deren Ableitungen von der Ordnung $\leq m$ hölderstetig mit Exponent α bzw. lipschitzstetig sind. Auf $C^{m,\alpha}$ definieren wir die Ausdrücke*

$$\|u\|_{C^{m,\alpha}} = \|u\|_{m,\infty} + \max_{|\gamma|=m} |D^\gamma u|_{C^\alpha}.$$

Im folgenden setzen wir $C^{m,0} = C^m$ und haben damit die $C^{m,\alpha}$-Räume für alle $m \in \mathbb{N}_0$ und $0 \leq \alpha \leq 1$ erklärt.

Satz 2.41. *$C^{m,\alpha}(\overline{\Omega})$ ist Banach-Raum unter der Norm $\| \cdot \|_{C^{m,\alpha}}$.*

Beweis. Die Normaxiome können unmittelbar nachgewiesen werden.

Sei $(u_k)_{k \in \mathbb{N}}$ eine Cauchy-Folge in $C^{m,\alpha}(\overline{\Omega})$. Dann ist $(D^\gamma u_k)$ für $|\gamma| \leq m$ eine Cauchy-Folge bezüglich der Norm $\| \cdot \|_\infty$ und besitzt eine stetige und beschränkte Grenzfunktion u_γ. Die gleichmäßige Stetigkeit von u_γ folgt aus der gleichmäßigen Konvergenz durch Standardargumente. Nun zeigen wir $u_\gamma = D^\gamma u$ für $\gamma = e_i$. Für genügend kleine h liegt mit x auch $x + he_i$ in Ω. Im Hauptsatz

$$u_k(x + he_i) - u_k(x) = \int_0^h D_i u_k(x + te_i)\, dt$$

führen wir den Grenzübergang $k \to \infty$ durch und erhalten mit der Stetigkeit von u_γ

$$u(x + he_i) - u(x) = \int_0^h u_\gamma(x + te_i)\, dt = hu_\gamma(x) + o(h).$$

Damit ist u im Punkt x nach e_i differenzierbar mit Ableitung $u_\gamma(x)$. Durch vollständige Induktion folgt $u_\gamma = D^\gamma u$ für alle γ und damit $u_k \to u$ in $C^m(\overline{\Omega})$. Sei nun $\alpha > 0$ und ohne Beschränkung der Allgemeinheit $m = 0$. Für $x, y \in \Omega$ mit $x \neq y$ führen wir in

$$\frac{|u_k(x) - u_k(y) - (u_l(x) - u_l(y))|}{|x-y|^\alpha} \le \varepsilon \quad \forall l \ge k \ge K$$

den Grenzübergang $l \to \infty$ durch. Da die rechte Seite nicht von x, y abhängt, können wir zum Supremum übergehen und erhalten $|u_k - u|_{C^\alpha} \le \varepsilon$. Dies beweist $u_k \to u$ in der Norm von $C^{m,\alpha}$. $\square$

Satz 2.42. *Sei Ω ein beschränktes Gebiet. Für alle $m \in \mathbb{N}_0$ und $0 \le \alpha < \beta \le 1$ existiert die Einbettung $C^{m,\beta} \to C^{m,\alpha}$ und ist kompakt.*

Beweis. Dies braucht nur für $m = 0$ gezeigt zu werden. Für $\alpha = 0$ ist die Behauptung klar: Die Einbettung folgt aus der Definition der Norm und die Kompaktheit aus dem Satz von Arzela-Ascoli. Sei also $0 < \alpha < \beta$. Für jedes $d > 0$ gilt

$$|u|_{C^\alpha} \le \sup_{|x-y| \ge d} \frac{|u(x) - u(y)|}{|x-y|^\alpha} + \sup_{|x-y| \le d} \frac{|u(x) - u(y)|}{|x-y|^\alpha} \tag{2.16}$$

$$\le 2d^{-\alpha}\|u\|_\infty + d^{\beta-\alpha}|u|_{C^\beta}.$$

Mit $d = 1$ ist die behauptete Einbettung gezeigt.

Sei (u_k) eine Folge in C^β mit $\|u_k\|_{C^\beta} \le M$. Nach dem Satz von Arzela-Ascoli gibt es eine Teilfolge, die genauso bezeichnet wird, mit $u_k \to u$ gleichmäßig. Aus der Definition der C^β-Norm folgt $\|u\|_{C^\beta} \le M$. Sei $\varepsilon > 0$ vorgegeben. In (2.16) ersetzen wir u durch $u - u_k$ und wählen d so klein, daß

$$d^{\beta-\alpha}\|u - u_k\|_{C^\beta} \le 2Md^{\beta-\alpha} = \varepsilon/2.$$

Der Term $2d^{-\alpha}\|u - u_k\|_\infty$ wird ebenfalls durch $\varepsilon/2$ für alle $k \ge K$ beschränkt, indem K genügend groß gewählt wird. Damit ist $u_k \to u$ in C^α gezeigt. $\square$

Ein Gegenbeispiel für unbeschränktes Ω konstruiert man wie in Abschnitt 2.5.

Aufgaben

2.1. (3) Eine Reihe in einem normierten Raum X heißt *konvergent,* wenn es ein $x \in X$ gibt mit

$$\lim_{k \to \infty} \|x - \sum_{j=1}^{k} x_j\| = 0.$$

Eine Reihe heißt *absolut summierbar,* wenn $\sum_{k=1}^{\infty} \|x_k\| < \infty$. Zeigen Sie, daß X genau dann ein Banach-Raum ist, wenn jede absolut summierbare Reihe konvergent ist.

2.2. (3) Seien A, B Teilmengen eines Banach-Raums X. Beweisen Sie oder widerlegen Sie durch Gegenbeispiel:
a) Ist A offen, so ist $A + B$ offen.
b) Sind A und B abgeschlossen, so ist $A + B$ abgeschlossen.
c) Sind A und B kompakt, so ist $A + B$ kompakt.

2.3. (3) Wenn ein Banach-Raum X eine Teilmenge M enthält, die keine abzählbare dichte Teilmenge besitzt, so ist X nicht separabel.

2.4. (2) Zeigen Sie, daß l_∞ nicht separabel ist, aber den separablen Unterraum $c_0(\mathbb{N})$ enthält.

Hinweis: Verwenden Sie Aufgabe 2.3.

2.5. Sei M eine beliebige Menge und $c_0(M)$ die Menge der Abbildungen $u : M \to \mathbb{R}$, so daß

$$M_\varepsilon(u) = \{x \in M : |u(x)| \geq \varepsilon\}$$

endlich ist für jedes $\varepsilon > 0$. Dieser Raum wird mit der Norm

$$\|u\|_\infty = \sup_{x \in M} |u(x)|$$

versehen.

a) (1) Zeigen Sie, daß $c_0(M)$ ein linearer Raum ist.

b) (3) Zeigen Sie, daß $(c_0(M), \|\cdot\|_\infty)$ ein Banach-Raum ist.

2.6. (3) Eine Teilmenge E von $c_0(\mathbb{N})$ ist genau dann kompakt, wenn sie abgeschlossen ist und es ein $y \in c_0(\mathbb{N})$ gibt mit $|x(i)| \leq y(i)$ für alle $i \in \mathbb{N}$ und $x \in E$.

2.7. (2) Sei $l_2(\mathbb{Z})$ der Raum der quadratsummierbaren Folgen $(x(i))_{i \in \mathbb{Z}}$ mit kanonischen Einheitsvektoren e_k, $k \in \mathbb{Z}$. X_1 sei der Abschluß von span $\{e_0, e_1, \ldots\}$ und X_2 sei der Abschluß von

$$\text{span}\,\{f_1, f_2, \ldots\}, \quad f_k = e_{-k} + k e_k.$$

a) $X_1 + X_2$ ist dicht in $l_2(\mathbb{Z})$.

b) $X_1 + X_2$ ist nicht abgeschlossen.

Bemerkung: Die Summe zweier abgeschlossener Unterräume ist also nicht notwendig abgeschlossen.

2.8. (3) Eine Menge $M \subset l_p$, $1 \leq p < \infty$, ist genau dann präkompakt, wenn sie beschränkt ist und wenn

$$\lim_{K \to \infty} \sup_{x \in M} \sum_{k=K}^{\infty} |x(k)|^p = 0.$$

2.9. (3) Ist eine Teilmenge eines Banach-Raums relativ kompakt, so ist auch die konvexe Hülle (siehe Definition A.1(d)) dieser Teilmenge relativ kompakt.

2.10. (3) Geben Sie ein Beispiel für eine kompakte Teilmenge M eines Banach-Raums X, so daß die konvexe Hülle von M nicht kompakt ist.

Hinweis: Verwenden Sie $X = c_0(\mathbb{N})$ und

$$M = \left\{0, e_1, \frac{e_2}{2}, \frac{e_3}{3}, \ldots \right\} \subset c_0(\mathbb{N}).$$

2.11. (3) Eine Teilmenge M eines Banach-Raums X heißt σ-*konvex*, wenn für jede beschränkte Folge (x_k) in M gilt: Ist (t_k) eine Folge in $[0, 1]$ mit $\sum_{k=1}^{\infty} t_k = 1$, so ist $\sum_{k=1}^{\infty} t_k x_k \in M$. Zeigen Sie, daß jede abgeschlossene konvexe Menge σ-konvex ist.

2.12. (3) Auf dem $\mathbb{R}^n$ erklären wir die Normen

$$\|x\|_1 = \sum_{i=1}^{n} |x_i|, \quad \|x\|_2 = \max_{1 \le i \le n} |x_i|.$$

Bestimmen Sie für $n \times n$-Matrizen A die Normen

$$\|A\|_{i \to j} \quad \text{für } i, j = 1, 2, \ (i, j) \ne (2, 1),$$

als Funktion der Elemente a_{kl} der Matrix A.

2.13. (2) Sind X, Y Banach Räume, so ist offenbar auch $X \times Y$ Banach-Raum unter der Norm $\|(x, y)\| = \|x\| + \|y\|$. Man charakterisiere den Dualraum von $X \times Y$ mit Hilfe von X', Y'.

2.14. (3) Um Beispiele linearer Operatoren zu gewinnen, definieren wir auf dem Raum l aller Zahlenfolgen die *Shiftoperatoren*

$$(S_r x)(i) = x(i-1) \ \text{ für } i \ge 2, \ (S_r x)(1) = 0, \quad (S_l x)(i) = x(i+1), \qquad (2.17)$$

und den *Multiplikationsoperator*

$$(M_y x)(i) = y(i)x(i) \ \text{ für } y \in l. \qquad (2.18)$$

Diese Operatoren sind Abbildungen von l in sich. Der Raum l_∞ ist wie immer mit der Supremumsnorm $\| \cdot \|_{l_\infty}$ versehen.

Welche der Abbildungen S_r, S_l, M_y bilden den Raum l_∞ in sich ab? Für diese Abbildungen beantworten Sie auch: Welche sind stetig? Welche sind injektiv, welche surjektiv? Welche sind kompakt?

2.15. (3) a) Beweisen Sie die stetige Einbettung $l_p \to l_q$ für $1 \le p \le q \le \infty$.
b) Zeigen Sie $\cup_{p < \infty} l_p \ne c_0$.

2.16. (1) Geben Sie ein Beispiel für stetige lineare Operatoren $S, T : l_p \to l_p$, $1 \le p \le \infty$, mit $ST = Id$, aber $TS \ne Id$.

2.17. (2) Sei X eine Banach-Raum. Es gibt keine $S, T \in \mathcal{L}(X)$ mit $ST - TS = Id$.
Hinweis: Aus $ST - TS = Id$ folgt $TS^n - S^n T = nS^{n-1}$ (Beweis?).

2.18. (3) Definiere

$$c(\mathbb{N}) = \{x \in l_\infty : x(i) \text{ konvergiert für } i \to \infty\}$$

versehen mit der Norm $\| \cdot \|_{l_\infty}$.
a) Zeigen Sie, daß $c(\mathbb{N})$ ein Banach-Raum ist.
b) Konstruieren Sie eine lineare, bijektive, bistetige Abbildung $T : c(\mathbb{N}) \to c_0(\mathbb{N})$. Bestimmen Sie $\|T\|_{c \to c_0}$, $\|T^{-1}\|_{c_0 \to c}$! Demnach sind c und c_0 *äquivalent*, d.h. sie lassen sich bistetig durch eine lineare Abbildung aufeinander abbilden.

2.19. Sind X und Y Banach-Räume, so ist $X \times Y$ ebenfalls ein Banach Raum unter der Norm $\|(u, v)\|_{X \times Y} = \|u\|_X + \|v\|_Y$. Konstruieren Sie lineare, bijektive, bistetige Abbildungen zwischen den folgenden reellen Räumen X_1, X_2:

a) (2) $X_1 = c(\mathbb{N})$, $X_2 = c(\mathbb{N}) \times c(\mathbb{N})$ ($c(\mathbb{N})$ ist in Aufgabe 2.18 definiert)

b) (5) $X_1 = C([0, 1])$, $X_2 = C([0, 1]) \times c(\mathbb{N})$

c) (2) $X_1 = C([0, 1])$, $X_2 = C([0, 1]) \times \mathbb{R}$

d) (5) (*Borsuk*) $X_1 = C([0, 1])$, $X_2 = C([0, 1]) \times C([0, 1])$

Hinweis: Bei jedem Aufgabenteil verwende man die vorangegangenen.

2.20. (1) Zeigen Sie, daß $c_0(\mathbb{N})' \cong l_1$.

2.21. (2) Sei $a \in \mathbb{R}^n$ mit $|a| = 1$. Bestimmen Sie die Matrix der orthogonalen Projektion vom $\mathbb{R}^n$ auf die Hyperebene

$$H = \{x \in \mathbb{R}^n : ax = 0\}.$$

Hinweis: Sei z die Projektion von y auf H. Dann ist $y - z \perp H$, also ein Vielfaches von a.

2.22. (3) Beweisen Sie den folgenden

Satz. *Sei $E \subset C^0(\overline{\mathbb{R}^n})$. Wenn E gleichgradig stetig ist und wenn eine beschränkte Funktion $f : [0, \infty) \to \mathbb{R}$ mit $\lim_{t \to \infty} f(t) = 0$ existiert, so daß*

$$|u(x)| \le f(|x|) \quad \text{für alle } x \in \mathbb{R}^n \text{ und } u \in E,$$

dann ist E relativ kompakt in $(C^0(\overline{\mathbb{R}^n}), \| \cdot \|_\infty)$.

2.23. (3) Sei X ein kompakter metrischer Raum. Dann sind die Funktionen in $C(X)$ *gleichmäßig stetig*, es gibt also zu jedem $\varepsilon > 0$ ein $\delta > 0$ mit

$$|u(x) - u(y)| \le \varepsilon \quad \text{für alle } x, y \in X \text{ mit } d(x, y) \le \delta.$$

2.24. (3) Beweisen Sie: **Satz (Dini).** *Sei X ein kompakter metrischer Raum und seien $u_k \in C(X)$ reellwertig. Konvergieren für alle $x \in X$ die Folgen $(u_k(x))$ monoton fallend gegen Null, so gilt $\|u_k\|_\infty \to 0$.*

Zeigen Sie auch, daß die Kompaktheit von X eine notwendige Voraussetzung für diesen Satz ist.

2.25. (3) X sei der Raum der stetigen und beschränkten Funktionen auf $(0, 1)$ versehen mit der Norm $\|u\|_\infty = \sup_{x \in (0,1)} |u(x)|$. Zeigen Sie, daß $(X, \| \cdot \|_\infty)$ ein nicht separabler Banach-Raum ist.

2.26. (2) Sei U der Unterraum von $C^0(\overline{\mathbb{R}^n})$ der Funktionen mit $\lim_{|x| \to \infty} |u(x)| = 0$. Zeigen Sie, daß U ein abgeschlossener Unterraum ist, der mit dem Abschluß von $C_0^0(\mathbb{R}^n)$ in $C^0(\overline{\mathbb{R}^n})$ übereinstimmt.

2.27. (3) Sei Ω ein konvexes beschränktes Gebiet. Dann existiert die Einbettung $C^1(\overline{\Omega}) \to C^{0,\alpha}(\overline{\Omega})$ für $0 \le \alpha \le 1$. Die Einbettung ist kompakt für $0 < \alpha < 1$, aber nicht kompakt für $\alpha = 1$.

2.28. (3) $C^{0,\alpha}(0, 1)$ ist nicht separabel für $0 < \alpha \le 1$.

3

Die Prinzipien der Funktionalanalysis

3.1 Der Satz von Baire und das Prinzip der gleichmäßigen Beschränktheit

Definition 3.1. *Sei X ein topologischer Raum und $A \subset X$. A heißt nirgends dicht, wenn $\overline{A}$ keine inneren Punkte enthält. A heißt mager (oder von erster Kategorie), wenn A sich als abzählbare Vereinigung nirgends dichter Mengen darstellen läßt. Eine nichtmagere Menge heißt auch von zweiter Kategorie.*

Für eine nirgends dichte Menge A ist das Komplement $\overline{A}^c$ dicht in X. Denn andernfalls gäbe es eine offene Menge $U \subset \overline{A}$, was der Definition der nirgends dichten Menge widerspricht.

Teilmengen magerer Mengen sind mager. Die abzählbare Vereinigung magerer Mengen ist ebenfalls mager. Der Satz von Baire besagt, daß ein vollständiger metrischer Raum nichtmager ist. Durch Verneinung und/oder Komplementbildung gibt es mehrere Versionen.

Satz 3.2 (Baire). *In einem vollständigen metrischen Raum ist der Durchschnitt von abzählbar vielen offenen und dichten Mengen dicht.*

Korollar 3.3. *Ein vollständiger metrischer Raum ist nichtmager (als Teilmenge von sich selbst).*

Korollar 3.4. *Sei X ein vollständiger metrischer Raum und seien A_k abzählbar viele abgeschlossene Teilmengen von X. Wenn $\cup_k A_k$ eine offene Kugel enthält, so gibt es ein k, so daß A_k eine offene Kugel enthält.*

Beweis. Sei $(A_k)_{k \in \mathbb{N}}$ eine Folge von offenen und dichten Mengen des vollständigen metrischen Raums X. Sei $B_{\varepsilon_0}(x_0)$ eine beliebige offene Kugel von X. Die Menge $B_{\varepsilon_0/2}(x_0) \cap A_1$ ist offen und dicht in $B_{\varepsilon_0/2}(x_0)$ und enthält demnach eine weitere offene Kugel $B_{\varepsilon_1}(x_1)$ mit $0 < \varepsilon_1 < \varepsilon_0/2$. Durch Fortsetzung dieser Konstruktion erhalten wir eine Folge von offenen Kugeln mit

$$B_{\varepsilon_k}(x_k) \subset B_{\varepsilon_{k-1}}(x_{k-1}) \cap A_k, \quad \varepsilon_k < \frac{1}{2}\varepsilon_{k-1}.$$

M. Dobrowolski, *Angewandte Funktionalanalysis*, Springer-Lehrbuch Masterclass, 2nd ed., DOI 10.1007/978-3-642-15269-6_3, © Springer-Verlag Berlin Heidelberg 2010

Die Mittelpunkte x_k dieser Kugeln bilden eine Cauchy-Folge und wegen der Vollständigkeit von X gilt $x_k \to x$. Für $l > k$ folgt

$$d(x_k, x) \le d(x_k, x_l) + d(x_l, x) \le \frac{1}{2}\varepsilon_k + d(x_l, x) \;\to\; \frac{1}{2}\varepsilon_k,$$

also $x \in B_{\varepsilon_k}(x_k)$ und daher auch $x \in A_k$. Damit ist $x \in B_{\varepsilon_0}(x_0)$ und $x \in \cap_k A_k$. Da $B_{\varepsilon_0}(x_0)$ beliebig gewählt war, ist $\cap_k A_k$ dicht in X.

Das Korollar 3.3 beweist man durch Komplementbildung. Sei $\{E_k\}_{k \in \mathbb{N}}$ eine Familie von nirgends dichten Teilmengen von X. Die Mengen $A_k = \overline{E_k}^c$ sind offen und dicht in X. Da der Durchschnitt der A_k nach dem Satz von Baire dicht in X liegt, kann die Vereinigung der E_k nicht mit dem ganzen Raum übereinstimmen.

Für das Korollar 3.4 verwenden wir eine Folgerung aus dem Beweis des letzten Korollars: Die abzählbare Vereinigung nirgends dichter Mengen enthält keine inneren Punkte. Dies ist gerade der indirekte Beweis von Korollar 3.4.

$$\square$$

Da die Vereinigung magerer Mengen mager ist, muß nach Korollar 3.3 im vollständigen metrischen Raum das Komplement einer mageren Menge nicht-mager sein.

Beispiel 3.5 (Gleichmäßige Beschränktheit stetiger Funktionen). Sei $H \subset C([0,1])$ punktweise beschränkt, zu jedem $x \in [0,1]$ soll es also ein K_x geben mit $|u(x)| \le K_x$ für alle $u \in H$. Um einzusehen, daß hieraus nicht die gleichmäßige Beschränktheit von H folgt, setzen wir für beliebiges $x_0 \in (0,1]$ und genügend großes k

$$u_k(x) = \begin{cases} 0 & \text{für } 0 \le x \le x_0 - 2/k \text{ und } x \ge x_0, \\ k & \text{für } x = x_0 - 1/k, \\ \text{stw. linear sonst.} \end{cases}$$

Diese Funktionenmenge ist offenbar punktweise, aber nicht gleichmäßig beschränkt. Da solche Beispiele für verschiedene x_0 miteinander kombiniert werden können, ist das folgende Resultat eine Überraschung:

Satz. *Ist die Menge $H \subset C([0,1])$ punktweise beschränkt, so gibt es ein nichtleeres offenes Intervall $I \subset [0,1]$, auf dem H gleichmäßig beschränkt ist, es gibt also eine Konstante K mit $|u(x)| \le K$ für alle $x \in I$ und alle $u \in H$.*

Beweis. Die Mengen

$$A_k = \{x \in [0,1] : |u(x)| \le k \text{ für alle } u \in H\}$$

sind wegen der Stetigkeit der Funktionen u abgeschlossen und es gilt wegen der punktweisen Beschränktheit $\cup_k A_k = [0,1]$. Nach Korollar 3.4 gibt es ein offenes Intervall I mit $I \subset A_k$ für ein k.

$$\square$$

Für lineare Abbildungen liefert dieses Beispiel noch mehr:

Satz 3.6 (Prinzip der gleichmäßigen Beschränktheit, Satz von Banach-Steinhaus). *Seien X, Y Banach-Räume und die Menge $H \subset \mathcal{L}(X, Y)$ sei punktweise beschränkt, also $\|Tx\|_Y \leq K_x$ für alle $T \in H$. Dann ist die Menge H gleichmäßig beschränkt,*

$$\|T\|_{X \to Y} \leq K \quad \text{für alle } T \in H.$$

Beweis. Setze $A_k = \{x \in X : \|Tx\|_Y \leq k \quad \text{für alle } T \in H\}$. Da $x \mapsto Tx \mapsto \|Tx\|_Y$ für jedes T stetig ist, ist $\{x \in X : \|Tx\| \leq k\}$ abgeschlossen und A_k als Durchschnitt dieser Mengen ebenfalls. Es ist $X = \cup_k A_k$, weil H punktweise beschränkt ist. Nach Korollar 3.4 gibt es eine offene Kugel mit $B_{2d}(x_0) \subset A_k$ für ein $k \in \mathbb{N}$, also $\|Tx\|_Y \leq k$ für alle $x \in B_{2d}(x_0)$ und alle $T \in H$. Dann gilt für $\|x\| = 1$

$$\|Tx\|_Y = \frac{1}{d}\|T(dx)\|_Y = \frac{1}{d}\|T(dx + x_0 - x_0)\|_Y$$

$$\leq \frac{1}{d}\|T(dx + x_0)\|_Y + \frac{1}{d}\|Tx_0\|_Y \leq \frac{k}{d} + \frac{k}{d},$$

daher $\|T\|_{X \to Y} \leq \frac{2k}{d}$. $\qquad\qquad\square$

Korollar 3.7. *Seien X, Y Banach-Räume und die Folge (T_k) in $\mathcal{L}(X, Y)$ sei punktweise konvergent, also $T_k x \to Tx$ für alle $x \in X$. Dann ist auch $T \in \mathcal{L}(X, Y)$.*

Beweis. Die Linearität von T folgt bereits aus der punktweisen Konvergenz (siehe Beweis von Satz 2.10). Da die T_k insbesondere punktweise beschränkt sind, folgt aus dem Prinzip der gleichmäßigem Beschränktheit $\|T_k\|_{X \to Y} \leq K$, daher $\|Tx\|_Y = \lim \|T_k x\|_Y \leq K\|x\|_X$. $\qquad\qquad\square$

3.2 Das Prinzip der offenen Abbildung

Wir hatten eine Abbildung *offen* genannt, wenn offene Mengen auf offene Mengen abgebildet werden.

Satz 3.8 (Prinzip der offenen Abbildung, Satz vom inversen Operator). *Seien X, Y Banach-Räume und $T \in \mathcal{L}(X, Y)$ sei surjektiv. Dann ist T offen. Demnach ist die Inverse T^{-1} stetig, wenn T bijektiv ist.*

Beweis. Dies ist letztlich eine nichttriviale Folgerung aus dem Satz von Baire. Der Beweis erfolgt in mehreren Schritten:

(i) *Sei $U_a = B_a(0)$. $\overline{T(U_1)}$ enthält eine offene Kugel.*

Es gilt $X = \cup_k U_k$. Da T surjektiv und linear ist, folgt

$$Y = T(X) = \cup_k T(U_k) = \cup_k \overline{T(U_k)}.$$

Nach Korollar 3.4 gibt es ein l, so daß $\overline{T(U_l)}$ eine offene Kugel vom Radius r enthält. Damit enthält $\overline{T(U_1)}$ eine offene Kugel vom Radius r/l.

(ii) *0 ist innerer Punkt von $\overline{T(U_\varepsilon)}$ für alle $\varepsilon > 0$.*

Vorausgeschickt sei die Bemerkung, daß der Abschluß einer konvexen Menge A ebenfalls konvex ist, denn wenn (x_k) und (y_k) Folgen in A sind, so ist auch $(tx_k + (1-t)y_k)$, $t \in [0,1]$, eine Folge in A.

Nach (i) gibt es ein $y \in X$ und ein $\eta > 0$ mit

$$\|x - y\|_X < \eta \;\Rightarrow\; x \in \overline{T(U_1)}.$$

Da U_1 symmetrisch bezüglich des Nullpunkts ist, gilt dies auch mit y ersetzt durch $-y$. Für $\|x\| < \eta$ folgt aus $x \pm y \in \overline{T(U_1)}$ und der Konvexität von $\overline{T(U_1)}$

$$x = \frac{1}{2}(x - y) + \frac{1}{2}(x + y) \in \overline{T(U_1)},$$

daher $B_\eta(0) \subset \overline{T(U_1)}$ und $B_{\eta\varepsilon}(0) \subset \overline{T(U_\varepsilon)}$

(iii) *0 ist innerer Punkt von $T(U_\varepsilon)$.*

Sei $\varepsilon_k > 0$ eine beliebige Folge mit $\varepsilon_0 = \sum_{k=1}^\infty \varepsilon_k$. Für $U_k = B_{\varepsilon_k}(0)$ enthält $\overline{T(U_k)}$ nach (ii) eine offene Kugel $V_k = B_{\eta_k}(0)$. Da T stetig ist, gilt $\lim_{k\to\infty} \eta_k = 0$. Zu beliebigem $y \in V_0$ definiere eine Folge (x_k) durch

$$y \in V_0 \;\Rightarrow\; y \in \overline{T(U_0)} \;\Rightarrow\; \exists x_0 \in U_0 \text{ mit } \|y - Tx_0\|_Y < \eta_1,$$

$$y - Tx_0 \in V_1 \;\Rightarrow\; y - Tx_0 \in \overline{T(U_1)} \;\Rightarrow\; \exists x_1 \in U_1 \text{ mit } \|y - Tx_0 - Tx_1\|_Y < \eta_2,$$

der k-te Schritt dieser Konstruktion lautet dann

$$\exists x_k \in U_k \text{ mit } \left\|y - \sum_{i=0}^k Tx_i\right\|_Y < \eta_{k+1}.$$

Die Reihe $\sum_{k=0}^\infty x_k$ konvergiert wegen $\|x_k\|_X < \varepsilon_k$. Daher folgt für $x = \sum_{k=0}^\infty x_k$, daß $\|x\|_X < 2\varepsilon_0$ und $y = Tx$. Somit gibt es zu jedem $\varepsilon_0 > 0$ ein η_0 mit $B_{\eta_0}(0) \subset T(B_{2\varepsilon_0}(0))$. Damit ist (iii) gezeigt.

(iv) *Für $M \subset X$ offen ist $T(M)$ offen.*

Da die Translation ein Homöomorphismus ist, ist nach (iii) jeder Punkt von $T(M)$ innerer Punkt. $\qquad\qquad\Box$

Für beliebige Mengen X, Y und $T : X \to Y$ heißt

$$G(T) = \big\{(x, Tx) : x \in X\big\} \subset X \times Y$$

der *Graph* von T. Wenn X und Y Banach-Räume sind, so läßt sich die Produkttopologie auf $X \times Y$ durch

$$\|(x, y)\|_{X \times Y} = \|x\|_X + \|y\|_Y.$$

zu einem Banach-Raum normieren. Falls $T : X \to Y$ linear, so ist der Graph von T ein Unterraum von $X \times Y$. Der Satz vom inversen Operator liefert für den Graphen von T :

Korollar 3.9 (Satz vom abgeschlossenen Graphen). *Seien X, Y Banach-Räume und $T : X \to Y$ eine lineare Abbildung. Dann gilt*

$$T \text{ ist stetig} \quad \Leftrightarrow \quad G(T) \text{ ist abgeschlossen in } X \times Y.$$

Beweis. $\Rightarrow$: Sei (x_k) eine Folge in X mit $x_k \to x$. Weil T stetig ist, gilt $Tx_k \to Tx$. Wenn also (x_k, Tx_k) in $X \times Y$ konvergent ist, so gehört der Grenzwert ebenfalls zu $G(T)$. Damit ist $G(T)$ abgeschlossen.

$\Leftarrow$: $G(T)$ ist nach Voraussetzung ein abgeschlossener Unterraum von $X \times Y$ und damit selber ein Banach-Raum. Die Projektion $\pi : G(T) \to X$, $(x, Tx) \mapsto x$, ist bijektiv, linear und stetig; nach Satz 3.8 ist auch π^{-1} stetig. Da die Projektion $P_Y : X \times Y \to Y$ stetig ist, ist auch $T = P_Y \circ \pi^{-1}$ stetig. $\qquad \square$

3.3 Hahn-Banach-Sätze

Die Hahn-Banach-Sätze beschäftigen sich mit der Existenz stetiger linearer Funktionale $f \in X'$. Es gibt zwei Typen: Die Fortsetzungssätze erlauben die stetige Fortsetzung von Funktionalen, die nur auf einem linearen Unterraum definiert sind, und die Trennungssätze sichern die Existenz von Funktionalen, die auf disjunkten, konvexen Mengen verschiedene Werte annehmen.

Definition 3.10. *Sei X ein reeller Vektorraum und $p : X \to \mathbb{R}$. p heißt* sublinear, *wenn*

(a) $p(tx) = tp(x)$ *für alle $t \geq 0$ und $x \in X$,*

(b) $p(x + y) \leq p(x) + p(y)$ *für alle $x, y \in X$.*

Jede Halbnorm ist sublinear. Der Begriff des sublinearen Funktionals ist auch im $\mathbb{C}$-Vektorraum sinnvoll, denn jeder $\mathbb{C}$-Vektorraum ist auch ein $\mathbb{R}$-Vektorraum.

Satz 3.11 (Hahn-Banachscher Fortsetzungssatz). *Sei M ein Unterraum eines reellen Vektorraums X (ohne Topologie!) und $p : X \to \mathbb{R}$ sei ein sublineares Funktional. Weiter sei $f : M \to \mathbb{R}$ linear mit $f(x) \leq p(x)$ für alle $x \in M$. Dann gibt es ein lineares $F : X \to \mathbb{R}$ mit $F|_M = f$ und*

$$-p(-x) \leq F(x) \leq p(x) \quad \text{für alle } x \in X.$$

Beweis. Sei $M \neq X$. Wähle ein $x_1 \in X \setminus M$ und setze

$$M_1 = \{x + tx_1 : x \in M, t \in \mathbb{R}\}.$$

M_1 ist offenbar ein Vektorraum. Für $x, y \in M$ gilt

$$f(x) + f(y) = f(x + y) \leq p(x + y) \leq p(x - x_1) + p(x_1 + y),$$

daher

$$f(x) - p(x - x_1) \leq p(y + x_1) - f(y).$$

Da die rechte Seite nicht von x abhängt, ist die linke für alle $x \in M$ durch eine Zahl a beschränkt. Daraus erhalten wir die beiden Abschätzungen

$$f(x) - a \le p(x - x_1), \quad f(y) + a \le p(y + x_1). \tag{3.1}$$

Durch $f_1(x+tx_1) = f(x)+ta$ ist auf M_1 ein Funktional mit $f_1|_M = f$ definiert. f_1 ist nach Definition linear. Für $t > 0$ ersetzen wir in (3.1) x durch $t^{-1}x$ und y durch $t^{-1}y$. Wir multiplizieren die beiden Ungleichungen mit t und erhalten $f_1 \le p$ in M_1.

Der zweite Teil des Beweises verwendet transfinite Induktion. Sei $\mathcal{P}$ die Menge der Paare (M', f'), wobei M' ein Unterraum von X ist, der M enthält, und f' eine lineares Funktional auf M' mit $f'|_M = f$ und $f' \le p$ in M'. Wir ordnen $\mathcal{P}$ dadurch, daß wir $(M', f') \le (M'', f'')$ setzen, wenn $M' \subset M''$ und $f'' = f'$ in M' gilt. Sei κ eine total geordnete Teilmenge von $\mathcal{P}$. Sei $\tilde{M}$ die Vereinigung der Elemente von κ. Da die Elemente von κ total geordnet sind, ist M ein Unterraum von $\tilde{M}$. Für $x \in \tilde{M}$, d.i. $x \in M'$ für ein M' in κ, setze $\tilde{f}(x) = f'(x)$, wobei f' zu M' im Paar (M', f') gehört. Offenbar ist $\tilde{f}$ linear und erfüllt $\tilde{f} \le p$ in $\tilde{M}$. Damit ist $(\tilde{M}, \tilde{f}) \in \mathcal{P}$ eine obere Schranke von κ. Nach dem Lemma von Zorn enthält $\mathcal{P}$ ein maximales Element (M^*, f^*). Wäre $M^* \ne X$, so würde der erste Teil des Beweises zu einem Widerspruch führen. Damit ist f^* das gesuchte Funktional F. Die Abschätzung $F \le p$ führt zu $-p(-x) \le -F(-x) = F(x)$. Damit ist alles bewiesen. $\qquad\square$

Satz 3.12. *Sei M ein Unterraum des $\mathbb{K}$-Vektorraums X und p sei eine Halbnorm auf X. Weiter sei $f : M \to \mathbb{K}$ linear mit $|f(x)| \le p(x)$ für alle $x \in M$. Dann gibt es ein lineares $F : X \to \mathbb{K}$ mit $F|_M = f$ und $|F| \le p$ in X.*

Beweis. Eine Halbnorm ist sublinear mit $p(x) = p(-x)$. Die Behauptung für $\mathbb{K} = \mathbb{R}$ folgt daher aus dem letzten Satz.

Im Falle $\mathbb{K} = \mathbb{C}$ sei f ein lineares Funktional mit $|f| \le p$ in M. Da für jede komplexe Zahl $z = \operatorname{Re} z - i\operatorname{Re} iz$ gilt, erhalten wir mit $f_1 = \operatorname{Re} f$,

$$f(x) = f_1(x) - if_1(ix).$$

f_1 ist reell-linear mit $|f_1(x)| \le p(x)$ in M. Nach dem letzten Satz gibt es eine reell-lineare Fortsetzung F_1 von f_1 auf X mit $|F_1| \le p$ in X. Für diese setzen wir entsprechend $F(x) = F_1(x) - iF_1(ix)$. F stimmt auf M mit f überein und ist komplex-linear. Für ein $\alpha \in \mathbb{C}$ mit $|\alpha| = 1$ gilt

$$|F(x)| = \alpha F(x) = F(\alpha x) = F_1(\alpha x) \le p(\alpha x) = p(x).$$

$\qquad\square$

Korollar 3.13. *Sei X ein normierter $\mathbb{K}$-Vektorraum und M ein Unterraum von X. Ferner sei $f : M \to \mathbb{K}$ linear und stetig. Dann existiert ein $F \in X'$ mit $F|_M = f$ und $\|F\|_{X \to \mathbb{K}} = \|f\|_{M \to \mathbb{K}}$.*

Beweis. Für $p(x) = \|x\|_X \|f\|_{M \to \mathbb{K}}$ wenden wir den letzten Satz an. Für die Fortsetzung F gilt dann $|Fx| \le \|x\|_X \|f\|_{M \to \mathbb{K}}$, also $\|F\| \le \|f\|$. Die umgekehrte Richtung $\|F\| \ge \|f\|$ ist klar. $\qquad\square$

Nach unseren bisherigen Überlegungen ist nicht klar, wie reichhaltig der Dualraum ist, insbesondere, ob es zu allen $x \neq y$ ein $f \in X'$ gibt mit $f(x) \neq f(y)$. Diese Trennungseigenschaft beweisen wir in allgemeinerer Form.

Satz 3.14 (Hahn-Banachscher Trennungssatz). *Sei X ein normierter $\mathbb{K}$-Vektorraum und $A, B \subset X$ seien disjunkte und konvexe Mengen. A sei offen. Dann gibt es ein $F \in X'$ und ein $\gamma \in \mathbb{R}$ mit*

$$\operatorname{Re} Fx < \gamma \leq \operatorname{Re} Fy \quad \text{für alle } x \in A, \, y \in B.$$

Beweis. Der Satz gilt für $\mathbb{C}$- wie für $\mathbb{R}$-Vektorräume. Im Beweis von Satz 3.12 wurde gezeigt, wie man aus einem reellwertigen Funktional ein komplexwertiges konstruiert. Es genügt also, den Fall $\mathbb{K} = \mathbb{R}$ zu betrachten.

Seien $a_0 \in A$, $b_0 \in B$ beliebig gewählt und sei $x_0 = b_0 - a_0$. Die Menge

$$C = \left\{ x \in X : x = a - b + x_0 \ \text{für } a \in A, \, b \in B \right\}$$

ist konvex (A, B sind konvex), offen (A ist offen) und enthält die Null ($a_0 \in A$, $b_0 \in B$). Jedem $x \in X$ kann man, wenn der Halbstrahl tx, $t \geq 0$, nicht ganz in C enthalten ist, ein $\overline{x}$ auf dem Rande von C zuordnen. Setze

$$p(x) = \begin{cases} \|x\| / \|\overline{x}\| & \text{wenn } \overline{x} \text{ existiert,} \\ 0 & \text{sonst.} \end{cases}$$

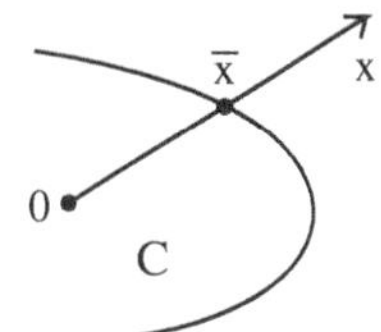

p genügt den Bedingungen

$$p(x) < 1 \ \text{ für } x \in C, \quad p(x) \geq 1 \ \text{ für } x \notin C. \quad (3.2)$$

Weil C offen ist mit $0 \in C$, enthält C auch eine Kugel $B_{1/d}(0)$. Es gilt also $p(x) \leq 1$ für $\|x\| \leq 1/d$ und, weil nach Definition $p(tx) = tp(x)$ für $t \geq 0$,

$$p(x) \leq d\|x\| \quad \forall x \in X.$$

Wir zeigen die Dreiecksungleichung für p. Für $x, y \in X$ mit $p(x) < s$, $p(y) < t$, gilt nach (3.2) $s^{-1}x, t^{-1}y \in C$. Für $u = s + t$ folgt aus der Konvexität von C

$$u^{-1}(x + y) = \frac{s}{u} s^{-1}x + \frac{t}{u} t^{-1}y \in C$$

und wiederum wegen (3.2),

$$p(u^{-1}(x + y)) < 1, \quad \text{also} \ p(x + y) < u.$$

Damit gilt $p(x + y) \leq p(x) + p(y)$ und p ist sublinear.

Nun konstruieren wir das gesuchte F, indem wir auf dem von x_0 aufgespannten Unterraum M setzen $f(tx_0) = t$. Für $t \geq 0$ gilt dann

$$f(tx_0) = t \leq tp(x_0) = p(tx_0),$$

denn wegen $A \cap B = \emptyset$ ist $x_0 \notin C$ und daher $p(x_0) \geq 1$. Nach Satz 3.11 gibt es eine Fortsetzung F von f mit $F \leq p$. Insbesondere ist $F \leq 1$ in C, also auch

$F \geq -1$ in $-C = \{c : -c \in C\}$. Da C offen ist und die Null enthält, erhalten wir $|F| \leq 1$ in $B_R(0)$ für genügend kleines $R > 0$, daher $F \in X'$. Für $a \in A$, $b \in B$ folgt

$$F(a) - F(b) + 1 = F(a - b + x_0) \leq p(a - b + x_0) < 1$$

und daher $F(a) < F(b)$. Da jedes nichtkonstante lineare Funktional eine offene Abbildung ist, also die Bilder offener Mengen offen sind, ist $F(A)$ offen in $\mathbb{R}$. Als γ nehmen wir den rechten Endpunkt in $F(A)$. $\qquad\square$

Die folgende einfache Variante des Trennungsprinzips ist ebenfalls sehr nützlich.

Satz 3.15. *Sei M ein abgeschlossener Unterraum des Banach-Raums X und $x_1 \notin M$. Dann gibt es ein $F \in X'$ mit $\|F\|_{X'} = 1$, $F = 0$ auf M und $F(x_1) = \mathrm{dist}\,(x_1, M) > 0$.*

Beweis. Auf

$$M_1 = M \oplus \mathrm{span}\,\{x_1\}$$

definieren wir das lineare Funktional

$$f(y + \alpha x_1) = \alpha\,\mathrm{dist}\,(x_1, M) \quad \text{für alle } y \in M \text{ und } \alpha \in \mathbb{K}.$$

Da für jedes $y \in M$ und $\alpha \neq 0$

$$\mathrm{dist}\,(x_1, M) \leq \|x_1 + \frac{y}{\alpha}\|$$

gilt, folgt

$$|f(y + \alpha x_1)| \leq |\alpha|\,\|x_1 + \frac{y}{\alpha}\| = \|\alpha x_1 + y\|$$

und damit $f \in M_1'$ mit $\|f\|_{M_1'} \leq 1$. Zu jedem $\varepsilon > 0$ gibt es ein $y_\varepsilon \in M$ mit $\|x_1 - y_\varepsilon\| \leq (1 + \varepsilon)\mathrm{dist}\,(x_1, M)$, also

$$f(x_1 - y_\varepsilon) = \mathrm{dist}\,(x_1, M) \geq \frac{1}{1 + \varepsilon}\|x_1 - y_\varepsilon\|,$$

daher $\|f\|_{M_1'} \geq 1$. Die Behauptung folgt nun aus Korollar 3.13. $\qquad\square$

3.4 Lokalkonvexe topologische Vektorräume

Definition 3.16. *Sei X ein $\mathbb{K}$-Vektorraum und für eine beliebige Indexmenge I sei $\{p_i\}_{i \in I}$ eine Familie von Halbnormen mit folgender Eigenschaft:*

$$\text{Zu jedem } x \in X \setminus \{0\} \text{ existiert ein } i \in I \text{ mit } p_i(x) \neq 0. \tag{3.3}$$

Setze für $i \in I$, $r > 0$ und $x \in X$

$$V_{i,r}(x) = \{y : p_i(y - x) < r\} = x + V_{i,r}(0). \tag{3.4}$$

Die von der lokalen Basis von $x \in X$ (vgl. Satz 1.13)

$$U_{I_0,r}(x) = \cap_{i \in I_0} V_{i,r}(x), \quad I_0 \subset I \text{ endlich}, \quad r > 0,$$

erzeugte Topologie heißt lokalkonvexe Vektorraumtopologie. $(X, \{p_i\})$ *heißt dann* lokalkonvexer topologischer Vektorraum *oder kurz* lokalkonvexer Raum.

Ein Punkt $x \in A \subset X$ ist genau dann innerer Punkt von A, wenn es ein $r > 0$ und eine endliche Indexmenge $I_0 \subset I$ gibt mit $\{y : p_i(x - y) < r, i \in I_0\} \subset A$.

Für $y \in V_{i,r}(x)$ folgt mit $d = p_i(x - y) < r$ aus der Dreiecksungleichung, daß $V_{i,r-d}(y) \subset V_{i,r}(x)$. Damit besteht $V_{i,r}(x)$ nur aus inneren Punkten und die lokale Basis $\{U_{I_0,r}(x)\}$ ist gleichzeitig Umgebungsbasis von $x \in X$. Als Durchschnitte konvexer Mengen sind alle Elemente der Umgebungsbasis konvex, was den Namen „lokalkonvex" erklärt.

Wegen $V_{i,r}(x) = x + V_{i,r}(0)$ steckt alle Information über die lokalkonvexe Topologie bereits in der *Nullumgebungsbasis*, insbesondere ist die Translation $x \mapsto x + y$ stetig.

Axiom (3.3), das bei manchen Autoren auch fehlt, sorgt dafür, daß ein lokalkonvexer Raum das Trennungsaxiom erfüllt. Zu $x, y \in X$, $x \neq y$, gibt es nämlich ein $i \in I$ mit $p_i(x - y) = d > 0$. Für $r = d/2$ gilt dann $V_{i,r}(x) \cap V_{i,r}(y) = \emptyset$.

Da eine Folge in einem topologischen Raum genau dann konvergiert, wenn in jedem Element der Umgebungsbasis fast alle Folgenglieder liegen, folgt in unserem Fall sofort,

$$x_k \to x \quad \Leftrightarrow \quad p_i(x_k - x) \to 0 \ \forall i \in I.$$

Beispiele 3.17 (i) Sei l der Raum aller $\mathbb{K}$-wertigen Zahlenfolgen. Die Halbnormen $p_i(x) = |x(i)|$, $i \in \mathbb{N}$, machen l zu einem lokalkonvexen Raum. Die Konvergenz $x_k \to x$ ist äquivalent zu $x_k(i) \to x(i)$ für alle $i \in \mathbb{N}$, also zur punktweisen Konvergenz. l ist mit dieser Topologie offenbar ein lokalkonvexer Raum. An diesem Beispiel sieht man wohl am besten, warum man in manchen Fällen nicht mit normierten Räumen auskommt: Bei einer Norm müssen die Konvergenzgeschwindigkeiten der einzelnen Komponenten $\{x_k(i)\}$ miteinander gekoppelt sein. Es ist daher klar, daß l nicht zu einem Banach-Raum normiert werden kann.

(ii) Sei $\Omega \subset \mathbb{R}^n$ ein Gebiet. Für eine aufsteigende Folge von Gebieten $\Omega_i \subset\subset \Omega$ mit $\cup_i \Omega_i = \Omega$ setzen wir

$$p_i(u) = \max_{|\alpha| \leq i} \max_{x \in \overline{\Omega_i}} |D^\alpha u(x)|.$$

Dann ist der Raum $C^\infty(\Omega)$ mit diesen Halbnormen ein lokalkonvexer Raum, der manchmal mit $\mathcal{E}(\Omega) = (C^\infty(\Omega), \{p_i\})$ bezeichnet wird. Konvergenz in $\mathcal{E}$ bedeutet gleichmäßige Konvergenz aller Ableitungen bis zur Ordnung i auf $\overline{\Omega_i}$. Auf analoge Art lassen sich auch $C^m(\Omega)$, $m \in \mathbb{N}_0$, zu lokalkonvexen Räumen topologisieren.

Ist die Indexmenge I endlich, $I = \{1, \ldots, n\}$, so ist

$$\tilde{p}(x) = \sum_{i=1}^{n} p_i(x)$$

eine Norm, die die gleiche Topologie erzeugt. Ist I abzählbar wie in den obigen Beispielen, so läßt sich die lokalkonvexe Topologie durch

$$d(x,y) = \sum_{i=1}^{\infty} 2^{-i} \frac{p_i(x-y)}{1 + p_i(x-y)}$$

metrisieren (vgl. Beispiel 1.18(iv)), insbesondere ist das erste Abzählbarkeitsaxiom erfüllt.

Bei überabzählbaren Indexmengen ist insbesondere die Stetigkeit einer Abbildung nicht mehr notwendig zur Folgenstetigkeit äquivalent. Das nächste Lemma kann daher nicht mit Hilfe von Folgen bewiesen werden.

Lemma 3.18. *Sei (X, p_i) ein lokalkonvexer Raum. Dann sind die Halbnormen $p_i : X \to \mathbb{R}$ sowie Addition $X \times X \to X$ und Skalarmultiplikation $\mathbb{K} \times X \to X$ stetig.*

Beweis. Die Umgebungen sind natürlich gerade so definiert, daß die p_i stetig im Nullpunkt sind. Die Stetigkeit auf X folgt aus der Stetigkeit der Translation.

Wie auf Seite 19 für Normen vorgeführt, zeigt man genauso für Halbnormen

$$p_i(y - y') \leq \varepsilon, \quad p_i(x - x') \leq \varepsilon \quad \Rightarrow \quad p_i((x+y) - (x'+y')) \leq 2\varepsilon,$$

$$|\alpha - \alpha'| \leq \varepsilon, \quad p_i(x - x') \leq \varepsilon \quad \Rightarrow \quad p_i(\alpha x - \alpha' x') \leq (|\alpha| + p_i(x'))\varepsilon,$$

Ist $(x,y) \in (+)^{-1}(V_{i,\eta}(z))$, so zeigt die erste Abschätzung zusammen mit der Dreiecksungleichung, daß $V_{i,\varepsilon}(x) \times V_{i,\varepsilon}(y) \subset (+)^{-1}(V_{i,\eta}(z))$ für genügend kleines ε. Damit ist (x,y) innerer Punkt von $(+)^{-1}V_{i,\eta}(z)$. Dieses Argument überträgt sich auch auf endliche Durchschnitte der $V_{i,\eta}(z)$. Die Stetigkeit der Skalarmultiplikation wird genauso bewiesen. $\qquad\square$

Nun verallgemeinern wir Lemma 2.8 auf den lokalkonvexen Fall:

Lemma 3.19. *Seien $(X, \{p_i\})$, $(Y, \{q_j\})$ lokalkonvexe Räume und $T : X \to Y$ eine lineare Abbildung. Dann sind äquivalent:*

(a) T ist stetig.

(b) T ist im Nullpunkt stetig.

(c) Zu jedem $j \in J$ existieren eine endliche Indexmenge $I_0 \subset I$ und eine Konstante K mit

$$q_j(Tx) \leq K \max_{i \in I_0} p_i(x) \quad \forall x \in X.$$

Beweis. Die Äquivalenz von (a) und (b) folgt aus der Additivität von T und der Stetigkeit der Translation.

(b)$\Rightarrow$(c): Wegen der Stetigkeit muß $T^{-1}(V_{j,1}(0))$ ein Element der Nullumgebungsbasis enthalten, es gibt also eine endliche Indexmenge I_0 und ein $r > 0$ mit

$$\max_{i \in I_0} p_i(x) < r \;\Rightarrow\; q_j(Tx) < 1 \quad \forall x \in X. \tag{3.5}$$

Schränken wir dies auf $\max_{i \in I_0} p_i(x) = \varepsilon < r$ ein, so folgt die behauptete Abschätzung mit $K = \varepsilon^{-1}$ für diese x. Ist $p_i(x) = 0$ für alle $i \in I_0$, so folgt aus (3.5), daß $q_j(Tx) = 0$.

(c)$\Rightarrow$(b): Zu jeder endlichen Indexmenge $J_0 \subset J$ gibt es eine endliche Indexmenge $I_0 \subset I$ und eine Konstante K mit

$$\max_{j \in J_0} q_j(Tx) \leq K \max_{i \in I_0} p_i(x) \quad \forall x \in X.$$

Für alle x mit $\max p_i(x) < r/K$ folgt hieraus $\max q_j(Tx) < r$, also $\cap_{i \in I_0} V_{i,K^{-1}r}(0) \subset \cap_{j \in J_0} T^{-1}(V_{j,r}(0))$. $\qquad\square$

Im Spezialfall $Y = \mathbb{K}$ erhalten wir: Ein lineares Funktional $f : X \to \mathbb{K}$ ist genau dann stetig, wenn es ein K und eine endliche Indexmenge $I_0 \subset I$ gibt mit

$$|f(x)| \leq K \max_{i \in I_0} p_i(x) \quad \forall x \in X.$$

Auch im lokalkonvexen Fall wird der Raum der stetigen linearen Funktionale *Dualraum* genannt und mit X' notiert.

3.5 Bidualraum und schwache Topologien

Sei X ein normierter Raum. Der Dualraum von X' heißt auch *Bidualraum* und wird mit X'' bezeichnet. Auf $X \times X'$ kann man die Bilinearform

$$\langle x, f \rangle = f(x) \in \mathbb{K},$$

die *Dualitätsabbildung*, definieren. Diese formale Setzung bringt natürlich nichts Neues, läßt aber eine andere Interpretation zu: So wie f auf x wirkt, wirkt x auch auf f. Jedes $x \in X$ erzeugt daher vermöge

$$f \mapsto \langle x, f \rangle \tag{3.6}$$

eine lineare Abbildung von X' nach $\mathbb{K}$, die wegen

$$|\langle x, f \rangle| \leq \|f\|_{X'} \|x\|_X$$

auch stetig ist. Damit kann jedes $x \in X$ durch (3.6) mit einem $i(x) \in X''$ identifiziert werden.

Lemma 3.20. *Die Abbildung* $i : X \to X''$ *ist eine lineare Isometrie, also*

$$\|x\|_X = \sup_{f \in X', \|f\|_{X'}=1} \langle x, f \rangle = \|i(x)\|_{X''} \quad \forall x \in X.$$

Insbesondere ist $i(X)$ *abgeschlossener Unterraum von* X'' *und damit selber Banach-Raum.*

Beweis. $\|i(x)\|_{X''} \leq \|x\|$ haben wir bereits gezeigt. Für die umgekehrte Richtung schreiben wir

$$\|i(x)\|_{X''} = \sup_{f \in X', \|f\|_{X'}=1} \langle x, f \rangle \geq F(x),$$

wobei F mit dem Hahn-Banachschen Fortsetzungssatz folgendermaßen konstruiert wird: Setze $M = \mathrm{span}\{x\}$, $f(x) = \|x\|$, ansonsten sei f linear auf M, also $f(\alpha x) = \alpha \|x\|$, $\alpha \in \mathbb{K}$. Dann gilt $\|f\|_{M'} = 1$ und es gibt eine Fortsetzung $F \in X'$ mit $F|_M = f$ und $\|F\|_{X'} = 1$. Daher $\|i(x)\|_{X''} \geq \|x\|_X$. $\qquad\square$

Zusammen mit dem Prinzip der gleichmäßigen Beschränktheit folgt hieraus ein nützliches Kriterium für die Beschränktheit von Mengen.

Satz 3.21. *Sei* X *ein Banach-Raum. Dann gilt:*

(a) *Eine Menge* $M \subset X$ *ist genau dann beschränkt, wenn* $|f(x)| \leq K_f$ *für alle* $x \in M$ *und alle* $f \in X'$.

(b) *Eine Menge* $M' \subset X'$ *ist genau dann beschränkt, wenn* $|f(x)| \leq K_x$ *für alle* $f \in M'$ *und alle* $x \in X$.

Beweis. (a) Die Richtung „$\Rightarrow$" ist klar. Zum Beweis der anderen Richtung interpretieren wir die Bedingung in X''. Es gilt $|i(x)(f)| \leq K_f$, womit $i(x)$ für $x \in M$ punktweise beschränkt ist. Nach dem Prinzip der gleichmäßigen Beschränktheit ist die Menge $\{i(x) : x \in M\}$ in X'' beschränkt. Mit dem letzten Lemma ist daher auch M beschränkt.

(b) Dies folgt direkt aus dem Prinzip der gleichmäßigen Beschränktheit.
$$\square$$

Besitzt ein physikalisches System einen „Zustandsraum" X der möglichen Zustände $x \in X$ und ein „Energiefunktional" $f : X \to \mathbb{R}$, so wird der Zustand minimaler Energie von der Natur realisiert. Für die mathematische Physik ist es natürlich wichtig, die Existenz eines solchen Zustands auch zu *beweisen*, allein schon zur Rechtfertigung des konkreten physikalischen Modells. Aber auch innerhalb der Mathematik ist dieses Problem von großer Bedeutung. Beispielsweise kann X eine Menge sein, mit der ein Approximationsproblem gelöst werden soll, und f ist der Approximationsfehler. Existenz des Minimums bedeutet dann Existenz des Elements bester Approximation. Das Minimum kann mit einem Kompaktheitsargument nachgewiesen werden, wenn X ein folgenkompakter Raum und f *unterhalbstetig* ist, also

$$x_k \to x \text{ in } X \quad \Rightarrow \quad f(x) \leq \liminf f(x_k).$$

Am entsprechenden Beweis in Abschnitt 1.4 hat sich fast nichts geändert: Sei $d = \inf f(x) \in [-\infty, \infty)$. Aus einer Minimalfolge (x_k) mit $f(x_k) \to d$ kann wegen der Folgenkompaktheit eine Teilfolge (x_{k_l}) ausgewählt werden mit $x_{k_l} \to x$. Aus der Unterhalbstetigkeit folgt $f(x) \leq \liminf f(x_{k_l})$. Damit ist $f(x) = d$ und $d \in \mathbb{R}$. Die folgenden Konstruktionen haben unter anderem das Ziel, diesen wichtigen Beweis zu ermöglichen.

Enthält eine Teilmenge eines unendlich dimensionalen Banach-Raums einen inneren Punkt, so ist sie nach Satz 2.7 nicht kompakt. Als Abhilfe kann man die offenen Mengen ausdünnen, denn die Chancen für Kompaktheit werden um so größer, je weniger offene Mengen es gibt. Andererseits: Weniger offene Mengen bedeutet weniger stetige (und auch unterhalbstetige) Funktionen. Man steht hier vor einem echten Dilemma.

Definition 3.22. *Die* schwache Topologie *eines Banach-Raums X ist die lokalkonvexe Vektorraumtopologie, die von den Halbnormen*

$$p_f(x) = |f(x)|, \quad f \in X',$$

erzeugt wird.

Die Trennungseigenschaft (3.3) für die schwache Topologie folgt aus dem Trennungssatz von Hahn-Banach. Zu jedem $x \neq 0$ gibt es ein $f \in X'$, das x von der Null trennt, also $|f(x)| = p_f(x) > 0$.

Zur Unterscheidung nennen wir die von der Norm erzeugte Topologie die *starke Topologie* oder auch *Originaltopologie.*

Ist X endlich dimensional mit Basis $e_1, \ldots, e_n$, so gibt es Funktionale f_i mit $f_i(e_j) = \delta_{ij}$. Damit ist $\|x\| = \sum_i |f_i(x)|$ eine Norm; starke und schwache Topologie stimmen in diesem Fall überein.

Lemma 3.23. *Sei X ein unendlich dimensionaler Banach-Raum. Dann hat die schwache Topologie die folgenden Eigenschaften:*

(a) *Die schwache Topologie ist die gröbste Topologie, in der alle $f \in X'$ stetig sind, insbesondere stimmt der Dualraum von $(X, \{p_f\}_{f \in X'})$ mit dem Dualraum von X überein.*

(b) *Jede schwach offene Menge ist unbeschränkt, insbesondere ist die schwache Topologie echt gröber als die Normtopologie.*

(c) *Eine Folge $(x_k)_{k \in \mathbb{N}}$ konvergiert genau dann in der schwachen Topologie gegen ein $x \in X$ (Schreibweise: $x_k \rightharpoonup x$), wenn*

$$f(x_k) \to f(x) \quad \forall f \in X'.$$

Beweis. (a) Ein lineares Funktional ist genau dann im Nullpunkt stetig, wenn die Mengen $V_{f,r} = \{x : |f(x)| < r\}$ für alle $r > 0$ offen sind. Die Nullumgebungsbasis der schwachen Topologie besteht genau aus allen endlichen Durchschnitten solcher Mengen.

(b) Die Behauptung braucht nur für die Elemente der Nullumgebungsbasis gezeigt zu werden. Seien $f_1, \ldots, f_k \in X'$. Da X als unendlich dimensional vorausgesetzt wurde, gibt es linear unabhängige $x_1, \ldots, x_{k+1}$, die zu einem $x \neq 0$ mit $f_i(x) = 0$, $i = 1, \ldots, k$, linear kombiniert werden können. Dann ist die unbeschränkte Menge $\{tx : t \in \mathbb{K}\}$ im Durchschnitt der $V_{f_i, r}(0)$.

(c) $p_f(x_k - x) \to 0$ ist äquivalent zu $f(x_k) \to f(x)$. $\qquad\qquad\square$

Da jede schwach offene Menge offen bezüglich der Normtopologie ist, impliziert die starke Konvergenz (=Normkonvergenz) die schwache. Im unendlich dimensionalen Banach-Raum ist die Umkehrung dieser Aussage meist nicht richtig (vgl. aber Aufgabe 3.28). Als einfaches Beispiel betrachten wir die Folgenräume l_p für $1 < p < \infty$ mit Dualraum l_q, $q = p/(p-1)$ (siehe Beispiele 2.3 und 2.13). Für die Folge (e_k), $e_k(i) = \delta_{ki}$, gilt $e_k \in l_p$, $\|e_k - e_l\|_{l_p} = 2^{1/p}$ für $k \neq l$. Damit ist (e_k) keine Cauchy-Folge und kann in der Normtopologie nicht konvergent sein. Da jedes $y \in l_q$ die Eigenschaft hat, daß $\lim_{i \to \infty} y(i) = 0$, folgt jedoch

$$f_y(e_k) = \sum_{i=1}^{\infty} y(i) e_k(i) = y(k) \;\to\; 0$$

für alle $y \in l_q$. Daher $e_k \rightharpoonup 0$.

Lemma 3.24. *Wenn $x_k \rightharpoonup x$, so gilt $\|x_k\| \leq K$ und $\liminf_{k \to \infty} \|x_k\| \geq \|x\|$ (=schwache Unterhalbstetigkeit der Norm).*

Beweis. Wenn $\lim f(x_k) = f(x)$, so sind die Mengen $\{f(x_k)\}_{k \in \mathbb{N}}$ für jedes $f \in X'$ beschränkt. Die erste Behauptung folgt daher aus Satz 3.21(a). Analog zum Beweis von Lemma 3.20 konstruiert man ein $F \in X'$ mit $\|F\|_{X'} = 1$, $F(x) = \|x\|$. Dann folgt

$$\|x\| = F(x) = \lim F(x_k) \leq \|F\| \liminf \|x_k\|.$$

$$\square$$

Mit Hilfe der Abbildung $i : x \mapsto \langle x, \cdot \rangle$ hatten wir X in einen Unterraum von X'' eingebettet. Dies erzeugt auf X' eine weitere Topologie:

Definition 3.25. *Die* schwache∗ *Topologie auf X' eines Banach-Raums X ist die lokalkonvexe Vektorraumtopologie, die von den Halbnormen*

$$p_x(f) = |f(x)|, \quad x \in X,$$

erzeugt wird.

Die Trennungseigenschaft (3.3) ist hier trivialerweise erfüllt.

Vergleichen wir die schwache und die schwache∗ Topologie auf X':

Halbnormen der schwachen Topologie: $p_u = |u(\cdot)|,\ u \in X''$,

Halbnormen der schwachen∗ Topologie: $p_x = p_{i(x)} = |i(x)(\cdot)|,\ x \in X$.

Die schwache∗ Topologie auf X' ist gröber als die schwache Topologie, weil $i(X) \subset X''$. Das folgende Lemma kann genauso wie Lemma 3.23 bewiesen werden.

Lemma 3.26. *Sei X ein unendlich dimensionaler Banach-Raum. Die schwache* Topologie auf X' hat die folgenden Eigenschaften:*

(a) Die schwache Topologie ist die gröbste Topologie, so daß alle $i(x) \in X''$ stetig sind.*

(b) Jede schwach offene Menge ist unbeschränkt, insbesondere ist die schwache* Topologie echt gröber als die Normtopologie in X'.*

(c) Eine Folge $(f_k)_{k\in\mathbb{N}} \in X'$ konvergiert genau dann in der schwachen Topologie gegen ein $f \in X'$ (Schreibweise: $f_k \overset{*}{\rightharpoonup} f$), wenn*

$$f_k(x) \to f(x) \quad \text{für alle } x \in X.$$

Schwache* Konvergenz ist damit punktweise Konvergenz. Da für eine schwach* konvergente Folge $|f_k(x)| \le K_x$ für alle $x \in X$ gilt, ist die Folge (f_k) nach Satz 3.21(b) normbeschränkt, $\|f_k\|_{X'} \le K$. Für das Grenzfunktional folgt dann $\|f\|_{X'} \le \liminf \|f_k\|_{X'} \le K$.

Um den Unterschied zwischen der schwachen und der schwachen* Konvergenz herauszuarbeiten, betrachten wir den Raum l_1, der Dualraum von $c_0 = c_0(\mathbb{N})$ ist und l_∞ zum Dualraum hat. Für die Folge $(e_k)_{k\in\mathbb{N}}$ mit $e_k(i) = \delta_{ki}$ erhalten wir für jedes $x \in c_0$

$$e_k(x) = \sum_{i=1}^{\infty} e_k(i)x(i) = x(k) \to 0,$$

also $e_k \overset{*}{\rightharpoonup} 0$ in $l_1 = c_0'$, aber für $u = (1, 1, \dots) \in l_\infty$

$$u(e_k) = \sum_{i=1}^{\infty} u(i)e_k(i) = 1.$$

Da der schwache und der schwache* Grenzwert übereinstimmen müssen, sofern sie existieren, ist die Folge (e_k) nicht schwach konvergent in l_1. In Aufgabe 3.28 wird gezeigt, daß in l_1 starke und schwache Konvergenz übereinstimmen.

3.6 Schwache Folgenkompaktheit und reflexive Räume

In diesem Abschnitt wird zunächst gezeigt, daß die abgeschlossene Einheitskugel $\tilde{B}_1(0)$ schwach* folgenkompakt ist, sofern X ein separabler Banach-Raum ist. Als Vorbereitung benötigen wir das folgende

Lemma 3.27. *Sei $(f_k)_{k\in\mathbb{N}}$ eine Folge in X'. Dann gilt $f_k \overset{*}{\rightharpoonup} f \in X'$ genau dann, wenn die beiden folgenden Bedingungen erfüllt sind:*

(a) $\|f_k\|_{X'} \le K$ für alle $k \in \mathbb{N}$,

(b) $(f_k(x))_{k\in\mathbb{N}}$ ist Cauchy-Folge für alle x in einer dichten Teilmenge von X.

Beweis. $\Rightarrow$: Wenn $f_k \overset{*}{\rightharpoonup} f$, so ist die Bedingung (b) erfüllt. Da die Folgen $(f_k(x))$ für alle $x \in X$ beschränkt sind, folgt aus Satz 3.21(b) die Bedingung (a).

$\Leftarrow$: Sei die Bedingung (b) in der dichten Menge $A \subset X$ erfüllt. Für $x \in A$ gilt dann $f_k(x) \to f(x) \in \mathbb{K}$. Für $y \in \operatorname{span} A$ folgt $y = \sum_{i=1}^{n} \alpha_i x_i$, $\alpha_i \in \mathbb{K}$, und

$$f_k(y) = \sum_{i=1}^{n} \alpha_i f_k(x_i) \to \sum_{i=1}^{n} \alpha_i f(x_i).$$

Wir setzen daher $f(y) = \sum_{i=1}^{n} \alpha_i f(x_i)$. f ist damit linear auf $B = \operatorname{span} A$ und es gilt $f_k(x) \to f(x)$ für alle $x \in B$. Wegen Bedingung (a) ist

$$|f(x)| = \lim_{k \to \infty} |f_k(x)| \le K\|x\| \quad \forall x \in B,$$

daher $\|f\|_{B \to \mathbb{K}} \le K$. Da B dicht in X ist, kann f nach Satz 2.14 durch $\tilde{f} \in X'$ mit $\tilde{f}|_B = f$ und $\|\tilde{f}\|_{X'} \le K$ fortgesetzt werden. Sei $y \in X \setminus B$ und $\varepsilon > 0$ beliebig vorgegeben. Dann gilt $\|x-y\| < \varepsilon$ für ein $x \in B$ und $|f_k(x) - f(x)| < \varepsilon$ für genügend große k. Aus der Dreiecksungleichung erhalten wir für diese k

$$|f_k(y) - \tilde{f}(y)| \le |f_k(y) - f_k(x)| + |f_k(x) - \tilde{f}(x)| + |\tilde{f}(x) - \tilde{f}(y)|$$

$$< \left\{ \|f_k\|_{X'} + \|\tilde{f}\|_{X'} \right\} \|x - y\| + \varepsilon < (2K + 1)\varepsilon.$$

Damit ist $f_k \overset{*}{\rightharpoonup} \tilde{f}$ in X' gezeigt. $\qquad\square$

Definition 3.28. *(x_k) heißt schwache Cauchy-Folge in X, wenn $(f(x_k))$ für jedes $f \in X'$ Cauchy-Folge in $\mathbb{K}$ ist. (f_k) heißt schwache* Cauchy-Folge in X', wenn $(f_k(x))$ für jedes $x \in X$ Cauchy-Folge in $\mathbb{K}$ ist.*

Schwache und schwache* Cauchy-Folgen sind normbeschränkt. Daher ist wegen des letzten Lemmas jede schwache* Cauchy-Folge konvergent. Für die schwache Konvergenz ist ein entsprechendes Resultat nicht immer richtig (siehe Aufgabe 3.24). Schwache Konvergenz in X ist auch schwache* Konvergenz im Bidualraum. Ist (x_k) eine schwache Cauchy-Folge, so gibt es ein $u \in X''$ mit $f(x_k) \to u(f)$ für alle $f \in X'$.

Satz 3.29. *Sei X ein separabler Banach-Raum. Dann enthält jede in X' normbeschränkte Folge eine schwach* konvergente Teilfolge.*

Beweis. Durch Auswahl der Diagonalfolge (siehe Beispiel 2.18) wird erreicht, daß $(f_k(x))$ für jedes x in einer dichten Teilmenge von X eine Cauchy-Folge ist. Die Behauptung folgt dann aus dem letzten Lemma. $\qquad\square$

Definition 3.30. *Sei X ein Banach-Raum. Ist die kanonische Inklusion $i : X \to X''$ bijektiv, also ein isometrischer Isomorphismus, so heißt X reflexiv.*

In diesem Fall stimmen die schwache und die schwache∗ Topologie auf X' überein. Jeder Hilbert-Raum ist reflexiv. Aus der Darstellung der Dualräume der Folgenräume l_p für $1 < p < \infty$ in Beispiel 2.13 folgt, daß auch diese reflexiv sind.

Schwache Kompaktheit

Ohne Beweis zitieren wir (siehe z.B. [HS71, S. 62], [Rud74, S. 66]), [Wer97, S. 343]) den folgenden Satz:

Satz (Alaoglu-Bourbaki). *Sei X ein Banach-Raum. Dann ist die abgeschlossene Einheitskugel $\tilde{B}_1(0)$ von X' kompakt in der schwachen∗ Topologie.*

Dieser Satz ist allgemeingültiger als der von uns bewiesene Kompaktheitssatz, weil X nicht separabel zu sein braucht. Auf die Folgenkompaktheit von $\tilde{B}_1(0) \subset X'$ kann aus diesem Satz nicht geschlossen werden, weil die schwache∗ Topologie nicht notwendig das erste Abzählbarkeitsaxiom erfüllt (siehe Aufgabe 3.35).

Ist die schwache∗ Topologie echt gröber als die schwache Topologie, der Banach-Raum also nicht reflexiv, so kann nach Satz 1.36 die abgeschlossene Einheitskugel von X' nicht schwach kompakt sein.

Satz 3.29 hat im reflexiven Banach-Raum ein einfaches Gegenstück, zu dessen Formulierung noch einige Vorbereitungen nötig sind.

Satz 3.31. *Jeder abgeschlossene Unterraum eines reflexiven Banach-Raums ist selber ein reflexiver Banach-Raum.*

Beweis. Sei M ein abgeschlossener Unterraum des reflexiven Raums X. Zu $u \in M''$ setze

$$u_M(f) = u(f|_M), \quad f \in X'.$$

u_M ist offenbar linear mit $\|u_M\|_{X''} \leq \|u\|_{M''}$. Da X reflexiv ist, gibt es ein $x \in X$ mit

$$f(x) = u(f|_M) \quad \forall f \in X'. \tag{3.7}$$

Angenommen $x \notin M$. Dann können wir mit Satz 3.15 ein $f \in X'$ konstruieren mit $f = 0$ auf M und $f(x) \neq 0$, was sofort einen Widerspruch ergibt. Daher ist $x \in M$.

Jedes $f \in M'$ kann mit dem Hahn-Banachschen Fortsetzungssatz zu einem $\tilde{f} \in X'$ fortgesetzt werden. Mit (3.7) gilt dann

$$u(f) = u(\tilde{f}|_M) = \tilde{f}(x) = f(x).$$

Damit ist $i : M \to M''$ surjektiv. $\square$

Satz 3.32. *Sei X ein Banach-Raum. Ist X' separabel, so ist X separabel.*

Beweis. Sei $\{f_k\}$ dicht in X'. Nach Definition der Norm in X' gibt es x_k mit

$$|f_k(x_k)| \geq \frac{1}{2}\|f_k\|, \quad \|x_k\| = 1.$$

Setze $Y = \overline{\mathrm{span}\,\{x_k\}}$. Ist $f = 0$ auf Y für ein $f \in X'$, so folgt für alle k

$$\|f - f_k\| \geq |f(x_k) - f_k(x_k)| = |f_k(x_k)| \geq \frac{1}{2}\|f_k\| \geq \frac{1}{2}(\|f\| - \|f_k - f\|)$$

und damit

$$\|f\| \leq 3\inf_k \|f - f_k\| = 0,$$

weil $\{f_k\}$ dicht in X' ist. Aus Satz 3.15 folgt $Y = X$. $\qquad\square$

Satz 3.33. *Der Banach-Raum X sei reflexiv. Dann ist die abgeschlossene Einheitskugel schwach folgenkompakt.*

Beweis. Sei (x_k) eine Folge in $\tilde{B}_1(0)$. Nach Satz 3.31 ist

$$Y = \overline{\operatorname{span}\{x_1, x_2, \ldots\}}.$$

ein reflexiver Banach-Raum. Es gilt also $Y'' = i(Y)$ und mit Y'' ist nach Satz 3.32 auch Y' separabel. Daher können wir Satz 3.29 auf die Folge $(i(x_k))$ anwenden und erhalten $i(x_k) \overset{*}{\rightharpoonup} z$ in Y'' für eine Teilfolge. Da i ein isometrischer Isomorphismus ist, folgt $y'(x_k) \to y'(i^{-1}(z))$ für alle $y' \in Y'$. Wegen $x_k, i^{-1}(z) \in Y$ folgt hieraus auch $f(x_k) \to f(i^{-1}(z))$ für alle $f \in X'$, also $x_k \rightharpoonup i^{-1}(z)$ in X. $\qquad\square$

3.7 Konvexität und schwache Topologie

Satz 3.34. *Ist eine Teilmenge M eines Banach-Raums konvex, so stimmt $\overline{M}$ sowohl mit ihrem Abschluß bezüglich der schwachen Topologie als auch mit ihrem schwachen Folgenabschluß überein. Insbesondere liegt der schwache Grenzwert einer Folge aus M in $\overline{M}$.*

Beweis. Sei M^s der schwache Abschluß von M. Da die Originaltopologie feiner als die schwache Topologie ist, gilt $\overline{M} \subset M^s$.

Mit M ist auch $\overline{M}$ konvex. Sei $x_0 \notin \overline{M}$. Dann ist $B_\varepsilon(x_0) \cap \overline{M} = \emptyset$ für genügend kleines ε. Nach dem Hahn-Banachschen Trennungssatz gibt es ein Funktional $F \in X'$ mit $\operatorname{Re} F(x_0) < \gamma \leq \operatorname{Re} F(x)$ für alle $x \in \overline{M}$. Damit ist $\{x : \operatorname{Re} F(x) < \gamma\}$ eine schwache Umgebung von x_0, die kein Element von $\overline{M}$ enthält, also $x_0 \notin M^s$.

Für den schwachen Folgenabschluß M^{sf} von M gilt ebenfalls $\overline{M} \subset M^{sf}$, denn $\overline{M}$ stimmt mit den Grenzwerten von normkonvergenten Folgen aus M überein. Angenommen, $x_k \rightharpoonup x_0$ mit $x_k \in M$, aber $x_0 \notin \overline{M}$. Dann können wir wie im vorigen Beweisteil x_0 von $\overline{M}$ trennen, also $\operatorname{Re} F(x_0) < \gamma \leq \operatorname{Re} F(x)$ für alle $x \in \overline{M}$. Dies ist aber ein Widerspruch zu $x_k \rightharpoonup x_0$. $\qquad\square$

Man beachte, daß für die schwache∗ Topologie dieser Satz nicht richtig ist, siehe Aufgabe 3.31.

Der folgende Satz zeigt, wie man aus einer schwach konvergenten Folge eine stark konvergente Folge konstruieren kann.

Satz 3.35 (Mazur). *Sei X ein Banach-Raum und (x_k) eine Folge in X mit $x_k \rightharpoonup x$. Dann gibt es eine Folge (y_k), die aus endlichen Konvexkombinationen der x_k besteht, mit $y_k \to x$.*

Anmerkung 3.36. Der Satz ist so zu verstehen, daß es Zahlen $t_{ki} \in \mathbb{R}$ gibt mit $0 \le t_{ki} \le 1$ und $\sum_{i=1}^{\infty} t_{ki} = 1$, wobei für jedes k nur endlich viele t_{ki} nicht verschwinden, mit $y_k = \sum_{i=1}^{\infty} t_{ki} x_i \to x$.

Beweis. Auf die konvexe Hülle M von $\{x_k\}$ wenden wir den vorigen Satz an. Demnach liegt x im Abschluß (bezüglich der Normtopologie) von M, also $y_k \to x$ für eine Folge von Konvexkombinationen y_k. $\square$

Für die schwache∗ Konvergenz ist dieser Satz nicht richtig, wie das Beispiel $X = c_0$, $X' = l_1$, zeigt: Für die Folge (e_k) gilt $e_k \xrightarrow{*} 0$ in l_1, aber $\|y\|_{l_1} = 1$ für jede Konvexkombination y der e_k.

Im Hilbert-Raum läßt sich der Satz von Mazur zum *Satz von Banach-Saks* verschärfen: Eine in einem Hilbert-Raum beschränkte Folge besitzt eine Teilfolge derart, daß die Folge der arithmetischen Mittel stark konvergiert (siehe Aufgabe 3.7).

Mit dem Satz von Mazur haben wir alle Hilfsmittel für den Kompaktheitsschluß im Banach-Raum bereitgestellt.

Satz 3.37. *Sei X ein reflexiver Banach-Raum, $K \subset X$ sei abgeschlossen und konvex. $f : K \to \mathbb{R}$ sei stetig, konvex und genüge, falls K unbeschränkt ist, der Bedingung*

$$f(x) \to \infty \quad \text{für } \|x\| \to \infty, \quad x \in K. \tag{3.8}$$

Dann nimmt f auf K das Minimum an.

Beweis. Sei $d = \inf_{x \in K} f(x)$ und (x_k) eine Minimalfolge. Mit (3.8) sind die x_k beschränkt. Wegen der schwachen Kompaktheit gilt $x_k \rightharpoonup x$ für eine Teilfolge. Nach dem Satz von Mazur, angewendet auf die Folge $x_k, x_{k+1}, \ldots$, gibt es eine Folge von Konvexkombinationen

$$y_k = \sum_{i=k}^{\infty} t_{ki} x_i, \quad t_{ki} > 0 \text{ nur für endlich viele } i,$$

mit $y_k \to x$ in X. Da K konvex und abgeschlossen ist, gilt $y_k \in K$ und $x \in K$. Aus Stetigkeit und Konvexität von f folgt

$$f(x) = \lim_{k \to \infty} f(y_k) \le \lim_{k \to \infty} \sum_{i-k}^{\infty} t_{ki} f(x_i) = d.$$

Damit ist $f(x) = d$ und x das Minimum von f. $\square$

Aufgaben

3.1. (2) Sei J die Menge der Irrationalzahlen im Intervall $[0,1]$. Es gibt keine Darstellung $J = \cup_{k=1}^{\infty} A_k$ mit abgeschlossenen Mengen A_k.

3.2. a) (4) Es gibt keine Funktion $x : [0,1] \to \mathbb{R}$, die in jedem rationalen Punkt stetig und in jedem irrationalen Punkt unstetig ist.

b) (3) Konstruieren Sie eine Funktion $x : [0,1] \to \mathbb{R}$, die in jedem irrationalen Punkt stetig und in jedem rationalen Punkt unstetig ist.

Hinweise und Bemerkung: In a) führt man einen indirekten Beweis unter Verwendung der Aufgabe 3.1. Der Aufgabenteil b) dient nur zur Illustration von a) und kann mit Gymnasialmathematik bewältigt werden. Es gibt eine ganze Reihe solcher Sätze über reelle Funktionen, die ohne den Satz von Baire nicht zu beweisen sind. Die Aufgaben 3.3 und 3.4 sind weitere Beispiele, eine ganze Sammlung findet man in [Boa60].

3.3. (3) Sei (x_k) eine Folge in $C([a,b])$ mit $x_k(t) \to x(t)$ punktweise in $[a,b]$. Beweisen Sie für die Funktion x die folgenden Aussagen.

a) Zu jedem abgeschlossenen Intervall $I \subset [a,b]$ mit nichtleerem Innerem und jedem $\varepsilon > 0$ gibt es ein nichtleeres offenes Intervall $\tilde{I} \subset I$ mit $|x(t_1) - x(t_2)| \leq \varepsilon$ für alle $t_1, t_2 \in \tilde{I}$.

Hinweis: Setze
$$A_k = \{t \in I : |x_k(t) - x_l(t)| \leq \frac{\varepsilon}{3} \quad \forall l \geq k\}.$$

b) (*Baire*) Die Menge der Stetigkeitspunkte von x liegt dicht in $[a,b]$.

3.4. Sei $X = C([0,1])$ versehen mit der Norm $\| \cdot \|_{\infty;[0,1]}$.

a) (3) Zeigen Sie, daß die Mengen

$$A_n = \Big\{ x \in X : \text{Es gibt ein } t \in [0, 1 - \frac{1}{n}] \text{ mit } \frac{1}{h}|x(t+h) - x(t)| \leq n \ \forall 0 < h < \frac{1}{n} \Big\}$$

abgeschlossen in X sind.

b) (4) Zeigen Sie, daß das Komplement von A_n dicht ist in X.

c) (1) Zeigen Sie, daß die Menge der in einem Punkt von rechts differenzierbaren Funktionen mager ist in X. Insbesondere gibt es stetige Funktionen, die in keinem Punkt differenzierbar sind.

3.5. (3) Eine *Basis* eines Vektorraums definiert man wie sonst auch in der linearen Algebra als eine Menge von linear unabhängigen Elementen $\{x_k\}_{k \in I}$, so daß sich jedes $x \in X$ als endliche Linearkombination der x_k darstellen läßt. Zeigen Sie, daß die Basis eines Banach-Raums nicht abzählbar sein kann (also nur endlich oder überabzählbar).

Hinweis: Verwenden Sie den Satz von Baire.

3.6. (2) Geben Sie zwei abgeschlossene nirgends dichte Unterräume U, V von $(C[-1,1], \| \cdot \|_\infty)$ an, so daß $U + V = C[-1,1]$.

3.7. (3) Konstruieren Sie ein Beispiel, das zeigt, daß im Prinzip der gleichmäßigen Beschränktheit der Raum X vollständig sein muß.

Hinweis: Verwenden Sie den Raum der endlichen Folgen unter der Norm $\| \cdot \|_{l_\infty}$.

3.8. (1) Beweisen Sie: **Satz (Resonanztheorem).** *Seien X, Y Banach-Räume und $T_k \in \mathcal{L}(X, Y)$ eine Folge mit $\sup_{k \in \mathbb{N}} \|T_k\|_{X \to Y} = \infty$. Dann gibt es ein $x \in X$ mit $\sup_{k \in \mathbb{N}} \|T_k x\|_Y = \infty$.*

3.9. (3) Sei (a_i) eine Folge reeller Zahlen mit der Eigenschaft

$$\sum_{i=1}^{\infty} a_i b_i < \infty \quad \text{für alle reellen Folgen } (b_i) \text{ mit } b_i \to 0.$$

Dann gilt $\sum_{i=1}^{\infty} |a_i| < \infty$.

Hinweis: Dies läßt sich sowohl elementar als auch elegant mit einem funktionalanalytischen Prinzip beweisen.

3.10. (3) Seien X, Y Banach-Räume und $H \subset \mathcal{L}(X, Y)$. Gilt für alle $x \in X$ und $y' \in Y'$

$$\sup_{T \in H} \langle Tx, y' \rangle < \infty,$$

so ist H in $\mathcal{L}(X, Y)$ beschränkt.

3.11. (2) Seien X, Y Banach-Räume und (T_k) eine punktweise konvergente Folge in $\mathcal{L}(X, Y)$. Man gebe ein Beispiel dafür an, daß die T_k nicht in der Operatornorm konvergieren müssen.

3.12. (3) Seien X, Y Banach-Räume, $b : X \times Y \to \mathbb{K}$ sei bilinear und in jeder Komponente stetig, also $b(\cdot, y) \in X'$ und $b(x, \cdot) \in Y'$ für alle $y \in Y$ beziehungsweise $x \in X$. Dann ist $b(\cdot, \cdot)$ auf $X \times Y$ stetig.

3.13. (2) Seien X, Y Banach-Räume und $T \in \mathcal{L}(X, Y)$ injektiv mit abgeschlossenem Bild. Dann gibt es ein $m > 0$ mit

$$m\|x\|_X \leq \|Tx\|_Y \quad \forall x \in X.$$

3.14. (2) Der Vektorraum X sei vollständig bezüglich der Normen $\|\cdot\|_1$ und $\|\cdot\|_2$. Gilt dann $\|x\|_1 \leq c\|x\|_2$ für alle $x \in X$, so sind die beiden Normen äquivalent, es gilt also auch $\|x\|_2 \leq c\|x\|_1$ für alle $x \in X$.

3.15. (2) Seien Y, Z abgeschlossene Unterräume eines Banach-Raums X mit folgender Eigenschaft: Zu jedem $x \in X$ gibt es eindeutig bestimmte $y \in Y$ und $z \in Z$ mit $x = y + z$. Dann gibt es eine Konstante K mit $\|y\| \leq K\|x\|$ und $\|z\| \leq K\|x\|$.

3.16. (2) Zeigen Sie ohne Verwendung des Auswahlaxioms:

Wenn X ein reeller separabler Banach-Raum ist, M ein Unterraum von X und $f \in \mathcal{L}(M, \mathbb{R})$, so gibt es eine Fortsetzung $\tilde{f} \in \mathcal{L}(X, \mathbb{R})$ mit $\tilde{f}|_M = f$ und $\|\tilde{f}\|_{M \to \mathbb{R}} = \|f\|_{X \to \mathbb{R}}$.

3.17. (3) Sei X ein Hilbert-Raum und U ein abgeschlossener Unterraum von X. Bestimmen Sie eine Fortsetzung $\tilde{f}$ von $f \in U'$ auf X mit $\|\tilde{f}\| = \|f\|$ und zeigen Sie, daß diese Fortsetzung eindeutig bestimmt ist.

3.18. (3) Sei $S_l : l_\infty \to l_\infty$ der Shift nach links im Raum der beschränkten Folgen l_∞. Konstruieren Sie ein $f \in l'_\infty$ mit den Eigenschaften

$$f(S_l x) = f(x) \text{ für alle } x \in l_\infty, \quad \liminf_{i\to\infty} x(i) \le f(x) \le \limsup_{i\to\infty} x(i) \text{ für alle } x \in l_\infty.$$

Hinweis und Bemerkung: Definiere

$$f_k(x) = \frac{1}{k}(x(1) + \ldots + x(k)), \quad M = \{x \in l_\infty : \lim_{k\to\infty} f_k(x) =: f(x) \text{ existiert}\},$$

$$p(x) = \limsup_{k\to\infty} f_k(x),$$

und wende Hahn-Banach an.

Ein solches Funktional f, das manche Eigenschaften eines echten Grenzwerts besitzt, heißt *Banachlimes*.

3.19. (3) Seien X, Y normierte Räume mit $X \ne \{0\}$. Wenn $\mathcal{L}(X, Y)$ ein Banach-Raum ist, so ist Y ein Banach-Raum.

3.20. (3) Sei $c_{00} \subset c_0$ der Raum der Folgen x, die ab einem Index $I = I(x)$ für alle $i > I$ verschwinden (=Raum der endlichen Folgen). Für jede Folge a setzen wir $p_a(x) = \sup_{i\in\mathbb{N}} |a(i)x(i)|$. Offenbar ist p_a auf c_{00} eine wohldefinierte Halbnorm.
a) $(c_{00}, \{p_a\})$ ist ein lokalkonvexer Raum.
b) Warum läßt sich diese Topologie von c_{00} nicht durch eine Norm erzeugen?
c) Bestimmen Sie den Dualraum von $(c_{00}, \{p_a\})$.

3.21. (1) Eine in $C^0(\overline{\Omega})$ schwach konvergente Folge ist punktweise konvergent.

3.22. (2) a) In einem Banach-Raum X ist die schwache Konvergenz $x_k \rightharpoonup x$ äquivalent zu den beiden Bedingungen
(i) $\|x_k\| \le M \quad \forall k \in \mathbb{N}$,
(ii) $f(x_k) \to f(x)$ für alle f in einer dichten Teilmenge von X'.
b) Als Anwendung zeige man:

$$x_k \rightharpoonup x \text{ in } c_0 \quad \Leftrightarrow \quad \|x_k\|_{l_\infty} \le K \text{ und } x_k(i) \to x(i) \ \forall i \in \mathbb{N}.$$

Bemerkung: Man beachte den Unterschied zu Lemma 3.27. Dort kommt der Grenzwert in Bedingung (b) nicht vor (siehe auch Aufgabe 3.24).

3.23. (2) Im Hilbert-Raum gilt

$$x_k \to x \quad \Leftrightarrow \quad x_k \rightharpoonup x \text{ und } \|x_k\| \to \|x\|.$$

3.24. (2) Geben Sie ein Beispiel für eine schwache Cauchy-Folge in c_0, die keinen schwachen Grenzwert besitzt.

3.25. (3) Sei $1 \le p < \infty$. Eine Folge in l_p ist genau dann schwach konvergent in l^p, $p > 1$, bzw. schwach$*$ konvergent in l_1, wenn sie normbeschränkt ist und punktweise konvergiert.

3.26. (3) Sei $1 < p < \infty$. Beweisen Sie:

$$x_k \to x \text{ in } l_p \quad \Leftrightarrow \quad x_k \rightharpoonup x \text{ in } l_p \text{ und } \|x_k\|_{l_p} \to \|x\|_{l_p}.$$

3.27. (3) Sei X ein Banach-Raum. Beweisen Sie oder widerlegen Sie durch Gegenbeispiel.

a) Ist $f_k \to f$ in X' und $x_k \rightharpoonup x$ in X, so $f_k(x_k) \to f(x)$.

b) Ist $f_k \overset{*}{\rightharpoonup} f$ in X' und $x_k \to x$ in X, so $f_k(x_k) \to f(x)$.

c) Ist $f_k \overset{*}{\rightharpoonup} f$ in X' und $x_k \rightharpoonup x$ in X, so $f_k(x_k) \to f(x)$.

3.28. (5) Beweisen Sie: Eine Folge konvergiert genau dann schwach in l_1, wenn sie stark in l_1 konvergiert.

3.29. (3) Sei l_2 der Raum der reellwertigen quadratsummierbaren Zahlenfolgen und sei $e_k \in l_2$ mit $e_k(i) = \delta_{ik}$. Sei M die Teilmenge von l_2 mit Elementen $x_{k,l} = e_k + (k-1)e_l$, $1 \le k < l$.

a) Bestimmen Sie den schwachen Folgenabschluß M^{sf} von M in l_2, d.h. diejenigen $x \in l_2$, die sich als schwache Grenzwerte von Folgen in M darstellen lassen.

b) Zeigen Sie, daß 0 im schwachen Abschluß von M liegt.

Bemerkung: Der Folgenabschluß führt also nicht notwendig zu einer abgeschlossenen Menge. Weiter ist mit diesem Beispiel gezeigt, daß die schwache Topologie von l_2 nicht das erste Abzählbarkeitsaxiom erfüllt (siehe Lemma 1.11). Das Gegenstück hierzu ist Aufgabe 3.30.

3.30. (3) Ist X ein separabler Banach-Raum und $A \subset X'$ normbeschränkt, so erfüllt A versehen mit der schwachen$*$ Topologie das erste Abzählbarkeitsaxiom.

3.31. (3) Sei M der Raum der endlichen Folgen. Zeigen Sie, daß der Abschluß von M in der Topologie von l_∞ der Raum c_0 ist, daß aber der Abschluß von M in der schwachen$*$ Topologie von l_∞ (aufgefaßt als Dualraum von l_1) mit l_∞ übereinstimmt.

3.32. (3) Seien X, Y Banach-Räume und $T : X \to Y$ linear. Dann gilt:

$$T \in \mathcal{L}(X,Y) \;\Leftrightarrow\; T \text{ ist stetig bezüglich der schwachen Topologien von } X \text{ und } Y.$$

3.33. (4) Sei X ein unendlich dimensionaler Banach-Raum. Zeigen Sie, daß X' mit der schwachen$*$ Topologie mager ist in sich selbst.

3.34. In dieser Aufgabe betrachten wir Folgen der Form $(x(i,j))_{i,j \in \mathbb{N}}$. l_1 ist der Raum solcher Folgen mit Norm

$$\|x\|_{l_1} = \sum_{i,j} |x(i,j)|.$$

Entsprechend ist c_0 der Raum der Folgen mit

$$x(i,j) \to 0 \quad \text{für } i + j \to \infty$$

versehen mit der Supremumsnorm $\|x\|_{l_\infty} = \sup |x(i,j)|$.

Sei M der Unterraum von l_1 der Folgen x mit

$$ix(i,1) = \sum_{j=2}^{\infty} x(i,j), \quad i \in \mathbb{N}.$$

a) (1) $l_1 \cong (c_0)'$.

b) (1) M ist abgeschlossener Unterraum von l_1.

c) (3) M ist dicht in l_1 bezüglich der schwachen$*$ Topologie von l_1, die durch a) gegeben ist.

d) (3) Sei B die abgeschlossene Einheitskugel von l_1. Zeigen Sie, daß im Gegensatz zu c) der Abschluß von $M \cap B$ bezüglich der schwachen$*$ Topologie von l_1 keine offene Kugel enthält.

3.35. (3) Die abgeschlossene Einheitskugel von l'_∞ ist nicht schwach$*$ folgenkompakt.

3.36. (3) Beweisen Sie: (*Banach-Saks*) Gilt in einem Hilbert-Raum $x_k \rightharpoonup x$, so gibt es eine Teilfolge (x_{k_l}) mit

$$\frac{1}{l} \sum_{j=1}^{l} x_{k_j} \to x.$$

Hinweis: Man darf $x = 0$ setzen. Definiere die Teilfolge rekursiv durch

$$x_{k_1} = x_1, \quad |(x_{k_1} + \ldots + x_{k_{l-1}}, x_{k_l})| \text{ genügend klein.}$$

3.37. (2) Sei X ein reflexiver Banach-Raum. Dann gibt es zu jedem $f \in X'$ ein $x \in X$ mit $\|x\| = 1$ und $|f(x)| = \|f\|$.

3.38. (3) Sei $M \subset C([-1,1])$ die Menge der Funktionen mit

$$\int_0^1 x(\tau)\, d\tau - \int_{-1}^0 x(\tau)\, d\tau = 1.$$

Dann ist M konvex und abgeschlossen, aber es gibt kein Element in M mit minimaler Norm $\|\cdot\|_\infty$.

Bemerkung: $C([-1,1])$ ist damit nicht reflexiv, denn alle anderen Voraussetzungen von Satz 3.37 sind erfüllt.

Die Lebesgue-Räume $L^p(\Omega)$

4.1 Das Lebesgue-Integral

Es wird vorausgesetzt, daß der Leser mit den Grundlagen der Lebesgue-Integration vertraut ist. Dieser Abschnitt soll nur die wichtigsten Begriffe und Sätze wiederholen. Für eine genauere Darstellung sei z.B. auf das Buch von Halmos [Hal50] verwiesen.

Definition 4.1. *Eine Menge Σ von Teilmengen des $\mathbb{R}^n$ heißt σ-Algebra, wenn die folgenden Bedingungen erfüllt sind:*

(a) $\mathbb{R}^n \in \Sigma$,

(b) *Wenn $A \in \Sigma$, dann ist auch $A^c \in \Sigma$,*

(c) *Wenn $A_k \in \Sigma$ für $k \in \mathbb{N}$, dann ist auch $\cup_{k=1}^\infty A_k \in \Sigma$.*

Wegen $(\mathbb{R}^n)^c = \emptyset$ folgt aus (a) und (b), daß $\emptyset \in \Sigma$. Auf ähnliche Weise zeigt man, daß $\cap_{k=1}^\infty A_k \in \Sigma$ für $A_k \in \Sigma$ und $A \setminus B = A \cap B^c \in \Sigma$.

Definition 4.2. *Sei Σ eine σ-Algebra. Eine Funktion $\mu : \Sigma \to \mathbb{R}_+ \cup \{\infty\}$ heißt Maß, wenn μ die folgenden Eigenschaften besitzt:*

(a) $\mu(A) \geq 0 \quad$ *für alle $A \in \Sigma$,*

(b) $\mu(\cup_{k=1}^\infty A_k) = \displaystyle\sum_{k=1}^\infty \mu(A_k) \quad$ *für $A_k \in \Sigma$ und $A_k \cap A_l = \emptyset$ für $k \neq l$.*

Häufig wird ein allgemeinerer Maßbegriff verwendet. In diesem Fall heißt die oben eingeführte Maßfunktion ein *positives, σ-additives Maß*.

Satz 4.3. *Es gibt eine σ-Algebra Σ von Teilmengen des $\mathbb{R}^n$ und ein Maß μ auf Σ, das Lebesgue-Maß genannt wird, mit den folgenden Eigenschaften:*

(a) *Jede offene Menge des $\mathbb{R}^n$ gehört zu Σ.*

(b) *Zu jedem $A \in \Sigma$ und $\varepsilon > 0$ gibt es eine offene Menge $B \supset A$ mit $\mu(B \setminus A) \leq \varepsilon$,*

(c) *Wenn $A \subset B$ und $B \in \Sigma$ mit $\mu(B) = 0$, dann ist auch $A \in \Sigma$ und $\mu(A) = 0$.*

M. Dobrowolski, *Angewandte Funktionalanalysis*, Springer-Lehrbuch Masterclass, 2nd ed., DOI 10.1007/978-3-642-15269-6_4, © Springer-Verlag Berlin Heidelberg 2010

(d) *Wenn $A = \{x \in \mathbb{R}^n : a_k \leq x_k \leq b_k,\ k = 1, \dots, n\}$, dann ist $A \in \Sigma$ und $\mu(A) = \prod_{k=1}^n (b_k - a_k)$.*

(e) μ *ist* translationsinvariant, *d.h.: Wenn $x \in \mathbb{R}^n$ und $A \in \Sigma$, dann gilt $\mu(A) = \mu(x + A)$.*

Die Elemente von Σ heißen die *Lebesgue-meßbaren Mengen*. Die Eigenschaft (d) zeigt, daß das Lebesgue-Maß die Fortsetzung der Volumenfunktion auf eine größere Klasse von Mengen ist, die die offenen Mengen enthält. Da wir keine anderen Maßfunktionen studieren wollen, wird das Wort „Lebesgue" im folgenden weggelassen.

Eine besondere Bedeutung für die Theorie haben die Mengen vom Maß 0, kurz *Nullmengen* genannt. Satz 4.3(b) besagt, daß jede Teilmenge einer Nullmenge ebenfalls eine Nullmenge ist. Aus der σ-Additivität folgt, daß die abzählbare Vereinigung von Nullmengen wiederum eine Nullmenge ist. Insbesondere sind abzählbare Mengen des $\mathbb{R}^n$ Nullmengen. Wir sagen, daß eine Bedingung *fast überall* (f.ü.) auf einer Menge $A \subset \mathbb{R}^n$ erfüllt ist, wenn es eine Nullmenge $B \subset A$ gibt, so daß die Bedingung auf $A \setminus B$ gilt.

Definition 4.4. *Sei $A \subset \mathbb{R}^n$ meßbar und sei $u : A \to \mathbb{R} \cup \{\infty\} \cup \{-\infty\}$ eine Funktion. u heißt* meßbar, *wenn die Mengen $\{x : u(x) > a\}$ meßbar sind für alle $a \in \mathbb{R}$.*

Für eine meßbare Funktion u sind die Mengen

$$A_k = \{x : u(x) > a - \frac{1}{k}\}, \quad k \in \mathbb{N},$$

meßbar, damit auch die Menge $\{x : u(x) \geq a\}$. Durch Bildung des Komplements erhalten wir daraus die Meßbarkeit der Mengen $\{x : u(x) < a\}$ sowie $\{x : u(x) \leq a\}$.

Satz 4.5. (a) *Wenn u meßbar ist, so sind auch $|u|, u_+, u_-$ meßbar.*

(b) *Wenn u, v meßbar sind, so sind auch $u + v$, uv, $\max\{u, v\}$, $\min\{u, v\}$ meßbar.*

(c) *Wenn (u_k) eine Folge meßbarer Funktionen ist, so sind auch $\sup_{k \in \mathbb{N}} u_k$, $\inf_{k \in \mathbb{N}} u_k$, $\limsup_{k \in \mathbb{N}} u_k$, $\liminf_{k \in \mathbb{N}} u_k$ meßbar.*

(d) *Wenn $u : \mathbb{R}^m \to \mathbb{R}$ stetig und jede Komponente von $v = (v_1, \dots, v_m)$ meßbar ist, so ist auch die Funktion $u \circ v(x) = u(v(x))$ meßbar.*

Definition 4.6. *Seien $A_1, \dots, A_m \subset \mathbb{R}^n$ meßbare Mengen und $a_1, \dots, a_m \in \mathbb{R}$. Dann heißt $s(x) = \sum_{k=1}^m a_k \chi_{A_k}$ eine (meßbare) Treppenfunktion.*

Satz 4.7. *Zu jeder meßbaren Funktion u gibt es eine Folge von Treppenfunktionen (s_k) mit $s_k \to u$ punktweise. Wenn u positiv ist, so kann (s_k) monoton steigend gewählt werden.*

Sei $A \subset \mathbb{R}^n$ meßbar. Für eine Treppenfunktion $s(x) = \sum_{k=1}^m a_k \chi_{A_k}$ mit $A_k \subset A$ definieren wir

$$\int_A s(x)\,dx = \sum_{k=1}^{m} a_k \mu(A_k).$$

Wenn u meßbar und positiv ist, so setzen wir

$$\int_A u(x)\,dx = \sup \int_A s(x)\,dx,$$

wobei das Supremum über alle Treppenfunktionen genommen wird, die außerhalb von A verschwinden und der Beziehung $0 \leq s \leq u$ in A genügen. Wenn u reellwertig und meßbar ist, und auf der rechten Seite von

$$\int_A u(x)\,dx := \int_A u_+(x)\,dx - \int_A (-u_-(x))\,dx$$

mindestens eines der Integrale endlich ist, so sagen wir, daß das Integral von u existiert mit Werten in der Menge $\mathbb{R} \cup \{-\infty\} \cup \{\infty\}$. Wenn beide Integrale endlich sind, so heißt u *integrierbar* und $\int_A u(x)\,dx$ das *Integral* von u. Die Menge der integrierbaren Funktionen auf A bezeichnen wir mit $L^1(A)$.

Satz 4.8. *Sei A meßbar und u, v seien meßbare Funktionen auf A.*

(a) *Wenn $a \leq u(x) \leq b$ für alle $x \in A$ und wenn $\mu(A)$ endlich ist, so gilt*

$$a\mu(A) \leq \int_A u(x)\,dx \leq b\mu(A).$$

(b) *Wenn $u(x) \leq v(x)$ für alle $x \in A$ und wenn beide Integrale existieren, so gilt*

$$\int_A u(x)\,dx \leq \int_A v(x)\,dx.$$

(c) *Wenn $u, v \in L^1(A)$, dann ist auch $cu + dv \in L^1(A)$ für $c, d \in \mathbb{R}$ und*

$$\int_A (cu(x) + dv(x))\,dx = c \int_A u(x)\,dx + d \int_A v(x)\,dx.$$

(d) *Wenn $\mu(A) = 0$, so ist $\int_A u(x)\,dx = 0$.*

Die wichtigsten Eigenschaften des Lebesgue-Integrals sind die Sätze über die Vertauschung von Integration und Grenzübergang.

Satz 4.9 (Monotone Konvergenz, Satz von Beppo-Levi). *Sei $A \subset \mathbb{R}^n$ meßbar und (u_k) eine Folge monoton steigender, nichtnegativer und meßbarer Funktionen. Dann gilt*

$$\lim_{k \to \infty} \int_A u_k(x)\,dx = \int_A \lim_{k \to \infty} u_k(x)\,dx.$$

Satz 4.10 (Fatous Lemma). *Sei $A \subset \mathbb{R}^n$ und (u_k) eine Folge nichtnegativer, meßbarer Funktionen. Dann gilt*

$$\int_A \liminf_{k\to\infty} u_k(x)\,dx \leq \liminf_{k\to\infty} \int_A u_k(x)\,dx.$$

Satz 4.11 (Satz von Lebesgue). *Sei $A \subset \mathbb{R}^n$ meßbar und (u_k) eine Folge meßbarer Funktionen, die punktweise konvergiert. Wenn es eine Funktion $g \in L^1(A)$ gibt mit $|u_k(x)| \leq g(x)$ für alle k und alle $x \in A$, so*

$$\lim_{k\to\infty} \int_A u_k(x)\,dx = \int_A \lim_{k\to\infty} u_k(x)\,dx.$$

Ebenso wichtig ist der folgende Satz über die Vertauschung der Reihenfolge der Integrationsvariablen.

Satz 4.12 (Fubini). *Sei u eine meßbare Funktion auf dem $\mathbb{R}^{n+m}$, so daß wenigstens eines der folgenden Integrale existiert und endlich ist*

$$I_1 = \int_{\mathbb{R}^{n+m}} |u(x,y)|\,dx\,dy, \quad I_2 = \int_{\mathbb{R}^m} \Big(\int_{\mathbb{R}^n} |u(x,y)|\,dx \Big)\,dy,$$

$$I_3 = \int_{\mathbb{R}^n} \Big(\int_{\mathbb{R}^m} |u(x,y)|\,dy \Big)\,dx.$$

Dann gilt:

(a) $u(\cdot,y) \in L^1(\mathbb{R}^n)$ *für fast alle $y \in \mathbb{R}^m$,*

(b) $u(x,\cdot) \in L^1(\mathbb{R}^m)$ *für fast alle $x \in \mathbb{R}^n$,*

(c) $\displaystyle\int_{\mathbb{R}^n} u(x,\cdot)\,dx \in L^1(\mathbb{R}^m)$,

(d) $\displaystyle\int_{\mathbb{R}^m} u(\cdot,y)\,dy \in L^1(\mathbb{R}^n)$,

(e) $I_1 = I_2 = I_3$.

Der folgende Satz wird manchmal *die Absolutstetigkeit des Lebesgue Integrals* genannt.

Satz 4.13. *Sei u integrierbar auf der meßbaren Menge A. Zu jedem $\varepsilon > 0$ gibt es ein $\delta > 0$, das nur von ε und u abhängt, so daß für alle meßbaren Teilmengen B von A mit $\mu(B) < \delta$ gilt*

$$\int_B |u|\,dx < \varepsilon.$$

Im nächsten Satz wird eine überraschende Stetigkeitseigenschaft meßbarer Funktionen angegeben.

Satz 4.14 (Lusin). *Sei u meßbar und $u = 0$ außerhalb einer offenen Menge Ω mit $\mu(\Omega) < \infty$. Dann gibt es zu jedem $\varepsilon > 0$ eine Funktion $\phi \in C_0^0(\Omega)$ mit*

$$\sup_{x \in \Omega} |\phi(x)| \leq \sup_{x \in \Omega} |u(x)| \quad und \quad \mu\big(\{x \in \Omega : \phi(x) \neq u(x)\}\big) < \varepsilon.$$

Für vektorwertige Funktionen $u = (u_1, \ldots, u_m) \in \mathbb{R}^m$ setzen wir

$$\int_A u(x)\, dx = \Big(\int_A u_i(x)\, dx \Big)_{i=1,\ldots,m},$$

und für komplexwertige Funktionen $u = f + ig$

$$\int_A u(x)\, dx = \int_A f(x)\, dx + i \int_A g(x)\, dx.$$

4.2 Definition der Räume $L^p(\Omega)$

In diesem und den folgenden Abschnitten bezeichnen wir mit Ω ein Gebiet des $\mathbb{R}^n$. Auf den meßbaren Funktionen auf Ω definieren wir eine Äquivalenzrelation durch

$$u \sim v \quad \Leftrightarrow \quad u = v \text{ f.ü. auf } \Omega,$$

und betrachten statt den meßbaren Funktionen die zugehörigen Äquivalenzklassen. Anders ausgedrückt: Wir identifizieren meßbare Funktionen, die außerhalb einer Nullmenge übereinstimmen.

Definition 4.15. *Für $1 \leq p < \infty$ besteht der Raum $L^p(\Omega)$ aus allen meßbaren, reell- oder komplexwertigen Funktionen u, so daß $|u|^p$ integrierbar auf Ω ist. Eine meßbare Funktion u gehört zum Raum $L^\infty(\Omega)$, wenn sie* wesentlich beschränkt *ist, wenn also*

$$\sup_{x \in \Omega \setminus N} |u(x)| < \infty \quad für eine Nullmenge N$$

erfüllt ist.

$L_{\text{loc}}^p(\Omega)$ ist der Raum der Funktionen, die für jede offene Teilmenge $\Omega_0 \subset\subset \Omega$ zu $L^p(\Omega_0)$ gehören.

Als erstes wird gezeigt, daß $L^p(\Omega)$ mit den Ausdrücken

$$\|u\|_{p;\Omega} = \Big(\int_\Omega |u(x)|^p\, dx \Big)^{1/p}, \quad 1 \leq p < \infty, \qquad \|u\|_{\infty;\Omega} = \inf_{\mu(N)=0} \sup_{x \in \Omega \setminus N} |u(x)|,$$

Banach-Räume sind. Dazu benötigen wir ein vorbereitendes Resultat.

Lemma 4.16 (Höldersche Ungleichung). *Sei $1 < p, q < \infty$ mit $p^{-1} + q^{-1} = 1$. Wenn $u \in L^p(\Omega)$ und $v \in L^q(\Omega)$, dann ist $uv \in L^1(\Omega)$ und*

$$\|uv\|_{1;\Omega} \leq \|u\|_{p;\Omega} \|v\|_{q;\Omega}.$$

Beweis. Nach Satz 4.5(b) ist das Produkt uv meßbar, so daß wir nur zeigen müssen, daß uv durch eine integrierbare Funktion abgeschätzt werden kann (siehe Satz 4.8(b)). In der Youngschen Ungleichung (A.2) setzen wir $\varepsilon = 1$ und

daher
$$a = |u(x)|, \quad b = |v(x)|,$$

$$|u(x)v(x)| \leq \frac{1}{p}|u(x)|^p + \frac{1}{q}|v(x)|^q.$$

Satz 4.8(b) liefert das gewünschte Ergebnis für Funktionen u, v mit $\|u\|_{p;\Omega} = \|v\|_{q;\Omega} = 1$. Weil die Ungleichung trivialerweise erfüllt ist, wenn eine der beiden Funktionen verschwindet, folgt die Ungleichung mit einem Homogenitätsargument. $\qquad\qquad\Box$

Satz 4.17. *Für $1 \leq p \leq \infty$ sind die Räume $L^p(\Omega)$ Banach-Räume unter der Norm $\|\cdot\|_{p;\Omega}$.*

Beweis. Als erstes zeigen wir die Dreiecksungleichung, die in diesem Zusammenhang auch als *Minkowski-Ungleichung* bezeichnet wird. Da die Fälle $p = 1$ und $p = \infty$ klar sind, sei $1 < p < \infty$. Für $u, v \in L^p(\Omega)$ folgt aus der Dreiecksungleichung

$$|u(x) + v(x)|^p = |u(x) + v(x)|^{p-1}|u(x) + v(x)|$$

$$\leq |u(x) + v(x)|^{p-1}\big(|u(x)| + |v(x)|\big)$$

und aus der Hölderschen Ungleichung für $q = p/(p-1)$

$$\|u + v\|_{p;\Omega}^p = \int_\Omega |u(x) + v(x)|^p\, dx \leq \|u + v\|_{p;\Omega}^{p-1}\big(\|u\|_{p;\Omega} + \|v\|_{p;\Omega}\big).$$

Da die anderen Normaxiome erfüllt sind, ist $L^p(\Omega)$ ein normierter Vektorraum. Es muß noch die Vollständigkeit gezeigt werden.

Sei $1 \leq p < \infty$ und sei $(u_k)_{k\in\mathbb{N}}$ eine Cauchy-Folge in $L^p(\Omega)$. Durch Auswahl einer Teilfolge, die immer noch mit (u_k) bezeichnet wird, kann

$$\|u_{k+1} - u_k\|_{p;\Omega} \leq 2^{-k} \quad \text{für alle } k \in \mathbb{N}$$

erreicht werden. Die Funktion $v_m(x) = \sum_{k=1}^m |u_{k+1}(x) - u_k(x)|$ genügt der Abschätzung

$$\|v_m\|_{p;\Omega} \leq \sum_{k=1}^m 2^{-k} < 1,$$

woraus wegen Fatous Lemma 4.10 folgt

$$\int_\Omega |v|^p\, dx = \int_\Omega \lim_{m\to\infty} |v_m|^p\, dx \leq 1.$$

Daher gilt $v(x) < \infty$ f.ü. in Ω und die Summe

$$u_1 + \sum_{k=1}^{\infty} (u_{k+1} - u_k)$$

konvergiert fast überall gegen eine Funktion u, also $\lim_{k\to\infty} u_k(x) = u(x)$ f.ü. Wiederum aus Fatous Lemma erhalten wir für genügend große k, l

$$\int_{\Omega} |u - u_l|^p \, dx = \int_{\Omega} \lim_{k\to\infty} |u_k - u_l|^p \, dx \le \lim_{k\to\infty} \|u_k - u_l\|_{p;\Omega}^p < \varepsilon.$$

Also $u = (u - u_l) + u_l \in L^p(\Omega)$ und $u_l \to u$ in $L^p(\Omega)$. Damit ist gezeigt, daß eine Teilfolge der Cauchy-Folge in $L^p(\Omega)$ konvergiert. Aus einem allgemeinen Prinzip (siehe S. 13) folgt, daß dann die ganze Folge gegen den gleichen Grenzwert konvergiert.

Für $p = \infty$ ist die Vollständigkeit einfacher zu beweisen. Da die abzählbare Vereinigung von Nullmengen eine Nullmenge ist, existiert zu einer Cauchy-Folge $(u_k)_{k\in\mathbb{N}}$ eine Nullmenge N mit

$$|u_k(x)| \le \|u_k\|_{\infty;\Omega}, \quad |u_k(x) - u_l(x)| \le \|u_k - u_l\|_{\infty;\Omega} \quad \text{für alle } x \in \Omega \setminus N.$$

Auf der Menge $\Omega \setminus N$ ist die Folge eine Cauchy-Folge bezüglich der gleichmäßigen Konvergenz. Damit gilt $u_k \to u$ in $L^\infty(\Omega)$. $\square$

Korollar 4.18. $L^2(\Omega)$ *ist Hilbert-Raum unter dem inneren Produkt*

$$(u, v) = \int_{\Omega} u(x)\overline{v(x)} \, dx.$$

Der folgende Einbettungssatz wird häufig benötigt. Schon einfache Beispiele zeigen, daß die Voraussetzung, daß Ω beschränktes Maß haben muß, nicht fehlen darf.

Satz 4.19. *Sei $\mu(\Omega) < \infty$. Dann gilt:*

(a) *Sei $1 \le p \le q \le \infty$. Dann gehört jedes $u \in L^q(\Omega)$ auch zum Raum $L^p(\Omega)$ und genügt der Abschätzung*

$$\|u\|_{p;\Omega} \le \mu(\Omega)^{\frac{1}{p} - \frac{1}{q}} \|u\|_{q;\Omega},$$

wobei $q^{-1} = 0$ für $q = \infty$ gesetzt wird.

(b) *Wenn für alle $1 \le p < \infty$ die Funktion $u \in L^p(\Omega)$ ist mit $\|u\|_p \le K$, dann ist auch $u \in L^\infty(\Omega)$ mit $\|u\|_\infty \le K$.*

Beweis. (a) Der Fall $q = \infty$ ist offensichtlich. Für $q < \infty$ folgt aus der Hölderschen Ungleichung

$$\|u\|_{p;\Omega}^p = \int_{\Omega} 1 \cdot |u|^p \, dx \le \|1\|_{q/(q-p);\Omega} \|u\|_{q;\Omega}^p.$$

(b) Wir führen einen indirekten Beweis und können dazu mit Aufgabe 4.3 annehmen, daß es eine Menge A sowie eine Konstante $K_1 > K$ gibt mit $\mu(A) > 0$ und $|u(x)| \ge K_1$ in A. Dann

$$\int_\Omega |u|^p\, dx \geq \int_A |u|^p\, dx \geq \mu(A) K_1^p$$

und daher $\|u\|_{p;\Omega} > K$ für genügend großes p. $\square$

Ist X ein linearer Raum, so bezeichnen wir mit X^k den Raum der Vektoren $(x_1,\dots,x_k)$ mit $x_i \in X$. Der Raum $L^p(\Omega)^k$ wird normiert durch

$$\|u\|_{p;\Omega} = \Big(\int_\Omega |u|^p\, dx \Big)^{1/p}.$$

Man beachte, daß $|u|$ immer die euklidische Norm des k-Vektors u bedeutet.

4.3 Mollifier und dichte Unterräume

In diesem Abschnitt wird gezeigt, daß jede Funktion $u \in L^p(\Omega)$, $1 \leq p < \infty$, durch Funktionen in $C_0^\infty(\Omega)$ beliebig genau approximiert werden kann, der Raum $C_0^\infty(\Omega)$ also dicht liegt in $L^p(\Omega)$. Als erstes beweisen wir ein vorbereitendes Resultat über die Approximierbarkeit durch Funktionen im Raum C_0^0.

Satz 4.20. (a) $C_0^0(\Omega)$ *ist dicht in* $L^p(\Omega)$ *für* $1 \leq p < \infty$.

(b) $L^p(\Omega)$ *ist separabel für* $1 \leq p < \infty$.

Beweis. (a) Sei $u \in L^p(\Omega)$. Aus dem Satz von Lebesgue folgt

$$\lim_{R \to \infty} \int_{\Omega \cap B_R} |u|^p\, dx = \|u\|_{p;\Omega}^p.$$

Daher existiert ein $R \in \mathbb{R}$, so daß die Funktion u_1 mit $u_1 = u$ in $\Omega \cap B_R$, $u_1 = 0$ außerhalb von B_R, der Abschätzung

$$\|u - u_1\|_{p;\Omega} < \frac{\varepsilon}{3}$$

genügt. Sei

$$u_1^{(k)}(x) = \begin{cases} u_1(x) & \text{wenn } |u_1(x)| \leq k, \\ 0 & \text{sonst.} \end{cases}$$

Wegen $|u_1|^p \in L^1(\Omega)$ gilt $\mu(\{x : |u_1(x)| > k\}) \to 0$ für $k \to \infty$. Aus der Absolutstetigkeit des Lebesgue-Integrals, Satz 4.13, folgt

$$\int_\Omega |u_1 - u_1^{(k)}|^p\, dx = \int_{|u_1(x)|>k} |u_1|^p\, dx \to 0 \quad \text{für } k \to \infty.$$

Für die Funktion $u_2 = u_1^{(k)}$ gilt daher für genügend großes k

$$\|u_2 - u_1\|_{p;\Omega} < \frac{\varepsilon}{3}.$$

Nach dem Satz von Lusin 4.14 existiert ein $\phi \in C_0^0(\Omega \cap B_R)$ mit $|\phi| \le k$ und

$$\mu\big(\{x : \phi(x) \neq u_2(x)\}\big) < \left(\frac{\varepsilon}{6k}\right)^p.$$

Aus der Dreiecksungleichung folgt

$$\|u - \phi\|_{p;\Omega} \le \|u - u_1\|_{p;\Omega} + \|u_1 - u_2\|_{p;\Omega} + \|u_2 - \phi\|_{p;\Omega}$$

$$< \frac{2}{3}\varepsilon + \|u_2 - \phi\|_{\infty;\Omega}\, \mu\big(\{x : u_2(x) \neq \phi(x)\}\big)^{1/p}$$

$$< \frac{2}{3}\varepsilon + 2k\frac{\varepsilon}{6k} = \varepsilon.$$

Also ist $C_0^0(\Omega)$ dicht in $L^p(\Omega)$ für $1 \le p < \infty$.

(b) Wir verwenden den Weierstraßschen Approximationssatz A.8, der besagt, daß jedes $\phi \in C_0^0(\mathbb{R}^n)$ auf jeder Kugel B_R beliebig genau durch Polynome mit rationalen Koeffizienten approximiert werden kann. Sei $\Omega = \cup_{m=1}^\infty K_m$ mit $K_m \subset \Omega$ kompakt, zum Beispiel

$$K_m = \left\{x \in \Omega : \operatorname{dist}(x, \partial\Omega) \ge \frac{1}{m} \text{ und } |x| \le m\right\}.$$

Ferner sei $P_m = \{q\chi_{K_m} : q \in P\}$, wobei χ_{K_m} die charakteristische Funktion von K_m bezeichnet und P der Raum der Polynome mit rationalen Koeffizienten ist. Nach (a) existiert für jedes $u \in L^p(\Omega)$ ein $\phi \in C_0^0(\Omega)$ mit $\|u - \phi\|_{p;\Omega} \le \frac{\varepsilon}{2}$. Weiter gibt es zu ϕ ein $m \in \mathbb{N}$ und ein $q \in P_m$ mit $\operatorname{supp}(\phi) \subset K_m$ und $\|\phi - q\|_{\infty;K_m} \le \frac{\varepsilon}{2}\mu(K_m)^{-1/p}$. Daher

$$\|u - q\|_{p;\Omega} \le \|u - \phi\|_{p;\Omega} + \|\phi - q\|_{p;K_m} \le \frac{\varepsilon}{2} + \|\phi - q\|_{\infty;K_m}\, \mu(K_m)^{1/p} = \varepsilon.$$

Da $\cup P_m$ abzählbar ist, haben wir alles bewiesen. $\qquad\square$

Satz 4.21. *Für $1 \le p < \infty$ ist die Translation in $L^p(\mathbb{R}^n)$ stetig, für jedes $h \in \mathbb{R}^n$ gilt also*

$$\lim_{t \to 0} \|u(\cdot + th) - u(\cdot)\|_p = 0.$$

Beweis. Nach dem letzten Satz (a) gibt es ein $\phi \in C_0^0$ mit

$$\|u - \phi\|_p = \|u(\cdot + th) - \phi(\cdot + th)\|_p \le \varepsilon.$$

Da die Funktion ϕ einen kompakten Träger besitzt, ist sie gleichmäßig stetig und es gilt $\|\phi(\cdot + th) - \phi(\cdot)\|_\infty \to 0$, mit Satz 4.19(a) daher $\|\phi(\cdot + th) - \phi(\cdot)\|_p \to 0$ und die Behauptung folgt aus der Dreiecksungleichung. $\qquad\square$

Nun definieren wir den Mollifier (=glättender Kern). Sei $J \in C_0^\infty(\mathbb{R}^n)$ eine Funktion mit den Eigenschaften $J \geq 0$, $J(x) = 0$ für $|x| > 1$, und $\int J(x)\,dx = 1$. Ein Beispiel für einen Mollifier ist die Funktion

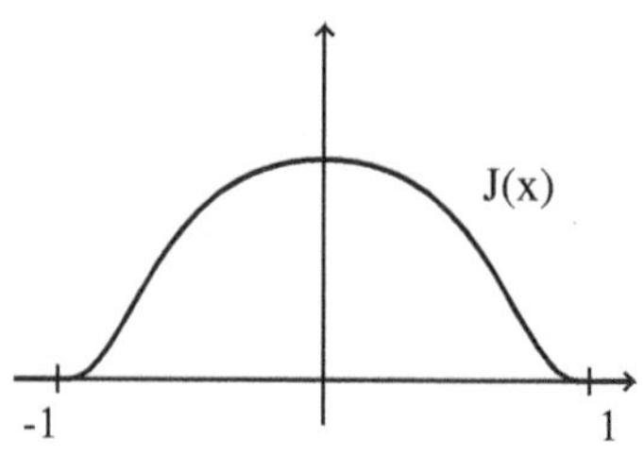

$$J(x) = \begin{cases} k\exp\left(-\frac{1}{1-|x|^2}\right) & \text{für } |x| < 1 \\ 0 & \text{sonst} \end{cases}$$

wobei die Konstante k so gewählt wird, daß $\int J\,dx = 1$. Nach der Kettenregel sind die partiellen Ableitungen von J von der Gestalt $J(x)q(x)$ mit einer rationalen Funktion q, die nur für $|x| = 1$ singulär ist. Diese Darstellung zeigt, daß J unendlich oft differenzierbar ist auch in den kritischen Punkten $|x| = 1$.

Wir setzen $J_\varepsilon(x) = \varepsilon^{-n}J(\varepsilon^{-1}x)$, womit gilt $J_\varepsilon(x) = 0$ für $|x| \geq \varepsilon$ und $\int J_\varepsilon = 1$. Das Integral

$$(J_\varepsilon * u)(x) = \int_{\mathbb{R}^n} J_\varepsilon(x - y)u(y)\,dy \tag{4.1}$$

existiert für $u \in L^1$ und heißt die *regularisierte Funktion* zu u. In $J_\varepsilon * u(x)$ gehen nur die Werte von u in einer ε-Umgebung von x ein. Daher kann $J_\varepsilon * u(x)$ als ein verallgemeinerter Mittelwert von u angesehen werden. Insbesondere ist der Träger von $J_\varepsilon * u$ um eine ε-Umgebung größer als der Träger von u.

Lemma 4.22. *Sei $u : \Omega \to \mathbb{R}$ mit $u = 0$ außerhalb von Ω. Dann gilt:*

(a) Wenn $u \in L^1(\Omega)$ und $\mathrm{supp}(u) \subset\subset \Omega$, dann ist $J_\varepsilon * u \in C_0^\infty(\Omega)$ für genügend kleines ε.

(b) Wenn $u \in C(\Omega)$ und $\Omega_0 \subset\subset \Omega$, dann gilt $J_\varepsilon * u \to u$ gleichmäßig in Ω_0 für $\varepsilon \to 0$.

(c) Wenn $u \in L^p(\Omega)$ für $1 \leq p < \infty$, dann ist $J_\varepsilon * u \in L^p(\Omega)$ und

$$\|J_\varepsilon * u\|_{p;\Omega} \leq \|u\|_{p;\Omega}, \quad J_\varepsilon * u \to u \ \text{in } L^p(\Omega) \text{ für } \varepsilon \to 0.$$

Beweis. (a) Wähle $\varepsilon < \mathrm{dist}(\mathrm{supp}(u), \partial\Omega)$. Dann gilt $J_\varepsilon * u = 0$ in einer Umgebung von $\partial\Omega$. Mit D_i^{+h} bezeichnen wir den Differenzenquotienten

$$D_i^{+h}v(x) = \frac{1}{h}\big(v(x + he_i) - v(x)\big).$$

Dann gilt

$$D_i^{+h}J_\varepsilon * u(x) = \int h^{-1}\big(J_\varepsilon(x + he_i - y) - J_\varepsilon(x - y)\big)u(y)\,dy.$$

Der Mittelwertsatz zeigt, daß der Differenzenquotient von J_ε gleichmäßig beschränkt in h ist. Da der Differenzenquotient gegen die erste partielle Ableitung konvergiert, erhalten wir aus dem Satz von Lebesgue 4.11

$$D_i J_\varepsilon * u(x) = \int D_i J_\varepsilon(x - y)u(y)\, dy.$$

Der erste Teil des Lemmas folgt durch Induktion.

(b) $u \in C(\Omega)$ ist gleichmäßig stetig auf der Menge Ω_1 mit $\Omega_0 \subset\subset \Omega_1 \subset\subset \Omega$. Für genügend kleines ε folgt für $x \in \Omega_0$

$$|J_\varepsilon * u - u|(x) = \left| \int J_\varepsilon(x - y)(u(y) - u(x))\, dy \right|$$

$$\leq \sup_{|x-y|<\varepsilon,\, x,y\in\Omega_1} |u(x) - u(y)| \int J_\varepsilon(x - y)\, dy \;\to\; 0.$$

(c) Mit der Hölderschen Ungleichung gilt

$$|J_\varepsilon * u(x)| = \left| \int J_\varepsilon(x - y)u(y)\, dy \right| = \left| \int J_\varepsilon(x - y)^{1-1/p} J_\varepsilon(x - y)^{1/p} u(y)\, dy \right|$$

$$\leq \left(\int J_\varepsilon(x - y)\, dy \right)^{1/q} \left(\int J_\varepsilon(x - y)|u(y)|^p\, dy \right)^{1/p}$$

$$= \left(\int J_\varepsilon(x - y)|u(y)|^p\, dy \right)^{1/p}.$$

Diese Abschätzung erheben wir in die p-te Potenz, integrieren bezüglich x und verwenden den Satz von Fubini 4.12,

$$\|J_\varepsilon * u\|_p^p \leq \int\int J_\varepsilon(x - y)|u(y)|^p\, dx\, dy = \|u\|_p^p. \tag{4.2}$$

Sei $\phi \in C_0^0(\Omega)$ eine Approximierende von u gemäß Satz 4.20(a) mit $\|u - \phi\|_p < \frac{\eta}{3}$. Aus (4.2) folgt

$$\|J_\varepsilon * u - J_\varepsilon * \phi\|_p = \|J_\varepsilon * (u - \phi)\|_p \leq \|u - \phi\|_p < \frac{\eta}{3}.$$

Nun wählen wir ε so klein, daß in Teil (b) des Lemmas gilt $\|J_\varepsilon * \phi - \phi\|_p < \frac{\eta}{3}$. Die Behauptung folgt aus der Dreiecksungleichung. $\qquad\square$

Satz 4.23. $C_0^\infty(\Omega)$ *ist dicht in* $L^p(\Omega)$ *für* $1 \leq p < \infty$.

Beweis. Kombiniere Satz 4.20(a) mit Lemma 4.22(b) unter Beachtung von $J_\varepsilon * \phi \in C_0^\infty(\Omega)$ für $\phi \in C_0^0(\Omega)$. $\qquad\square$

4.4 Konvergenzeigenschaften von Folgen meßbarer Funktionen

Definition 4.24. *Eine Folge* $(u_k)_{k\in\mathbb{N}}$ *meßbarer Funktionen heißt maßkonvergent gegen eine meßbare Funktion* u, *wenn für alle* $\varepsilon > 0$ *gilt*

$$\mu(\{x : |u_k(x) - u(x)| \geq \varepsilon\}) \;\to\; 0 \quad \text{für } k \to \infty.$$

Satz 4.25. *Sei Ω ein beschränktes Gebiet. Dann gilt:*

(a) *Aus $u_k \to u$ in $L^p(\Omega)$, $1 \le p \le \infty$, folgt $u_k \to u$ dem Maße nach.*

(b) *Aus $u_k \to u$ dem Maße nach, folgt $u_{k_l} \to u$ f.ü. für eine Teilfolge $(u_{k_l})_{l\in\mathbb{N}}$.*

Beweis. (a) Da aus der L^p-Konvergenz die L^1-Konvergenz auf beschränkten Mengen Ω folgt, braucht die Behauptung nur für $p = 1$ gezeigt zu werden. Für $u_k \in L^1(\Omega)$ und $n \in \mathbb{N}$ sei

$$A_{n,k} = \left\{ x : \frac{1}{n+1} \le |u_k(x) - u(x)| < \frac{1}{n} \right\}, \quad A_{0,k} = \left\{ x : |u_k(x) - u(x)| \ge 1 \right\}.$$

Daher $\Omega = \cup_n A_{n,k}$ und

$$\int_\Omega |u_k - u|\, dx = \sum_{n=0}^{\infty} \int_{A_{n,k}} |u_k - u|\, dx \ \to\ 0,$$

woraus $\mu(A_{n,k}) \to 0$ für $k \to \infty$ für alle n folgt.

(b) Sei $u_k \to u$ dem Maße nach. Für $k \in \mathbb{N}$ wähle n_k so groß, daß $n_k > n_{k-1}$ und

$$\mu\left(\left\{ x : |u_{n_k}(x) - u(x)| \ge \frac{1}{k} \right\} \right) < 2^{-k}.$$

Sei

$$A_j = \bigcup_{k=j}^{\infty} \left\{ x : |u_{n_k}(x) - u(x)| \ge \frac{1}{k} \right\}.$$

Dann ist $A_1 \supset A_2 \supset \dots$ und

$$\mu(\cap_{j=1}^{\infty} A_j) \le \lim_{j \to \infty} \sum_{k=j}^{\infty} 2^{-k} = 0.$$

Jeder Punkt x im Komplement dieser Nullmenge ist ebenso enthalten im Komplement einer Menge $A_{j(x)}$, also

$$x \in A_{j(x)}^c = \bigcap_{k=j(x)}^{\infty} \left\{ y : |u_{n_k}(y) - u(y)| < \frac{1}{k} \right\}.$$

Zu $\varepsilon > 0$ wähle k_0 mit $k_0 \ge j(x)$ und $\frac{1}{k_0} \le \varepsilon$. Dann gilt

$$|u_{n_k}(x) - u(x)| \le \varepsilon \quad \text{für alle } k \ge k_0,$$

also $u_{n_k}(x) \to u(x)$ für alle $x \in \Omega \setminus \cap A_j$. $\qquad\square$

Anmerkungen 4.26 (i) Für unbeschränktes Gebiet gilt: Ist $u_k \to u$ in $L^p(\Omega)$, $1 \le p < \infty$, so gibt es eine Teilfolge (u_{k_l}) mit $u_{k_l} \to u$ f.ü. in Ω. Denn wir können Ω in abzählbar viele beschränkte Teilgebiete zerlegen und sukzessive auf jedem dieser Teilgebiete eine f.ü. konvergente Teilfolge auswählen. Die zugehörige Diagonalfolge (siehe Beispiel 2.18) ist dann auf Ω f.ü. konvergent.

(ii) Die Umkehrung dieses Satzes gilt ebenfalls, sofern die Folge durch eine integrierbare Funktion majorisiert wird. Dies ist gerade der Satz von Lebesgue.

Das nächste Beispiel zeigt, daß in (b) die punktweise Konvergenz tatsächlich nur für eine Teilfolge gilt.

Beispiel 4.27. Sei $n = 1$ und $\Omega = (0,1)$. Jedes $l \in \mathbb{N}$ läßt sich eindeutig in der Form $l = 2^k + j$ schreiben mit $k \in \mathbb{N}_0$ und $0 \leq j < 2^k$. Wir betrachten die Folge

$$u_l(x) = \chi_{[j2^{-k},(j+1)2^{-k}]},$$

wobei χ die charakteristische Funktion des Intervalls bezeichnet. Offenbar gibt es kein $x \in \Omega$ mit $\lim_{l\to\infty} u_l(x) = 0$, aber $u_l \to 0$ dem Maße nach.

4.5 Der Dualraum von $L^p(\Omega)$

Ähnlich wie bei den Folgenräumen l_p wollen wir Resultate der Form $L^p(\Omega)' \cong L^q(\Omega)$ für $\frac{1}{p} + \frac{1}{q} = 1$ beweisen, was allerdings technisch aufwendiger ist. Als Vorbereitung benötigen wir vier Ungleichungen, die man aus den zugehörigen Ungleichungen für reelle Zahlen durch Integration gewinnt (siehe [Ada75, S. 34ff.], [Cla36], [HS71, S. 75ff.]).

Lemma 4.28 (Clarksonsche Ungleichungen). *Seien $u, v \in L^p(\Omega)$ für* $1 < p < \infty$ *und* $q = p/(p-1)$.

(a) *Wenn* $1 < p \leq 2$, *so*

$$\left\|\frac{u+v}{2}\right\|_p^q + \left\|\frac{u-v}{2}\right\|_p^q \leq \left(\frac{1}{2}\|u\|_p^p + \frac{1}{2}\|v\|_p^p\right)^{q-1}, \tag{4.3}$$

$$\left\|\frac{u+v}{2}\right\|_p^p + \left\|\frac{u-v}{2}\right\|_p^p \geq \frac{1}{2}\|u\|_p^p + \frac{1}{2}\|v\|_p^p. \tag{4.4}$$

(b) *Wenn* $2 \leq p < \infty$, *so*

$$\left\|\frac{u+v}{2}\right\|_p^p + \left\|\frac{u-v}{2}\right\|_p^p \leq \frac{1}{2}\|u\|_p^p + \frac{1}{2}\|v\|_p^p, \tag{4.5}$$

$$\left\|\frac{u+v}{2}\right\|_p^q + \left\|\frac{u-v}{2}\right\|_p^q \geq \left(\frac{1}{2}\|u\|_p^p + \frac{1}{2}\|v\|_p^p\right)^{q-1}. \tag{4.6}$$

Satz 4.29. $L^p(\Omega)$ *ist für* $1 < p < \infty$ *gleichmäßig konvex, d.h.: Zu jedem* $\varepsilon > 0$ *gibt es ein* $\delta > 0$, *so daß für alle* $u, v \in L^p(\Omega)$ *mit* $\|u\|_p = \|v\|_p = 1$ *und* $\|u - v\|_p \geq \varepsilon$ *gilt*

$$\left\|\frac{u+v}{2}\right\|_p \leq 1 - \delta.$$

Beweis. Für u, v wie im Satz angegeben und für $1 < p \leq 2$ folgt aus (4.3)

$$\left\|\frac{u+v}{2}\right\|_p^q \leq 1 - 2^{-q}\varepsilon^q,$$

und für $2 \leq p < \infty$ aus (4.5)

$$\left\| \frac{u+v}{2} \right\|_p^p \leq 1 - 2^{-p}\varepsilon^p.$$

In beiden Fällen wurde ein $\delta > 0$ mit den geforderten Eigenschaften gefunden.

$\square$

Anschaulich bedeutet die gleichmäßige Konvexität, daß die Einheitskugel strikt konvex und unabhängig von u, v gekrümmt ist.

Ein Banach-Raum ist genau dann reflexiv, wenn er gleichmäßig konvex ist. Wir benötigen dieses Resultat jedoch nicht, weil die Reflexivität aus der Charakterisierung der Dualräume folgen wird.

Sei q der konjugierte Exponent zu p, also $q = p/(p-1)$ für $1 < p < \infty$, $q = 1$ für $p = \infty$ und $q = \infty$ für $p = 1$. Jedem $u \in L^q(\Omega)$ kann ein $L_u \in L^p(\Omega)'$ zugeordnet werden durch

$$L_u(v) = \int_\Omega uv\,dx, \tag{4.7}$$

denn aufgrund der Hölderschen Ungleichung gilt $|L_u(v)| \leq \|u\|_q\|v\|_p$, was die Stetigkeit von L_u impliziert. Die Frage ist nun, für welche p die Abbildung $u \mapsto L_u$ surjektiv ist:

Satz 4.30 (Rieszscher Darstellungssatz für $L^p(\Omega)$). *Sei $1 \leq p < \infty$ und $L \in L^p(\Omega)'$. Dann gibt es genau ein $u \in L^q(\Omega)$ mit*

$$L(v) = \int_\Omega uv\,dx \quad \text{für alle } v \in L^p(\Omega).$$

Weiter gilt $\|u\|_q = \|L\|_{L^p(\Omega)'}$, also $L^p(\Omega)' \cong L^q(\Omega)$.

Beweis. Sei zunächst $1 < p < \infty$, der Fall $p = 1$ wird anschließend durch Grenzübergang $p \to 1$ gezeigt. Sei $L \in L^p(\Omega)'$ mit $\|L\|_{L^p(\Omega)'} = 1$. Dann gibt es eine Folge (w_k) in $L^p(\Omega)$ mit $\|w_k\|_p = 1$ und $|L(w_k)| \to 1$. Die Folge (w_k) kann durch Multiplikation mit $\alpha_k \in \mathbb{K}$, $|\alpha_k| = 1$, so gewählt werden, daß $L(w_k)$ reell ist mit $L(w_k) \to 1$. Wir wollen zeigen, daß die so modifizierte Folge eine Cauchy-Folge in $L^p(\Omega)$ ist. Wenn das nicht der Fall wäre, so gäbe es eine Folge k_i, l_i mit $k_i, l_i \to \infty$ und ein $\varepsilon > 0$ mit $\|w_{k_i} - w_{l_i}\|_p \geq \varepsilon$ für $k_i, l_i \in \mathbb{N}$. Aus der uniformen Konvexität folgt $\|\frac{1}{2}(w_{k_i} + w_{l_i})\|_p \leq 1 - \delta$ mit einem festen $\delta > 0$. Daher

$$1 \geq L\left(\frac{w_{k_i} + w_{l_i}}{\|w_{k_i} + w_{l_i}\|_p}\right) = \left\|\frac{w_{k_i} + w_{l_i}}{2}\right\|_p^{-1} L\left(\frac{w_{k_i} + w_{l_i}}{2}\right)$$

$$\geq \frac{1}{1-\delta} \cdot \frac{1}{2}\left(L(w_{k_i}) + L(w_{l_i})\right).$$

Für $k_i, l_i \to \infty$ konvergiert die rechte Seite gegen $1/(1-\delta)$, was einen Widerspruch ergibt. Daher ist (w_k) Cauchy-Folge und konvergiert gegen ein $w \in L^p(\Omega)$ mit $L(w) = 1$ und $\|w\|_p = 1$. Wir zeigen nun, daß

$$L(v) = \int_\Omega uv\,dx \quad \text{für alle } v \in L^p \tag{4.8}$$

für $u = |w|^{p-2}\overline{w}$. Offenbar ist $L(w) = 1$; (4.8) ist demnach bewiesen, wenn folgendes gezeigt wird:

Wenn $L_1, L_2 \in L^p(\Omega)'$ mit $\|L_1\|_{L^p(\Omega)'} = \|L_2\|_{L^p(\Omega)'} = L_1(w) = L_2(w) = 1$ für ein $w \in L^p(\Omega)$ mit $\|w\|_p = 1$, so folgt $L_1 = L_2$. $\tag{4.9}$

Angenommen, (4.9) gilt nicht. Dann gibt es ein $v \in L^p$ mit $L_1(v) \neq L_2(v)$. Durch Skalarmultiplikation und Addition eines Vielfachen von w können wir

$$L_1(v) = 1, \quad L_2(v) = -1$$

erreichen. Aus $L_1(w + tv) = 1 + t$, $L_2(w - tv) = 1 + t$, $t \geq 0$, folgt wegen $\|L_1\| = \|L_2\| = 1$

$$\|w + tv\|_p \geq 1 + t, \quad \|w - tv\|_p \geq 1 + t.$$

Für $1 < p \leq 2$ liefert (4.4)

$$1 + t^p \|v\|_p^p = \left\| \frac{(w + tv) + (w - tv)}{2} \right\|_p^p + \left\| \frac{(w + tv) - (w - tv)}{2} \right\|_p^p$$

$$\geq \frac{1}{2}\|w + tv\|_p^p + \frac{1}{2}\|w - tv\|_p^p \geq (1 + t)^p$$

und für $2 \leq p < \infty$ erhält man aus (4.6)

$$1 + t^q \|v\|_p^q = \left\| \frac{(w + tv) + (w - tv)}{2} \right\|_p^q + \left\| \frac{(w + tv) - (w - tv)}{2} \right\|_p^q$$

$$\geq \left(\frac{1}{2}\|w + tv\|_p^p + \frac{1}{2}\|w - tv\|_p^p \right)^{q-1} \geq (1 + t)^q.$$

Beide Ungleichungen können nicht für alle $t > 0$ richtig sein. Damit ist (4.9), also auch (4.8) bewiesen.

(4.8) ist nun die gesuchte Darstellung von L und die Abbildung $L \mapsto u$ ist auf der Menge der L mit $\|L\| = 1$ eine Isometrie. $L \neq 0$ kann auf den Fall $\|L\| = 1$ durch Skalarmultiplikation zurückgeführt werden und für $L = 0$ wird $u = 0$ gesetzt. Damit ist für $p > 1$ alles bewiesen.

Für $p = 1$ brauchen wir ebenfalls nur die Darstellung der $L \in L^1(\Omega)'$ mit $\|L\| = 1$ zu konstruieren. Zunächst sei Ω maßbeschränkt. Nach Satz 4.19(a) gilt dann $L^p(\Omega) \subset L^1(\Omega)$ für $p > 1$ und

$$|L(v)| \leq \|v\|_1 \leq M(p)\|v\|_p = \mu(\Omega)^{1-1/p}\|v\|_p.$$

Daher ist $L \in L^p(\Omega)'$ für alle $p \geq 1$ und es gibt eine Darstellung $u_p \in L^q(\Omega)$ mit $\|u\|_q \leq M(p)$ und

$$L(v) = \int_\Omega u_p v \, dx \quad \forall v \in L^p(\Omega).$$

Für alle $v \in L^\infty(\Omega)$ folgt für $p_1, p_2 > 1$

$$\int_\Omega u_{p_1} v \, dx = \int_\Omega u_{p_2} v \, dx.$$

Speziell wählen wir $v = \mathrm{sign}\,(u_{p_1} - u_{p_2}) \in L^\infty(\Omega)$ und erhalten $\int_\Omega |u_{p_1} - u_{p_2}| \, dx = 0$ und $u_{p_1} = u_{p_2}$ f.ü. Damit hängt u gar nicht von p ab und Satz 4.19(b) liefert

$$\|u\|_\infty \le \lim_{p \to 1} M(p) = 1.$$

Da $L^p(\Omega)$ dicht liegt in $L^1(\Omega)$, kann L_u auf $L^1(\Omega)$ stetig fortgesetzt werden, $|L_u(v)| \le \|v\|_1$ ist wegen $u \in L^\infty(\Omega)$ erfüllt. Daher

$$L(v) = \int_\Omega uv \, dx \quad \forall v \in L^1(\Omega).$$

Im Falle eines Gebietes Ω mit unbeschränktem Maß zerlegen wir Ω in abzählbar viele meßbare, disjunkte Mengen mit endlichem Maß und wenden obiges Resultat auf jede dieser Teilmengen an. $\qquad\square$

Die Dualitätsabbildung von $L^p(\Omega)$ hat die Form

$$\langle v, L \rangle = \int_\Omega uv \, dx,$$

woraus sofort folgt

Satz 4.31. *Die Räume $L^p(\Omega)$ sind reflexiv für $1 < p < \infty$.*

Um $L^\infty(\Omega)' \ncong L^1(\Omega)$ zu zeigen, konstruieren wir ein Funktional $\tilde\delta \in L^\infty(\Omega)'$, das nicht durch eine L^1-Funktion dargestellt werden kann. Für $x \in \Omega$ setze $\delta_x(v) = v(x)$. Für $v \in C(\overline\Omega)$ ist δ_x wohldefiniert und in der L^∞-Norm auch stetig, $|\delta_x(v)| \le \|v\|_\infty$. Nach Korollar 3.13 zum Hahn-Banachschen Fortsetzungssatz gibt es eine Fortsetzung von δ_x auf $L^\infty(\Omega)$, der offenbar keine L^1-Funktion entspricht.

Um die schwache Konvergenz in $L^p(\Omega)$ zu untersuchen, identifizieren wir wie in (4.7) jedes $u \in L^p(\Omega)$ mit einem $L_u \in L^q(\Omega)'$.

Satz 4.32. *Eine Folge (u_k) konvergiert genau dann schwach in $L^p(\Omega)$, $1 < p < \infty$, bzw. schwach$*$ in $L^\infty(\Omega)$, wenn die Folge normbeschränkt ist und wenn für alle $\phi \in C_0^\infty(\Omega)$ die Folgen*

$$\left(\int_\Omega u_k \phi \, dx \right)_{k \in \mathbb{N}}$$

Cauchy-Folgen in $\mathbb{K}$ sind.

Beweis. Da schwache und schwache∗ Konvergenz für $1 < p < \infty$ übereinstimmen, können wir Lemma 3.27 anwenden: Eine Folge (u_k) ist genau dann schwach∗ konvergent, wenn sie normbeschränkt ist und wenn die Folgen $L_{u_k}(\phi)$ in $\mathbb{K}$ konvergent sind für alle ϕ in einer dichten Teilmenge von $L^q(\Omega)$. Die Behauptung folgt daher aus der Tatsache, daß C_0^∞ dicht in L^q ist (Satz 4.23). $\qquad\square$

Beispiel 4.33. Sei $n = 1$, $\Omega = (0,1)$, und $u_k = \sin k\pi x \in L^2(\Omega)$ für $k \in \mathbb{N}$. Diese Folge ist normbeschränkt in $L^2(\Omega)$ und für $\phi \in C_0^\infty(\Omega)$ gilt

$$\int_0^1 u_k(x)\phi(x)\,dx = -\frac{1}{k\pi}\int_0^1 (\cos k\pi x)'\phi(x)\,dx = \frac{1}{k\pi}\int_0^1 \cos k\pi x\,\phi'(x)\,dx \to 0,$$

also $u_k \rightharpoonup 0$ nach dem letzten Satz. Offenbar konvergiert u_k weder punktweise f.ü. noch dem Maße nach gegen die Nullfunktion. Die schwache Konvergenz ist also tatsächlich – schwach.

Eine weitere Anwendung von $(L^p)' = L^q$ ist das

Lemma 4.34 (Kontinuierliche Minkowski-Ungleichung). *Seien* $A \subset \mathbb{R}^m$, $B \subset \mathbb{R}^n$ *Gebiete und* $\|u(\cdot,y)\|_{p;A} \in L^1(B)$ *für ein* $1 \le p < \infty$. *Dann ist* $\int_B u(x,y)\,dy \in L^p(A)$ *mit*

$$\left(\int_A \left|\int_B u(x,y)\,dy\right|^p dx\right)^{1/p} \le \int_B \|u(\cdot,y)\|_{p;A}\,dy.$$

Beweis. Mit $U(x) = \int_B u(x,y)\,dy$ haben wir $\|U\|_{p;A}$ abzuschätzen. Sei $1 < q \le \infty$ der konjugierte Exponent zu p. Da $L^q(A)$ der Dualraum von $L^p(A)$ ist, gilt nach Lemma 3.20

$$\|U\|_{p;A} = \sup_{v\in L^q(A),\ \|v\|_{q;A}=1} \int_A Uv\,dx$$

$$= \sup_{v\in L^q(A),\ \|v\|_{q;A}=1} \int_A \left(\int_B u(x,y)\,dy\right)v(x)\,dx.$$

Aufgrund unserer Voraussetzungen an u und v ist $uv \in L^1(A \times B)$. Wir können daher den Satz von Fubini anwenden und erhalten

$$\|U\|_{p;A} = \sup_{v\in L^q(A),\ \|v\|_{q;A}=1} \int_B \left(\int_A u(x,y)v(x)\,dx\right)dy$$

$$\le \int_B \left(\sup_{v\in L^q(A),\ \|v\|_{q;A}=1} \int_A u(x,y)v(x)\,dx\right)dy$$

$$= \int_B \|u(\cdot,y)\|_{p;A}\,dy.$$

$$\hfill\square$$

Daß das Lemma tatsächlich eine kontinuierliche Version der Minkowski-Ungleichung darstellt, macht man sich an folgendem Beispiel klar. Für $B = (0,2) \subset \mathbb{R}$ und $u(x,y) = u_1(x)$ für $y \in (0,1)$ sowie $u(x,y) = u_2(x)$ für $y \in (1,2)$ folgt $\|u_1 + u_2\|_{p;A} \le \|u_1\|_{p;A} + \|u_2\|_{p;A}$.

Aufgaben

4.1. (1) Sei A eine Menge mit der Eigenschaft, daß sie für jedes $k \in \mathbb{N}$ durch eine meßbare Menge Z_k mit $\mu(Z_k) \to 0$ überdeckt werden kann. Beweisen Sie, daß A meßbar ist und Maß 0 besitzt.

4.2. (3) Sei $x : [a,b] \to \mathbb{R}^2$ die stetig differenzierbare Parametrisierung der Kurve

$$C = \big\{ x(t) : t \in [a,b] \big\} \subset \mathbb{R}^2.$$

Zeigen Sie mit dem Kriterium aus der letzten Aufgabe, daß $\mu(C) = 0$.

4.3. (2) Die folgende Schlußweise kommt häufig in der Maßtheorie vor und soll hier an einem einfachen Beispiel eingeübt werden. Sei u meßbar auf dem $\mathbb{R}^n$ und für die Menge $\Omega = \{x : u(x) > 0\}$ gelte $\mu(\Omega) > 0$. Beweisen Sie, daß es dann auch ein $\varepsilon > 0$ gibt, so daß $\mu(\{x : u(x) > \varepsilon\}) > 0$.

Hinweis: Setze $G_k = [\frac{1}{k+1}, \frac{1}{k})$ für $k \in \mathbb{N}$ und $G_0 = [1, \infty)$. Mit $\Omega_k = \{x : u(x) \in G_k\}$ gilt dann $\Omega = \cup_{k=0}^{\infty} \Omega_k$.

4.4. (2) Zeigen Sie durch ein Beispiel, daß die punktweise Konvergenz nicht ausreicht, um Integration und Grenzwertbildung zu vertauschen.

4.5. (2) Sei $\Omega = (0,1) \subset \mathbb{R}$. Geben Sie eine Folge meßbarer, nichtnegativer Funktionen $u_n : \Omega \to \mathbb{R}$ an mit

$$\int_{\Omega} \liminf u_n(x)\, dx < \liminf \int_{\Omega} u_n\, dx.$$

4.6. (3) Um kompliziertere Beispiele von meßbaren Mengen kennenzulernen, wollen wir die sogenannten *cantorähnlichen Mengen* konstruieren. Sei $J_{0,1} = [0,1] \subset \mathbb{R}$. Aus $J_{0,1}$ wird ein offenes Intervall $I_{1,1}$ der Länge < 1 mit Mittelpunkt $\frac{1}{2}$ entfernt. Es verbleiben zwei abgeschlossene Mengen $J_{1,1}$ und $J_{1,2}$. Damit ist der erste Schritt der Konstruktion abgeschlossen. In jedem weiteren Schritt werden aus den Intervallen $J_{n,1}, \ldots, J_{n,2^n}$ offene Intervalle $I_{n+1,1}, \ldots, I_{n+1,2^n}$ so herausgenommen, daß sie die gleichen Mittelpunkte wie die zugehörigen J-Intervalle, aber eine kleinere Länge besitzen. Jedes $J_{n,k}$ hat demnach eine Länge kleiner als 2^{-n}. Setze

$$V_n = \cup_{k=1}^{2^{n-1}} I_{n,k}, \quad P_n = \cup_{k=1}^{2^n} J_{n,k}, \quad P = \cap_{n=1}^{\infty} P_n = [0,1] \cap (\cup_{n=1}^{\infty} V_n)^c. \quad (4.10)$$

Definition 4.35. *Die Menge P in (4.10) heißt* cantorähnliche Menge. *Wenn $I_{1,1} = (\frac{1}{3}, \frac{2}{3})$ und die Länge von $I_{n+1,k}$ genau ein Drittel von $J_{n,k}$ beträgt, so heißt P* Cantor-Menge.

Für die Cantor-Menge gilt also

$$J_{1,1} = [0, \frac{1}{3}], \quad J_{1,2} = [\frac{2}{3}, 1], \quad I_{2,1} = [\frac{1}{9}, \frac{2}{9}] \quad \text{usw.}$$

a) Zeigen Sie, daß die cantorähnlichen Mengen meßbar und abgeschlossen sind und bestimmen Sie das Maß der Cantor-Menge.

b) Zeigen Sie, daß die Cantor-Menge überabzählbar ist.

Hinweis: Schreiben Sie die Zahlen im Intervall $[0, 1]$ im Dreiersystem.

4.7. (3) Konstruieren Sie eine meßbare, magere Teilmenge des Intervalls $[0, 1]$ mit Lebesgue-Maß 1. Dabei ist das Intervall $[0, 1]$ mit der üblichen, vom Absolutbetrag erzeugten Metrik versehen.

Hinweis und Bemerkung: Verwenden Sie cantorähnliche Mengen zur Konstruktion. Diese Aufgabe zeigt, daß topologisch-mager nichts mit maßtheoretisch-mager zu tun hat.

4.8. (3) Konstruieren Sie eine Funktion $u : (0, 1) \to \mathbb{R}$ mit folgenden Eigenschaften. Für jedes $\varepsilon > 0$ ist $u \in L^1(\varepsilon, 1)$ und $\lim_{\varepsilon \to 0} \int_\varepsilon^1 u\, dx$ existiert, aber $u \notin L^1((0, 1))$.

4.9. (3) Konstruieren Sie ein ebenes Gebiet Ω mit $\{x \in \mathbb{R}^2 : x_2 = 0, 0 < x_1 < 1\} \subset \Omega$, so daß $u(x) = |x_1|^{-1} \in L^p(\Omega)$ für alle $1 \leq p < \infty$.

4.10. (4) Beweisen Sie folgende leicht vereinfachte Version eines Satzes von Grothendieck: Ist $\mu(\Omega) = 1$ und $M \subset C^0(\overline{\Omega})$ ein abgeschlossener Unterraum von $L^2(\Omega)$, so ist M endlich dimensional.

Hinweis: Betrachten Sie $Id : M \to L^\infty(\Omega)$ mit dem Banach-Raum $(M, \|\cdot\|_2)$. Zeigen Sie zunächst mit dem Prinzip vom abgeschlossenen Graphen, daß es eine Konstante K gibt mit $\|v\|_\infty \leq K\|v\|_2$ für alle $v \in M$. Dann entwickeln Sie einen Unterraum von M nach einer L^2-Orthonormalbasis und zeigen $\dim M \leq K^2$.

4.11. (4) Sei

$$E = \{2^k : k \in \mathbb{N}\} \subset \mathbb{N}$$

und $\tilde{M}$ der Vektorraum der endlichen Summen der Form

$$g(\theta) = \sum_{n \in E} c_n \mathrm{e}^{in\theta}, \quad c_n \in \mathbb{C},$$

und sei M der Abschluß von $\tilde{M}$ in $L^1((0, 2\pi))$. Zeigen Sie: M ist abgeschlossener Unterraum von $L^4((0, 2\pi))$.

Bemerkung und Hinweis: Das Prinzip der vorigen Aufgabe ist daher für allgemeine L^p-Räume nicht richtig. Bestimmen Sie zunächst $g(\theta)^2$ und zeigen damit $\|g\|_{4;(0,2\pi)} \leq K\|g\|_{2;(0,2\pi)}$ unter Verwendung von $(\mathrm{e}^{im\theta}, \mathrm{e}^{in\theta}) = 2\pi\delta_{m,n}$.

4.12. (2) Geben Sie einen Unterraum von $(L^\infty(\Omega), \|\cdot\|_{\infty;\Omega})$ an, der isometrisch isomorph zu $(l^\infty, \|\cdot\|_{l_\infty})$ ist.

Bemerkung: Mit den Aufgaben 2.3 und 2.4 ist damit bewiesen, daß $L^\infty(\Omega)$ nicht separabel ist.

4.13. (2) Untersuchen Sie auf Konvergenz in $L^1_{\mathrm{loc}}(0,\infty)$ und in $L^1(0,\infty)$ und bestimmen Sie gegebenenfalls die Grenzfunktion:

a) $\sum_{k=1}^\infty (-1)^k e^{-kt}$,   b) $\sum_{k=1}^\infty e^{-kt}$.

Hinweis: $L^1_{\mathrm{loc}}(0,\infty)$ ist der Raum der meßbaren Funktionen f mit $\int_\varepsilon^{1/\varepsilon} |f(t)|\,dt < \infty$. Konvergenz in $L^1_{\mathrm{loc}}(0,\infty)$ liegt genau dann vor, wenn die Folge in $L^1(\varepsilon,1/\varepsilon)$ konvergiert für jedes $\varepsilon > 0$.

4.14. (2) Sei $n = 1$ und $\Omega = (0,1)$. Die Einbettung $C^0(\overline{\Omega}) \to L^2(\Omega)$ ist nicht kompakt.

Hinweis: Verwenden Sie die Folge $u_k(x) = \sin k\pi x$ für $k \in \mathbb{N}$.

4.15. (3) Sei Ω ein beschränktes Gebiet und (u_k) eine Folge von Funktionen, die in $L^2(\Omega)$ beschränkt ist, also $\|u_k\|_{2;\Omega} \le K$, und gegen eine Funktion u in $L^1(\Omega)$ (!) konvergiert. Beweisen Sie, daß auch $u \in L^2(\Omega)$ mit $\|u\|_{2;\Omega} \le K$.

4.16. (4) $L^2(0,1)$ ist mager in $L^1(0,1)$.

4.17. (3) Für $f, g \in L^2(\mathbb{R}^n)$ ist die *Faltung* definiert durch

$$h(x) = \int_{\mathbb{R}^n} f(y)g(x-y)\,dy.$$

Zeigen Sie, daß h definiert und auf dem $\mathbb{R}^n$ stetig ist.

Hinweis: Approximieren Sie f und g durch Funktionen in C_0^∞.

4.18. (3) Sei $g \in L^\infty(\mathbb{R})$ mit $g(x+1) = g(x)$ in $\mathbb{R}$ und $\int_0^1 g(t)\,dt = \lambda$. Dann gilt für $f_n(x) = g(nx)$, daß $f_n \rightharpoonup \lambda$ in $L^p(I)$, wobei $1 < p < \infty$ und I ein beliebiges offenes, beschränktes Intervall ist.

4.19. (4) Sei $\Omega \subset \mathbb{R}^n$ ein beschränktes Gebiet. Beweisen Sie, daß der Folgenabschluß von $C(\overline{\Omega})$ bezüglich der schwachen* Topologie von $L^\infty(\Omega)$ mit dem Raum $L^\infty(\Omega)$ übereinstimmt, daß aber andererseits der Raum $C(\overline{\Omega})$ nicht dicht liegt in $L^\infty(\Omega)$ bezüglich der Normtopologie.

4.20. (3) Untersuchen Sie auf schwache* Konvergenz in $L^\infty(0,1)$:

a) $u_k(x) = \sin(k/x)$, $k \in \mathbb{N}$,   b) $u_k(x) = \sin(1/(kx))$, $k \in \mathbb{N}$.

4.21. (3) Sei $n = 1$, $\Omega = (0,1)$. Für $1 < p < \infty$ gilt:

$$u_k \rightharpoonup u \text{ in } L^p(\Omega) \quad \Leftrightarrow \quad \|u_k\|_{p;\Omega} \le K \text{ und } \int_0^x u_k(t)\,dt \to \int_0^x u(t)\,dt \text{ für } 0 < x < 1.$$

Bermerkung: Zur Charakterisierung der schwachen Konvergenz in $L^1(0,1)$ benötigt man eine stärkere Bedingung; neben der Normbeschränktheit muß $\int_A u_k(t)\,dt \to \int_A u(t)\,dt$ für alle meßbaren Teilmengen A von $(0,1)$ erfüllt sein.

4.22. (2) Beweisen Sie oder widerlegen Sie durch Gegenbeispiel.

a) $u_k \to u$ in L^2, $v_k \to v$ in L^2 $\quad \Rightarrow \quad$ $u_k v_k \to uv$ in L^1,

b) $u_k \rightharpoonup u$ in L^2, $v_k \to v$ in L^2 $\quad \Rightarrow \quad$ $u_k v_k \rightharpoonup uv$ in L^1,

c) $u_k \rightharpoonup u$ in L^2, $v_k \rightharpoonup v$ in L^2 $\quad \Rightarrow \quad$ $u_k v_k \rightharpoonup uv$ in L^1.

Die Sobolev-Räume $H^{m,p}(\Omega)$

5.1 Das Fundamentallemma der Variationsrechnung

In diesem Abschnitt sind ausnahmsweise alle Funktionen reellwertig. Wie zuvor bezeichnen wir mit $L^1_{\mathrm{loc}}(\Omega)$ den Raum der meßbaren Funktionen u, die auf jeder Menge $\Omega_0 \subset\subset \Omega$ integrierbar sind.

Satz 5.1 (Fundamentallemma der Variationsrechnung). *Sei* $u \in L^1_{\mathrm{loc}}(\Omega)$ *mit*

$$\int_\Omega u\phi\,dx \geq 0 \quad \text{für alle } \phi \in C_0^\infty(\Omega) \text{ mit } \phi \geq 0. \tag{5.1}$$

Dann ist $u \geq 0$ *f.ü. in* Ω.

Anmerkung 5.2. Wenn $\int_\Omega u\phi\,dx \geq 0$ für alle $\phi \in C_0^\infty(\Omega)$, so $\int_\Omega u\phi\,dx = 0$, und damit

$$\int_\Omega u\phi\,dx \geq 0 \quad \text{für alle } \phi \in C_0^\infty(\Omega) \quad \Rightarrow \quad u = 0 \text{ f.ü. in } \Omega. \tag{5.2}$$

Beweis. Um die Idee des Satzes verständlich zu machen, wird u zunächst als stetig vorausgesetzt. Angenommen, es gibt einen Punkt $x_0 \in \Omega$ mit $u(x_0) < 0$. Da u stetig ist, gibt es eine Umgebung $B_\varepsilon(x_0)$ mit $u(x) < 0$ für alle $x \in B_\varepsilon(x_0)$. Mit Hilfe des Mollifiers J_ε können wir eine Funktion $\phi \in C_0^\infty(B_\varepsilon(x_0))$ konstruieren mit $\phi \geq 0$, $\phi \neq 0$. Daher $\int_\Omega u\phi\,dx < 0$, was $\int_\Omega u\phi\,dx \geq 0$ widerspricht.

Nun sei $u \in L^1_{\mathrm{loc}}(\Omega)$ und $\Omega_0 \subset\subset \Omega$ beliebig. Für $\phi \in C_0^\infty(\Omega_0)$ und ε genügend klein gilt $J_\varepsilon * \phi \in C_0^\infty(\Omega)$ und wegen des Satzes von Fubini

$$0 \leq \int_\Omega u J_\varepsilon * \phi\,dx = \int_\Omega \int_{|x-y|<\varepsilon} u(x)\phi(y)J_\varepsilon(x-y)\,dy\,dx$$

$$= \int_\Omega \phi(y)\Big(\int_{|x-y|<\varepsilon} u(x)J_\varepsilon(y-x)\,dy \Big)\,dx = \int_\Omega J_\varepsilon * u(y)\phi(y)\,dy.$$

M. Dobrowolski, *Angewandte Funktionalanalysis*, Springer-Lehrbuch Masterclass, 2nd ed., DOI 10.1007/978-3-642-15269-6_5, © Springer-Verlag Berlin Heidelberg 2010

Da $J_\varepsilon * u$ stetig ist, folgt aus dem ersten Teil des Beweises $J_\varepsilon * u \geq 0$ in Ω_0. Mit

$$u = u - J_\varepsilon * u + J_\varepsilon * u \tag{5.3}$$

liefert Lemma 4.22(c), daß $\|u - J_\varepsilon * u\|_{1;\Omega_0} \to 0$, und mit Satz 4.25 folgt

$$\mu\big(\{|u(x) - J_\varepsilon * u(x)| \geq \eta\}\big) \ \to\ 0 \quad \text{für } \varepsilon \to 0.$$

Wegen (5.3) folgt $u \geq -\eta$ bis auf eine Menge vom Maß ε'. Da η, ε' beliebig klein gewählt werden können, gilt $u \geq 0$ f.ü. $\hfill\square$

5.2 Schwache Ableitungen

Die Definition der klassischen Ableitung erscheint in vielen Fällen als zu streng. Zum Beispiel ist die Funktion $u(x) = |x|$ „nahezu" differenzierbar und es ist naheliegend, hier einfach $u'(x) = \operatorname{sign}(x)$ zu setzen. Nur die Definition der Ableitung im Punkte $x = 0$ ist beliebig, aber der Fundamentalsatz der Differential- und Integralrechnung bleibt richtig, $|x| = \int_0^x \operatorname{sign}(\xi)\, d\xi$. Trotzdem muß man vorsichtig sein: Die Definition $(\operatorname{sign}(x))' = 0$ wäre inkonsistent wegen $\operatorname{sign}(x) \neq \int_0^x 0\, d\xi$.

In höheren Raumdimensionen kann man den Begriff der Differenzierbarkeit mit der Formel der partiellen Integration verallgemeinern,

$$\int_\Omega u D^\alpha \phi\, dx = (-1)^{|\alpha|} \int_\Omega D^\alpha u \phi\, dx \quad \forall \phi \in C_0^\infty(\Omega),$$

was für alle $u \in C^{|\alpha|}(\Omega)$ richtig ist.

Diese Überlegungen motivieren die folgende Definition.

Definition 5.3. *Eine Funktion $u \in L^1_{\mathrm{loc}}(\Omega)$ besitzt eine α-te schwache Ableitung in Ω, wenn es eine Funktion $u_\alpha \in L^1_{\mathrm{loc}}(\Omega)$ gibt mit*

$$\int_\Omega u D^\alpha \phi\, dx = (-1)^{|\alpha|} \int_\Omega u_\alpha \phi\, dx \quad \forall \phi \in C_0^\infty(\Omega).$$

Wegen des folgenden Lemmas unterscheiden wir zwischen schwacher und klassischer Ableitung nicht und schreiben $D^\alpha u$ an Stelle von u_α.

Lemma 5.4. *Die schwache Ableitung ist eindeutig, sofern sie existiert. Wenn eine Funktion klassisch differenzierbar ist, so ist sie auch schwach differenzierbar und beide Ableitungen stimmen überein.*

Beweis. Wenn u_α und u'_α schwache Ableitungen von u sind, so folgt aus der Definition

$$\int_\Omega (u_\alpha - u'_\alpha)\phi\, dx = 0 \quad \text{für alle } \phi \in C_0^\infty(\Omega).$$

Das Fundamentallemma liefert $u_\alpha = u'_\alpha$. Die zweite Behauptung ergibt sich aus der Motivation zu Anfang dieses Abschnitts. $\hfill\square$

Beispiel 5.5. Wir betrachten den Fall $n = 1$, $\Omega = (-1,1)$, $u(x) = |x|$. Mit partieller Integration gilt

$$\int_{-1}^{1} u\phi' \, dx = \int_{-1}^{0} -x\phi'(x) \, dx + \int_{0}^{1} x\phi'(x) \, dx$$

$$= \int_{-1}^{0} \phi(x) \, dx - 0 \cdot \phi(0) - 1 \cdot \phi(-1) + \int_{0}^{1} -\phi(x) \, dx + 1 \cdot \phi(1) - 0 \cdot \phi(0)$$

$$= -\int_{-1}^{1} \operatorname{sign}(x)\phi(x) \, dx,$$

wobei $\phi(-1) = \phi(1) = 0$ wegen $\phi \in C_0^\infty(\Omega)$ verwendet werden konnte. Damit ist $|x|$ schwach differenzierbar mit Ableitung $\operatorname{sign}(x)$.

Nun versuchen wir, $|x|$ ein weiteres Mal zu differenzieren,

$$\int_{-1}^{1} \operatorname{sign}(x)\phi'(x) \, dx = \int_{-1}^{0} -\phi'(x) \, dx + \int_{0}^{1} \phi'(x) \, dx = -2\phi(0).$$

Es gibt offenbar kein $f \in L_{\mathrm{loc}}^1$ mit $(f, \phi) = -2\phi(0)$. Damit existiert die zweite schwache Ableitung von $|x|$ nicht.

Beispiel 5.6. In diesem Beispiel untersuchen wir Funktionen mit einer Singularität in einem isolierten Punkt. Sei $n = 2$, $\Omega = B_1(0)$ und $u_\alpha(x) = |x|^\alpha$, $\alpha \in \mathbb{R}$. Mit Polarkoordinaten folgt

$$\int_{B_1(0)} u_\alpha(x) \, dx = 2\pi \int_{0}^{1} r^{\alpha+1} \, dr,$$

und $u_\alpha \subset L^1(B_1(0))$ für $\alpha > -2$. Wegen Lemma 5.4 ist u_α schwach differenzierbar in $B_1(0) \setminus \{0\}$ mit Ableitung $Du_\alpha = \alpha r^{\alpha-2} x$. Mit partieller Integration folgt für beliebiges $\phi \in C_0^\infty(B_1(0))$

$$\int_{B_1(0) \setminus B_\varepsilon(0)} u_\alpha(x) D\phi(x) \, dx = -\int_{B_1(0) \setminus B_\varepsilon(0)} Du_\alpha(x)\phi(x) \, dx$$

$$+ \int_{\partial B_\varepsilon(0)} \nu u_\alpha(x)\phi(x) \, d\sigma.$$

Für $\alpha > -1$ besitzen die Integranden der Volumenintegrale die integrierbaren Majoranten $|u_\alpha D\phi|$ sowie $|Du_\alpha \phi|$. Mit dem Satz von Lebesgue können wir für diese Integrale den Grenzübergang $\varepsilon \to 0$ durchführen. Das Randintegral wird abgeschätzt durch

$$\left| \int_{\partial B_\varepsilon(0)} \nu u_\alpha(x)\phi(x) \, d\sigma \right| \le \|\phi\|_\infty \int_{\partial B_\varepsilon(0)} \varepsilon^\alpha \, d\sigma \le \|\phi\|_\infty 2\pi \varepsilon^{\alpha+1} \to 0.$$

Damit ist u_α schwach differenzierbar für $\alpha > -1$.

Der nächste Satz verallgemeinert das Beispiel 5.5.

Satz 5.7. *Sei $\{\Omega_k\}_{k=1,\dots,K}$ eine Partition von Ω in stückweise glatte Teilgebiete, also $\Omega \subset \cup_{k=1}^{K}\overline{\Omega_k}$, $\Omega_k \cap \Omega_l = \emptyset$ für $k \neq l$. Dann ist jedes $u \in C(\overline{\Omega})$ mit $u \in C^1(\overline{\Omega_k})$, $k = 1,\dots,K$, schwach differenzierbar mit beschränkter Ableitung, die auf $\cup\Omega_k$ mit der klassischen Ableitung übereinstimmt und beliebig ist auf $\cup\partial\Omega_k$.*

Beweis. Für $\phi \in C_0^\infty(\Omega)$ folgt mit partieller Integration

$$\int_\Omega uD\phi\,dx = \sum_{k=1}^{K}\int_{\Omega_k} uD\phi\,dx = -\sum_{k=1}^{K}\int_{\Omega_k} Du\phi\,dx + \sum_{k=1}^{K}\int_{\partial\Omega_k} \nu u\phi\,d\sigma.$$

Das Integral über $\partial\Omega$ verschwindet wegen $\phi \in C_0^\infty(\Omega)$, die übrigen Randintegrale heben sich gegenseitig auf, weil die äußeren Normaleneinheitsvektoren bei benachbarten Teilgebieten entgegengesetztes Vorzeichen haben. Daher

$$\int_\Omega uD\phi\,dx = -\sum_{k=1}^{K}\int_{\Omega_k} Du\phi\,dx = -\int_\Omega Du\phi\,dx.$$

$\square$

Nun stellen wir einige einfache Rechenregeln für schwache Ableitungen auf.

Lemma 5.8. (a) *Wenn u eine schwache Ableitung $D^\alpha u$ in Ω besitzt, so ist u auch schwach differenzierbar in jedem Gebiet $\Omega_0 \subset \Omega$ mit gleicher Ableitung.*

(b) *Wenn $D^\alpha u$ eine schwache Ableitung $D^\beta(D^\alpha u)$ besitzt, so existiert die Ableitung $D^{\alpha+\beta}u$ ebenfalls und $D^{\alpha+\beta}u = D^\beta(D^\alpha u)$.*

Beweis. (a) folgt direkt aus der Definition. Als kleine Übung beweisen wir (b). Aus den beiden Identitäten

$$\int_\Omega uD^\alpha\phi\,dx = (-1)^{|\alpha|}\int_\Omega D^\alpha u\phi\,dx \quad \forall\phi \in C_0^\infty(\Omega),$$

$$\int_\Omega D^\alpha uD^\beta\psi\,dx = (-1)^{|\beta|}\int_\Omega D^\beta(D^\alpha u)\psi\,dx \quad \forall\psi \in C_0^\infty(\Omega),$$

erhalten wir mit $\phi = D^\beta\psi$

$$\int_\Omega uD^{\alpha+\beta}\psi\,dx = (-1)^{|\alpha+\beta|}\int_\Omega D^\beta(D^\alpha u)\psi\,dx.$$

$\square$

5.3 Definition und grundlegende Eigenschaften der Sobolev-Räume

Definition 5.9. *Für* $m \in \mathbb{N}_0$ *und* $1 \leq p \leq \infty$ *besteht der Raum* $H^{m,p}(\Omega)$ *aus allen Funktionen* $u \in L^p(\Omega)$*, die m-mal schwach differenzierbar sind mit Ableitungen im Raum* $L^p(\Omega)$*. Die Räume* $H^{m,p}(\Omega)$ *werden mit den Sobolev-Normen*

$$\|u\|_{m,p;\Omega} = \|u\|_{m,p} = \left(\sum_{|\alpha| \leq m} \|D^\alpha u\|_p^p \right)^{1/p}, \quad 1 \leq p < \infty,$$

$$\|u\|_{m,\infty;\Omega} = \|u\|_{m,\infty} = \max_{|\alpha| \leq m} \|D^\alpha u\|_\infty,$$

versehen.

Offenbar ist $H^{0,p} = L^p$. Die Normaxiome lassen sich einfach nachweisen.

Satz 5.10. $H^{m,p}(\Omega)$ *ist Banach-Raum für alle* $m \in \mathbb{N}_0$ *und* $1 \leq p \leq \infty$.

Beweis. Sei $(u_k)_{k\in\mathbb{N}}$ eine Cauchy-Folge in $H^{m,p}(\Omega)$. Aufgrund der Definition der Sobolev Norm ist die Folge $(D^\alpha u_k)_{k\in\mathbb{N}}$ eine Cauchy-Folge in $L^p(\Omega)$ für alle $0 \leq |\alpha| \leq m$ und besitzt wegen der Vollständigkeit von $L^p(\Omega)$, einen Grenzwert $u^\alpha \in L^p(\Omega)$. Sei $\phi \in C_0^\infty(\Omega)$. Wegen $D^\alpha u_k \to u^\alpha$ in $L^1(\mathrm{supp}(\phi))$ (siehe Satz 4.19(a)) können wir in

$$\int_\Omega u_k D^\alpha \phi \, dx = (-1)^{|\alpha|} \int_\Omega D^\alpha u_k \phi \, dx$$

den Grenzübergang $k \to \infty$ durchführen

$$\int_\Omega u D^\alpha \phi \, dx = (-1)^{|\alpha|} \int_\Omega u^\alpha \phi \, dx.$$

Daher $D^\alpha u = u^\alpha$ und $u_k \to u$ in $H^{m,p}(\Omega)$. $\qquad\qquad\square$

Korollar 5.11. $H^{m,2}(\Omega)$ *ist Hilbert-Raum mit innerem Produkt*

$$(u,v)_m = \sum_{|\alpha| \leq m} \int_\Omega D^\alpha u \overline{D^\alpha v} \, dx.$$

Nun nehmen wir den Beweis des Hauptresultats dieses Abschnitts in Angriff, nämlich die Approximierbarkeit der Funktionen in $H^{m,p}(\Omega)$, $1 \leq p < \infty$, durch Funktionen im Raum $C^\infty(\Omega) \cap H^{m,p}(\Omega)$. Mit diesem Ergebnis übertragen sich die meisten Eigenschaften klassisch differenzierbarer Funktionen auf Sobolev Funktionen. Die beiden folgenden Lemmata über die Existenz von Abschneidefunktionen sind einfach.

Lemma 5.12. *Sei $K \subset \Omega$ eine kompakte Menge. Dann gibt es eine Abschneidefunktion bezüglich $\{K, \Omega\}$, das ist eine reellwertige Funktion $\tau \in C_0^\infty(\Omega)$ mit $0 \le \tau \le 1$ und $\tau = 1$ in K. Wenn $\mathrm{dist}\,(\partial K, \partial \Omega) = \delta$, so kann τ so gewählt werden, daß*

$$|D^k \tau| \le c\delta^{-k} \quad in \ \Omega \setminus K, \quad k \in \mathbb{N},$$

wobei die Konstante c von k und n, aber nicht von Ω und K abhängt.

Beweis. Wegen der Kompaktheit von K gilt $\delta > 0$. Die Menge

$$\tilde{K} = \overline{\cup_{x \in K} B_{\delta/2}(x)}$$

ist kompakt und $\partial \tilde{K}$ hat Abstand $\delta/2$ zu $\partial \Omega$ und zu ∂K. Damit ist die Funktion $\tau = J_{\delta/4} * \chi_{\tilde{K}}$ die gesuchte Abschneidefunktion bezüglich $\{K, \Omega\}$. Aus $|D^k J_{\delta/4}(x)| \le c(k)\delta^{-n-k}$ folgt

$$|D^k \tau(x)| \le \int_{B_{\delta/4}} |D^k J_{\delta/4}(x-y)| \chi_{\tilde{K}}(y)\, dy \le c(k)\delta^{-n-k} \mu(B_{\delta/4}(x)) = c(k,n)\delta^{-k}.$$

$\square$

Lemma 5.13 (Zerlegung der Eins). *Sei $\{\Omega_k\}_{k=1,\ldots,N}$ eine offene Überdeckung der kompakten Menge K. Dann gibt es reellwertige Funktionen ψ_k, $k = 1, \ldots, N$, mit*

$$\psi_k \in C_0^\infty(\Omega_k), \quad 0 \le \psi_k \le 1, \quad \sum_{k=1}^N \psi_k = 1 \ \ in \ K.$$

Beweis. Zu jedem $x \in \Omega_k$ gibt es einen Radius $r = r(x) > 0$, so daß $B_{x,k} = B_r(x) \subset\subset \Omega_k$. Das Mengensystem $\{B_{x,k}\}$ ist eine offene Überdeckung der kompakten Menge K und besitzt eine endliche Teilüberdeckung. Seien $B_1^k, \ldots B_{N_k}^k$ die Kugeln mit Index k in dieser endlichen Teilüberdeckung. Die Menge $K_k = \overline{\cup_{i=1}^{N_k} B_i^k}$ ist kompakt enthalten in Ω_k. Sei $\tilde{\psi}_k$ eine Abschneidefunktion bezüglich $\{K_k, \Omega_k\}$ wie in Lemma 5.12. Die $\tilde{\psi}_k$ haben die Eigenschaften

$$0 \le \tilde{\psi}_k \le 1, \quad \psi := \sum_{k=1}^N \tilde{\psi}_k \ge 1 \ \text{in} \ K, \quad K \subset\subset \Omega := \cup_{k=1}^N \mathrm{supp}(\tilde{\psi}_k).$$

Es gibt eine offene Menge Ω_0 mit $K \subset \Omega_0 \subset\subset \Omega$. Für eine Abschneidefunktion τ bezüglich $\{K, \Omega_0\}$ setze

$$\psi_k(x) = \begin{cases} \tilde{\psi}_k(x)\tau(x)/\psi(x) & \text{für } x \in \Omega_0 \\ 0 & \text{sonst} \end{cases}.$$

Die Funktionen $\psi_1, \ldots, \psi_N$ sind die gesuchte Zerlegung der Eins. $\square$

Nun verallgemeinern wir die Produktregel auf Sobolev-Funktionen.

Lemma 5.14. *Wenn* $\tau \in C_0^\infty(\Omega)$ *und* $u \in H^{m,p}(\Omega)$, *dann ist* $\tau u \in H^{m,p}(\Omega)$ *und*

$$D^\beta(\tau u) = \sum_{\alpha \leq \beta} \binom{\beta}{\alpha} D^\alpha \tau D^{\beta-\alpha} u, \quad \binom{\beta}{\alpha} = \prod_{k=1}^n \binom{\beta_k}{\alpha_k},$$

wobei $\alpha \leq \beta$ *die komponentenweise Halbordnung bezeichnet.*

Beweis. Es ist ausreichend, das Lemma für $|\alpha| = 1$ zu beweisen, der allgemeine Fall folgt durch Induktion. Sei $D^\alpha = D_i$. Für alle $\phi \in C_0^\infty(\Omega)$ gilt

$$(\tau u, D_i \phi) = (u, \overline{\tau} D_i \phi) = (u, D_i(\overline{\tau}\phi) - D_i \overline{\tau}\phi)$$

$$= (-D_i u, \overline{\tau}\phi) - (u, D_i \overline{\tau}\phi) = (-\tau D_i u - D_i \tau u, \phi).$$

Daher $D_i(\tau u) = D_i \tau u + \tau D_i u$. Weil $\tau, D_i \tau$ beschränkt sind, gilt $\tau u \in H^{1,p}(\Omega)$. $\qquad\square$

Das nächste Lemma zeigt, daß sich Sobolev-Funktionen lokal durch den Mollifier approximieren lassen.

Lemma 5.15. *Sei* $u \in H^{m,p}(\Omega)$, $1 \leq p < \infty$, *und* $\Omega_0 \subset\subset \Omega$. *Dann gilt* $D^\alpha(J_\varepsilon * u) = J_\varepsilon * D^\alpha u$ *für* $|\alpha| \leq m$, *insbesondere* $J_\varepsilon * u \to u$ *in* $H^{m,p}(\Omega_0)$.

Beweis. Sei $\varepsilon < \text{dist}\,(\partial\Omega_0, \partial\Omega)$. Aus dem Satz von Fubini folgt

$$\int J_\varepsilon * u D^\alpha \phi \, dx = \int \int J_\varepsilon(x-y) u(y) D^\alpha \phi(x) \, dy \, dx$$

$$= \int \int J_\varepsilon(z) u(x-z) D^\alpha \phi(x) \, dx \, dz$$

$$= (-1)^{|\alpha|} \int \int J_\varepsilon(z) D^\alpha u(x-z) \phi(x) \, dx \, dz = (-1)^{|\alpha|} \int J_\varepsilon * D^\alpha u \phi \, dx.$$

Damit haben wir $D^\alpha(J_\varepsilon * u) = J_\varepsilon * D^\alpha u$ gezeigt. Wegen $D^\alpha u \in L^p(\Omega)$ für $|\alpha| \leq m$, folgt aus Lemma 4.22(c), daß $D^\alpha(J_\varepsilon * u) \to D^\alpha u$ in $L^p(\Omega_0)$ und $J_\varepsilon * u \to u$ in $H^{m,p}(\Omega_0)$. $\qquad\square$

Nun kommt das Hauptresultat.

Satz 5.16 (Meyers und Serrin [MS64]). $C^\infty(\Omega) \cap H^{m,p}(\Omega)$ *ist dicht in* $H^{m,p}(\Omega)$ *für* $1 \leq p < \infty$.

Anmerkung 5.17. Die meisten Mathematiker der letzten Jahrzehnte (siehe z.B. [Agm65]) haben geglaubt, daß dieser Satz nur wahr ist, wenn der Rand des Gebietes genügend glatt ist. Aus diesem Grund hat man früher zwei Typen von Sobolev-Räumen verwendet: Der von uns definierte Raum $H^{m,p}$ hieß $W^{m,p}$ und $H^{m,p}$ bestand für $1 \leq p < \infty$ aus den Funktionen, die sich in der Norm von $H^{m,p}$ durch Funktionen in $C^\infty(\Omega)$ approximieren lassen. Meyers und Serrin haben sich die Möglichkeit nicht entgehen lassen, die wissenschaftliche Arbeit mit dem wahrscheinlich kürzesten Titel abzufassen: $H = W$. Dennoch geistern beide Bezeichnungen durch die Literatur. Es bleibt zu hoffen, daß sich unsere Notation, historisch nicht korrekt („neuer" $H^{m,\infty}$ =„alter" $W^{m,\infty}$), aber an David Hilbert erinnernd, durchsetzen wird.

Mit einem einfachen Beispiel wollen wir zeigen, daß der Beweis des gleichen Resultats für L^p-Funktionen sich nicht auf den Fall $m \geq 1$ übertragen läßt. Wir betrachten $n = m = p = 1$, $\Omega = (0,1)$, $u = 1$ in Ω. Im Beweis von Lemma 4.22(c) wurde diese Funktion durch Null fortgesetzt. Bezeichnen wir diese Funktion mit $\tilde{u}$, so erhalten wir eine L^p-Approximierende durch $u_\varepsilon = J_\varepsilon * \tilde{u}$. Aber in den Intervallen $[-\varepsilon/2, \varepsilon/2]$ und $[1 - \varepsilon/2, 1 + \varepsilon/2]$ verhält sich u'_ε wie $\frac{1}{\varepsilon}$ und daher ist

$$\int_0^1 |u'_\varepsilon|\, dx \geq c > 0 \quad \text{für alle } \varepsilon.$$

Damit konvergiert u'_ε nicht gegen $u' = 0$ in L^1. Der Beweis von Meyers und Serrin vermeidet diesen Effekt, indem er die Fortsetzung von u umgeht.

Beweis. Für $k \in \mathbb{N}$ definieren wir die offenen und beschränkten Mengen

$$\Omega_k = \{x \in \Omega : \operatorname{dist}(x, \partial\Omega) > \frac{1}{k} \quad \text{und} \quad |x| < k\}.$$

Es gilt offenbar $\Omega = \cup\Omega_k$. Die Mengen Ω_k erzeugen eine Unterteilung von Ω in Streifen und wir fassen diese Streifen paarweise zusammen durch

$$U_k = \Omega_{k+1} \cap (\overline{\Omega_{k-1}})^c, \quad \Omega_0 = \Omega_{-1} = \emptyset.$$

Wie im Beweis von Lemma 5.13 konstruiert man Abschneidefunktionen $\psi_k \in C_0^\infty(U_k)$ mit $\psi_k \geq 0$ und $\sum_{k=1}^\infty \psi_k = 1$ in Ω.

Sei $u \in H^{m,p}(\Omega)$. Dann haben die Funktionen $\psi_k u$ kompakten Träger in Ω und wegen Lemma 5.14 gilt $\psi_k u \in H^{m,p}(\Omega)$. Zu einem beliebig vorgegebenen $\varepsilon > 0$ wähle ε_k so klein, daß

$$\operatorname{supp}(J_{\varepsilon_k} * (\psi_k u)) \subset U_k$$

und mit Lemma 5.15,

$$\|J_{\varepsilon_k} * (\psi_k u) - \psi_k u\|_{m,p;\Omega} < 2^{-k}\varepsilon.$$

Die Funktion $\phi(x) = \sum_{k=1}^\infty J_{\varepsilon_k} * (\psi_k u)(x)$ ist wohldefiniert, weil für jedes x nur endlich viele Terme nicht verschwinden. Daher $\phi \in C^\infty(\Omega)$. In Ω_k gilt

$$u = \sum_{j=1}^{k+2} \psi_j u, \quad \phi = \sum_{j=1}^{k+2} J_{\varepsilon_j} * (\psi_j u), \quad \|u - \phi\|_{m,p;\Omega_k} < \varepsilon.$$

Auf $|D^\alpha(u - \phi)|^p\big|_{\Omega_k}$ wenden wir Satz 4.9 an und erhalten $\|u - \phi\|_{m,p;\Omega} \leq \varepsilon$.

$\square$

5.4 Produkt- und Kettenregel

Für Sobolev-Funktionen nimmt die Produktregel die folgende Gestalt an.

Satz 5.18. *Wenn $u, v \in H^{1,2}(\Omega)$, dann ist $uv \in H^{1,1}(\Omega)$ und $D(uv) = Du\,v + uDv$.*

Beweis. Wegen Satz 5.16 gibt es Folgen $(u_k), (v_k)$ in $C^\infty(\Omega) \cap H^{1,2}(\Omega)$ mit $u_k \to u$, $v_k \to v$ in $H^{1,2}(\Omega)$. Aus der Normbeschränktheit konvergenter Folgen erhalten wir

$$\|Du\,v - Du_k v_k\|_{1;\Omega} \leq \|D(u - u_k)v\|_{1;\Omega} + \|Du_k(v - v_k)\|_{1;\Omega}$$

$$\leq \|D(u - u_k)\|_{2;\Omega}\|v\|_{2;\Omega} + \|Du_k\|_{2;\Omega}\|v - v_k\|_{2;\Omega}$$

$$\leq c\{\|D(u - u_k)\|_{2;\Omega} + \|v - v_k\|_{2;\Omega}\} \to 0,$$

also $Du_k v_k \to Du\,v$ in $L^1(\Omega)$. Genauso zeigt man $u_k Dv_k \to uDv$ und $u_k v_k \to uv$ in $L^1(\Omega)$. Also können wir den Grenzübergang $k \to \infty$ in der Gleichung

$$\int_\Omega u_k v_k D\phi\, dx = -\int_\Omega Du_k v_k \phi\, dx - \int_\Omega u_k Dv_k \phi\, dx \quad \forall \phi \in C_0^\infty(\Omega)$$

durchführen und erhalten $D(uv) = Du\,v + uDv$ und $D(uv) \in H^{1,1}(\Omega)$. $\square$

Der Beweis der Kettenregel ist etwas schwieriger. Außerdem benötigt man im Gegensatz zur klassischen Kettenregel die zusätzliche Voraussetzung, daß die äußere Funktion eine beschränkte erste Ableitung besitzt.

Satz 5.19 (Kettenregel). *Sei $f \in C^1(\mathbb{R})$, $|f'| \leq M$ in $\mathbb{R}$, und sei eine der folgenden Voraussetzungen erfüllt*

$$f(0) = 0 \quad oder \quad \mu(\Omega) < \infty.$$

Dann ist für jede Funktion $u \in H^{1,p}(\Omega)$, $1 \leq p < \infty$, auch $f(u)$ in $H^{1,p}(\Omega)$ und $Df(u) = f'(u)Du$.

Beweis. Weil f' stetig und u meßbar ist, folgt aus Satz 4.5, daß $f'(u)$ meßbar ist. Da f' beschränkt ist, gilt $f'(u) \in L^\infty(\Omega)$ und $f'(u)Du \in L^p(\Omega)$. Aufgrund der Abschätzungen

$$|f(u)| \leq M|u| \quad \text{falls } f(0) = 0,$$

$$|f(u)| \leq |f(0)| + M|u| \quad \text{falls } \mu(\Omega) < \infty,$$

ist $f(u) \in L^p(\Omega)$. Es verbleibt zu zeigen, daß die schwache Ableitung von $f(u)$ mit $f'(u)Du$ übereinstimmt. Sei $u_k \in C^\infty(\Omega) \cap H^{1,p}(\Omega)$ mit $u_k \to u$ in $H^{1,p}(\Omega)$. Im folgenden wollen wir in der Gleichung

$$\int_\Omega f'(u_k) Du_k \phi \, dx = -\int_\Omega f(u_k) D\phi \, dx, \quad \phi \in C_0^\infty(\Omega), \tag{5.4}$$

den Grenzübergang $k \to \infty$ durchführen. Dazu ist L^1-Konvergenz von $f(u_k)$ und $f'(u_k)Du_k$ auf der kompakten Menge $\Omega_0 = \text{supp}(\phi)$ ausreichend. Aus der Abschätzung (siehe Satz 4.19)

$$\|f(u_k) - f(u)\|_{1;\Omega_0} \le M\|u_k - u\|_{1;\Omega_0} \le cM\|u_k - u\|_{p;\Omega_0} \to 0,$$

erhalten wir die gewünschte Konvergenz auf der rechten Seite von (5.4).

Zum Nachweis der Konvergenz auf der linken Seite von (5.4) verwenden wir die Abschätzung

$$\left| \int_\Omega \big(f'(u_k)Du_k - f'(u)Du\big)\phi \, dx \right|$$

$$\le c \int_{\Omega_0} |f'(u_k)Du_k - f'(u_k)Du| \, dx + c \int_{\Omega_0} |f'(u_k)Du - f'(u)Du| \, dx$$

$$\le cM \int_{\Omega_0} |Du_k - Du| \, dx + c \int_{\Omega_0} |f'(u_k) - f'(u)| \, |Du| \, dx = A + B.$$

Der Term A konvergiert gegen Null wegen $Du_k \to Du$ in $L^1(\Omega_0)$. Bei B verwenden wir den Satz von Lebesgue: Wegen Satz 4.25 gilt $f'(u_{k_l}) \to f'(u)$ f.ü. für eine Teilfolge (u_{k_l}) und eine Majorante des Integranden ist $2M|Du| \in L^1(\Omega_0)$. $\qquad\square$

Satz 5.20. *Für* $u \in H^{1,p}(\Omega)$, $1 \le p < \infty$, *gehören auch die Funktionen* $u_+, u_-, |u|$ *zum Raum* $H^{1,p}(\Omega)$ *und*

$$Du_+ = \begin{cases} Du & \text{wenn } u > 0 \\ 0 & \text{wenn } u \le 0 \end{cases}, \quad Du_- = \begin{cases} 0 & \text{wenn } u \ge 0 \\ Du & \text{wenn } u < 0 \end{cases},$$

$$D|u| = \begin{cases} Du & \text{wenn } u > 0 \\ 0 & \text{wenn } u = 0 \\ -Du & \text{wenn } u < 0 \end{cases}.$$

Beweis. Es genügt, die Behauptung für u_+ zu zeigen. Für $\varepsilon > 0$ setze

$$f_\varepsilon(u) = \begin{cases} (u^2 + \varepsilon^2)^{1/2} - \varepsilon & \text{wenn } u > 0 \\ 0 & \text{sonst} \end{cases}.$$

Dann $f_\varepsilon \in C^1(\mathbb{R})$, $|f'_\varepsilon| \le 1$, und wegen Satz 5.19,

$$Df_\varepsilon(u) = \frac{uDu}{(u^2 + \varepsilon^2)^{1/2}} \quad \text{wenn } u > 0.$$

Für festes $\phi \in C_0^\infty(\Omega)$ haben wir die Majoranten

$$|f_\varepsilon(u)D\phi| \le cu_+, \quad |Df_\varepsilon(u)\phi| \le c|Du|\big|_{u>0},$$

und können daher mit dem Satz von Lebesgue in der Gleichung

$$\int_\Omega f_\varepsilon(u)D\phi\, dx = -\int_\Omega Df_\varepsilon(u)\phi\, dx$$

zum Grenzwert $\varepsilon \to 0$ übergehen. $\square$

5.5 Differenzenquotienten und schwache Differenzierbarkeit von Lipschitzfunktionen

Für $i = 1,\ldots,n$ verwenden wir den vorwärts- und rückwärtsgenommenen Differenzenquotienten,

$$D_i^{+h}u(x) = \frac{1}{h}\big(u(x+he_i) - u(x)\big), \quad D_i^{-h}u(x) = \frac{1}{h}\big(u(x) - u(x-he_i)\big). \quad (5.5)$$

$D_i^\pm u$ ist auf einem maximalen Teilgebiet $\Omega_0 = \Omega_0(\pm h, i)$ erklärt. Durch einfaches Nachrechnen zeigt man *die Formel der partiellen Summation:*

Lemma 5.21. *Sind* $u, v \in L^2_{\mathrm{loc}}(\Omega)$ *und hat eine der beiden Funktionen kompakten Träger in* Ω, *so gilt für genügend kleines* h

$$(u, D_i^{+h}v) = -(D_i^{-h}u, v).$$

Satz 5.22. (a) *Sei* $1 < p < \infty$. *Dann gilt*

$$\|D_i^{+h}u\|_{p;\Omega_0} \le \|D_iu\|_{p;\Omega} \quad \textit{für alle } u \in H^{1,p}(\Omega).$$

(b) *Sei* $1 < p \le \infty$. *Ist für* $u \in L^p(\Omega)$ *die Abschätzung* $\|D_i^{+h}u\|_{p;\Omega_0} \le K$ *für alle* $\Omega_0 \subset\subset \Omega$ *und alle* $0 < h \le h_0(\Omega_0)$ *erfüllt, so ist* u *nach* x_i *schwach differenzierbar mit* $\|D_iu\|_{p;\Omega} \le K$.

Beweis. (a) Es genügt, die Behauptung in $C^\infty(\Omega) \cap H^{1,p}(\Omega)$ zu zeigen. Aus dem Mittelwertsatz folgt

$$D_i^{+h}u(x) = \frac{1}{h}\int_0^h D_iu(x+\xi e_i)\, d\xi.$$

Wir setzen Beträge, bilden die p-te Potenz, integrieren über Ω_0 und schätzen mit der Hölderschen Ungleichung ab,

$$\|D_i^{+h}u\|_{p;\Omega_0}^p = \frac{1}{h^p}\int_{\Omega_0}\left|\int_0^h D_iu(x+\xi e_i)\,d\xi\right|^p dx$$

$$\le \frac{1}{h}\int_{\Omega_0}\int_0^h |D_iu(x+\xi e_i)|^p\,d\xi\,dx$$

$$= \frac{1}{h}\int_0^h\int_{\Omega_0} |D_iu(x+\xi e_i)|^p\,dx\,d\xi \le \|D_iu\|_{p;\Omega}^p.$$

(b) Wegen $p > 1$ kann $L^p(\Omega)$ als Dualraum von $L^q(\Omega)$ aufgefaßt werden mit $\frac{1}{p}+\frac{1}{q} = 1$ für $p < \infty$ und $q = 1$ für $p = \infty$. Da $\|D_i^{+h}u\|_{p;\Omega_0}$ beschränkt ist, gilt für eine Folge $h_k \to 0$, daß $D_i^{+h_k}u \xrightarrow{*} u_i$ mit $u_i \in L^p(\Omega_0)$. Für $\phi \in C_0^\infty(\Omega_0)$ folgt daher aus Satz 4.32

$$\int_{\Omega_0} D_i^{+h_k}u\phi\,dx \;\to\; \int_{\Omega_0} u_i\phi\,dx,$$

und wegen Lemma 5.21

$$\int_{\Omega_0} D_i^{+h_k}u\phi\,dx = -\int_{\Omega_0} uD_i^{-h_k}\phi\,dx \;\to\; -\int_{\Omega_0} uD_i\phi\,dx,$$

also $u_i = D_iu$ in Ω_0 und aufgrund der schwachen$*$ Konvergenz

$$\|D_iu\|_{p;\Omega_0} \le \liminf \|D_i^{+h_k}u\|_{p;\Omega_0} \le K.$$

Dieses Argument kann für eine Folge von Gebieten $\Omega_1 \subset \Omega_2 \subset \ldots \subset\subset \Omega$ mit $\Omega = \cup\Omega_l$ durchgeführt werden. Wegen der Definition der schwachen Ableitung ist $D_iu(\Omega_l)\big|_{\Omega_m} = D_iu(\Omega_m)$ für $m \le l$. Die Behauptung des Lemmas folgt daher aus dem Satz von Beppo-Levi. □

Für $p = \infty$ liefert der letzte Satz:

Satz 5.23. *Eine lipschitzstetige Funktion ist schwach differenzierbar und es gilt $C^{0,1}(\overline{\Omega}) \subset H^{1,\infty}(\Omega)$ mit $\|Du\|_\infty \le [u]_{C^{0,1}}$.*

Aufgaben

5.1. (2) Gilt für $u \in L^1_{\mathrm{loc}}(\Omega)$

$$\int_\Omega uD\phi\,dx = 0 \quad \forall\phi \in C_0^\infty(\Omega),$$

so ist u konstant.

Hinweis: Es gilt $DJ_\varepsilon * \phi = J_\varepsilon * D\phi$.

5.2. (2) Wie viele Multiindizes α mit $|\alpha| = m$ gibt es für $n = 2$ und $n = 3$?
Bemerkung: Dies ist gleichzeitig die Anzahl der verschiedenen partiellen Ableitungen der Ordnung m für $u \in C^m(\Omega)$.

5.3. (4) Geben Sie ein Beispiel für ein beschränktes ebenes Gebiet Ω und eine Funktion $u \in L^1_{\mathrm{loc}}(\Omega)$ mit $Du \in L^2(\Omega)^2$, aber $u \notin L^2(\Omega)$.

5.4. (3) Sei $u \in C(\Omega)$ mit schwacher Ableitung $Du \in C(\Omega)^n$. Dann ist Du auch die klassische Ableitung von u.

5.5. (2) Sei $n = 1$. In welchen Sobolev-Räumen $H^{1,p}(\Omega)$, $1 \leq p \leq \infty$, liegen die Funktionen

a) $u(x) = x^{3/2} \sin(\frac{1}{x})$, $\Omega = (0,1)$,   b) $u(x) = |\ln x|^{-1}$, $\Omega = (0, 1/2)$?

5.6. (3) Sei $n = 1$, $\Omega = (0,1)$.
a) Beweisen Sie für $u \in C^\infty(\Omega) \cap H^{1,1}(\Omega)$ die Abschätzungen

$$|u(x) - u(y)| \leq \|u\|_{1,1;(x,y)}, \qquad \|u\|_{\infty;\Omega} \leq \|u\|_{1,1;\Omega},$$

und schließen Sie daraus, daß sich jede Funktion $u \in H^{1,1}(\Omega)$ auf einer Nullmenge so abändern läßt, daß $u \in C^0(\overline{\Omega})$.
b) Jedes $u \in H^{1,1}(\Omega)$ läßt sich auf einer Nullmenge so abändern, daß

$$u(x) - u(y) = \int_y^x u'(\xi)\, d\xi \quad \forall x, y \in (0,1).$$

5.7. (3) $C_0^\infty(\mathbb{R}^n)$ ist dicht in $H^{m,p}(\mathbb{R}^n)$ für $m \in \mathbb{N}_0$ und $1 \leq p < \infty$.
Hinweis: Man verwende Abschneidefunktionen τ_R bezüglich $\{\tilde{B}_R, B_{2R}\}$ sowie $\phi_{\varepsilon,R} = J_\varepsilon * (\tau_R u)$.

5.8. (3) Beweisen Sie: Sei (u_k) eine Folge in $L^1(\Omega)$ mit schwacher Ableitung $D^\alpha u_k \subset L^p(\Omega)$, $1 < p < \infty$, und $\|D^\alpha u_k\|_{p;\Omega} \leq K$. Wenn ferner für ein $u \in L^1(\Omega)$ die Bedingung

$$\int_\Omega u_k \phi\, dx \;\to\; \int_\Omega u\phi\, dx \quad \forall \phi \in C_0^\infty(\Omega)$$

erfüllt ist, so existiert $D^\alpha u$ mit $\|D^\alpha u\|_{p;\Omega} \leq K$.

5.9. Sei $\Omega \subset \mathbb{R}^n$ ein Gebiet. Die *totale Variation* einer Funktion $u \in L^1(\Omega)$ ist definiert durch

$$\|u\|_{V(\Omega)} = \sup\left\{ \int_\Omega u \operatorname{div} v\, dx : v \in C_0^1(\Omega)^n \text{ mit } \|v\|_{\infty;\Omega} \leq 1 \right\},$$

wobei $\operatorname{div} u = \sum_{i=1}^n D_i v_i$. $BV(\Omega)$ ist der Raum der Funktionen mit beschränkter totaler Variation und wird mit

$$\|u\|_{BV(\Omega)} = \|u\|_{1;\Omega} + \|u\|_{V(\Omega)}$$

normiert.
a) (2) Bestimmen Sie $\|u\|_{V(\Omega)}$ für $\Omega = (-1,1)$ und $u(x) = \operatorname{sign}(x)$.
b) (3) Weisen Sie nach, daß BV mit der angegebenen Norm ein Banach-Raum ist.
c) (2) Zeigen Sie die Abschätzung

$$\|u\|_{BV(\Omega)} \le \|u\|_{1,1;\Omega} \quad \forall u \in H^{1,1}(\Omega).$$

d) (4) Zeigen Sie, daß die Normen $\|\cdot\|_{1,1;\Omega}$ und $\|\cdot\|_{BV(\Omega)}$ auf $H^{1,1}(\Omega)$ übereinstimmen.

Bemerkung: Damit ist $H^{1,1}(\Omega)$ ein abgeschlossener Unterraum von $BV(\Omega)$ mit $H^{1,1}(\Omega) \ne BV(\Omega)$.

5.10. (3) Sei $f \in C^1(\mathbb{R})$, $|f'(t)| \le M|t|^p$ in $\mathbb{R}$ für $1 \le p < \infty$, und $f(0) = 0$. Dann ist für jedes $u \in H^{1,p}(\Omega)$, $1 \le p < \infty$, die Funktion $f(u)$ in $H^{1,1}(\Omega)$ und $Df(u) = f'(u)Du$.

5.11. (3) Sei $n = 1$ und $\Omega = (0,1)$. Auf dem reellwertigen Sobolev-Raum $H^{1,2}$ betrachten wir das Problem

$$F(u) = \int_0^1 \left\{ u^2 + \min\left\{ (u' - 1)^2, (u' + 1)^2 \right\} \right\} dx \;\rightarrow\; \text{Min.}$$

a) $F : H^{1,2} \to \mathbb{R}$ ist stetig.

b) Es gilt $\inf F = 0$, aber es gibt kein $u \in H^{1,2}$ mit $F(u) = 0$. Warum widerspricht dies nicht Satz 3.37?

5.12. (3) Sei $1 \le p < \infty$. Sind $u, v \in H^{1,p}$, so sind auch $\max\{u,v\}, \min\{u,v\} \in H^{1,p}$.

5.13. (2) Sei $\Omega = (-1,1)$ und $u \in L^1(\Omega)$. Zeigen Sie, daß aus $\|D_1^+ u\|_1 \le K$ für alle $h > 0$ nicht folgt, daß u im Raum $H^{1,1}(\Omega)$ liegt.

5.14. (3) Sei J ein Mollifier mit $J(x) = J(-x)$. Dann gilt

$$\|u - J_\varepsilon * u\|_1 \le c\varepsilon^2 \|u\|_{2,1} \quad \forall u \in C_0^\infty(\mathbb{R}^n).$$

6

Fortsetzungs- und Einbettungssätze für Sobolev-Funktionen

In den Abschnitten 6.1-6.10 werden alle Gebiete als beschränkt vorausgesetzt.

6.1 Gebiete

In der folgenden Definition schreiben wir einen Punkt $x \in \mathbb{R}^n$ in der Form $x = (x', x_n)$ mit $x' \in \mathbb{R}^{n-1}$.

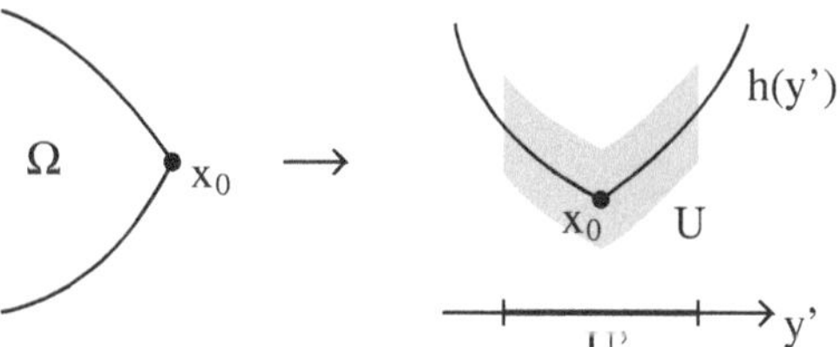

Definition 6.1. *Sei $m \in \mathbb{N}_0$ und $\alpha \in [0,1]$. $\Omega \subset \mathbb{R}^n$ heißt* von der Klasse $C^{m,\alpha}$ *($\partial\Omega \in C^{m,\alpha}$), wenn für jeden Randpunkt $x_0 \in \partial\Omega$ das Koordinatensystem so gedreht und verschoben werden kann, daß eine Umgebung U von x_0 durch eine Abbildung $h : U' \to \mathbb{R}$, $U' \subset \mathbb{R}^{n-1}$, $h \in C^{m,\alpha}(\overline{U'})$, in der Form*

$$x' = y', \quad x_n = y_n + h(y'), \quad y' \in U', \quad |y_n| < r,$$

dargestellt wird, wobei die Punkte in $U \cap \Omega$ zu $y_n > 0$, die Punkte in $U \cap \partial\Omega$ zu $y_n = 0$, und die Punkte in $U \cap \Omega^c$ zu $y_n < 0$ gehören.

Man sagt auch, ein Gebiet der Klasse C^0 besitzt einen stetigen Rand *oder besitzt die* Segmenteigenschaft *Ein Gebiet von der Klasse $C^{0,1}$ heißt auch* Lipschitzgebiet.

Wegen der Kompaktheit von $\partial\Omega$ kommt man in dieser Definition mit endlich vielen Funktionen $h_1, \ldots, h_J$ aus. Es gibt daher offene Mengen $U_1, \ldots, U_J$, die eine Umgebung U von $\partial\Omega$ überdecken, und zugehörige $h_j \in C^{m,\alpha}$. Satz 5.13 liefert eine Zerlegung der Eins $\phi_1, \ldots, \phi_J$ mit

M. Dobrowolski, *Angewandte Funktionalanalysis*, Springer-Lehrbuch Masterclass, 2nd ed.,
DOI 10.1007/978-3-642-15269-6_6, © Springer-Verlag Berlin Heidelberg 2010

$$\phi_j \in C_0^\infty(U_j), \quad \sum_{j=1}^{J} \phi_j(x) = 1 \quad in \ U.$$

Wir nennen (U_j, ϕ_j) *eine* $C^{m,\alpha}$-*Lokalisierung von* Ω.

Definition 6.2. *Seien* $\Omega', \Omega \subset \mathbb{R}^n$ *Gebiete. Eine Abbildung* $g : \Omega' \to \Omega$ *heißt* $C^{m,\alpha}$-*Diffeomorphismus,* $m \in \mathbb{N}$, $\alpha \in [0,1]$, *wenn* g *bijektiv ist mit* $g \in C^{m,\alpha}(\overline{\Omega'})^n$, $g^{-1} \in C^{m,\alpha}(\overline{\Omega})^n$ *und* $\det Dg \neq 0$ *in* $\overline{\Omega'}$.

Für einen $C^{m,\alpha}$-Diffeomorphismus g gilt wegen $\det Dg \neq 0$ nach dem Umkehrsatz auch $\det Dg^{-1} \neq 0$ und daher

$$0 < c_1 \leq |\det D_y g(y)|, |\det D_x g^{-1}(x)| \leq c_2. \tag{6.1}$$

Satz 6.3. *Sei* $m \in \mathbb{N}$. *Dann sind äquivalent:*

(a) $\partial\Omega \in C^{m,\alpha}$.

(b) *Es gibt offene Mengen* U_j, $j = 1, \dots, J$, *mit* $\cup_{j=1}^{J} U_j \supset \partial\Omega$ *und zugehörige* $C^{m,\alpha}$-*Diffeomorphismen* $g_j : U_j \to B_1(0)$ *mit*

$$g_j(U_j \cap \Omega) = B_1^+(0), \quad g_j(U_j \cap \partial\Omega) = B_1^0(0), \quad g_j(U_j \cap \overline{\Omega}^c) = B_1^-(0),$$

wobei $B_1^+(0)$, $B_1^-(0)$ *die obere und untere Hälfte der Einheitskugel* $B_1(0)$ *und* $B_1^0(0)$ *die Menge* $y_n = 0$ *bezeichnen.*

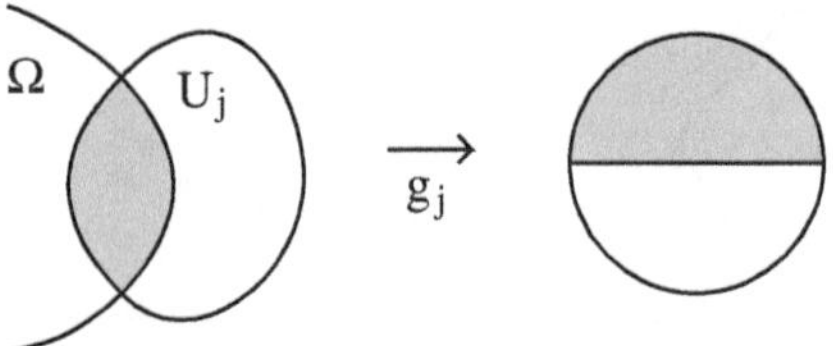

Beweis. (a)$\Rightarrow$(b): Sei $\partial\Omega \in C^{m,\alpha}$ für $m \geq 1$. Sei $x_0 \in \partial\Omega$. Da Drehung und Verschiebung unendlich oft differenzierbare Diffeomorphismen sind, können wir annehmen, daß das Koordinatensystem $x = (x', x_n)$ die Form wie in der Definition des $C^{m,\alpha}$-Randes besitzt. Nach Definition gibt es eine Umgebung U von x_0 und ein h, das den Rand lokal darstellt. Ferner können wir $x_0' = 0$ und $U' = B_\eta(0))$ erreichen. Die Abbildung $g : U \to V(0)$, $(x', x_n) \mapsto (y', y_n)$, y_n wie in Definition 6.1, mit

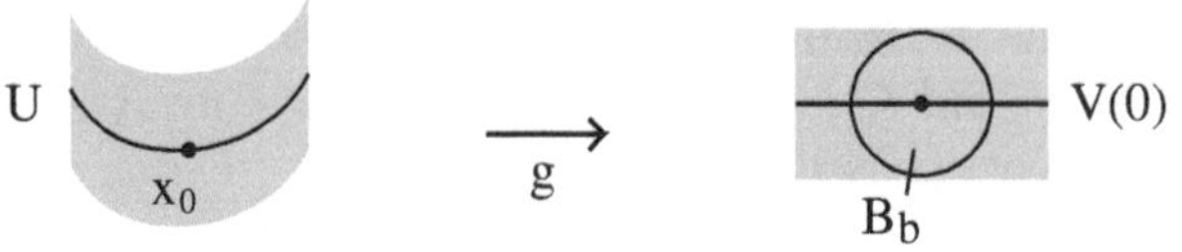

$$U = \{(x', x_n) : x' \in B_\eta(0), \ x_n \in (h(x') - r, h(x') + r)\},$$

$$V(0) = \{(y', y_n) : y' \in B_\eta(0), \ y_n \in (-r, r)\},$$

ist bijektiv mit $g(x_0) = 0$. Es gibt ein $b > 0$ mit $B_b(0) \subset V(0)$. Mit $U' = g^{-1}(B_b(0))$ und der Streckung $s : y \mapsto b^{-1}y$ gilt dann

$$g' : U' \xrightarrow{g} B_b(0) \xrightarrow{s} B_1(0).$$

Mit $h \in C^{m,\alpha}(\overline{B_\eta(0)})$ sind auch $g', g'^{-1} \in C^{m,\alpha}$. Ferner gilt $\det Dg' \neq 0$ wegen $\det Dg = 1$. Damit ist g' ein $C^{m,\alpha}$-Diffeomorphismus.

Da es für jedes $x_0 \in \partial\Omega$ eine solche Umgebung U gibt, bilden diese Umgebungen eine offene Überdeckung der kompakten Menge $\partial\Omega$. Eine endliche Teilüberdeckung $U_1, \ldots, U_J$ erfüllt daher (b).

(b)$\Rightarrow$(a): Sei (b) mit $g_j : U_j \to B_1(0)$ erfüllt. Setze $f : U_j \to (-1, 1)$, $f(x) = g_{j,n}(x)$, wobei $g_{j,n}$ die n-te Komponente von g_j bezeichnet. Da Dg_j regulär ist, gilt $Df(x) \neq 0$. Sei o.B.d.A. $D_n f(x_0) \neq 0$ für $x_0 \in U_j \cap \partial\Omega$. Nach dem Satz über implizite Funktionen läßt sich das Nullstellengebilde von f, also $U_j \cap \partial\Omega$, lokal nach der Variablen x_n auflösen, $f(x', h(x')) = 0$ mit $h \in C^m$. $h \in C^{m,\alpha}$ erschließt man leicht aus der Formel für $D^\alpha h$ und $g_j, g_j^{-1} \in C^{m,\alpha}$.

$\square$

Definition 6.4. *Ein Gebiet Ω besitzt die* Kegeleigenschaft, *wenn es einen beschränkten Kegel $C \subset \mathbb{R}^n$ mit nichtleerem Inneren gibt, so daß jeder Punkt $x \in \Omega$ der Eckpunkt eines Kegels $\tilde{C}(x)$ mit $\tilde{C}(x) \subset \Omega$ ist, der zu C kongruent ist.*

Gebiete mit stückweise glattem Rand besitzen die Kegeleigenschaft im wesentlichen dann nicht, wenn der Rand in einem Punkt eine Spitze mit innerem Winkel 0 besitzt, wie es bei einem herzförmigen Gebiet der Fall ist. Im Englischen heißt eine solche Spitze „cusp", eine gute deutsche Übersetzung gibt es nicht.

Jedes Polygongebiet des $\mathbb{R}^2$ mit der Eigenschaft, daß alle inneren Winkel durch $\alpha < 2\pi$ beschränkt sind, ist Lipschitzgebiet. Zu jedem Eckpunkt x können wir das Koordinatensystem so verschieben und drehen, daß x auf die Null abgebildet wird und der Rand des Gebietes durch die Abbildung $h(x_1) = \pm L|x_1|$ dargestellt werden kann. Wenn ein Polygongebiet eine einspringende Ecke mit innerem Winkel 2π besitzt, so ist das Gebiet nicht mehr lipschitz, besitzt aber noch die Kegeleigenschaft.

Beispiel 6.5. Auch wenn gelegentlich in der Literatur behauptet wird, daß jeder Polyeder ein Lipschitzgebiet ist, so ist dies dennoch nicht richtig. Der nebenstehende Polyeder, der aus zwei übereinanderliegenden Quadern besteht, erfüllt im eingezeichneten Punkt x nicht die Definition eines Lipschitzgebiets, weil es nicht gelingt, den Polyeder so zu drehen, daß das Innere „hinter" dem Rand zu liegen kommt.

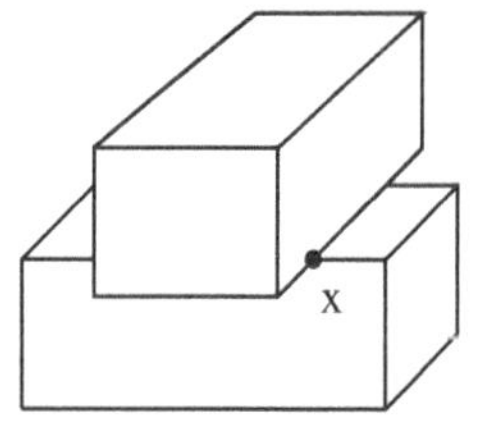

Zum Abschluß dieses Abschnitts beweisen wir ein Lemma, mit dem Sobolev-Funktionen in Randnähe untersucht oder definiert werden können. Zu einer stetigen Funktion $h : \mathbb{R}^{n-1} \to \mathbb{R}$ definieren wir das Gebiet

$$\Omega = \{x \in \mathbb{R}^n : x_n > h(x'),\ x' \in \mathbb{R}^{n-1}\}$$

mit Rand

$$\partial\Omega = \{x \in \mathbb{R}^n : x_n = h(x'),\ x' \in \mathbb{R}^{n-1}\}.$$

Mit $\mathbb{R}^n_+ = \mathbb{R}^{n-1} \times \mathbb{R}_+$ bezeichnen wir den oberen Halbraum des $\mathbb{R}^n$. Der Operator

$$Tu(y) = u(y', y_n + h(y')),\ \ y' \in \mathbb{R}^{n-1},\ y_n > 0,$$

bildet $L^p(\Omega)$ ab auf $L^p(\mathbb{R}^n_+)$, wie gleich gezeigt wird. Für Funktionen u, die auf dem $\mathbb{R}^n$ definiert sind, setzen wir außerdem

$$T'u(y) = u(y', y_n + h(y')),\ \ y' \in \mathbb{R}^{n-1},\ y_n \in \mathbb{R}.$$

Lemma 6.6. *Sei* $h \in C^{m-1,1}(\mathbb{R}^{n-1})$ *für* $m \in \mathbb{N}$. *Dann sind für alle* $k = 0, \ldots, m$ *und* $1 \le p < \infty$ *die Operatoren* $T : H^{k,p}(\Omega) \to H^{k,p}(\mathbb{R}^n_+)$ *sowie* $T' : H^{k,p}(\mathbb{R}^n) \to H^{k,p}(\mathbb{R}^n)$ *bijektiv und bistetig zwischen den angegebenen Räumen.*

Beweis. Wir untersuchen nur den Operator T. Ferner besitzt wegen $T^{-1}u(x) = u(x', x_n - h(x'))$ der Operator T^{-1} die gleiche Struktur wie T; wir brauchen also nur letzteren zu betrachten.

Für $u \in L^p(\Omega)$ folgt trivialerweise aus dem Satz von Fubini

$$\|Tu\|^p_{p;\mathbb{R}^n_+} = \int_{\mathbb{R}^{n-1}} \int_0^\infty |u(y', y_n + h(y'))|^p\, dy_n\, dy'$$

$$= \int_{\mathbb{R}^{n-1}} \int_{h(x')}^\infty |u(x', x_n)|^p\, dx_n\, dx' = \|u\|^p_{p;\Omega}$$

Bei den Ableitungen entsteht nur ein Problem, wenn die innere Funktion h nicht klassisch differenzierbar ist. Wir können uns daher auf den Fall $h \in C^{0,1}(\mathbb{R}^{n-1})$ beschränken. Wir zeigen die Kettenregel für Tu durch Regularisierung von h. Sei also $h_\varepsilon = J_\varepsilon * h \in C^\infty(\mathbb{R}^{n-1})$ und

$$T_\varepsilon v(y) = v(y', y_n + h_\varepsilon(y')).$$

Ist ferner $u_\varepsilon \in C^1(\overline{\Omega})$, so gilt die Kettenregel. Mit $D_{y'} = (D_1, \ldots, D_{n-1})$ haben wir daher für alle $\phi \in C_0^\infty(\mathbb{R}^n_+)$

$$\int_{\mathbb{R}^n_+} T_\varepsilon u_\varepsilon(y) D_{y'}\phi(y)\, dy = \int_{\mathbb{R}^n_+} u_\varepsilon(y', y_n + h_\varepsilon(y')) D_{y'}\phi(y)\, dy \qquad (6.2)$$

$$= -\int_{\mathbb{R}^n_+} \big(D_{x'}u_\varepsilon(y', y_n + h_\varepsilon(y')) + D_{x_n}u_\varepsilon(y', y_n + h_\varepsilon(y')) D_{y'}h_\varepsilon(y')\big)\phi(y)\, dy$$

$$= -\int_{\mathbb{R}^n_+} \big(T_\varepsilon D_{x'}u_\varepsilon(y) + T_\varepsilon D_{x_n}u_\varepsilon(y) D_{y'}h_\varepsilon(y')\big)\phi(y)\, dy.$$

Wir zeigen $T_\varepsilon v \to Tv$ in $L^p(\mathbb{R}^n_+)$. Mit der Lipschitzkonstante L von h folgt

$$|h(y') - h_\varepsilon(y')| = \left| \int_{|z'|<\varepsilon} J_\varepsilon(z')\big(h(y') - h(y' - z')\big)\, dz' \right| \le L\varepsilon.$$

Man kann daher $T_\varepsilon v$ als eine verallgemeinerte Translation von Tv auffassen. $T_\varepsilon v \to Tv$ wird genauso bewiesen wie die Stetigkeit der gewöhnlichen Translation in Satz 4.21: Für eine Approximierende $\psi \in C_0^0(\Omega)$ von v folgt aus der bereits bewiesenen Stetigkeit von T und T_ε in L^p

$$\|Tv - T\psi\|_{p;\mathbb{R}^n_+} = \|T_\varepsilon v - T_\varepsilon \psi\|_{p;\mathbb{R}^n_+} = \|v - \psi\|_{p;\Omega}.$$

Aus der gleichmäßigen Stetigkeit von ψ erhalten wir $\|T\psi - T_\varepsilon \psi\|_{\infty;\mathbb{R}^n_+} \to 0$ und daher $T_\varepsilon v \to Tv$ in $L^p(\mathbb{R}^n_+)$ aus der Dreiecksungleichung.

Sei $u_\varepsilon \to u$ in $H^{1,p}(\Omega)$. Die Stetigkeit von T, T_ε und der vorige Beweisschritt liefern $T_\varepsilon D_x u_\varepsilon \to T D_x u$ in $L^p(\mathbb{R}^n_+)^n$, auf dem kompakten Träger von ϕ daher auch $T_\varepsilon D_x u_\varepsilon \to T D_x u$ in L^1. Für $h_\varepsilon = J_\varepsilon * h$ gilt wegen $h \in H^{1,\infty}(\mathbb{R}^{n-1})$ (Satz 5.23) und $D(J_\varepsilon * h) = J_\varepsilon * (Dh)$, daß $\|D(J_\varepsilon * h)\|_{\infty;\mathbb{R}^{n-1}} \le \|Dh\|_{\infty;\mathbb{R}^{n-1}}$. Da die Einheitskugel von $L^\infty = (L^1)'$ schwach$*$ folgenkompakt ist, ist $Dh_{\varepsilon_k} \overset{*}{\to} Dh$ in L^∞ für eine Folge ε_k erfüllt. Die Konvergenz der rechten Seite von (6.2) folgt damit aus einem allgemeinen Prinzip: Ist X ein Banach-Raum und $f_k \overset{*}{\to} f$ in X' und $x_k \to x$ in X, so $f_k(x_k) \to f(x)$ (siehe Aufgabe 3.27b)). Damit ist Tu schwach differenzierbar mit

$$D_{y'} Tu = T D_{x'} u + T D_{x_n} u D_{y'} h.$$

Zusammen mit $D_{y_n} Tu = T D_{x_n} u$ folgt $Tu \in H^{1,p}(\mathbb{R}^n_+)$. $\square$

6.2 $C_0^\infty(\mathbb{R}^n)$ ist dicht in $H^{m,p}(\Omega)$

In Abschnitt 5.3 hatten wir gesehen, daß der Raum $C^\infty \cap H^{m,p}$ dicht in $H^{m,p}$ ist für alle $1 \le p < \infty$. Für Gebiete mit stetigem Rand zeigen wir nun ein stärkeres Resultat.

Satz 6.7. *Sei Ω von der Klasse C^0. Dann ist die Einschränkung der Funktionen in $C_0^\infty(\mathbb{R}^n)$ auf Ω dicht in $H^{m,p}(\Omega)$ für $1 \le p < \infty$.*

Beweis. Sei (U_j, ϕ_j), $j = 1, \ldots, J$, eine $C^{0,1}$-Lokalisierung von Ω (siehe Definition 6.1)). Diese kann um (U_0, ϕ_0) mit $U_0 \subset\subset \Omega$, $\phi_0 \in C_0^\infty(U_0)$, erweitert werden, indem $\phi_0 = 1 - \sum_j \phi_j$ innerhalb von Ω gesetzt wird. Es gilt dann $\sum_{j=0}^J \phi_j(x) = 1$ in $\Omega_1 \supset\supset \Omega$. Zu einer Funktion $u \in H^{m,p}(\Omega)$ müssen wir zeigen, daß es für $u_j = \phi_j u$ ein $\psi_j \in C_0^\infty(\mathbb{R}^n)$ gibt mit $\|u_j - \psi_j\|_{m,p;\Omega} < \varepsilon$. Die Behauptung folgt dann aus $\psi = \sum_{j=0}^J \psi_j$ und der Dreiecksungleichung.

Die Funktion u_0 ist wegen Lemma 5.14 in $H^{m,p}(\Omega)$ und besitzt einen kompakten Träger in Ω. Für $\psi_0 = J_\eta * u_0$, η genügend klein, folgt die behauptete Abschätzung aus Lemma 5.15.

Für $j > 0$ wird u_j durch Null auf den $\mathbb{R}^n$ fortgesetzt. Ferner wird vorausgesetzt, daß das Koordinatensystem wie in der Definition des Gebiets mit stetigem Rand vorliegt. Dann liegt der Träger der verschobenen Funktion $u_{j,t}(x) = u_j(x + te_n)$, $t > 0$, teilweise außerhalb von Ω. Daher folgt für $J_\eta * u_{j,t} \in C_0^\infty(\mathbb{R}^n)$ aus Lemma 5.15

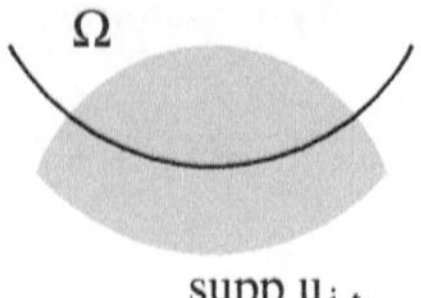

$\|u_{j,t} - J_\eta * u_{j,t}\|_{m,p;\Omega} \to 0$ für $\eta \to 0$.

Es verbleibt $\|u_{j,t} - u_j\|_{m,p;\Omega} \to 0$ für $t \to 0$ zu zeigen, was gleichbedeutend ist mit $\|D^\alpha u_{j,t} - D^\alpha u_j\|_{p;\Omega} \to 0$ für $|\alpha| \leq m$. Dies ist aber gerade Satz 4.21. Wir wählen daher zunächst t und anschließend η genügend klein, so daß $\psi_j = J_\eta * u_{j,t}$ der behaupteten Abschätzung genügt.   □

6.3 Der Transformationssatz

Seien $\Omega', \Omega \subset \mathbb{R}^n$ Gebiete und $g : \Omega' \to \Omega$ ein $C^{m,\alpha}$-Diffeomorphismus. Jedem $u : \Omega \to \mathbb{K}$ können wir durch

$$Tu(y) = u(g(y))$$

die transformierte Funktion zuordnen. Für $u \in L^p(\Omega)$ folgt aus der Transformationsregel für Integrale

$$\int_\Omega |u(x)|^p \, dx = \int_{\Omega'} |Tu(y)|^p |\det D_y g(y)| \, dy$$

und

$$\int_{\Omega'} |Tu(y)|^p \, dy = \int_\Omega |u(x)|^p |\det D_x g^{-1}(x)| \, dx.$$

Daher erhalten wir aus (6.1)

$$c\|u\|_{p;\Omega} \leq \|Tu\|_{p;\Omega'} \leq c\|u\|_{p;\Omega}$$

und T transformiert $L^p(\Omega)$ stetig auf $L^p(\Omega')$ mit stetiger Inverser. Ein ähnliches Resultat gilt für Sobolev-Räume:

Satz 6.8. *Sei $g : \Omega' \to \Omega$ ein C^m-Diffeomorphismus. Dann ist die obige Abbildung $T : H^{m,p}(\Omega) \to H^{m,p}(\Omega')$, $1 \leq p < \infty$, bijektiv und beschränkt mit beschränkter Inverser, d.h.*

$$c\|u\|_{m,p;\Omega} \leq \|Tu\|_{m,p;\Omega'} \leq c\|u\|_{m,p;\Omega}.$$

Weiter sind die schwachen Ableitungen von Tu durch die Kettenregel gegeben.

Beweis. Wir brauchen nur den Fall $m = 1$ betrachten, $m > 1$ folgt dann durch Induktion. Ferner wird nur die Abschätzung $\|Tu\|_{1,p;\Omega'} \leq c\|u\|_{1,p;\Omega}$ bewiesen, die andere Richtung erhält man, indem man g durch g^{-1} ersetzt.

Sei $u \in H^{1,p}(\Omega)$ und sei $u_k \in C^\infty(\Omega) \cap H^{1,p}(\Omega)$ eine Folge mit $u_k \to u$ in $H^{1,p}(\Omega)$. Aus der Kettenregel folgt mit $g_{j,i} = D_{y_i} g_j$

$$D_{y_i} T u_k(y) = \sum_{j=1}^{n} D_{x_j} u_k(x) g_{j,i}(y) = \sum_{j=1}^{n} T(D_{x_j} u_k)(y) g_{j,i}(y).$$

Für $\phi \in C_0^\infty(\Omega)$ gilt mit partieller Integration

$$\int_{\Omega'} T u_k(y) D_{y_i}\phi(y)\, dy = -\sum_{j=1}^{n} \int_{\Omega'} T(D_{x_j} u_k)(y) g_{j,i}(y)\phi(y)\, dy, \qquad (6.3)$$

und mit Transformation auf Ω,

$$\int_{\Omega} u_k(x) D_{y_i}\phi(g^{-1}(x))\,|\det Dg^{-1}(x)|\, dx$$

$$= -\sum_{j=1}^{n} \int_{\Omega} D_{x_j} u_k(x) g_{j,i}(g^{-1}(x))\phi(g^{-1}(x))\,|\det Dg^{-1}(x)|\, dx.$$

Wegen $u_k \to u$ in $H^{1,p}(\Omega)$ können wir in der letzten Gleichung zum Grenzwert $k \to \infty$ übergehen und erhalten nach Rücktransformation (6.3) mit u_k ersetzt durch u. Dies beweist die Kettenregel für Funktionen in $H^{1,p}$.

Aufgrund der Beschränktheit der $g_{j,i}(y)$ erschließt man aus einer einfachen Abschätzung

$$\int_{\Omega'} |D_{y_i} T u(y)|^p\, dy = \int_{\Omega'} \left| \sum_{j=1}^{n} T(D_{x_j} u)(y) g_{j,i}(y) \right|^p dy$$

$$\leq c \max_j \int_{\Omega'} |T(D_{x_j} u)(y)|^p\, dy = c \max_j \int_{\Omega} |D_{x_j} u(x)|^p\,|\det Dg^{-1}(x)|\, dx$$

$$\leq c \max_j \int_{\Omega} |D_{x_j} u(x)|^p\, dx \leq c\|u\|_{1,p;\Omega}^p.$$

$$\square$$

6.4 Fortsetzungssätze

Definition 6.9. *Für $m \in \mathbb{N}$ und $1 \leq p < \infty$ ist der Raum $H_0^{m,p}(\Omega)$ der Abschluß von $C_0^\infty(\Omega)$ im Raum $H^{m,p}(\Omega)$, anders ausgedrückt*

$$H_0^{m,p}(\Omega) = \left\{ u \in H^{m,p}(\Omega) : \text{Es gibt eine Folge } u_k \in C_0^\infty(\Omega) \right.$$

$$\left. \text{mit } u_k \to u \text{ in } H^{m,p}(\Omega) \right\}.$$

Weil $H^{m,p}$ mit dem Abschluß von $C^\infty \cap H^{m,p}$ für $1 \leq p < \infty$ übereinstimmt, ist der Raum $H_0^{m,p}$ ein Unterraum von $H^{m,p}$. Wenn wir Funktionen in C_0^∞ durch 0 fortsetzen, so ist $C_0^\infty(\Omega) \subset C_0^\infty(\Omega_1)$ für $\Omega \subset \Omega_1$. Diese Beziehung überträgt sich natürlich auf $H_0^{m,p}$, jede Funktion in $H_0^{m,p}(\Omega)$ ist auch in $H_0^{m,p}(\Omega_1)$. Die Struktur von $H_0^{m,p}(\Omega)$ wird in Abschnitt 6.6 genauer bestimmt. Im folgenden verwenden wir nur die einfache Tatsache, daß für $u \in H^{m,p}(\Omega)$, $1 \leq p < \infty$, und $\tau \in C_0^\infty(\Omega)$ die Funktion τu in $H_0^{m,p}(\Omega)$ liegt. Dies ist eine Folgerung aus Lemma 5.14 und Lemma 5.15.

Der nächste Satz zeigt, daß man eine Sobolev-Funktion auf ein größeres Gebiet fortsetzen kann, sofern der Rand des Gebietes genügend glatt ist.

Satz 6.10. *Sei* $m \in \mathbb{N}$, $\partial\Omega \in C^{m-1,1}$. *Zu jedem Gebiet* Ω_1 *mit* $\Omega \subset\subset \Omega_1$ *gibt es eine stetige lineare Abbildung* $E : H^{k,p}(\Omega) \to H_0^{k,p}(\Omega_1)$, *die nicht von* $0 \leq k \leq m$ *und* $1 \leq p < \infty$ *abhängt, mit*

(a) $Eu|_\Omega = u$ *(Fortsetzungseigenschaft)*,

(b) $\|Eu\|_{k,p;\Omega_1} \leq c\|u\|_{k,p;\Omega}$ *(Stetigkeit)*.

Beweis. Wir betrachten zuerst den Halbraum $\mathbb{R}_+^n = \{x \in \mathbb{R}^n : x_n > 0\}$ und setzen eine Funktion $u \in C^m(\overline{\mathbb{R}_+^n})$ durch eine verallgemeinerte Spiegelung auf den $\mathbb{R}^n$ folgendermaßen fort.

Das $(m+1) \times (m+1)$ lineare Gleichungssystem

$$\sum_{j=1}^{m+1} (-j)^k \lambda_j = 1, \quad k = 0, 1, \ldots, m,$$

besitzt eine eindeutige Lösung $\lambda_1, \ldots, \lambda_{m+1}$, weil die zugehörige Matrix vom Vandermondschen Typ ist. Mit $x = (x_1, \ldots, x_n) = (x', x_n)$ definieren wir den Fortsetzungsoperator

$$Eu(x) = \begin{cases} u(x) & \text{für } x_n > 0, \\ \sum_{j=1}^{m+1} \lambda_j u(x', -jx_n) & \text{für } x_n \leq 0. \end{cases}$$

sowie für jeden Multiindex α,

$$E_\alpha u(x) = \begin{cases} u(x) & \text{für } x_n > 0, \\ \sum_{j=1}^{m+1} (-j)^{\alpha_n} \lambda_j u(x', -jx_n) & \text{für } x_n \leq 0. \end{cases}$$

Für alle $|\alpha| \leq m$ gilt dann $D^\alpha Eu(x) = E_\alpha D^\alpha u(x)$ und $\|D^\alpha Eu\|_{p;\mathbb{R}^n} \leq c\|D^\alpha u\|_{p;\mathbb{R}_+^n}$. Damit wird u zu einer C^m-Funktion fortgesetzt mit

$$\|Eu\|_{k,p;\mathbb{R}^n} \leq c\|u\|_{k,p;\mathbb{R}_+^n}. \tag{6.4}$$

Sei Ω von der Klasse $C^{m-1,1}$ und (U_j, ϕ_j), $j = 1, \ldots, J$, die zugehörige Lokalisierung nach Definition 6.1. Die Lokalisierung wird ergänzt um (U_0, ϕ_0) mit $U_0 \subset\subset \Omega$, $\phi_0 \in C_0^\infty(U_0)$, so daß $\sum_{j=0}^{J} \phi_j = 1$ in $\Omega' \supset\supset \Omega$. Nach Drehung und Verschiebung durch die Abbildung τ_j wird der Rand in U_j durch eine $C^{m-1,1}$-Funktion h_j dargestellt. $u_j = \phi_j u \circ \tau_j^{(-1)}$, $j \geq 1$, wird fortgesetzt, indem auf $T_j u_j(y', y_n) = u_j(y', y_n + h_j(y'))$, $y_n > 0$, der im ersten Schritt konstruierte Fortsetzungsoperator E angewendet wird. $ET_j u_j$ wird anschließend mit $T_j'^{-1} v(x) = v(x', x_n - h_j(x'))$, $x \in \mathbb{R}^n$, am Rande verbogen. Wir erhalten den vorläufigen Fortsetzungsoperator

$$E_\Omega' u = \sum_{j=1}^{J} \tau_j \circ T_j'^{-1} E T_j u_j + \phi_0 u.$$

Nach Konstruktion gilt $E_\Omega' u = u$ in Ω. Wegen Lemma 6.6 sind die Operatoren T_j und $T_j'^{-1}$ stetig in $H^{k,p}$. Zusammen mit (6.4) folgt

$$\|E_\Omega' u\|_{k,p;\mathbb{R}^n} \leq c \sum_{j=1}^{J} \|ET_j u_j\|_{k,p;\mathbb{R}^n} + \|\phi_0 u\|_{k,p;\mathbb{R}^n}$$

$$\leq c \sum_{j=1}^{J} \|T_j u_j\|_{k,p;\mathbb{R}^n_+} + \|\phi_0 u\|_{k,p;\mathbb{R}^n} \leq c\|u\|_{k,p;\Omega},$$

wobei die Konstante c von $m, p, \|h_j\|_{k,\infty}, \|\phi_j\|_{k,\infty}$ abhängt.

Zu $\Omega_1 \supset\supset \Omega$ wählen wir eine Abschneidefunktion τ bezüglich $\{\overline{\Omega}, \Omega_1\}$. Dann ist $E_\Omega = \tau E_\Omega'$ der gesuchte Fortsetzungsoperator. $\square$

Der Calderonsche Fortsetzungssatz

kommt ohne höhere Randregularität aus (zum Beweis siehe z.B. [Ada75, S. 91ff.], [Wlo82, S. 100ff.]):

Satz. *Ist Ω ein Lipschitzgebiet mit $\Omega \subset\subset \Omega_1$ und $m \in \mathbb{N}_0$, $1 < p < \infty$, so existiert ein stetiger linearer Operator $E_{m,p} : H^{m,p}(\Omega) \to H_0^{m,p}(\Omega_1)$ mit $E_{m,p} u\big|_\Omega = u$*

Man beachte, daß im Gegensatz zu Satz 6.10 der Fortsetzungsoperator von m und p abhängt, was seine Verwendbarkeit einschränkt.

6.5 Einbettungen in $L^q(\Omega)$

Satz 6.11 (Sobolev-Ungleichung). *Sei Ω ein Lipschitzgebiet. Dann gelten die stetigen Einbettungen*

$$H^{m,p}(\Omega) \to L^{np/(n-mp)}(\Omega) \quad \textit{für } 1 \leq mp < n.$$

Für $H_0^{m,p}(\Omega)$ gilt die gleiche Einbettung ohne Voraussetzung an Ω.

Anmerkungen 6.12 (i) Der Satz bleibt richtig, wenn das Gebiet nur die Kegeleigenschaft besitzt, siehe [Ada75, S.95ff]. Nach Aufgabe 6.1 läßt sich diese Voraussetzung nicht weiter abschwächen.

(ii) Die Voraussetzung, daß Ω ein Lipschitzgebiet sein muß, wird nur benötigt, um den Fortsetzungssatz aus dem letzten Abschnitt anwenden zu können. Für unseren Beweis genügt es aber, daß das Grundgebiet in Lipschitzgebiete aufgeteilt werden kann, weil aus der Einbettung für die Teilgebiete die Einbettung für das Grundgebiet folgt. Damit haben wir das Resultat für alle stückweise glatten Gebiete bewiesen, insbesondere darf das Innere des Gebiets auf beiden Seiten eines Randstücks liegen.

(iii) Eine Sobolev-Funktion ist für $mp = n \geq 2$ nicht notwendig beschränkt. Als Gegenbeispiel für $n = 2$, $m = 1$, betrachten wir das Gebiet $\Omega = B_{1/e}(0)$ ($\ln e = 1$) und die Funktion $u = \ln(|\ln|x||)$, die offenbar unbeschränkt ist, aber

$$\int_\Omega |Du|^2 \, dx = 2\pi \int_0^{1/e} |D_r \ln(|\ln r|)|^2 r \, dr = 2\pi \int_0^{1/e} |\ln r|^{-2} r^{-1} \, dr$$

$$= 2\pi |\ln r|^{-1} \Big|_0^{1/e} = 2\pi.$$

Dagegen ergibt der folgende Beweis für $p = n = 1$,

$$H^{1,1}(\Omega) \to C^0(\overline{\Omega}). \tag{6.5}$$

Der Fall $n = m > 1$ und $p = 1$ wird in Aufgabe 6.3 behandelt.

Beweis. Wir beweisen die Einbettung zunächst für $H_0^{1,p}(\Omega)$. Wegen Satz 2.14 genügt es, sie für die dichte Teilmenge $C_0^\infty(\Omega)$ nachzuweisen.

Im ersten Teil des Beweises zeigen wir für $u \in C_0^\infty(\Omega)$

$$\|u\|_{n/(n-1)} \leq n^{-1/2} \|Du\|_1.$$

Aus dem Hauptsatz der Differential- und Integralrechnung folgt

$$|u(x)| \leq \int_{-\infty}^{x_i} |D_i u(x_1, \dots, \xi_i, \dots, x_n)| \, d\xi_i,$$

und damit (6.5) für $n = 1$. Da diese Abschätzung für alle $1 \leq i \leq n$, $n \geq 2$, richtig ist, gilt

$$|u(x)|^{n/(n-1)} \leq \Big(\prod_{i=1}^n \int_{-\infty}^\infty |D_i u| \, dx_i\Big)^{1/(n-1)} = \Big(\prod_{i=1}^n v_i\Big)^{1/(n-1)}.$$

Diese Ungleichung wird bezüglich x_1 integriert. Auf der rechten Seite hängen $n-1$ Faktoren von x_1 ab. Auf diese Faktoren wenden wir die verallgemeinerte Höldersche Ungleichung

$$\int (v_2 \ldots v_n)^{1/(n-1)} \, dx_1 \leq \Big(\int v_2 \, dx_1 \Big)^{1/(n-1)} \ldots \Big(\int v_n \, dx_1 \Big)^{1/(n-1)}$$

an, die durch Induktion bewiesen wird. Wiederholen wir dieses Verfahren für die Variablen $x_2 \ldots x_n$, so erhalten wir mit der Ungleichung für das geometrische und arithmetische Mittel (A.5)

$$\|u\|_{n/(n-1)} \leq \Big(\prod_{i=1}^{n} \int_\Omega |D_i u| \, dx \Big)^{1/n} \leq \frac{1}{n} \int_\Omega \sum_{i=1}^{n} |D_i u| \, dx \leq \frac{1}{\sqrt{n}} \|Du\|_1.$$

Damit ist die L^q-Einbettung für $p = 1$ bewiesen.

Für $p > 1$ wird $|u|$ in dieser Abschätzung durch $|u|^\gamma$, $\gamma > 1$, ersetzt,

$$\| |u|^\gamma \|_{n/(n-1)} \leq \frac{\gamma}{\sqrt{n}} \int_\Omega |u|^{\gamma-1} |Du| \, dx \leq \frac{\gamma}{\sqrt{n}} \| |u|^{\gamma-1} \|_{p'} \|Du\|_p,$$

mit $p' = p/(p-1)$. Wir wählen γ so, daß $\| |u|^\gamma \|_{n/(n-1)}$ und $\| |u|^{\gamma-1} \|_{p'}$ Potenzen von $\|u\|_q$ sind, also

$$q = \frac{\gamma n}{n-1} = \frac{(\gamma-1)p}{p-1} \quad \Rightarrow \quad \gamma = \frac{(n-1)p}{n-p}, \quad q = \frac{np}{n-p}.$$

Dies beweist die Einbettung für $H_0^{1,p}(\Omega)$ mit Konstante $\gamma n^{-1/2}$.

Mit Satz 6.10 gibt es einen Fortsetzungsoperator $E : H^{1,p}(\Omega) \to H_0^{1,p}(\Omega_1)$ mit

$$\|Eu\|_{1,p;\Omega_1} \leq c\|u\|_{1,p;\Omega} \quad \text{für} \quad 1 \leq p < \infty,$$

für ein beschränktes Gebiet Ω_1 mit $\Omega \subset\subset \Omega_1$. Wegen

$$\|u\|_{q;\Omega} \leq \|Eu\|_{q;\Omega_1} \leq c\|Eu\|_{1,p;\Omega_1} \leq c\|u\|_{1,p;\Omega}$$

ist der Einbettungssatz für $m = 1$ vollständig bewiesen.

Für $m > 1$ wendet man die Einbettung sukzessive auf $D^\alpha u$ an, eine strengere Forderung an das Gebiet ist daher nicht erforderlich. $\square$

Eine einfache Folgerung aus dem Beweis des letzten Satzes ist die folgende wichtige Ungleichung.

Satz 6.13 (Poincaré-Ungleichung). *Für $1 \leq q \leq np/(n-p)$, $p < n$, gilt*

$$\|u\|_{q;\Omega} \leq c\|Du\|_{p;\Omega} \quad \forall u \in H_0^{1,p}(\Omega),$$

wobei die Konstante c von $\mu(\Omega)$ abhängt, wenn $q < np/(n-p)$.

Beweis. Im Beweis von Satz 6.11 haben wir $\|u\|_{np/(n-p);\Omega} \leq c\|Du\|_{p;\Omega}$ für alle $u \in H_0^{1,p}(\Omega)$ gezeigt. Die Behauptung folgt aus Satz 4.19(a). $\square$

6.6 Randwerte von Sobolev-Funktionen

Zur Definition des Randintegrals und der Räume $L^p(\partial\Omega)$ gehen wir von der Definition 6.1 aus, die lokal eine explizite Parametrisierung des Randes $\partial\Omega$ der Form $\{(y', h(y'))\}$ erlaubt. Genauer haben wir:

Definition 6.14. *Sei Ω ein Lipschitzgebiet mit zugehöriger $C^{0,1}$-Lokalisierung (U_j, ϕ_j), $j = 1, \ldots, J$ (siehe Definition 6.1). Für jedes j sei (y', y_n) das zugehörige lokale Koordinatensystem mit $(y', h_j(y')) \in \partial\Omega$, $y' \in U_j' \subset \mathbb{R}^{n-1}$, und einer Lipschitzfunktion h_j. $u : \partial\Omega \to \mathbb{K}$ heißt meßbar auf $\partial\Omega$, wenn die Funktionen $u_j(y') = (\phi_j u)(y', h_j(y'))$ in U_j' meßbar sind. u heißt integrierbar auf $\partial\Omega$, wenn u meßbar ist und die Integrale*

$$\int_{\partial\Omega} u_j \, d\sigma = \int_{U_j'} u_j \sqrt{1 + |Dh_j|^2} \, dy'$$

im Lebesgueschen Sinne existieren. In diesem Fall heißt

$$\int_{\partial\Omega} u \, d\sigma = \sum_{j=1}^{J} \int_{\partial\Omega} u_j \, d\sigma$$

das Randintegral *von u.*

Mit den Normen

$$\|u\|_{p;\partial\Omega} = \Big(\int_{\partial\Omega} |u|^p \, d\sigma \Big)^{1/p}, \quad \|u\|_{\infty;\partial\Omega} = \inf_{\mu_{n-1}(N)=0} \sup_{x \in \partial\Omega \setminus N} |u(x)|,$$

ist $L^p(\partial\Omega)$ definiert als Raum der meßbaren Funktionen mit endlicher Norm.

Die Definition des Randintegrals ist sinnvoll, weil die Funktionen h_j in der Definition des Lipschitzgebiets lipschitzstetig sind und nach Satz 5.23 in $H^{1,\infty}$ liegen. Insbesondere ist $\sqrt{1 + |Dh_j|^2}$ meßbar und beschränkt. Die Definition ist unabhängig von der Lokalisierung (U_j, ϕ_j), denn nach dem Satz des Pythagoras ist $\sqrt{1 + |Dh_j|^2}$ gerade die lokale Flächenverzerrung, die die Abbildung $y' \mapsto (y', h(y'))$ auf ein Flächenstück in der y'-Hyperebene ausübt, kurz $d\sigma = \sqrt{1 + |Dh_j|^2} \, dy'$. Die Randwerte werden also korrekt aufsummiert.

In diesem Abschnitt untersuchen wir das Randverhalten der Funktionen im Raum $H^{1,p}(\Omega)$. Auf den ersten Blick widerspricht dies der Definition der Sobolev-Funktionen, die nur bis auf eine Menge vom Maß Null definiert sind. Das Thema ist daher begrifflich schwierig, wir beweisen den entsprechenden Satz und erläutern ihn hinterher.

Satz 6.15 (Spursatz). *Sei Ω ein Lipschitzgebiet und $1 \leq p < \infty$. Dann gibt es einen eindeutigen stetigen linearen Operator $S : H^{1,p}(\Omega) \to L^q(\partial\Omega)$, $Su = u\big|_{\partial\Omega}$ für $u \in C^\infty(\overline{\Omega})$, mit*

$$q = \begin{cases} (n-1)p/(n-p) & \text{für } p < n \\ < \infty & \text{für } p = n \end{cases}.$$

Anmerkung 6.16. (i) Wie in Abschnitt 6.8 gezeigt wird, kann für $p > n$ jede Funktion $u \in H^{1,p}(\Omega)$ auf einer Nullmenge so abgeändert werden, daß sie in $\overline{\Omega}$ stetig ist.

(ii) Die Anmerkung 6.12(ii) gilt sinngemäß. Beispielsweise kann der Doppelquader aus Beispiel 6.5 in zwei Quader zerlegt und auf jedem dieser Quader der Spursatz angewendet werden.

Beweis. Wir beginnen mit der Abschätzung auf dem Referenzzylinder $Q = B_1(0) \times (0,1)$, $B_1(0) \subset \mathbb{R}^{n-1}$. Für $u \in C^\infty(\overline{Q})$ liefert der Hauptsatz der Differential- und Integralrechnung

$$u(y',0) = - \int_0^{y_n} D_n u(y',\xi)\, d\xi + u(y',y_n), \quad y' \in B_1(0), \qquad (6.6)$$

und nach Abschätzen und Integrieren bezüglich y_n

$$|u(y',0)| \leq \int_0^1 \left\{ |D_n u(y',y_n)| + |u(y',y_n)| \right\} dy_n.$$

Wir integrieren diese Ungleichung bezüglich y' und erhalten

$$\|u(\cdot,0)\|_{1;B_1(0)} \leq \|D_n u\|_{1;Q} + \|u\|_{1;Q}.$$

In dieser Abschätzung wird u durch $|u|^\gamma$ ersetzt,

$$\| |u(\cdot,0)|^\gamma \|_{1;B_1(0)} \leq \gamma \int_Q |D_n u||u|^{\gamma-1}\, dx + \int_Q |u|^\gamma\, dx$$

$$\leq c\|D_n u\|_{p;Q} \| |u|^{\gamma-1}\|_{p';Q} + \|u\|_{\gamma;Q}^\gamma,$$

wobei $p' = p/(p-1)$. Nun wählen wir γ so, daß mit Satz 6.11 $H^{1,p}(\Omega) \to L^{(\gamma-1)p/(p-1)}(\Omega)$,

$$\frac{(\gamma-1)p}{p-1} = \frac{np}{n-p}, \quad \text{also} \quad \gamma = \frac{(n-1)p}{n-p} < \frac{np}{n-p}.$$

Dann

$$\|u(\cdot,0)\|_{\gamma;B_1(0)}^\gamma \leq c\|D_n u\|_{p;Q}\|u\|_{1,p;Q}^{\gamma-1} + \|u\|_{\gamma;Q}^\gamma \leq c\|u\|_{1,p;Q}^\gamma,$$

also

$$\|u(\cdot,0)\|_{(n-1)p/(n-p);B_1(0)} \leq c\|u\|_{1,p;Q} \quad \text{für alle } u \in C^\infty(\overline{Q}). \qquad (6.7)$$

Da $C^\infty(\overline{Q})$ dicht in $H^{1,p}(Q)$ ist, gilt diese Abschätzung für alle $u \in H^{1,p}(Q)$.

Sei Ω ein Lipschitzgebiet mit zugehöriger $C^{0,1}$-Lokalisierung (U_j, ϕ_j), $j = 1, \dots, J$, und Lipschitzfunktionen h_j. Sei $u \in H^{1,p}(\Omega)$ und $u_j = \phi_j u$. Das Koordinatensystem sei so gedreht und verschoben, daß in $x_n = y_n + h_j(y')$ die Punkte mit $y_n = 0$ den Randpunkten in U_j entsprechen. O.B.d.A. können wir für den Träger von u_j annehmen, daß $|y'|, y_n < 1$. Nach Lemma 6.6 ist mit

$u_j \in H^{1,p}(\Omega)$ die Funktion $T_j u_j(y', y_n) = u_j(y', y_n + h_j(y'))$ in $H^{1,p}(Q)$ und genügt daher der Abschätzung (6.7). Mit der Definition von $\int_{\partial\Omega}$, Abschätzung (6.7) und Lemma 6.6 bekommen wir die Kette von Ungleichungen $(q = (n-1)p/(n-p))$

$$\|u_j\|_{q;\partial\Omega} = \left(\int_{B_1(0)} |T_j u_j(y', 0)|^q \sqrt{1 + |Dh_j|^2} \, dy' \right)^{1/q}$$

$$\leq c\|T_j u_j(\cdot, 0)\|_{q;B_1(0)} \leq c\|T_j u_j\|_{1,p;Q} \leq c\|u_j\|_{1,p;\Omega} \leq c\|u\|_{1,p;\Omega}.$$

Mit $\|u\|_{q;\partial\Omega}^q = \sum_j \|u_j\|_{q,\partial\Omega}^q$ ist der Satz bewiesen. $\qquad\qquad\square$

Nach Konstruktion ist S auf $C^\infty(\overline{\Omega})$ die klassische Einschränkung einer Funktion auf $\partial\Omega$. Da die Fortsetzung von S auf den Abschluß von $C^\infty(\overline{\Omega})$, eben $H^{1,p}(\Omega)$, eindeutig ist, bedeutet das, daß die $H^{1,p}$-Funktionen als Grenzwerte von Funktionen in C^∞ im Sinne von $L^q(\partial\Omega)$ eindeutig bestimmt sind. Anders ausgedrückt befindet sich in jeder Äquivalenzklasse einer Sobolev-Funktion ein bis auf das $(n-1)$-dimensionale Maß eindeutiger Vertreter, der zielsicher von jeder approximierenden Folge in C^∞ angesteuert wird. Man hätte diesem Effekt schon bei der Definition der Sobolev-Räume Rechnung tragen und die zugehörigen Äquivalenzklassen kleiner fassen können, allerdings hätte dann der ganze analytische Apparat der letzten Abschnitte bereitliegen müssen.

Aus (6.6) kann man ersehen, wie die Randwerte in L^p angenommen werden. Es folgt nämlich

$$|u(y', y_n) - u(y', 0)| \leq \int_0^{y_n} |D_n u(y', \xi)| \, d\xi, \qquad\qquad (6.8)$$

nach Bildung der p-ten Potenz und Integration bezüglich y',

$$\int |u(y', y_n) - u(y', 0)|^p \, dy' \leq c \int \int_0^{y_n} |D_n u(y', \xi)|^p \, d\xi \, dy'.$$

Aufgrund der Absolutstetigkeit des Integrals konvergiert die rechte Seite gegen 0 für $y_n \to 0$, demnach auch die linke. Diese Formel bleibt auch nach der lokalen Transformation gültig, für $S_\varepsilon u_j(y') = u_j(y', h_j(y') + \varepsilon)$ gilt $\|S_\varepsilon u_j - S u_j\|_p \to 0$ für $\varepsilon \to 0$.

Mit dem Spursatz lassen sich die Räume $H_0^{m,p}(\Omega)$ einfach charakterisieren.

Satz 6.17. *Sei Ω ein Lipschitzgebiet und $m \in \mathbb{N}$, $1 \leq p < \infty$. Dann besteht $H_0^{m,p}(\Omega)$ genau aus den Funktionen u in $H^{m,p}(\Omega)$ mit $SD^\alpha u = 0$ für $|\alpha| \leq m-1$.*

Beweis. Es genügt, den Fall $m = 1$ zu betrachten, für $m > 1$ wendet man die folgenden Argumente auf $D^\alpha u$ an.

Da $C_0^\infty(\Omega)$ dicht in $H_0^{1,p}(\Omega)$ ist, gilt $Su = 0$ für jedes $u \in H_0^{1,p}(\Omega)$.

Nun beweisen wir die umgekehrte Richtung. Sei $Q = B_1(0) \times (0,1)$, $B_1(0) \subset \mathbb{R}^{n-1}$. Für $u \in C^\infty(\overline{Q})$ folgt aus (6.6)

$$|u(y', y_n)| \leq \int_0^a |D_n u(y', \xi)| \, d\xi + |u(y', 0)|, \quad 0 \leq y_n \leq a,$$

und nach Integration bezüglich y_n und y'

$$\int_0^a \int_{B_1(0)} |u(y', y_n)| \, dy' \, dy_n \leq a \int_0^a \int_{B_1(0)} |D_n u(y', y_n)| \, dy' \, dy_n \tag{6.9}$$

$$+ a \int_{B_1(0)} |u(y', 0)| \, dy'.$$

Diese Abschätzung bleibt auch in $H^{1,1}$ richtig.

Sei Ω ein Lipschitzgebiet mit $C^{0,1}$-Lokalisierung (U_j, ϕ_j). Sei $u \in C^\infty(\overline{\Omega})$ und $u_j = \phi_j u$. Nach Drehung und Verschiebung sei das Koordinatensystem von der Form $x_n = h_j(y') + y_n$, wobei $y_n = 0$ den Randpunkten in U_j entspricht. Auf $T u_j(y', y_n) = u_j(y', h_j(y') + y_n)$ wenden wir (6.9) an. Nach Rücktransformation und Addition bezüglich j erhalten wir für genügend kleine ε

$$\int_{U_\varepsilon} |u| \, dx \leq c\varepsilon \int_{U_{c'\varepsilon}} \{|Du| + |u|\} \, dx + c\varepsilon \int_{\partial\Omega} |u| \, d\sigma, \tag{6.10}$$

wobei
$$U_\varepsilon = \{x \in \Omega : \mathrm{dist}\,(x, \partial\Omega) < \varepsilon\}$$

und c, c' von den Funktionen h_j abhängen.

Sei $u \in H^{1,p}(\Omega)$ mit $Su = 0$. Für eine Folge $u_k \in C^\infty(\overline{\Omega})$ mit $u_k \to u$ in $H^{1,p}(\Omega)$ gilt wegen des Spursatzes $Su_k \to 0$ in $L^1(\partial\Omega)$. Daher folgt aus (6.10) durch Grenzübergang

$$\int_{U_\varepsilon} |u| \, dx \leq c\varepsilon \int_{U_{c'\varepsilon}} \{|Du| + |u|\} \, dx \quad \forall u \in H^{1,p}(\Omega) \text{ mit } Su = 0. \tag{6.11}$$

Nun zeigen wir, daß die durch Null auf den $\mathbb{R}^n$ fortgesetzte Funktion u im $\mathbb{R}^n$ schwach differenzierbar ist. Sei $\phi \in C_0^\infty(\mathbb{R}^n)$ und τ_ε eine Abschneidefunktion bezüglich $\{\Omega \setminus U_\varepsilon, \Omega\}$ mit $|D\tau_\varepsilon| \leq c\varepsilon^{-1}$ in U_ε (siehe Lemma 5.12). In

$$\int_\Omega u D\phi \, dx = \int_\Omega u D(\phi(\tau_\varepsilon + (1 - \tau_\varepsilon))) \, dx$$

$$= \int_\Omega u D(\phi \tau_\varepsilon) \, dx + \int_\Omega u D\phi(1 - \tau_\varepsilon) \, dx + \int_\Omega u\phi D(1 - \tau_\varepsilon) \, dx$$

gehen wir zu $\varepsilon \to 0$ über,

$$\int_\Omega u D(\phi \tau_\varepsilon)\, dx = -\int_\Omega Du\, \phi \tau_\varepsilon\ \to\ -\int_\Omega Du\, \phi\, dx,$$

$$\Big|\int_\Omega u D\phi(1-\tau_\varepsilon)\, dx\Big| \le \int_{U_\varepsilon} |u|\, |D\phi|\, dx\ \to\ 0 \quad \text{wegen } \mu(U_\varepsilon) \to 0,$$

$$\Big|\int_\Omega u\phi D(1-\tau_\varepsilon)\, dx\Big| \le c\varepsilon^{-1} \int_{U_\varepsilon} |u|\, dx$$

$$\overset{(6.11)}{\le}\ c \int_{U_{c'\varepsilon}} \{|Du| + |u|\}\, dx\ \to\ 0 \quad \text{wegen } \mu(U_{c'\varepsilon}) \to 0.$$

Damit ist $u \in H^{1,p}(\mathbb{R}^n)$ mit $Du = 0$ in Ω^c gezeigt.

Im letzten Schritt des Beweises muß nur noch eine technische Kleinigkeit bewältigt werden. Aus Lemma 5.15 folgt, daß $J_\varepsilon * u \to u$ in $H^{1,p}(\Omega)$, aber leider besitzt $J_\varepsilon * u$ den Träger in einer etwas größeren Menge als Ω. Wir nehmen die Lokalisierung (U_j, ϕ_j), ergänzen diese um (U_0, ϕ_0), so daß $\sum_j \phi_j(x) = 1$ in einer Umgebung von Ω. Im lokalen Koordinatensystem (y', y_n) bilden wir zu $u_j = \phi_j u$ die Funktion $u_{j,t}(y) = u_j(y - te_n)$. Damit ist $J_\varepsilon * u_{j,t} \in C_0^\infty(\Omega)$ für genügend kleines ε. Die Argumentation ist die gleiche wie im Beweis von Satz 6.7, nur wird hier die Funktion $u_{j,t}$ in Ω hinein- statt herausgezogen. $\qquad\square$

6.7 Kompakte Einbettungen in $L^q(\Omega)$

In diesem Abschnitt wird gezeigt, daß die Einbettungen aus Abschnitt 6.5 kompakt sind, wenn in einen schwächeren Raum eingebettet wird.

Satz 6.18 (Rellich-Kondrachov). *Sei Ω ein Lipschitzgebiet. Dann ist die Einbettung $H^{1,p}(\Omega) \to L^q(\Omega)$ kompakt für $q < np/(n-p)$. Für $H_0^{1,p}(\Omega)$ ist die gleiche Einbettung kompakt ohne eine Voraussetzung an $\partial\Omega$.*

Beweis. Wir verwenden das gleiche Fortsetzungsargument für ein $\Omega_1 \supset\!\supset \Omega$ wie im Beweis von Satz 6.11,

$$H^{1,p}(\Omega) \xrightarrow{E} H_0^{1,p}(\Omega_1) \to L^q(\Omega_1) \to L^q(\Omega).$$

Wir brauchen daher nur die Kompaktheit der Einbettung $H_0^{1,p}(\Omega_1) \to L^q(\Omega_1)$ nachzuweisen, wegen Lemma 2.19 ist dann auch $H^{1,p}(\Omega) \to L^q(\Omega)$ kompakt.

Als erstes zeigen wir die Kompaktheit der Einbettung $H_0^{1,1}(\Omega) \to L^1(\Omega)$. Sei A die Einheitskugel von $H_0^{1,1}(\Omega)$, also $\|u\|_{1,1;\Omega} \le 1$ für alle $u \in A$. Für $u_\varepsilon = J_\varepsilon * u$ gilt

$$|u_\varepsilon(x)| = \Big|\int J_\varepsilon(x-y) u(y)\, dy\Big| \le c(\varepsilon)\|u\|_1,$$

$$|Du_\varepsilon(x)| = \Big|\int D_x J_\varepsilon(x-y) u(y)\, dy\Big| \le c(\varepsilon)\|u\|_1.$$

Wegen des Mittelwertsatzes sind die Mengen $A_\varepsilon = \{u_\varepsilon : u \in A\}$ gleichgradig stetig für alle $\varepsilon > 0$. Aufgrund des Satzes von Arzela-Ascoli ist die Menge $\overline{A_\varepsilon}$ kompakt in $C(\overline{\Omega})$ und daher auch in $L^1(\Omega)$ wegen der Einbettung $C(\overline{\Omega}) \to L^1(\Omega)$.

Mit dem Mittelwertsatz

$$u(x) - u(y) = \int_0^1 Du(tx + (1-t)y)\, dt \cdot (x - y)$$

gilt für $u \in C_0^\infty(\Omega)$

$$|u(x) - J_\varepsilon * u(x)| = \left| \int_{|x-y|<\varepsilon} J_\varepsilon(x-y)\big(u(x) - u(y)\big)\, dy \right|$$

$$= \left| \int_{|x-y|<\varepsilon} \int_0^1 J_\varepsilon(x-y)\, Du(tx + (1-t)y) \cdot (x-y)\, dt\, dy \right|$$

$$\leq \varepsilon \int_{|x-y|<\varepsilon} \int_0^1 J_\varepsilon(x-y)|Du(tx + (1-t)y)|\, dt\, dy.$$

Wir integrieren bezüglich x und verwenden die Transformation $x - y \to z$, $y \to y$,

$$\int |u(x) - J_\varepsilon * u(x)|\, dx \leq \varepsilon \int_0^1 \int \int J_\varepsilon(x-y)|Du(tx + (1-t)y)|\, dx\, dy\, dt$$

$$= \varepsilon \int_0^1 \int J_\varepsilon(z) \int |Du(tz + y)|\, dy\, dz\, dt.$$

Das innere Integral hängt nicht von tz ab und stimmt mit $\|Du\|_{1;\Omega}$ überein. Wegen $\int J_\varepsilon\, dx = 1$ gilt

$$\|u - J_\varepsilon * u\|_{1;\Omega} \leq \varepsilon\|Du\|_{1;\Omega} \leq \varepsilon \quad \forall u \in C_0^\infty(\Omega) \cap A.$$

Nun zeigen wir, daß sich diese Abschätzung auf A überträgt. Sei $u \in A$. Zu jedem $\eta > 0$ gibt es eine Funktion $\phi \in C_0^\infty(\Omega)$ mit $\|u - \phi\|_{1,1;\Omega} < \eta$. Aus Lemma 4.22(c) folgt $\|J_\varepsilon * u - J_\varepsilon * \phi\|_{1;\Omega} < \eta$ und

$$\|u - J_\varepsilon * u\|_{1;\Omega} \leq \|u - \phi\|_{1;\Omega} + \|\phi - J_\varepsilon * \phi\|_{1;\Omega} + \|J_\varepsilon * \phi - J_\varepsilon * u\|_{1;\Omega}$$

$$< \eta + \varepsilon\|D\phi\|_{1;\Omega} + \eta \leq \eta + \varepsilon(\|D(\phi - u)\|_{1;\Omega} + \|Du\|_{1;\Omega}) + \eta$$

$$< 2\eta + \varepsilon(\eta + 1),$$

daher

$$\|u - J_\varepsilon * u\|_{1;\Omega} \leq \varepsilon \quad \forall u \in A. \tag{6.12}$$

Da A_ε präkompakt ist, gibt es zu jedem $\varepsilon > 0$ ein $N \in \mathbb{N}$ und Funktionen $u_{1,\varepsilon}, \ldots, u_{N,\varepsilon}$ mit

$$A_\varepsilon \subset \cup_{i=1}^N B_\varepsilon(u_{i,\varepsilon}),$$

wobei die Kugeln bezüglich der L^1-Norm definiert sind. Aus (6.12) folgt mit der Dreiecksungleichung

$$A_\varepsilon \subset \cup_{i=1}^N B_{2\varepsilon}(u_i),$$

und wiederum aus (6.12)

$$A \subset \cup_{i=1}^N B_{3\varepsilon}(u_i).$$

Damit ist die Menge A präkompakt in L^1.

Für $1 < q < np/(n-p)$ verwenden wir die Höldersche Ungleichung für $\alpha > 1$

$$\|u\|_q = \left(\int_\Omega |u|^{1/\alpha} |u|^{q-1/\alpha}\, dx \right)^{1/q}$$

$$\leq \left(\int_\Omega |u|\, dx \right)^{1/(\alpha q)} \left(\int_\Omega |u|^{(q-1/\alpha)\alpha/(\alpha-1)}\, dx \right)^{(\alpha-1)/(\alpha q)}.$$

Es gibt ein $\alpha > 1$ mit

$$\frac{\alpha q - 1}{\alpha - 1} = \frac{np}{n-p},$$

daher mit $\lambda = \frac{1}{\alpha q}$, $0 < \lambda < 1$, und der Einbettung $H^{1,p} \to L^{np/(n-p)}$,

$$\|u\|_q \leq \|u\|_1^\lambda \|u\|_{np/(n-p)}^{1-\lambda} \leq \|u\|_1^\lambda c \|u\|_{1,p}^{1-\lambda}. \tag{6.13}$$

Wenn A in $H_0^{1,p}(\Omega)$ beschränkt ist, so ist A ebenfalls in $H_0^{1,1}(\Omega)$ beschränkt (siehe Satz 4.19). Zu jedem $\varepsilon > 0$ gibt es daher $u_1,\dots,u_N$ in A mit $A \subset \cup_{i=1}^N B_\varepsilon(u_i)$ bezüglich L^1. Aus der letzten Abschätzung folgt $A \subset \cup_{i=1}^N B_{c\varepsilon^\lambda}(u_i)$ in L^q, was die Behauptung beweist. $\qquad\square$

Aus (6.13) erhält man mit der verallgemeinerten Youngschen Ungleichung (A.2) für $p = 1/\lambda$, $q = p/(p-1) = 1/(1-\lambda)$:

Satz 6.19. *Sei Ω ein Lipschitzgebiet. Für $1 \leq p < n$ und $q < np/(n-p)$ gibt es zu jedem $\varepsilon > 0$ ein $c(\varepsilon)$ mit*

$$\|u\|_{q;\Omega} \leq \varepsilon \|Du\|_{p;\Omega} + c(\varepsilon)\|u\|_{1;\Omega} \quad \forall u \in H^{1,p}(\Omega).$$

Definition 6.20. *Sei $\Gamma_D \subset \partial\Omega$ und $1 \leq p < \infty$. Der Raum $H_{0,\Gamma_D}^{m,p}(\Omega)$ ist der Abschluß von*

$$C_{0,\Gamma_D}^\infty(\Omega) = \{v \in C^\infty(\Omega) \cap H^{m,p}(\Omega) : v = 0 \ \ in \ Umgebung \ von \ \Gamma_D\}$$

in der Norm $\|\cdot\|_{m,p;\Omega}$.

Das im Abschnitt über die Randwerte von Sobolev-Funktionen gesagte bleibt auch lokal gültig, auf glatten Teilbereichen von Γ_D wird für Funktionen in $H_{0,\Gamma_D}^{1,p}(\Omega)$ die Nullrandbedingung angenommen.

Die folgende Variante der Poincaré-Ungleichung wird mit einem typischen Kompaktheitsschluß bewiesen.

Satz 6.21. *Sei $1 \leq p < \infty$. Sei Ω ein Lipschitzgebiet und Γ_D eine nichtleere offene Teilmenge von $\partial\Omega$. Dann gilt auf $H^{1,p}_{0,\Gamma_D}(\Omega)$ die Poincaré-Ungleichung*

$$\|u\|_p \leq c_P \|Du\|_p \quad \forall u \in H^{1,p}_{0,\Gamma_D}(\Omega).$$

Beweis. Angenommen, die Ungleichung gilt nicht. Dann gibt es Funktionen $u_k \in H^{1,p}_{0,\Gamma_D}(\Omega)$ mit $\|u_k\|_{p;\Omega} = 1$ und

$$1 = \|u_k\|_{p;\Omega} \geq k\|Du_k\|_{p;\Omega}.$$

Da die u_k in $H^{1,p}$ normbeschränkt sind, gilt für eine Teilfolge $u_k \rightharpoonup u$ in $H^{1,p}(\Omega)$ und wegen der Kompaktheit der Einbettung auch $u_k \to u$ in $L^p(\Omega)$. Aus $Du_k \to 0$ erhalten wir $Du = 0$. Mit Übungsaufgabe 5.1 folgt, daß u konstant ist. Nach dem Spursatz 6.15 impliziert die Konvergenz in $H^{1,p}(\Omega)$ auch Konvergenz in $L^p(\Gamma')$, wobei Γ' in Γ_D enthalten ist, daher $u|_{\Gamma'} = 0$ und $u = 0$ in Ω. Widerspruch zu $\|u\|_p = 1$! $\qquad\square$

Anmerkung 6.22. Auf die gleiche Weise kann die Poincaré-Ungleichung in $H^{1,p}(\Omega)$ für Funktionen mit verschwindendem Mittelwert bewiesen werden.

Wegen ihrer Wichtigkeit beweisen wir diese Poincaré-Ungleichung für konvexe Gebiete auch direkt:

Satz 6.23. *Sei Ω konvex und in einer Kugel vom Durchmesser d enthalten. Für $1 \leq p < \infty$ gilt dann für alle $u \in H^{1,p}(\Omega)$ mit $\int_\Omega u\,dx = 0$*

$$\|u\|_{p;\Omega} \leq 2^{n/p} d \|Du\|_{p;\Omega}.$$

Beweis. Wegen Satz 5.16 braucht die Ungleichung nur für $u \in C^\infty(\Omega) \cap H^{1,p}(\Omega)$ bewiesen zu werden. Der Mittelwertsatz kann in der Form

$$u(x) - u(y) = \int_0^1 Du(tx + (1-t)y)(x-y)\,dt, \quad x,y \in \Omega,$$

geschrieben werden. Wir integrieren diese Beziehung bezüglich y und erhalten wegen $\int_\Omega u\,dy = 0$

$$u(x) = \frac{1}{\mu(\Omega)} \int_\Omega \int_0^1 Du(tx + (1-t)y)(x-y)\,dt\,dy,$$

und mit $|x - y| \leq d$,

$$|u(x)| \leq \frac{d}{\mu(\Omega)} \int_\Omega \int_0^1 |Du(tx + (1-t)y)|\,dt\,dy.$$

Diese Abschätzung wird in die p-te Potenz gehoben und bezüglich x integriert,

$$\int_{\Omega} |u(x)|^p \, dx \leq \frac{d^p}{\mu(\Omega)^p} \int_{\Omega} \left(\int_{\Omega} \int_0^1 |Du(tx + (1-t)y)| \, dt \, dy \right)^p dx$$

$$\leq \frac{d^p}{\mu(\Omega)^p} \int_{\Omega} \left\{ \left(\int_{\Omega} \int_0^1 1^q \, dt \, dy \right)^{p/q} \int_{\Omega} \int_0^1 |Du(tx + (1-t)y)|^p \, dt \, dy \right\} dx$$

$$= \frac{d^p}{\mu(\Omega)} \int_{\Omega} \int_{\Omega} \int_0^1 |Du(tx + (1-t)y)|^p \, dt \, dy \, dx.$$

Mit dem Satz von Fubini ziehen wir die Integration bezüglich t nach außen und erhalten für ein $t_0 \in [0,1]$

$$\int_{\Omega} |u(x)|^p \, dx \leq \frac{d^p}{\mu(\Omega)} \int_{\Omega} \int_{\Omega} |Du(t_0 x + (1-t_0)y)|^p \, dy \, dx.$$

Sei $f(x)$ die Fortsetzung von $|Du(x)|^p$ in den $\mathbb{R}^n$ durch Null. Für $t_0 \in [0, \frac{1}{2}]$ erhalten wir

$$\int_{\Omega} |u(x)|^p \, dx \leq \frac{d^p}{\mu(\Omega)} \int_{\Omega} \int_{\mathbb{R}^n} f(t_0 x + (1-t_0)y) \, dy \, dx$$

$$= d^p \int_{\mathbb{R}^n} f((1-t_0)y) \, dy.$$

Mit der Transformation $z = (1 - t_0)y$, $dy \leq 2^n dz$, kann das Integral auf der rechten Seite durch $2^n \|Du\|_p^p$ abgeschätzt werden. Wenn $t_0 > \frac{1}{2}$, vertauschen wir die Rollen von x und y und argumentieren genauso. $\qquad \square$

6.8 Einbettungen in Räume stetiger Funktionen

Satz 6.24 (Morrey). *Wenn Ω die Kegeleigenschaft besitzt, so gilt für $p > n$ die Einbettung*

$$H^{1,p}(\Omega) \to C(\Omega) \cap L^{\infty}(\Omega), \quad \text{also} \quad \|u\|_{\infty;\Omega} \leq c\|u\|_{1,p;\Omega} \quad \forall u \in H^{1,p}(\Omega),$$

was heißen soll, daß eine Funktion $u \in H^{1,p}(\Omega)$ auf einer Nullmenge so abgeändert werden kann, daß $u \in C(\Omega)$.

Beweis. Wie immer in solchen Fällen ist es ausreichend, die Abschätzung im dichten Unterraum $C^{\infty}(\Omega) \cap H^{1,p}(\Omega)$ zu beweisen. Da der Raum aller stetigen und beschränkten Funktionen auf Ω ein Banach-Raum ist unter der Norm $\|\cdot\|_{\infty;\Omega}$, folgt dann aus Satz 2.14, daß $H^{1,p}(\Omega) \to C(\Omega) \cap L^{\infty}(\Omega)$.

Ohne Beschränkung der Allgemeinheit können wir annehmen, daß $0 \in \Omega$. Sei $C \subset \Omega$ der Kegel mit Eckpunkt 0 aus der Kegeleigenschaft. Mit Polarkoordinaten $r = |x|$, $\omega = x/|x|$, kann C in der Form

$$C = \{x \in \mathbb{R}^n : 0 < r < a, \, \omega \in S \subset S^{n-1}\}$$

geschrieben werden, wobei S^{n-1} die Einheitssphäre bezeichnet. Aus dem Hauptsatz der Differential- und Integralrechnung folgt

$$u(0) = \int_r^0 D_r u(\xi, \omega)\, d\xi + u(r, \omega),$$

und daher

$$|u(0)| \le \int_0^a |D_r u(\xi, \omega)|\, d\xi + |u(r, \omega)|,$$

und durch Integration bezüglich r und ω,

$$a\mu(S)|u(0)| \le a \int_S \int_0^a |D_r u(r, \omega)|\, dr\, d\omega + \int_S \int_0^a |u(r, \omega)|\, dr\, d\omega.$$

Diese Abschätzung wir durch $a\mu(S)$ dividiert und in die p-te Potenz erhoben. Dann liefert die Höldersche Ungleichung

$$|u(0)|^p \le c \Big(\int_S \int_0^a \{|D_r u(r, \omega)| + |u(r, \omega)|\} r^{(n-1)/p} r^{-(n-1)/p}\, dr\, d\omega \Big)^p$$

$$\le c \int_S \int_0^a \{|D_r u(r, \omega)|^p + |u(r, \omega)|^p\} r^{n-1}\, dr\, d\omega \times$$

$$\times \Big(\int_S \int_0^a (r^{-(n-1)/p})^{p/(p-1)}\, dr\, d\omega \Big)^{p-1}.$$

Für $p > n$ existiert der zweite Faktor auf der rechten Seite und der Satz wird bewiesen durch die Transformationsregel,

$$\int_C v(x)\, dx = \int_S \int_0^a v(r, \omega)\, r^{n-1}\, dr\, d\omega.$$

sowie $|D_r u| \le |Du|$ (siehe (A.9)). $\square$

Satz 6.25 (Morrey). *Ω sei ein Lipschitzgebiet und $m \in \mathbb{N}$. Dann existiert die Einbettung $H^{m,p}(\Omega) \to C^{m-1,\alpha}(\overline{\Omega})$ für $p > n$ mit $\alpha = 1 - n/p$, d.h. es gibt eine nur von Ω abhängende Konstante c mit*

$$\|u\|_{C^{m-1,\alpha}(\overline{\Omega})} \le c\|u\|_{m,p;\Omega} \quad \forall u \subset H^{m,p}(\Omega).$$

Anmerkung 6.26. Zusammen mit Satz 2.42 folgt, daß die Einbettung $H^{m,p}(\Omega) \to C^{m-1,\alpha}(\overline{\Omega})$ kompakt ist für $\alpha < 1 - n/p$.

Beweis. Sei zunächst $m = 1$. Die behauptete Abschätzung braucht nur in $C_0^\infty(\Omega)$ bewiesen zu werden (siehe Beweis von Satz 6.11).

Sei also $u \in C_0^\infty(\Omega)$, x, y beliebige Punkte mit $|x - y| = \rho$, Q_ρ ein Würfel mit Kantenlänge ρ und $x, y \in Q_\rho$. Im Mittelwertsatz

$$u(x) - u(z) = -\int_0^1 Du(x + t(z - x))(z - x)\, dt$$

integrieren wir bezüglich z über Q_ρ und teilen durch $\mu(Q_\rho) = \rho^n$,

$$u(x) - \rho^{-n} \int_{Q_\rho} u(z)\,dz = -\rho^{-n} \int_{Q_\rho} \int_0^1 Du(x + t(z-x))(z-x)\,dt\,dz.$$

Hier setzen wir Beträge und schätzen ab,

$$\left| u(x) - \rho^{-n} \int_{Q_\rho} u(z)\,dz \right| \le \sqrt{n}\rho^{1-n} \int_{Q_\rho} \int_0^1 \left| Du(x + t(z-x)) \right| dt\,dz.$$

Auf der rechten Seite führen wir die Koordinatentransformation $z \to \xi = tz + (1-t)x$ durch mit $dz = t^{-n}d\xi$. Für festes t ist der Integrationsbereich von ξ ein Würfel mit Kantenlänge $t\rho$. Daher

$$\left| u(x) - \rho^{-n} \int_{Q_\rho} u(z)\,dz \right| \le \sqrt{n}\rho^{1-n} \int_0^1 t^{-n} \int_{Q_{t\rho}} \left| Du(\xi) \right| d\xi\,dt$$

$$\le \sqrt{n}\rho^{1-n} \|Du\|_p \int_0^1 t^{-n} \mu(Q_{t\rho})^{1/p'}\,dt$$

$$= \sqrt{n}\rho^{1-n} \|Du\|_p \int_0^1 t^{-n} (t\rho)^{n(p-1)/p}\,dt$$

$$\le c\rho^{1-n/p} \|Du\|_p.$$

Da die gleiche Abschätzung für x ersetzt durch y gilt, folgt aus der Dreiecksungleichung

$$|u(x) - u(y)| \le c\rho^{1-n/p} \|Du\|_p,$$

womit der Fall $m = 1$ bewiesen ist.

Ist $u \in H^{2,p}(\Omega)$, so folgt $u \in C^{0,\alpha}(\overline{\Omega})$ und $Du \in C^{0,\alpha}(\overline{\Omega})^n$. Aufgrund der Vollständigkeit von $C^{1,\alpha}$ ist Du auch die klassische Ableitung von u, daher $u \in C^{1,\alpha}(\overline{\Omega})$. Der Fall $m = 2$ reicht für einen Induktionsschluß offenbar aus.

$\square$

6.9 Dualräume von $H^{m,p}(\Omega)$ und die Räume $H^{-m,q}(\Omega)$

Ist X ein Banach-Raum und X^N der Raum der Vektoren $(x_1, \ldots, x_N)$ mit $x_k \in X$, so gilt $(X^N)' = (X')^N$ (siehe Aufgabe 2.13). Ist X reflexiv, so ist auch X^N reflexiv.

Sei N die Zahl der Multiindizes $0 \le |\alpha| \le m$. Wir betten $H^{m,p}(\Omega)$ in den Raum $L^p(\Omega)^N$ ein mit

$$P : H^{m,p}(\Omega) \to L^p(\Omega)^N, \quad u \mapsto (D^\alpha u)_{|\alpha| \le m}. \tag{6.14}$$

Es gilt $\|u\|_{m,p} = \|Pu\|_p$ und wegen der Vollständigkeit von $H^{m,p}(\Omega)$ ist das Bild von P ein abgeschlossener Unterraum von $L^p(\Omega)^N$. Da abgeschlossene

Unterräume reflexiver Räume ebenfalls reflexiv sind (siehe Satz 3.31), haben wir gezeigt:

Satz 6.27. *Für* $1 < p < \infty$ *und* $m \in \mathbb{N}_0$ *ist* $H^{m,p}(\Omega)$ *reflexiv.*

Mit Hilfe von (6.14) können auch die Dualräume von $H^{m,p}(\Omega)$ bestimmt werden.

Satz 6.28. *Sei* $1 \leq p < \infty$ *und* q *der zugehörige konjugierte Exponent. Zu jedem* $L \in H^{m,p}(\Omega)'$ *gibt es* $u_\alpha \in L^q(\Omega)$, $0 \leq |\alpha| \leq m$, *mit*

$$L(v) = \sum_{|\alpha| \leq m} \int_\Omega u_\alpha D^\alpha v \, dx. \tag{6.15}$$

Beweis. Die Räume $H^{m,p}(\Omega)$ und $\mathcal{R}P \subset L^p(\Omega)^N$ sind isometrisch isomorph. Das stetige lineare Funktional L auf dem abgeschlossenen Unterraum $\mathcal{R}P$ kann mit dem Satz von Hahn-Banach fortgesetzt werden zu einem Funktional $\tilde{L} \in (L^p(\Omega)')^N$, das nach Satz 4.30 die Darstellung

$$\tilde{L}(v) = \sum_{|\alpha| \leq m} \int_\Omega u_\alpha v_\alpha \, dx, \quad u \in L^q(\Omega)^N$$

besitzt. Auf $\mathcal{R}P$ hat L die im Satz angegebene Gestalt. $\qquad\square$

Für die Anwendungen ist der Dualraum von $H_0^{m,p}(\Omega)$, der mit $H^{-m,q}(\Omega)$, $1 < q \leq \infty$, bezeichnet wird, erheblich wichtiger. Die Darstellung (6.15) wird übernommen, es ist aber üblich geworden, in diesem Fall kurz $L = \sum (-1)^{|\alpha|} D^\alpha u_\alpha$ zu schreiben, was aber immer wie in (6.15) interpretiert werden muß.

Im Fall $p = 2$ kann mit Hilfe des Skalarprodukts eine andere Darstellung der Funktionale in $H^{-m,2}(\Omega)$ angegeben werden. Aufgrund der Poincaré-Ungleichung 6.13, die sukzessive auf $D^\alpha u$ angewendet wird, ist auch

$$(u, v)_{m,0} = \sum_{|\alpha|=m} \int_\Omega D^\alpha u \overline{D^\alpha v} \, dx$$

ein zu $(u, v)_m$ äquivalentes Skalarprodukt auf $H_0^{m,2}(\Omega)$. Der Rieszsche Darstellungssatz ergibt dann:

Satz 6.29. *Zu jedem* $L \in H^{-m,2}(\Omega)$ *gibt es genau ein* $u \in H_0^{m,2}(\Omega)$ *mit*

$$L(v) = \sum_{|\alpha|=m} \int_\Omega D^\alpha v \overline{D^\alpha u} \, dx.$$

Beispiel 6.30. Sei $n = 1$, $\Omega = (-1, 1)$, und δ_0 die *Dirac-Distribution* mit $\delta_0(v) = v(0)$. Der natürliche Definitionsbereich der Dirac-Distribution sind die stetigen Funktionen, mit der Einbettung aus Satz 6.24 gilt demnach

$\delta_0 \in H^{-1,2}(\Omega)$. Zur Darstellung der Dirac-Distribution muß ein $u \in H_0^{1,2}(\Omega)$ gefunden werden mit $(u', v') = v(0)$ für alle $v \in H_0^{1,2}(\Omega)$. Auf den Teilintervallen $(-1, 0)$ und $(0, 1)$ kann mit $v \in C_0^\infty$ getestet werden. Es gilt daher $u'' = 0$ und u ist linear auf diesen Teilintervallen. Daher $u(x) = (1 - |x|)/2$,

$$(u', v') = \frac{1}{2} \Big(\int_{-1}^{0} v' \, dx + \int_{0}^{1} -v' \, dx \Big) = v(0).$$

6.10 Die gebrochenen Sobolev-Räume $H^{s,p}(\Omega)$

In diesem Abschnitt definieren und untersuchen wir die Sobolev-Räume $H^{s,p}(\Omega)$ für reelle Indizes $s \geq 0$ auf allgemeinen, nicht notwendig beschränkten Gebieten $\Omega \subset \mathbb{R}^n$. Für nichtganzzahliges $s > 0$ schreiben wir $s = m + \sigma$ mit $m \in \mathbb{N}_0$ und $0 < \sigma < 1$.

Für $1 \leq p < \infty$ definieren wir

$$|u|_{\sigma,p;\Omega}^p = \int_\Omega \int_\Omega \frac{|u(x) - u(y)|^p}{|x - y|^{n+\sigma p}} \, dx \, dy,$$

$$\|u\|_{s,p;\Omega}^p = \|u\|_{m,p;\Omega}^p + \sum_{|\alpha|=m} |D^\alpha u|_{\sigma,p;\Omega}^p.$$

Die Ausdrücke $|\cdot|_{\sigma,p}$ sind nur Halbnormen, weil sie für konstante Funktionen verschwinden.

Definition 6.31. *Für nichtganzzahliges $s > 0$ und $1 \leq p < \infty$ besteht der Raum $H^{s,p}(\Omega)$ aus den Funktionen $u \in H^{m,p}(\Omega)$ mit endlicher Norm $\|u\|_{s,p;\Omega}$.*

Im Grenzfall $p = \infty$ erhalten wir die Hölder-Räume $C^{m,\sigma}(\overline{\Omega})$, es wird daher immer $p < \infty$ vorausgesetzt. Für die Integrierbarkeitseigenschaften von $|x|^\alpha$, $\alpha \in \mathbb{R}$, die bei der Definition dieser Räume eine große Rolle spielen, wird auf Abschnitt A.6 hingewiesen.

Erinnert sei an die Definition des inneren Produkts in $H^{m,2}(\Omega)$, nämlich $(u, v)_m = \sum_{|\alpha| \leq m} (D^\alpha u, D^\alpha v)$.

Satz 6.32. *$H^{s,p}(\Omega)$ ist Banach-Raum unter der Norm $\|\cdot\|_{s,p;\Omega}$. $H^{s,2}(\Omega)$ ist Hilbert Raum mit innerem Produkt*

$$(u, v)_s = (u, v)_m + \sum_{|\alpha|=m} (D^\alpha u, D^\alpha v)_\sigma,$$

$$(u, v)_\sigma = \int_\Omega \int_\Omega \frac{(u(x) - u(y)) \overline{(v(x) - v(y))}}{|x - y|^{n+2\sigma}} \, dx \, dy.$$

Beweis. Die Normaxiome sind für $\|\cdot\|_{s,p}$ erfüllt. Die Vollständigkeit brauchen wir nur für den Fall $m = 0$ zu untersuchen, weil jede Cauchy-Folge in $H^{s,p}$ auch eine Cauchy-Folge in $H^{m,p}$ ist.

Sei (u_k) eine Cauchy-Folge in $H^{s,p}(\Omega)$, $0 < s < 1$. Dann gibt es nach Anmerkung 4.26(i) eine Teilfolge (u_{k_m}) mit $u_{k_m} \to u$ punktweise fast überall. Damit gilt für

$$f(u_{k_m}, x, y) = \frac{|(u_{k_l}(x) - u_{k_m}(x)) - (u_{k_l}(y) - u_{k_m}(y))|^p}{|x - y|^{n+\sigma p}},$$

daß $f(u_{k_m}, x, y) \to f(u, x, y)$ f.ü. in $\Omega \times \Omega$ für $k_m \to \infty$. Wir können daher in $|u_{k_l} - u_{k_m}|_{\sigma,p} \le \varepsilon$ mit dem Fatouschen Lemma den Grenzübergang $k_m \to \infty$ durchführen und erhalten $u_{k_l} \to u$ in $H^{s,p}$. Da eine Cauchy-Folge konvergent ist, wenn eine Teilfolge konvergiert, ist die Vollständigkeit gezeigt. $\qquad\square$

Um ein Gefühl für diese etwas unhandlichen Räume zu bekommen, zeigen wir die Einbettung $H^{m+1,p}(\mathbb{R}^n) \to H^{s,p}(\mathbb{R}^n)$, wozu der Fall $m = 0$ ausreichend ist. Wir schreiben

$$|u|_{\sigma,p}^p = \int_{|x-y|<1} \frac{|u(x) - u(y)|^p}{|x - y|^{n+\sigma p}} d(x,y) + \int_{|x-y|\ge 1} \frac{|u(x) - u(y)|^p}{|x - y|^{n+\sigma p}} d(x,y)$$

$$= A + B. \tag{6.16}$$

Den Term A schätzen wir mit dem Mittelwertsatz und der Hölderschen Ungleichung ab

$$A \le \int_{|x-y|<1} \frac{\left|\int_0^1 Du(y + t(x-y))(x-y)\, dt\right|^p}{|x - y|^{n+\sigma p}} d(x,y)$$

$$\le \int_{|x-y|<1} \int_0^1 \frac{|Du(y + t(x-y))|^p |x-y|^p}{|x - y|^{n+\sigma p}} dt\, d(x,y).$$

Wir führen die Koordinatentransformation $x - y \to z$, $y \to y$ durch. Mit $\|Du(\cdot + tz)\|_p = \|Du\|_p$ erhalten wir ($\omega_{n-1} = \mu(\partial B_1)$)

$$A \le \|Du\|_p^p \int_{|z|<1} |z|^{-n+p(1-\sigma)}\, dz \le \|Du\|_p^p\, \omega_{n-1} \int_0^1 r^{-1+p(1-\sigma)}\, dr = c\|Du\|_p^p.$$

Für den zweiten Term folgt mit $|a - b|^p \le c(p)(|a|^p + |b|^p)$

$$B = \int \int_{|z|\ge 1} \frac{|u(y + z) - u(y)|^p}{|z|^{n+\sigma p}}\, dz\, dy$$

$$\le c\left(\int \int_{|z|\ge 1} \frac{|u(y + z)|^p}{|z|^{n+\sigma p}}\, dz\, dy + \int \int_{|z|\ge 1} \frac{|u(y)|^p}{|z|^{n+\sigma p}}\, dz\, dy \right)$$

$$\le c\|u\|_p^p \int_1^\infty r^{-1-\sigma p}\, dr \le c\|u\|_p^p.$$

Damit ist die behauptete Einbettung gezeigt. Die letzte Abschätzung läßt vermuten, daß die Sobolev-Normen keine wirkliche Skala bilden, sondern beim Übergang zu den ganzen Zahlen einen Sprung machen. Die Beantwortung dieser Frage wird im nächsten Beispiel mit der Untersuchung unstetiger Funktionen verknüpft.

Beispiel 6.33. Sei $n = 1$, $\Omega = (-b, b)$. Für $a < b$ ist die Funktion u_a definiert durch $u_a(x) = 1$ in $(-a, a)$ und $u_a(x) = 0$ in $\Omega \setminus (-a, a)$. Dann

$$|u_a|_{\sigma,2}^2 = \int_{-b}^{b} \int_{-b}^{b} \frac{|u_a(x) - u_a(y)|^2}{|x - y|^{1+2\sigma}} \, dy \, dx = 4 \int_{a}^{b} \int_{-a}^{a} (x - y)^{-1-2\sigma} \, dy \, dx. \quad (6.17)$$

(i) Hieraus folgt elementar weiter

$$|u_a|_{\sigma,2}^2 = \frac{4}{2\sigma(1 - 2\sigma)} \left((x - a)^{1-2\sigma} - (x + a)^{1-2\sigma} \right) \Big|_a^b. \quad (6.18)$$

Dies existiert für $\sigma < 1/2$, aber nicht für $\sigma \geq 1/2$. Es dürfte klar sein, daß es hier nur auf die Sprungstelle ankommt. Für eine stückweise glatte Funktion mit einer Sprungstelle gilt daher $u \in H^{1/2-\varepsilon,2}$ für alle $\varepsilon > 0$ und $u \notin H^{1/2,2}$.

(ii) Für $0 < \sigma < 1/2$ gilt in (6.18)

$$|u_a|_{\sigma,2;(-b,b)}^2 \rightarrow 0 \quad \text{für } b \rightarrow a, \qquad |u_a|_{\sigma,2;(-b,b)}^2 \rightarrow ca^{1-2\sigma} \quad \text{für } b \rightarrow \infty.$$

Angesichts von $\|u\|_2^2 = 2a$ ist damit gezeigt, daß die Fortsetzung durch Null Eu einer Funktion mit kompaktem Träger u kein stetiger Prozeß ist, die Abschätzung $\|Eu\|_{s,2;\mathbb{R}} \leq c\|u\|_{s,2;\Omega}$ hängt von Ω ab (siehe das folgende Lemma 6.34).

(iii) Nun untersuchen wir in (6.17) den Fall $b = \infty$ und $\sigma = 0$,

$$|u_a|_{\sigma=0,2}^2 = 4 \int_{a}^{\infty} \left(\ln(x + a) - \ln(x - a) \right) dx.$$

Die Taylorentwicklung $\ln(x \pm a) = \ln x \pm a/x + O(x^{-2})$ zeigt, daß dieses Integral unendlich ist. Die Norm $\|u\|_{s,2}$ geht für $s \rightarrow 0$ nicht stetig in die Norm $\|u\|_2$ über. Später werden die gebrochenen Sobolev-Räume für $p = 2$ durch die Fourier-Transformation charakterisiert. Dann verschwindet dieser Effekt, der demnach nur die Normen, aber nicht die Räume betrifft.

Das nächste Lemma greift Beispiel 6.33(ii) auf.

Lemma 6.34. $u \in H^{s,p}(\Omega)$ *besitze einen kompakten Träger in* Ω *mit* $d = \text{dist}\,(\text{supp}(u), \partial\Omega)$. *Dann ist die mit Null fortgesetzte Funktion* Eu *im Raum* $H^{s,p}(\mathbb{R}^n)$ *mit*

$$\|Eu\|_{s,p;\mathbb{R}^n}^p \leq c(1 + \sigma^{-1} d^{-\sigma p})\|u\|_{s,p;\Omega}^p.$$

Beweis. Da die Aussage für ganzzahliges s richtig ist, können wir uns auf den Fall $0 < s < 1$ beschränken. Dann

$$|Eu|^p_{\sigma,p;\mathbb{R}^n} = |u|^p_{\sigma,p;\Omega} + 2 \int_\Omega \int_{\mathbb{R}^n \setminus \Omega} \frac{|u(x)|^p}{|x-y|^{n+\sigma p}} \, dy \, dx.$$

Für das innere Integral gilt wegen $x \in \mathrm{supp}(u)$

$$\int_{\mathbb{R}^n \setminus \Omega} |x-y|^{-n-\sigma p} \, dy \le \int_{\mathbb{R}^n \setminus B_d(0)} |z|^{-n-\sigma p} \, dz = c_n \int_d^\infty r^{-1-\sigma p} \, dr = \frac{c_n}{\sigma p} d^{-\sigma p},$$

daher $|Eu|^p_{\sigma,p;\mathbb{R}^n} \le |u|^p_{\sigma,p;\Omega} + c(p)\sigma^{-1} d^{-\sigma p} \|u\|^p_{p;\Omega}.$ $\qquad\square$

Nun steuern wir die Dichteeigenschaften der gebrochenen Sobolev-Räume an. Eine Überprüfung der entsprechenden Sätze 5.16 und 6.7 zeigt, daß deren Beweise sich sofort übertragen, wenn die beiden folgenden Lemmata bereitgestellt werden.

Lemma 6.35. *Wenn $\tau \in C^{m+1}(\overline{\Omega})$ und $u \in H^{s,p}(\Omega)$, dann ist $\tau u \in H^{s,p}(\Omega)$ mit $\|u\tau\|_{s,p;\Omega} \le c\|u\|_{s,p;\Omega}$, wobei die Konstante c von τ, aber nicht von u abhängt.*

Beweis. Da die gleiche Eigenschaft für ganzzahlige Sobolev-Räume in Lemma 5.14 bewiesen wurde, braucht nur der Fall $0 < s < 1$ gezeigt zu werden. Es gilt

$$|u\tau|^p_{\sigma,p;\Omega} = \int_\Omega \int_\Omega \frac{|(u\tau)(x) - (u\tau)(y)|^p}{|x-y|^{n+\sigma p}} \, dx \, dy$$

$$\le c \int_\Omega \int_\Omega \frac{|u(x)|^p |\tau(x) - \tau(y)|^p}{|x-y|^{n+\sigma p}} \, dx \, dy + c \int_\Omega \int_\Omega \frac{|\tau(y)|^p |u(x) - u(y)|^p}{|x-y|^{n+\sigma p}} \, dx \, dy.$$

Wie in (6.16) zerlegen wir das erste Integral in die Bereiche $|x-y| < 1$ und $|x-y| \ge 1$ und wenden den Mittelwertsatz an,

$$|u\tau|^p_{\sigma,p;\Omega} \le c\|D\tau\|^p_{\infty;\Omega} \int_{\{|x-y|<1\}\cap\Omega\times\Omega} \frac{|u(x)|^p |x-y|^p}{|x-y|^{n+\sigma p}} \, d(x,y)$$

$$+ c\|\tau\|^p_{\infty;\Omega} \int_{\{|x-y|\ge 1\}\cap\Omega\times\Omega} \frac{|u(x)|^p}{|x-y|^{n+\sigma p}} \, d(x,y) + c\|\tau\|^p_{\infty;\Omega} |u|^p_{\sigma,p;\Omega}$$

$$\le c\|D\tau\|^p_{\infty;\Omega} \|u\|^p_{p;\Omega} + c\|\tau\|^p_{\infty;\Omega} \|u\|^p_{p;\Omega} + c\|\tau\|^p_{\infty;\Omega} |u|^p_{\sigma,p;\Omega}.$$

$$\qquad\square$$

Lemma 6.36. (a) *Sei $u \in H^{s,p}(\Omega)$ und $\Omega_0 \subset\subset \Omega$. Dann gilt $J_\varepsilon * u \to u$ in $H^{s,p}(\Omega_0)$.*

(b) *Besitzt $u \in H^{s,p}(\Omega)$ einen kompakten Träger in Ω, so gilt $J_\varepsilon * u \to u$ in $H^{s,p}(\Omega)$.*

Beweis. (a) Da für ganzzahliges s die Behauptung in Lemma 5.15 bewiesen wurde, genügt auch hier der Fall $0 < s < 1$. Für eine Funktion w folgt aus der Hölderschen Ungleichung

$$\left| \int J_\varepsilon(z) w(x,y,z)\,dz \right|^p = \int J_\varepsilon^{1-1/p}(z) J_\varepsilon^{1/p}(z) |w(x,y,z)|\,dz$$

$$\leq \left(\int J_\varepsilon(z)\,dz \right)^{p/q} \int J_\varepsilon(z) |w(x,y,z)|^p\,dz,$$

mit $\int J_\varepsilon\,dx = 1$ daher,

$$\left| \int J_\varepsilon(z) w(x,y,z)\,dz \right|^p \leq \int J_\varepsilon(z) |w(x,y,z)|^p\,dz.$$

Für

$$w(x,y,z) = (u(x-z) - u(y-z)) - (u(x) - u(y))$$

erhalten wir aus dieser Abschätzung

$$|J_\varepsilon * u - u|_{\sigma,p;\Omega_0}^p = \int_{\Omega_0} \int_{\Omega_0} \frac{\left| \int_{|z|<\varepsilon} J_\varepsilon(z) w(x,y,z)\,dz \right|^p}{|x-y|^{n+\sigma p}}\,dx\,dy$$

$$\leq \int_{|z|<\varepsilon} \int_{\Omega_0} \int_{\Omega_0} \frac{J_\varepsilon(z) \left| (u(x-z) - u(y-z)) - (u(x) - u(y)) \right|^p}{|x-y|^{n+\sigma p}}\,dx\,dy\,dz$$

$$\leq c \sup_{|z|<\varepsilon} \int_{\Omega_0} \int_{\Omega_0} \frac{\left| (u(x-z) - u(y-z)) - (u(x) - u(y)) \right|^p}{|x-y|^{n+\sigma p}}\,dx\,dy.$$

Der Integrand geht aus der Translation der Funktion $|x-y|^{-n/p-\sigma}(u(x) - u(y)) \in L^p(\Omega \times \Omega)$ hervor. Da die Translation nach Satz 4.21 stetig ist, konvergiert das Integral gegen Null.

(b) Kombiniere (a) mit Lemma 6.34. $\square$

Satz 6.37. *Sei $s \geq 0$ und $1 \leq p < \infty$.*

(a) *$C^\infty(\Omega) \cap H^s(\Omega)$ ist dicht in $H^s(\Omega)$.*

(b) *Ist Ω ein beschränktes Lipschitzgebiet, so ist die Einschränkung der Funktionen in $C_0^\infty(\mathbb{R}^n)$ auf Ω dicht in $H^{s,p}(\Omega)$.*

Beweis. (a) ist die Verallgemeinerung von Satz 5.16. Dessen Beweis überträgt sich unmittelbar mit Hilfe der Lemmata 6.35 und 6.36.

(b) ist die Verallgemeinerung von Satz 6.7. In diesem Fall wird zusätzlich die Stetigkeit der Translation, $|u(\cdot - z) - u(\cdot)|_{\sigma,p} \to 0$ benötigt, was im Beweis des letzten Lemmas ebenfalls gezeigt wurde. $\square$

Nun verallgemeinern wir den Fortsetzungssatz aus Abschnitt 6.4 auf den gebrochenen Fall:

Satz 6.38. *Ω sei ein beschränktes Gebiet von der Klasse $C^{m-1,1}$ und Ω_1 sei ein Gebiet mit $\Omega \subset\subset \Omega_1$. Dann ist der Fortsetzungsoperator $E = E(m)$ aus Satz 6.10 auch stetig zwischen den Räumen $H^{s,p}(\Omega)$ und $H_0^{s,p}(\Omega_1)$ für alle $0 \le s \le m$, $1 \le p < \infty$, insbesondere gibt es eine Konstante c mit $\|Eu\|_{s,p;\Omega_1} \le c\|u\|_{s,p;\Omega}$.*

Beweis. Wegen Satz 6.10 können wir auch hier $0 < s < 1$ annehmen und haben zu zeigen, daß sich der gebrochene Anteil der $H^{s,p}$-Norm korrekt abschätzen läßt.

Wir betrachten zunächst den Halbraum $\mathbb{R}_+^n = \{x \in \mathbb{R}^n : x_n > 0\}$, $x = (x', x_n)$. Der Fortsetzungsoperator aus Satz 6.10 ist dann von der Struktur $Eu(x) = \sum_j \lambda_j u(x', -jx_n)$ für $x_n < 0$. Zu zeigen ist daher, daß für $u \in H^{s,p}(\Omega)$ die Funktion

$$E_j u(x) = \begin{cases} u(x) & \text{für } x_n > 0 \\ u(x', -jx_n) & \text{für } x_n \le 0 \end{cases}$$

im Raum $H^{s,p}(\mathbb{R}^n)$ ist mit $\|E_j u\|_{s,p;\mathbb{R}^n} \le c\|u\|_{s,p;\mathbb{R}_+^n}$. Es gilt

$$|E_j u|_{\sigma,p;\mathbb{R}^n}^p = |u|_{\sigma,p;\mathbb{R}_+^n}^p + \int_{x_n<0} \int_{y_n<0} \frac{|u(x', -jx_n) - u(y', -jy_n)|^p}{|(x', x_n) - (y', y_n)|^{n+\sigma p}}\, dx\, dy$$

$$+ 2\int_{x_n>0} \int_{y_n<0} \frac{|u(x', x_n) - u(y', -jy_n)|^p}{|(x', x_n) - (y', y_n)|^{n+\sigma p}}\, dx\, dy.$$

Wir verwenden die Transformation $y_n^* = -jy_n$, für den mittleren Term zusätzlich $x_n^* = -jx_n$. Die Nenner lassen sich dann leicht abschätzen, für den letzten Term haben wir zum Beispiel ($x_n, y_n^* > 0$!)

$$|(x', x_n) - (y', -j^{-1}y_n^*)|^2 = |x' - y'|^2 + |x_n + j^{-1}y_n^*|^2 \ge j^{-2}\big(|x' - y'|^2 + |x_n - y_n^*|^2\big).$$

Daher

$$|E_j u|_{\sigma,p;\mathbb{R}^n}^p \le \big(1 + j^{n+\sigma p} \cdot j^{-2} + 2j^{n+\sigma p} \cdot j^{-1}\big)|u|_{\sigma,p;\Omega}^p.$$

Zur Vervollständigung des Beweises müssen wir die Operatoren T und T' aus Lemma 6.6 in gebrochenen Sobolev-Räumen untersuchen. Für eine stetige Funktion $h : \mathbb{R}^{n-1} \to \mathbb{R}$ sei wieder

$$\Omega = \{x \in \mathbb{R}^n : x_n > h(x')\}.$$

Lemma 6.39. *Sei $h \in C^{m-1,1}(\mathbb{R}^{n-1})$. Dann sind für alle $0 \le s \le m$ und $1 \le p < \infty$ die Operatoren $T : H^{s,p}(\Omega) \to H^{s,p}(\mathbb{R}_+^n)$ sowie $T' : H^{s,p}(\mathbb{R}^n) \to H^{s,p}(\mathbb{R}^n)$ bijektiv und bistetig zwischen den angegebenen Räumen.*

Beweis. Wir untersuchen nur den Operator T und den Fall $0 < s < 1$. In

$$|Tu|_{\sigma,p;\mathbb{R}_+^n}^p = \int_{\mathbb{R}_+^n} \int_{\mathbb{R}_+^n} \frac{|u(x', x_n + h(x')) - u(y', y_n + h(y'))|^p}{|x - y|^{n+\sigma p}}\, dx\, dy$$

substituieren wir

$$r_n = x_n + h(x'), \quad s_n = y_n + h(y').$$

Da dies eine Lipschitztransformation definiert, folgt

$$|(x', r_n) - (y', s_n)| \leq L|x - y|,$$

daher $|Tu|^p_{\sigma,p;\mathbb{R}^n_+} \leq L^{n+\sigma p} |u|^p_{\sigma,p;\Omega}.$ $\qquad\qquad\qquad\qquad\square$

Die weitere Konstruktion des Fortsetzungsoperators erfolgt wie im Beweis von Satz 6.10. $\qquad\qquad\qquad\qquad\square$

6.11 Ein exakter Spur- und Fortsetzungssatz für $H^{1,p}$-Funktionen

Wir hatten in Abschnitt 6.6 bewiesen, daß jede Funktion u in $H^{1,p}(\Omega)$ eine Spur $Su \in L^{p'}(\partial\Omega)$ besitzt, wobei Su die eindeutige Fortsetzung des klassischen Spuroperators $\tilde{S}u = u|_{\partial\Omega}$ ist. Von diesem Resultat gibt es aber keine Umkehrung: Wir können eine beliebige Funktion in $L^{p'}(\partial\Omega)$ nicht zu einer Funktion in $H^{1,p}(\Omega)$ fortsetzen, weil dazu auch etwas Glattheit erforderlich ist. Umgekehrt läßt sich jede Funktion in $H^{1,p}(\partial\Omega)$ trivialerweise zu einer Funktion in $H^{1,p}(\Omega)$ fortsetzen, aber dann scheitert es am Spuroperator. In diese Lücke treten die gebrochenen Sobolev-Räume, für die es bei richtig gewählten Exponenten beides gibt, einen Spur- und einen Fortsetzungsoperator.

Definition 6.40. *Sei $s = \sigma$ mit $0 < \sigma < 1$ und sei $1 \leq p < \infty$. Sei $\Omega \subset \mathbb{R}^n$ ein beschränktes Lipschitzgebiet mit zugehöriger Lokalisierung (U_j, ϕ_j), $j = 1, \ldots J$ (siehe Definition 6.1). $u : \partial\Omega \to \mathbb{K}$ liegt im Raum $H^{s,p}(\partial\Omega)$, wenn folgendes gilt. Nach Drehung und Verschiebung gestattet es die Definition 6.1 eines Lipschitzgebiets, den Rand lokal in der Form $\{(y', h_j(y'))\}$ darzustellen. Es wird verlangt, daß die Funktionen $u_j(y') = (\phi_j u)(y', h_j(y'))$ im Raum $H^{s,p}(U'_j)$ liegen, wobei $U'_j \subset \mathbb{R}^{n-1}$ der Definitionsbereich des Parameters y' ist. $H^{s,p}(\partial\Omega)$ wird normiert durch*

$$|u|^2_{\sigma,p;\partial\Omega} = \sum_{j=1}^{J} \int_{\partial\Omega} \int_{\partial\Omega} \frac{|u_j(x) - u_j(y)|^p}{|x - y|^{n-1+p\sigma}} \, d\sigma_x \, d\sigma_y,$$

$$\|u\|^2_{s,p;\partial\Omega} = \|u\|^p_{p;\partial\Omega} + |u|^p_{\sigma,p;\partial\Omega}.$$

Nach Beispiel 6.33(ii) hängt die Halbnorm $|u|_{\sigma,p;\partial\Omega}$ auch von der Wahl der U'_j ab, die in gewissen Grenzen beliebig ist. Daher sind die Normen zu zwei verschiedenen Lokalisierungen äquivalent, sie müssen aber nicht übereinstimmen.

Der Spezialfall $p = 2$ des folgenden Satzes wird auch in Satz 9.39 behandelt und dort auf einfache Weise mittels Fourier-Transformation bewiesen.

Satz 6.41 (Spur- und Fortsetzungssatz für $H^{1,p}$-Funktionen). *Sei Ω ein beschränktes Lipschitzgebiet und sei $1 < p < \infty$.*

(a) *Der Spuroperator S aus Satz 6.15 ist auch stetig zwischen den Räumen $H^{1,p}(\Omega)$ und $H^{1-1/p,p}(\partial\Omega)$.*

(b) *Es existiert ein stetiger Fortsetzungsoperator $F : H^{1-1/p,p}(\partial\Omega) \to H^{1,p}(\Omega)$ mit $SF = Id$.*

In beiden Beweisteilen beginnen wir mit dem Halbraum $\mathbb{R}^n_+ = \mathbb{R}^{n-1} \times \mathbb{R}_+$ und schreiben wieder $x = (x', x_n)$ sowie $D_{x'} = (D_1, \ldots, D_{n-1})$.

(a) Für diesen Beweisteil folge ich [DiB02]. Zu $x', y' \in \mathbb{R}^{n-1}$ setze

$$2\xi' = x' - y', \quad z = \left(\frac{1}{2}(x' + y'), |\xi'|\right).$$

Für $u \in C^\infty(\overline{\mathbb{R}^n_+})$ erhalten wir aus dem Mittelwertsatz

$$|u(x', 0) - u(y', 0)| \leq |u(z) - u(x', 0)| + |u(z) - u(y', 0)|$$

$$= \left| \int_0^1 Du(x' - t\xi', t|\xi'|) \cdot (-\xi', |\xi'|)\, dt \right| + \left| \int_0^1 Du(y' + t\xi', t|\xi'|) \cdot (\xi', |\xi'|)\, dt \right|$$

$$\leq \sqrt{2}|\xi'| \int_0^1 \left| Du(x' - t\xi', t|\xi'|) \right| dt + \sqrt{2}|\xi'| \int_0^1 \left| Du(y' + t\xi', t|\xi'|) \right| dt.$$

Hieraus folgt

$$\frac{|u(x', 0) - u(y', 0)|^p}{|x' - y'|^{n+p-2}} \leq c \left(\int_0^1 \frac{|Du(x' - t\xi', t|\xi'|)|}{|x' - y'|^{(n-2)/p}}\, dt \right)^p$$

$$+ c \left(\int_0^1 \frac{|Du(y' + t\xi', t|\xi'|)|}{|x' - y'|^{(n-2)/p}}\, dt \right)^p$$

Dies wird bezüglich x' und y' integriert und anschließend mit der kontinuierlichen Minkowski-Ungleichung Lemma 4.34 abgeschätzt zu

$$|u(\cdot, 0)|_{1-1/p,p;\mathbb{R}^{n-1}} \leq c \int_0^1 \left(\int_{\mathbb{R}^{n-1}} \int_{\mathbb{R}^{n-1}} \frac{|Du(x' - t\xi', t|\xi'|)|^p}{|x' - y'|^{n-2}}\, dx'\, dy' \right)^{1/p} dt.$$

Zur Abschätzung der rechten Seite verwenden wir Polarkoordinaten für y' mit Ursprung x', also $y' = x' + r\omega$ mit $\omega \in S^{n-2}$. Unter Beachtung von $2|\xi'| = |x' - y'| = r$ folgt dann

$$\int_{\mathbb{R}^{n-1}} \int_{\mathbb{R}^{n-1}} \frac{\left|Du(x'-t\xi',t|\xi'|)\right|^p}{|x'-y'|^{n-2}}\, dx'\, dy'$$

$$= \int_{S^{n-2}} \int_0^\infty \int_{\mathbb{R}^{n-1}} |Du(x'+t\omega r/2, tr/2)|^p\, dx'\, dr\, d\omega$$

$$= \int_{S^{n-2}} \int_0^\infty \int_{\mathbb{R}^{n-1}} |Du(x', tr/2)|^p\, dx'\, dr\, d\omega$$

$$= \frac{2\mu(S^{n-2})}{t} \int_{\mathbb{R}^n_+} |Du|^p\, dx.$$

Damit erhalten wir

$$|u(\cdot,0)|_{1-1/p,p;\mathbb{R}^{n-1}} \le c \int_0^1 t^{-1/p}\, dt\, \|Du\|_{p;\mathbb{R}^n_+} \le c\|Du\|_{p;\mathbb{R}^n_+}. \tag{6.19}$$

Auf analoge Weise kann man auch die L^p-Norm von $u(\cdot,0)$ abschätzen. Da wir letztlich nur die lokale Situation am Rande betrachten, können wir darauf verzichten und stattdessen auf den bereits bewiesenen Spursatz 6.15 verweisen.

Sei Ω ein Lipschitzgebiet mit zugehöriger $C^{0,1}$-Lokalisierung (U_j, ϕ_j), $j = 1, \ldots, J$, und Lipschitzfunktionen h_j. Sei $u \in H^{1,p}(\Omega)$ und $u_j = \phi_j u$. Das Koordinatensystem sei so gedreht und verschoben, daß in $x_n = y_n + h_j(y')$ die Punkte mit $y_n = 0$ den Randpunkten in U_j entsprechen. Nach Lemma 6.6 ist mit $u_j \in H^{1,p}(\Omega)$ die Funktion $T_j u_j(y', y_n) = u_j(y', y_n + h_j(y'))$ in $H^{1,p}(\mathbb{R}^n)$ und genügt daher der Abschätzung (6.19). Mit der Definition der gebrochenen Sobolev-Norm, Abschätzung (6.19) und Lemma 6.6 erhalten wir

$$\|u_j\|_{1-1/p,p;\partial\Omega} \le c\|T_j u_j(\cdot,0)\|_{1-1/p.p;\mathbb{R}^{n-1}} \le c\|T_j u_j\|_{1,p;\mathbb{R}^n} \le c\|u_j\|_{1,p;\Omega}.$$

(b) Sei $J \in C_0^\infty(B_1(0))$ ein Mollifier in der Variabeln $x' \in \mathbb{R}^{n-1}$. Wir definieren den Fortsetzungsoperator $F : C^\infty(\mathbb{R}^{n-1}) \to C^\infty(\mathbb{R}^n_+)$ durch verallgemeinerte Mittelwertbildung

$$Fu(x',x_n) = J_{x_n} * u(x') = x_n^{-n+1} \int_{\mathbb{R}^{n-1}} u(z') J(x_n^{-1}(x'-z'))\, dz'.$$

Mit $D'J(x') = (D_1 J(x'), \ldots, D_{n-1} J(x'))$ gilt

$$D_n Fu(x',x_n) = (-n+1) x_n^{-n} \int u(z') J(x_n^{-1}(x'-z'))\, dz' \tag{6.20}$$

$$- x_n^{-n-1} \int u(z') D'J(x_n^{-1}(x'-z')) \cdot (x'-z')\, dz'.$$

Mit partieller Integration folgt

$$\int D'J(x_n^{-1}(x'-z'))\cdot(x'-z')\,dz'$$

$$= -x_n \int \sum_{i=1}^{n-1} D_{z_i'} J(x_n^{-1}(x'-z'))(x'-z')_i\,dz'$$

$$= -(n-1)x_n \int J(x_n^{-1}(x'-z'))\,dz',$$

daher in (6.20)

$$D_n Fu(x',x_n) = (-n+1)x_n^{-n}\int_{|x'-z'|<x_n} \big(u(z')-u(x')\big)J(x_n^{-1}(x'-z'))\,dz'$$

$$-x_n^{-n-1}\int_{|x'-z'|<x_n}\big(u(z')-u(x')\big)D'J(x_n^{-1}(x'-z'))\cdot(x'-z')\,dz'.$$

Da J und $D'J$ beschränkt sind, folgt

$$|D_n Fu(x',x_n)| \le cx^{-n}\int_{|x'-z'|<x_n}|u(z')-u(x')|\,dz'.$$

Für die übrigen Ableitungen von Fu erhalten wir

$$D_{x'}Fu(x',x_n) = x_n^{-n}\int u(z')D'J(x_n^{-1}(x'-z'))\,dz'$$

$$= x_n^{-n}\int \big(u(z')-u(x')\big)D'J(x_n^{-1}(x'-z'))\,dz'$$

wegen

$$0 = \int D_{z_i}J(x_n^{-1}(x'-z'))\,dz' = -x_n^{-1}\int D_i J(x_n^{-1}(x'-z'))\,dz',$$

womit die Abschätzung

$$|DFu(x)| \le cx_n^{-n}\int_{|x'-z'|<x_n}|u(z')-u(x')|\,dz'$$

gezeigt ist. Wir bilden die p-te Potenz, integrieren bezüglich x und wenden die Höldersche Ungleichung an,

$$\|DFu\|_p^p \le c\int x_n^{-np}\Big(\underbrace{\int_{|x'-z'|<x_n} 1\,dz'}_{\le cx_n^{n-1}}\Big)^{p-1}\cdot\int_{|x'-z'|<x_n}|u(z')-u(x')|^p\,dz'\,dx$$

$$\le c\int\int\int_{|x'-z'|<x_n} x_n^{-n-p+1}|u(z')-u(x')|^p\,dz'\,dx'\,dx_n$$

Wir schreiben das Integral bezüglich z' in Polarkoordinaten mit Ursprung x', also $z' = x' + r\omega$, $\omega \in S^{n-2}$,

$$\|DFu\|_p^p \leq c \int \int \int_0^{x_n} \int_{S^{n-2}} x_n^{-n-p+1} |u(x' + r\omega) - u(x')|^p r^{n-2} \, d\omega \, dr \, dx' \, dx_n.$$

Mit der Transformation $t = x_n^{-1} r$, $dr = x_n dt$ bringen wir das Integral bezüglich r auf ein festes Intervall und wenden anschließend den Mittelwertsatz der Integralrechnung an

$$\|DFu\|_p^p$$

$$\leq c \int \int \int_0^1 \int_{S^{n-2}} x_n^{-n-p+1} |u(x' + tx_n\omega) - u(x')|^p (tx_n)^{n-2} x_n \, d\omega \, dt \, dx' \, dx_n$$

$$= c \int \int \int_{S^{n-2}} x_n^{-n-p+2} |u(x' + t_0 x_n\omega) - u(x')|^p (t_0 x_n)^{n-2} \, d\omega \, dx' \, dx_n.$$

mit $t_0 \in [0, 1]$. Für $t_0 = 0$ verschwindet die rechte Seite. Sei also $t_0 \in (0, 1]$. Mit der Transformation $r = t_0 x_n$, $dx_n = t_0^{-1} dr$, erhalten wir

$$\|DFu\|_p^p \leq c t_0^{n+p-3} \int \int_0^\infty \int_{S^{n-2}} r^{-n-p+2} |u(x' + r\omega) - u(x')|^p r^{n-2} \, d\omega \, dr \, dx'$$

$$\leq c \int_{\mathbb{R}^{n-1}} \int_{\mathbb{R}^{n-1}} |y'|^{-n-p+2} |u(x' + y') - u(x'))|^p \, dy' \, dx'$$

$$= c |u|_{1-1/p,p;\mathbb{R}^{n-1}}^p. \tag{6.21}$$

Zur Abschätzung der L^p-Norm von Fu verwenden wir Lemma 4.1(c),

$$\|Fu(\cdot, x_n)\|_{p;\mathbb{R}^{n-1}}^p = \|J_{x_n} * u\|_{p;\mathbb{R}^{n-1}}^p \leq \|u\|_{p;\mathbb{R}^{n-1}}^p.$$

Dies wird bezüglich x_n über dem Intervall $(0, a)$ integriert. Zusammen mit (6.21) erhalten wir

$$\|Fu\|_{1,p;\mathbb{R}^{n-1} \times (0,a)}^p \leq (c + a) \|u\|_{1-1/p,p;\mathbb{R}^{n-1}}^p, \quad a > 0. \tag{6.22}$$

Sei Ω ein beschränktes Lipschitzgebiet mit Lokalisierung wie beim Beweisteil (a) und sei $u \in H^{1-1/p,p}(\partial\Omega)$. Wir wenden den Fortsetzungsoperator auf die lokale Randfunktion

$$u_j(y') = (\phi_j u)(y', h_j(y'))$$

an, die wir durch Null auf den $\mathbb{R}^{n-1}$ fortsetzen. Die Funktion $Fu_j(y', y_n)$ wird durch $\psi_j \in C_0^\infty(\mathbb{R}^n)$ so abgeschnitten, daß $\psi = 1$ auf dem Träger von u_j und andererseits nach Rücktransformation auf Ω der Träger von $\psi_j Fu_j$ in der Umgebung U_j aus der Definition des Lipschitzgebiets zu liegen kommt. Die

Rücktransformation geschieht mit dem in Lemma 6.6 betrachteten Operator $T_j^{-1}v(x) = v(x', x_n - h_j(x'))$. Bezeichnen wir die Drehung und Verschiebung, die die lokale Situation am Rande herstellt, mit τ_j, so hat der Fortsetzungsoperator auf Ω die Gestalt

$$F_\Omega u = \sum_{j=1}^{J} \tau_j \circ T_j^{-1}(\psi_j F u_j).$$

Nach Konstruktion ist $F_\Omega u = u$ auf $\partial\Omega$. Untersuchen wir die Stetigkeit von F_Ω. Wegen Lemma 6.6 ist T_j^{-1} stetig in $H^{1,p}$. Nach der Produktregel für glatte Funktion in Lemma 5.14 gilt $\|\psi_j F u_j\|_{1,p;\mathbb{R}^{n-1}\times(0,a_j)} \leq c\|F u_j\|_{1,p;\mathbb{R}^{n-1}\times(0,a_j)}$. (6.22) liefert $\|F u_j\|_{1,p;\mathbb{R}^{n-1}\times(0,a_j)} \leq c\|u_j\|_{1-1/p,p;\mathbb{R}^{n-1}}$. Damit folgt $\|F_\Omega u\|_{1,p;\Omega} \leq c\|u\|_{1-1/p,p;\partial\Omega}$ aus der Dreicksungleichung.

6.12 Reelle Interpolation von Banach-Räumen

Seien X_0, X_1 Banach-Räume mit Normen $\|\cdot\|_0, \|\cdot\|_1$. Es wird angenommen, daß beide Räume in einem hier nicht näher spezifizierten linearen Hausdorff-Raum eingebettet sind, insbesondere können die Elemente von X_0, X_1 addiert werden. Die Räume $X_0 + X_1$ und $X_0 \cap X_1$ werden normiert durch

$$\|u\|_{X_0+X_1} = \inf_{u=u_0+u_1} \left(\|u_0\|_0 + \|u_1\|_1\right), \quad \|u\|_{X_0\cap X_1} = \max\left\{\|u\|_0, \|u\|_1\right\}.$$

Lemma 6.42. *Die Räume $X_0 + X_1$ und $X_1 \cap X_2$ sind Banach-Räume unter den angegebenen Normen.*

Bewcis. Die positive Homogenität und die Dreiecksungleichung für $\|\cdot\|_{X_0+X_1}$ sind klar. Ist $\|u\|_{X_0+X_1} = 0$, so gibt es zu jedem $k \in \mathbb{N}$ $u_{0,k} \in X_0$ und $u_{1,k} \in X_1$ mit $u = u_{0,k} + u_{1,k}$ und

$$\|u_{0,k}\|_0 + \|u_{1,k}\|_1 \leq \frac{1}{k},$$

daher $u = 0$.

Für die Vollständigkeit zeigen wir, daß jede absolut summierbare Reihe in $X_0 + X_1$ konvergent ist (siehe Aufgabe 2.1). Sei also $u_k \in X_0 + X_1$ mit $\sum_k \|u_k\|_{X_0+X_1} < \infty$ Dann gibt es $u_{0,k} \in X_0$ und $u_{1,k} \in X_1$ mit $u_k = u_{0,k} + u_{1,k}$ und $\|u_{0,k}\|_0 + \|u_{1,k}\|_1 \leq 2\|u_k\|_{X_0+X_1}$. Damit sind auch die Reihen $\sum_k u_{0,k}$ und $\sum_k u_{1,k}$ absolut summierbar und besitzen aufgrund der Vollständigkeit von X_0 und X_1 einen Grenzwert, $u_0 = \sum_k u_{0,k}, u_1 = \sum_k u_{1,k}$. Mit $u = u_0 + u_1$ folgt aus der Dreiecksungleichung

$$\left\|u - \sum_{i=1}^{k} u_i\right\|_{X_0+X_1} \leq \left\|u_0 - \sum_{i=1}^{k} u_{0,i}\right\|_{X_0} + \left\|u_1 - \sum_{i=1}^{k} u_{1,i}\right\|_{X_0},$$

womit die Ausgangsreihe konvergent ist.

Die Normaxiome für $\|\cdot\|_{X_0\cap X_1}$ sind klar. Ist (x_k) eine Cauchy-Folge in $X_0 \cap X_1$, so ist sie auch eine Cauchy-Folge in X_0 und X_1, also $u_k \to u_0$ in X_0 und $u_k \to u_1$ in X_1. Da X_0 und X_1 in einen Hausdorff-Raum eingebettet werden können, liegt auch Konvergenz in diesem Hausdorff-Raum vor, daher $u_0 = u_1$ $\hfill\square$

Das K-*Funktional* ist für $t > 0$ auf $X_0 + X_1$ definiert durch

$$K(u,t) = K(u,t;X_0,X_1) = \inf_{u=u_0+u_1}\left(\|u_0\|_0 + t\|u_1\|_1\right).$$

Für festes t ist $K(u,t)$ zur Norm in X_0+X_1 äquivalent. Anschaulich vorstellen kann man sich das K-Funktional in der für uns wichtigen Situation, daß X_1 glattere Funktionen enthält als X_0. In diesem Fall ist u_1 eine Approximation von u, die umso glatter ausfällt, je größer t ist.

Aufgrund der Definition ist $K(u,t)$ monoton steigend in t und wegen $t^{-1}K(u,t;X_0,X_1) = K(u,t^{-1};X_1,X_0)$ ist $t^{-1}K(u,t)$ monoton fallend. Ferner ist $K(u,t)$ als Infimum affin linearer Funktionen konkav in t.

Definition 6.43. *Seien X_0, X_1 Banach-Räume, die in einem gemeinsamen linearen Hausdorff-Raum eingebettet sind. Sei $0 < \theta < 1$ und $1 \le p < \infty$ oder $0 \le \theta \le 1$ und $p = \infty$. Der* Interpolationsraum $(X_0,X_1)_{\theta,p}$ *besteht aus allen $u \in X_0 + X_1$, für die der Ausdruck*

$$\|u\|_{\theta,p} = \begin{cases} \left(\displaystyle\int_0^\infty t^{-\theta p-1}K(u,t)^p\,dt\right)^{1/p} & \text{für } 0 < \theta < 1,\ 1 \le p < \infty, \\[2ex] \displaystyle\sup_{t>0} t^{-\theta}K(u,t), & \text{für } 0 \le \theta \le 1,\ p = \infty, \end{cases}$$

endlich ist.

Satz 6.44. *Seien $0 < \theta < 1$ und $1 \le p \le \infty$. Dann ist $(X_0,X_1)_{\theta,p}$ Banach-Raum unter der Norm $\|u\|_{\theta,p}$ und es gilt für $p \le q$*

$$X_0 \cap X_1 \ \to\ (X_0,X_1)_{\theta,p} \ \to\ (X_0,X_1)_{\theta,q} \ \to\ X_0 + X_1.$$

Beweis. Da das K-Funktional eine Norm ist, ist auch $\|\cdot\|_{\theta,p}$ eine Norm. Die Vollständigkeit zeigen wir wieder mit dem Kriterium aus Aufgabe 2.1. Sei $\sum_k \|u_k\|_{\theta,p} < \infty$. Da das K-Funktional monoton steigend ist, ist die Reihe $t^{-\theta-1/p}\sum_k K(u_k,t)$ endlich für jedes $t > 0$. Wegen der Vollständigkeit von $X_0 + X_1$ ist $u = \sum_{k=1}^\infty u_k \in X_0 + X_1$ mit $K(u,t) \le \sum_{k=1}^\infty K(u_k,t)$. In dieser Abschätzung multiplizieren wir auf beiden Seiten mit $t^{-\theta-1/p}$ und nehmen die L^p-Norm,

$$\|u\|_{\theta,p} \le \sum_{k=1}^\infty \|u_k\|_{\theta,p},$$

womit die Vollständigkeit von $(X_0,X_1)_{\theta,p}$ gezeigt ist.

Wegen $K(u,t) \leq \min\{1,t\}\|u\|_{X_0 \cap X_1}$ für $u \in X_0 \cap X_1$ folgt

$$\|u\|_{\theta,p} \leq \left(\int_0^1 t^{-1-\theta p+p}\,dt + \int_1^\infty t^{-1-\theta p}\,dt\right)^{1/p}\|u\|_{X_0 \cap X_1} = c(\theta,p)\|u\|_{X_0 \cap X_1}$$

Andererseits gilt für $u \in X_0 + X_1$, daß $\min\{1,t\}\|u\|_{X_0+X_1} \leq K(u,t)$ und daher $\|u\|_{X_0+X_1} \leq c(\theta,p)^{-1}\|u\|_{\theta,p}$.

Für $1 \leq p \leq q \leq \infty$ zeigen wir $(X_0,X_1)_{\theta,p} \to (X_0,X_1)_{\theta,q}$. Wegen $K(u,t) \geq K(u,t_0)$ für alle $t \geq t_0$ gilt

$$\|u\|_{\theta,p}^p \geq K(u,t_0)^p \int_{t_0}^\infty t^{-\theta p-1}\,dt = cK(u,t_0)^p t_0^{-\theta p},$$

daher

$$\|u\|_{\theta,\infty} = \sup_{t>0} t^{-\theta}K(u,t) \leq c\|u\|_{\theta,p}.$$

Mit dieser Abschätzung folgt dann unmittelbar

$$\|u\|_{\theta,q}^q = \int_0^\infty t^{-\theta q-1}K(u,t)^q\,dt \leq \|u\|_{\theta,\infty}^{q-p}\|u\|_{\theta,p}^p \leq c\|u\|_{\theta,p}^q.$$

$\square$

Für $\theta = 0$ und $u_0 \in X_0$ gilt $t^{-\theta}K(u,t) \leq \|u_0\|_0$. Der Raum $(X_0,X_1)_{0,\infty}$ ist daher nichttrivial mit $X_0 \to (X_0,X_1)_{0,\infty}$. Analog ist für $u_1 \in X_1$ und $\theta = 1$ $t^{-\theta}K(u_1,t) \leq \|u_1\|_{X_1}$ und damit $X_1 \to (X_0,X_1)_{1,\infty}$. Andererseits kann man sich leicht überlegen, daß $(X_0,X_1)_{\theta,p} = \{0\}$ für $\theta = 0,1$ und $1 \leq p < \infty$.

Hat man einen Banach-Raum als Interpolationsraum dargestellt, so lassen sich mit Hilfe des folgenden Satzes Einbettungen beweisen:

Satz 6.45. *Seien (X_0,X_1), (Y_0,Y_1) Paare von Banach-Räumen wie in Definition 6.43. Ist T linear von $X_0 + X_1$ nach $Y_0 + Y_1$ und bildet X_i nach Y_i stetig ab mit $\|Tu_0\|_{Y_0} \leq M_0\|u_0\|_{X_0}$ und $\|Tu_1\|_{Y_1} \leq M_1\|u_1\|_{X_1}$, so ist T auch stetig zwischen den Räumen $(X_0,X_1)_{\theta,p}$ und $(Y_0,Y_1)_{\theta,p}$ mit*

$$\|Tu\|_{(Y_0,Y_1)_{\theta,p}} \leq M_0^{1-\theta}M_1^\theta\|u\|_{(X_0,X_1)_{\theta,p}}$$

für $0 < \theta < 1$ und $1 < p \leq \infty$.

Beweis. Für $u_0 \in X_0$ und $u_1 \in X_1$ mit $u = u_0 + u_1$ gilt

$$K(Tu,t) \leq \|Tu_0\|_{Y_0} + t\|Tu_1\|_{Y_1} \leq M_0\|u_0\| + tM_1\|u_1\|_{X_1}$$

$$\leq M_0\left(\|u_0\|_{Y_0} + t\frac{M_1}{M_0}\|u_1\|_{X_1}\right).$$

Bilden wir das Infimum über alle Zerlegungen $u = u_0 + u_1$, so

$$K(Tu,t) \leq M_0 K\left(u,t\frac{M_1}{M_0}\right).$$

Mit $s = tM_1/M_0$ folgt $t^{-\theta}K(Tu,t) \le M_0^{1-\theta}M_1^{\theta}s^{-\theta}K(s,u)$ und wegen $\frac{dt}{t} = \frac{ds}{s}$

$$\|Tu\|_{(Y_0,Y_1)_{\theta,p}} \le M_0^{1-\theta}M_1^{\theta}\|s^{-\theta-1/p}K(u,s)\|_{L^p(\mathbb{R}_+)} = M_0^{1-\theta}M_1^{\theta}\|u\|_{(X_0,X_1)_{\theta,p}}$$

$$\square$$

Man kann auch die Norm in $X_0 \cap X_1$ zur Definition von Interpolationsräumen heranziehen, wobei sich für $0 < \theta < 1$ die gleichen Räume ergeben. Hierzu sei auf [AF03] und [Tar07] verwiesen.

6.13 Die Räume $H^{s,p}$ und $N^{s,p}$ als Interpolationsräume

Mit der im letzten Abschnitt vorgestellten Theorie können wir die gebrochenen Sobolev-Räume als Interpolation von ganzzahigen Räumen charakterisieren. Wir beginnen mit einem nützlichen

Lemma 6.46 (Hardysche Ungleichung). *Sei $1 \le p \le \infty$ und $\alpha < 1$. Ist $t^{\alpha-1/p}u \in L^p(\mathbb{R}_+)$, so gilt für $v(t) = \frac{1}{t}\int_0^t u(s)\,ds$, daß $t^{\alpha-1/p}v \in L^p(\mathbb{R}_+)$ und*

$$\|t^{\alpha-1/p}v\|_{p,\mathbb{R}_+} \le \frac{1}{1-\alpha}\|t^{\alpha-1/p}u\|_{p,\mathbb{R}_+}$$

Beweis. Für $p = \infty$ gilt $|u(t)| \le Kt^{-\alpha}$ und damit $|v(t)| \le K\int_0^t s^{-\alpha}\,ds/t \le Kt^{-\alpha}/(1-\alpha)$.

Sei nun $1 \le p < \infty$. $C_0^{\infty}(\mathbb{R}_+)$ ist dicht im Raum der Funktionen mit $t^{\alpha-1/p}u \in L^p(\mathbb{R}_+)$. Für $u \in C_0^{\infty}(\mathbb{R}_+)$ verschwindet v in Umgebung von 0 und ist c/t für große t. Ferner gilt die Differentialgleichung

$$tv'(t) + v(t) = u(t). \tag{6.23}$$

Wegen $t^{\alpha}v \to 0$ für $t \to \infty$ können wir auf folgende Art partiell integrieren

$$\int_0^{\infty} tv't^{\alpha p-1}|v|^{p-2}v\,dt = \frac{1}{p}\int_0^{\infty} t^{\alpha p}\frac{d}{dt}|v|^p\,dt = -\alpha\int_0^{\infty} t^{\alpha p-1}|v|^p\,dt.$$

Wir multiplizieren (6.23) mit $t^{\alpha p-1}|v|^{p-2}v$, integrieren und wenden die letzte Identität an,

$$(1-\alpha)\int_0^{\infty} t^{\alpha p-1}|v|^p\,dt = \int_0^{\infty} t^{\alpha(p-1)}t^{-(p-1)/p}|v|^{p-1}\cdot t^{\alpha}t^{-1/p}u\,dt$$

$$\le \|t^{\alpha-1/p}v\|_p^{p-1}\|t^{\alpha-1/p}u\|_p,$$

wobei zum Schluß die Höldersche Ungleichung verwendet wurde. $\square$

Satz 6.47. *Sei $\Omega \subset \mathbb{R}^n$ ein beschränktes Lipschitzgebiet. Dann gilt $(L^p(\Omega), H^{1,p}(\Omega))_{s,p} = H^{s,p}(\Omega)$ für $1 \le p \le \infty$ und $0 < s < 1$.*

Beweis. Wir beginnen mit $1 \leq p < \infty$ und zeigen die Abschätzungen $\|u\|_{s,p;\Omega} \leq c\|u\|_{(L^p(\Omega), H^{1,p}(\Omega))_{s,p}}$ sowie $\|u\|_{(L^p(\Omega), H^{1,p}(\Omega))_{s,p}} \leq c\|u\|_{s,p;\Omega}$. In beiden Beweisteilen verwenden wir den Fortsetzungsoperator E mit $E : H^{k,p}(\Omega) \to H^{k,p}(\mathbb{R}^n)$, $k = 0,1$, (Satz 6.10) und $E : H^{s,p}(\Omega) \to H^{s,p}(\mathbb{R}^n)$, $0 < s < 1$, (Satz 6.38). Eu besitzt kompakten Träger. Aus der Poincaré-Ungleichung bzw. der Definition der gebrochenen Sobolev-Norm folgt daher

$$\|Eu\|_{1,p} \leq c\|DEu\|_p, \quad \|Eu\|_{s,p} \leq c|Eu|_{s,p} \tag{6.24}$$

Sei $u \in (L^p(\Omega), H^{1,p}(\Omega))_{s,p}$ und $u = u_0 + u_1$ mit $u_0 \in L^p$ und $u_1 \in H^{1,p}$. u_0 und u_1 werden mit dem Fortsetzungsoperator E aus Satz 6.10 stetig nach $L^p(\mathbb{R}^n)$ beziehungsweise $H^{1,p}(\mathbb{R}^n)$ fortgesetzt. Aus dem Mittelwertsatz und der Hölderschen Ungleichung folgt

$$\|Eu - Eu(\cdot - y)\|^p = \int \left| \int_0^1 DEu(x - ty) \cdot y \, dt \right|^p dx$$

$$\leq \int_0^1 \int |DEu(x - ty)|^p |y|^p \, dx \, dt = |y|^p \|DEu\|_p^p$$

und daher

$$\|Eu - Eu(\cdot - y)\|_p \leq \|Eu_0 - Eu_0(\cdot - y)\|_p + \|Eu_1 - Eu_1(\cdot - y)\|_p$$

$$\leq 2\|Eu_0\|_p + |y| \, \|DEu_1\|_p \leq c_1(\|u_0\|_{p;\Omega} + |y| \, \|u_1\|_{1,p;\Omega}).$$

Nach Definition von $K(u,t)$ können u_0 und u_1 so gewählt werden, daß

$$\|Eu - Eu(\cdot - y)\|_p \leq 2c_1 K(u, |y|).$$

Mit dieser Abschätzung und Übergang zu Polarkoordinaten folgt dann

$$\|u\|_{s,p;\Omega}^p \leq c|Eu|_{s,p}^p = c \int \frac{\|Eu - Eu(\cdot - y)\|_p^p}{|y|^{sp+n}} \, dy$$

$$\leq c \int \frac{K(u, |y|)^p}{|y|^{sp+n}} \, dy = c\omega_{n-1} \int_0^\infty \frac{K(u,r)^p}{r^{sp+1}} \, dr = c\|u\|_{(L^p, H^{1,p})_{s,p}}^p,$$

wobei ω_{n-1} das Maß der Einheitssphäre S^{n-1} bezeichnet.

Sei nun umgekehrt $u \in H^{s,p}(\Omega)$ für $1 \leq p < \infty$. Mit Satz 6.38 wird u stetig fortgesetzt zu $Eu \in H^{s,p}(\mathbb{R}^n)$. Mit $F(z) = \|Eu - Eu(\cdot - z)\|_p$ für $z \in \mathbb{R}^n$ gilt

$$|Eu|_{s,p}^p = \int \int \frac{|Eu(x) - Eu(y)|^p}{|x - y|^{sp+n}} \, dx \, dy = \int \frac{F(z)^p}{|z|^{sp+n}} \, dz \tag{6.25}$$

Sei $\overline{F}(y)$ der Mittelwert von F über der Sphäre $|y| = r$, also

$$\overline{F}(y) = \frac{1}{r^{n-1}\omega_{n-1}} \int_{|y|=r} F(y) \, d\sigma.$$

Mit $Eu = (Eu - J_\varepsilon * Eu)) + J_\varepsilon * Eu = u_0 + u_1$ gilt $u_0 \in L^p$ und $u_1 \in H^{1,p}$. Mit der kontinuierlichen Minkowski-Ungleichung 4.34 folgt

$$\|Eu - J_\varepsilon * Eu\|_p \leq \int J_\varepsilon(y)\|Eu - Eu(\cdot - y\|_p \, dy = \int J_\varepsilon(y)F(y) \, dy$$

$$\leq \frac{c}{\varepsilon^n} \int_{|y|<\varepsilon} F(y) \, dy = \frac{c}{\varepsilon^n} \int_{|y|<\varepsilon} \overline{F}(y) \, dy \leq \frac{c\omega_{n-1}}{\varepsilon} \int_0^\varepsilon \overline{F}(r) \, dr.$$

Nun schätzen wir $\|J_\varepsilon Eu\|_{1,p}$ durch $\overline{F}$ ab. Wegen $\int DJ_\varepsilon(z) \, dz = 0$ gilt

$$DJ_\varepsilon v(x) = \int DJ_\varepsilon(x-z)v(z) \, dz = \int DJ_\varepsilon(x-z)(v(z) - v(x)) \, dz$$

$$= \int DJ_\varepsilon(y)(v(x-y) - v(x)) \, dy$$

und daher mit der kontinuierlichen Minkowski-Ungleichung (siehe auch (6.24))

$$\|J_\varepsilon * Eu\|_{1,p} \leq c\|DJ_\varepsilon * Eu\|_p \leq c \int |DJ_\varepsilon(y)| \, \|Eu - Eu(\cdot - y)\|_p \, dy$$

$$= \int |DJ_\varepsilon(y)| \, F(y) \, dy \leq \frac{c}{\varepsilon^{n+1}} \int_{|y|<\varepsilon} \overline{F}(y) \, dy \leq \frac{c\omega_{n-1}}{\varepsilon^2} \int_0^\varepsilon \overline{F}(r) \, dr.$$

Zusamengefaßt ergeben die Abschätzungen für $Eu - J_\varepsilon * Eu$ und $J_\varepsilon * Eu$

$$K(u,t) \leq c \inf_{\varepsilon>0} \left(\varepsilon^{-1} + t\varepsilon^{-2}\right) \int_0^\varepsilon \overline{F}(r) \, dr \leq ct^{-1} \int_0^t \overline{F}(r) \, dr$$

Mit $G(t) = t^{-1} \int_0^t \overline{F}(r) \, dr$ folgt aus der Hardyschen Ungleichung 6.46 für $\alpha = -s$

$$\|u\|_{(L^p, H^{1,p})_{s,p}}^p = \int_0^\infty t^{-sp-1} K(u,t)^p \, dt \leq c \int_0^\infty t^{-sp-1} G(t)^p \, dt$$

$$\leq c \int_0^\infty r^{-sp-1} \overline{F}(r)^p \, dr$$

Mit Polarkoordinaten, der Hölderschen Ungleichung und (6.25) folgt hieraus

$$\|u\|_{(L^p, H^{1,p})_{s,p}}^p \leq \frac{c}{\omega_{n-1}} \int |z|^{-sp-n} \overline{F}(z)^p \, dz$$

$$\leq c \int |z|^{-sp-n} F(z)^p \, dz = c|Eu|_{s,p;\mathbb{R}^n}^p \leq c\|u\|_{s,p;\Omega}^p.$$

Der Beweis für $p = \infty$ ist einfacher, weil die Integrale wegfallen. In Satz 5.23 haben wir die Einbettung $C^{0,1} \to H^{1,\infty}$ bewiesen. Wir zeigen $H^{1,\infty}(\mathbb{R}^n) \to C^{0,1}(\overline{\mathbb{R}^n})$. Für $u \in H^{1,\infty}(\mathbb{R}^n)$ sei $u_\varepsilon = J_\varepsilon * u$. Aus

$|u_\varepsilon(x) - u_\varepsilon(y)| \leq \|Du_\varepsilon\|_\infty |x - y| \leq \|Du\|_\infty |x - y|$ folgt wegen der Stetigkeit von u die Lipschitzbedingung durch Grenzübergang. Ist Ω ein Gebiet, so gilt die Lipschitzbedingung nur lokal. $H^{1,\infty}(\Omega) = C^{0,1}(\overline{\Omega})$ ist nur dann richtig, wenn Ω ein Lipschitzgebiet ist. In diesem Fall gibt es eine Konstante c und zu beliebigen Punkten $x, y \in \Omega$ einen Polygonzug mit Länge $\leq c|x - y|$. Durch Anwendung der Lipschitzbedingung entlang des Polygonzugs erhalten wir $|u(x) - u(y)| \leq c\|Du\|_{\infty;\Omega}|x - y|$. Damit gilt auf einem beschränkten Lipschitzgebiet $H^{1,\infty}(\Omega) = C^{0,1}(\overline{\Omega})$.

Eine lipschitzstetige Funktion u mit Lipschitzkonstante L wird fortgesetzt durch $E'u(x) = \sup_{y \in \Omega}(u(y) - L|x - y|)$. Für $\varepsilon > 0$ und geeignet gewählte $y_1, y_2 \in \Omega$ gilt dann

$$E'u(x_1) - E'u(x_2) \leq u(y_1) - L|x_1 - y_1| - u(y_2) + L|x_2 - y_2| + \varepsilon$$

$$\leq u(y_1) - L|x_1 - y_1| - u(y_1) + L|x_2 - y_1| + \varepsilon$$

$$= -L|x_1 - y_1| + L|x_2 - y_1| + \varepsilon \leq L|x_1 - x_2| + \varepsilon$$

nach der umgekehrten Dreiecksungleichung. Damit ist $E'u$ lipschitz. Ist $c_1 \leq u(x) \leq c_2$, so wird $E'u$ abgeschnitten durch $Eu(x) = \min\{c_2, \max\{c_1, E'u(x)\}\}$, womit $\|Eu\|_{C^{0,1}(\mathbb{R}^n)} = \|u\|_{C^{0,1}(\overline{\Omega})}$. Interessanterweise funktioniert diese Konstruktion für beliebiges Ω. Ansonsten gehen alle Schritte des Beweises problemlos durch. $\square$

Für $1 \leq p < \infty$ gilt auch $(L^p(\Omega), H^{m,p}(\Omega))_{\theta,p} = H^{\theta m,p}(\Omega)$ für $0 < \theta < 1$, insbesondere lassen sich die ganzzahligen Sobolev-Räume für $\theta = k/m$ als Interpolationsräume darstellen.

Neben den tradionellen Sobolev-Räumen gibt es eine weitere wichtige Klasse von Räumen, die in der Literatur meist etwas stiefmütterlich behandelt wird. Für $s > 0$ sei $s = m + \sigma$ mit $m \in \mathbb{N}_0$ und $0 < \sigma \leq 1$. Für $1 \leq p < \infty$ definieren wir den *Nikolski-Raum* $N^{s,p}(\Omega)$ als Raum der Funktionen $u \in H^{m,p}(\Omega)$ mit endlicher Norm

$$\|u\|_{N^{s,p}(\Omega)}^p = \|u\|_{m,p;\Omega}^p + \sum_{|\alpha|=m} \sup_{y \in \mathbb{R}^n} \int_{\Omega_y} \frac{|D^\alpha u(x+y) - D^\alpha u(x)|^p}{|y|^{\sigma p}} \, dx,$$

wobei Ω_y aus den Punkten $x \in \Omega$ besteht mit $x, x + y \in \Omega$. Mit Satz 5.22 gilt $N^{m+1,p}(\Omega) = H^{m+1,p}(\Omega)$ für $1 < p < \infty$. Für nichtganzzahliges s wird der Raum $N^{s,p}$ auch als *Besov-Raum* $B_\infty^{s,p}$ bezeichnet.

Ist $u \in N^{s,p}(\Omega)$, $0 < s < 1$, $1 \leq p < \infty$, so gilt für $\Omega_0 \subset\subset \Omega$ und genügend kleine y

$$\|u(\cdot + y) - u\|_{p;\Omega_0} \leq c|y|^s. \tag{6.26}$$

Hieraus erhalten wir die Fehlerabschätzung für den Mollifier

$$\|u - J_\varepsilon * u\|_{p;\Omega_0} \leq c\varepsilon^s, \tag{6.27}$$

weil wie im Beweis zuvor aus der kontinuierlichen Minkowski-Ungleichung 4.34 folgt

$$\|u - J_\varepsilon * u\|_{p;\Omega_0} \le \int J_\varepsilon(y)\|u - u(\cdot - y)\|_{p;\Omega_0}\, dy \le \sup_{|y|<\varepsilon} \|u - u(\cdot - y)\|_p \le c\varepsilon^s.$$

Bei der Approximation durch den Mollifier erhalten wir damit die gleiche Konvergenzordnung wie bei Funktionen in $H^{s,p}$, der Raum $N^{s,p}$ ist aber größer:

Beispiel 6.48. Wir betrachten für $n = 1$ und $\Omega = (-1,1)$ die Funktion $u(x) = 0$ für $x < 0$ und $u(x) = 1$ für $x \ge 0$. Dann gilt für $y > 0$

$$\int_{-1}^{1-y} |u(x+y) - u(x)|^2\, dx = y,$$

daher $u \in N^{1/2,2}$ im Gegensatz zu $u \notin H^{1/2,2}$ wie Beispiel 6.33 zeigt.

Satz 6.49. *Sei $\Omega \subset \mathbb{R}^n$ ein beschränktes Lipschitzgebiet. Dann gilt $(L^p(\Omega), H^{1,p}(\Omega))_{s,\infty} = N^{s,p}(\Omega)$ für $1 \le p < \infty$ und $0 < s < 1$.*

Beweis. Der Beweis des Fortsetzungssatzes 6.38 überträgt sich problemlos auf die Räume $N^{s,p}$. Ansonsten verfährt man genauso wie im Beweis von Satz 6.47. $\qquad\qquad\square$

Wegen Satz 6.44 gilt $H^{s,p} \to N^{s,p}$. Umgekehrt haben wir für jedes $\varepsilon > 0$ die Einbettung $N^{s,p} \to H^{s-\varepsilon,p}$ wegen

$$|u|_{s-\varepsilon,p;\Omega}^p = \int_\Omega \int_{x+y\in\Omega} \frac{|u(x+y) - u(x)|^p}{|y|^{n+(s-\varepsilon)p}}\, dy\, dx$$

$$\le \sup_y \int_{\Omega_y} \frac{|u(x+y) - u(x)|^p}{|y|^{sp}}\, dx \int_{|y|<c} |y|^{-n+\varepsilon p}\, dy \le c\|u\|_{N^{s,p}(\Omega)}^p.$$

Aufgaben

6.1. (3) Sei
$$\Omega = \{(x_1, x_2) \in \mathbb{R}^2 : 0 < x_1 < 1,\ 0 < x_2 < x_1^2\}.$$
Zeigen Sie, daß die Einbettung $H^{1,p}(\Omega) \to C^0(\overline{\Omega})$ für dieses Gebiet nicht für alle $p > 2$ richtig ist.

6.2. (3) Sei $n = 1$, $\Omega = (-1,1)$. Sei $H_0^{1,2,\alpha}(\Omega)$ die Vervollständigung von $C_0^\infty(\Omega)$ bezüglich der Norm
$$\|u\|_{1,2,\alpha}^2 = \int_{-1}^1 |x|^\alpha |u'|^2\, dx.$$

Dann existiert die Einbettung $H_0^{1,2,\alpha}(\Omega) \to C^0(\overline{\Omega})$ für $0 \le \alpha < 1$, sie existiert nicht für $\alpha \ge 1$.

6.3. (3) a) Beweisen Sie die Einbettung $H_0^{n,1}(\Omega) \to C^0(\overline{\Omega})$, wozu der Nachweis von

$$\|u\|_\infty \leq \|u\|_{n,1} \quad \forall u \in C_0^\infty(\mathbb{R}^n)$$

ausreichend ist.

b) Skizzieren Sie auch den Beweis der Einbettung $H^{2,1}(\Omega) \to C^0(\overline{\Omega})$ für ein ebenes Gebiet, das die Kegeleigenschaft besitzt.

6.4. (2) Sei Ω ein Lipschitzgebiet und $1 \leq p < \infty$. Dann ist die Norm

$$\|u\|'_{m,p} = \left(\|D^m u\|_p^p + \|u\|_p^p\right)^{1/p}$$

zur Norm in $H^{m,p}$ äquivalent.

Hinweis: Man verwende Satz 6.19.

6.5. (3) Zeigen Sie, daß in der Poincaré-Ungleichung

$$\|u\|_{2;\Omega} \leq c_p \|Du\|_{2;\Omega} \quad \text{für alle } u \in H^{1,2}(\Omega) \text{ mit } \int_\Omega u\, dx = 0$$

die optimale Konstante $c_p = c_p(\Omega)$ beliebig groß werden kann, wenn das Gebiet Ω nur vorgegebenen Durchmesser hat. Anders ausgedrückt: Konstruieren Sie zu $k \in \mathbb{N}$ ein ebenes Gebiet $\Omega_k \subset B_1(0)$ und eine Funktion $u_k \in H^{1,2}(\Omega_k)$ mit $\int_{\Omega_k} u_k\, dx = 0$ und

$$\|u_k\|_{2;\Omega_k} \geq k \|Du_k\|_{2;\Omega_k}.$$

6.6. (3) Zeigen Sie, daß die Poincaré-Ungleichung

$$\|u\|_{2;\Omega} \leq c_p \|Du\|_{2;\Omega} \quad \forall u \in H^{1,2}(\Omega)$$

für $\Omega = \mathbb{R}^n$ nicht gilt.

6.7. (3) Sei $m \in \mathbb{N}$ und $1 \leq p < \infty$. Beweisen Sie:

a) Zu $u \in H^{m,p}(\Omega)$ gibt es ein eindeutig bestimmtes Polynom $p \in \mathbb{P}_{m-1}$ mit

$$\int_\Omega D^\alpha u\, dx = \int_\Omega D^\alpha p\, dx \quad \forall |\alpha| \leq m - 1.$$

b) **Lemma (Bramble-Hilbert).** *Ist F ein stetiges lineares Funktional auf $H^{m,p}(\Omega)$, also*

$$|F(u)| \leq c\|u\|_{m,p;\Omega},$$

für das zusätzlich gilt

$$F(p) = 0 \quad \forall p \in \mathbb{P}_{m-1},$$

so

$$|F(u)| \leq c\|D^m u\|_{p;\Omega} \quad \forall u \in H^{m,p}(\Omega).$$

Hinweis: Zum Beweis von b) verwenden Sie Teil a) und die Poincaré-Ungleichung.

6.8. Sei $\Lambda \subset \mathbb{R}^n$ konvex und kompakt. Für „Stützpunkte" $x_1, \ldots, x_k \in \Lambda$ und „Gewichte" $\omega_1, \ldots, \omega_k \in \mathbb{R}$ heißt

$$I_\Lambda(u) = \mu(\Lambda) \sum_{i=1}^k \omega_i u(x_i)$$

Kubaturformel. I_Λ heißt von der Ordnung $m \in \mathbb{N}_0$, wenn

$$\int_\Lambda p \, dx = I_\Lambda(p) \quad \forall p \in \mathbb{P}_m.$$

a) (1) Man beweise, daß für beliebiges Λ die Formel

$$k = 1, \quad x_1 = \text{Schwerpunkt}, \quad \omega_1 = 1,$$

von der Ordnung $m = 1$ ist.

b) (1) Ist Λ ein ebenes Dreieck, so zeige man, daß die Formel

$$k = 3, \quad x_i = \text{Eckpunkte des Dreiecks}, \quad \omega_i = \frac{1}{3},$$

ebenfalls von der Ordnung $m = 1$ ist.

c) (3) Sei Λ_h ein Dreieck, das in einem Kreis vom Radius h enthalten ist und einen Kreis vom Radius $c_R h$ enthält. Man zeige, daß für eine Formel der Ordnung 1 gilt

$$(*) \qquad \left| \int_{\Lambda_h} u \, dx - I_{\Lambda_h}(u) \right| \leq c h^2 \|D^2 u\|_{1; \Lambda_h},$$

wobei die Konstante c von c_R, aber nicht von Λ_h abhängt.

Hinweis und Bemerkung: Man beweise $(*)$ zunächst für $h = 1$ mit Hilfe der Sobolev-Ungleichung aus Aufgabe 6.3b) sowie des Bramble-Hilbert-Lemmas aus Aufgabe 6.7.

Eine auf einem ebenen Polygongebiet definierte Funktion läßt sich numerisch integrieren, indem man auf jedem Dreieck einer entsprechenden Zerlegung des Gebiets die Kubaturformel anwendet. Es gilt dann mit $(*)$

$$\left| \int_\Omega u \, dx - \sum_{\Lambda_h} I_{\Lambda_h}(u) \right| \leq c h^2 \|D^2 u\|_{1; \Omega}.$$

Natürlich lassen sich mit Formeln höherer Ordnung bei entsprechender Glattheit von u bessere Konvergenzordnungen erzielen.

6.9. (3) Man zeige, daß auf $H_0^{m,2}(\Omega)$ die Norm

$$\|u\|_{m,2}^* = \Big(\sum_{i=1}^n \|D^m_{i,\ldots,i} u\|_2^2 \Big)^{1/2}$$

zur $\| \cdot \|_{m,2}$-Norm äquivalent ist.

6.10. (4) Für $\Omega = B_1(0) \subset \mathbb{R}^2$ gilt

$$H_0^{1,2}(\Omega) = H_0^{1,2}(\Omega \setminus \{0\}).$$

6.11. (3) Konstruieren Sie ein $u \in C^\infty(0,1)$, so daß das Funktional

$$L_u(\phi) = \int_0^1 u\phi\,dx, \quad \phi \in C_0^\infty(0,1),$$

in keinem Raum $H^{-m,2}(0,1)$ liegt für alle $m \in \mathbb{N}$.

6.12. (3) Sei $\gamma \subset\subset \Omega$ eine Linie. Für welche $m = m(n)$ ist das Funktional

$$L_\gamma(\phi) = \int_\gamma \phi\,d\tau$$

im Raum $H^{-m,2}(\Omega)$?

6.13. (3) Man stelle im Fall $n = 1$, $\Omega = (-1,1)$, das Funktional $\delta_0'(v) = v'(0)$ durch ein $u \in H_0^{2,2}(\Omega)$ dar.

6.14. (3) Sei $l_p(\mathbb{Z})$ der Raum der Folgen $(a(i))_{i\in\mathbb{Z}}$ mit endlicher Norm $\|a\|_{l_p(\mathbb{Z})} = \left(\sum_{i\in\mathbb{Z}} |a(i)|^p\right)^{1/p}$. Zeigen Sie, daß u genau dann im Raum $(X_0, X_1)_{\theta,p}$ liegt, wenn $a(i) = e^{-i\theta}K(u, e^i) \in l_p(\mathbb{Z})$, und daß die Norm $\|a\|_{l_p(\mathbb{Z})}$ zur Norm in $(X_0, X_1)_{\theta,p}$ äquivalent ist.

6.15. (3) Seien X_0, X_1 wie in Definition 6.43 und sei X ein Banach-Raum mit $X_0 \cap X_1 \subset X$. Wir sagen, X hat die *Interpolationseigenschaft bezüglich* (X_0, X_1), wenn es ein $0 < \theta < 1$ gibt mit

$$\|u\|_X \leq \|u\|_0^{1-\theta}\|u\|_1^{\theta} \quad \text{für alle } u \in X_0 \cap X_1.$$

Man zeige, daß $(X_0, X_1)_{\theta,p}$ für alle $0 < \theta < 1$ und $1 \leq p \leq \infty$ die Interpolationseigenschaft besitzt.

6.16. (4) Sei ϕ auf dem Gebiet $\Omega \subset \mathbb{R}^n$ meßbar mit $\phi > 0$ fast überall. $L_\phi^2(\Omega)$ ist der Raum der meßbaren Funktionen u mit endlicher Norm

$$\|u\|_{2,\phi;\Omega} = \left(\int_\Omega |u|^2 \phi\,dx\right)^{1/2}.$$

Man zeige, daß $(L_\phi^2, L_\psi^2)_{\theta,2} = L_{\phi^{1-\theta}\psi^\theta}^2$ für $0 < \theta < 1$.

Elliptische Differentialgleichungen

In diesem Kapitel ist Ω immer ein beschränktes Gebiet des $\mathbb{R}^n$ und alle Funktionenräume sind reell.

7.1 Starke und schwache Lösungen der Poisson-Gleichung

Im *ersten Randwertproblem der Poisson-Gleichung* suchen wir eine Funktion $u \in C^2(\Omega) \cap C(\overline{\Omega})$ mit

$$-\Delta u = f \ \text{ in } \Omega, \quad u = g \ \text{ auf } \partial\Omega, \tag{7.1}$$

wobei f, g vorgegebene Funktionen sind und $\Delta = \sum_{i=1}^{n} D_{ii}^2$ den *Laplace-Operator* bezeichnet. Die Lösung u muß die Differentialgleichung in jedem Punkt von Ω erfüllen und die Randwerte g stetig annehmen. Ein solches u nennt man dann *klassische Lösung*.

Die Poisson-Gleichung kommt in allen Natur- und Ingenieurwissenschaften in unterschiedlichen Zusammenhängen vor. Das einfachste Beispiel ist eine Membran, die im Gebiet $\Omega \subset \mathbb{R}^2$ lokalisiert ist. u ist die Auslenkung dieser Membran, wenn eine Kraft f, z.B. die Schwerkraft, auf diese wirkt. Die Randvorgabe $u = g$ bedeutet, daß die Membran am Rande eingespannt ist. Ein weiteres Beispiel ist die stationäre Temperaturverteilung u im Körper Ω, f ist eine Energiequelle und g die vorgegebene Randtemperatur. In beiden Fällen hängt die Gleichung von einer Materialkonstanten ab, die sich in (7.1) in der rechten Seite befindet.

Es muß nicht immer eine solche klassische Lösung von (7.1) geben. Da in dieser Problemstellung die Funktionalanalysis nicht greift, wird das Konzept der schwachen Lösung eingeführt. Sei zunächst $g = 0$ auf $\partial\Omega$, die inhomogene Randbedingung wird später behandelt. Wir multiplizieren (7.1) mit $v \in C_0^\infty(\Omega)$ und führen eine partielle Integration durch,

$$(Du, Dv) = (f, v) \quad \forall v \in C_0^\infty(\Omega).$$

M. Dobrowolski, *Angewandte Funktionalanalysis*, Springer-Lehrbuch Masterclass, 2nd ed., DOI 10.1007/978-3-642-15269-6_7, © Springer-Verlag Berlin Heidelberg 2010

In dieser Darstellung braucht u nur einmal (schwach) differenzierbar zu sein. Sei $f \in L^2(\Omega)$. Ferner soll sich die klassische Lösung auch im Raum $H_0^{1,2}(\Omega)$ befinden. Dann können wir das auf $C_0^\infty(\Omega)$ definierte und in $H^{1,2}(\Omega)$ beschränkte Funktional $l(v) = (Du, Dv) - (f, v)$ nach Satz 2.14 eindeutig auf $H_0^{1,2}(\Omega)$ fortsetzen. Die *schwache Lösung* von Problem (7.1) ist daher folgendermaßen definiert: Gesucht ist $u \in H_0^{1,2}(\Omega)$ mit

$$(Du, Dv) = (f, v) \quad \forall v \in H_0^{1,2}(\Omega). \tag{7.2}$$

Liegt die schwache Lösung umgekehrt auch im Raum $C^2(\Omega) \cap C(\overline{\Omega})$, was unter zusätzlichen Bedingungen an die Daten des Problems (rechte Seite, Rand des Gebiets) später bewiesen wird, so ist sie auch eine klassische. Wir können nämlich in (7.2) partiell integrieren und erhalten aus dem Fundamentallemma der Variationsrechnung gerade (7.1).

Existenz und Eindeutigkeit der schwachen Lösung wird mit dem Rieszschen Darstellungssatz 2.25 bewiesen. Da aufgrund der Poincaré-Ungleichung die Norm $\|D\cdot\|_2$ zur vollen Norm $\|\cdot\|_{1,2}$ äquivalent ist, kann $H_0^{1,2}(\Omega)$ auch mit dem inneren Produkt $(D\cdot, D\cdot)$ versehen werden. Im Rieszschen Darstellungssatz setzen wir daher $(X, (\cdot, \cdot)) = (H_0^{1,2}(\Omega), (D\cdot, D\cdot))$. Ferner ist $f(v) = (f, v)$ ein stetiges lineares Funktional wegen $f \in L^2$ und

$$|f(v)| \le \|f\|_2 \|v\|_2 \le c_P \|f\|_2 \|Dv\|_2.$$

Damit existiert eine eindeutige schwache Lösung, die zudem Lösung des Minimierungsproblems

$$F(v) = \int_\Omega \left(\frac{1}{2} |Dv|^2 - fv \right) dx \;\to\; \text{Min}$$

ist. Tatsächlich werden Differentialgleichungen häufig aus solchen „Variationsprinzipien" hergeleitet. Legen wir als physikalisches Modell die Auslenkung einer Membran zugrunde, so ist $\int |Dv|^2 \, dx/2$ die innere Energie und $\int fv \, dx$ (=Kraft×Weg) die potentielle Energie der Membran. Wie so oft in der Physik wird der Zustand angenommen, der die Energiebilanz minimiert.

Die inhomogene Randbedingung $u = g$ auf $\partial\Omega$ behandelt man, indem man voraussetzt, daß es eine Funktion $\tilde{g} \in H^{1,2}(\Omega)$ mit Randwert g gibt (siehe Abschnitt 9.4). Man bestimmt $u_0 \in H_0^{1,2}(\Omega)$ mit $(Du_0, Dv) = (f, v) - (D\tilde{g}, Dv)$ für alle $v \in H_0^{1,2}(\Omega)$. $u = u_0 + \tilde{g}$ ist dann die schwache Lösung des inhomogenen Problems.

Was geschieht, wenn an einem Randstück Γ_N gar keine Randbedingung gestellt wird? Im Beispiel der Membran kann man zumindest an einem Teilstück des Randes die Membran sich frei bewegen lassen. Im Fall der Temperaturverteilung in einem Körper gibt es im Vakuum ebenfalls keine vorgeschriebene Randbedingung. Generell reicht die Differentialgleichung als Modell bei freien Randbedingungen nicht aus: Man benötigt ein Variationsprinzip oder die schwache Formulierung. In dieser Hinsicht ist der schwache Lösungsbegriff adäquater zur Modellierung von Naturvorgängen als der klassische.

Wir untersuchen den Fall, daß nur an einem Teilstück des Randes Γ_D die Randbedingung $u = 0$ gestellt wird, der restliche Rand $\Gamma_N = \partial\Omega \setminus \Gamma_D$ bleibt frei. Als Grundraum wählen wir $H_{0,\Gamma_D}^{1,2}(\Omega)$, der in Abschnitt 6.7 als Abschluß von $C_{0,\Gamma_D}^\infty(\Omega)$ in $H^{1,2}(\Omega)$ definiert ist. Setzen wir nun noch voraus, daß in $H_{0,\Gamma_D}^{1,2}$ die Poincaré-Ungleichung 6.21 gilt, so ist $(H_{0,\Gamma_D}^{1,2}, (D\cdot, D\cdot))$ ein Hilbert-Raum. Die zugehörige schwache Lösung $u \in H_{0,\Gamma_D}^{1,2}$ mit

$$(Du, Dv) = (f, v) \quad \forall v \in H_{0,\Gamma_D}^{1,2} \tag{7.3}$$

ist nach dem Rieszschen Darstellungssatz eindeutig bestimmt. Wir nehmen an, daß diese Lösung auch im Raum $C^2(\Omega) \cap C^1(\overline{\Omega})$ liegt. Testen von (7.3) mit $\phi \in C_0^\infty$ liefert wieder $-\Delta u = f$ in Ω. Nun testen wir (7.3) ein zweites Mal mit $\phi \in C_{0,\Gamma_D}^\infty$ und erhalten nach partieller Integration

$$\int_\Omega f\phi\, dx = \int_\Omega DuD\phi\, dx = -\int_\Omega \Delta u\phi + \int_{\partial\Omega} \nu Du\phi\, dx,$$

wobei $\nu = \nu(x)$, $x \in \partial\Omega$, den nach außen gerichteten Normaleneinheitsvektor bezeichnet. Wegen $-\Delta u = f$ gilt daher

$$\int_{\partial\Omega} \nu Du\phi\, dx = 0 \quad \forall \phi \in C_{0,\Gamma_D}^\infty.$$

Aus einer Variante des Fundamentallemmas der Variationsrechnung folgt auf glatten Teilstücken von Γ_N die *natürliche Randbedingung* $D_\nu u = 0$. Im Gegensatz zur „erzwungenen" Randbedingung auf Γ_D ist die natürliche Randbedingung implizit in der schwachen Formulierung enthalten und kann nur unter zusätzlichen Voraussetzungen ($u \in C^1(\overline{\Omega})$, Γ_N glatt) in starker Form geschrieben werden. (7.3) ist die schwache Form des *gemischten Randwertproblems der Poisson-Gleichung*

$$-\Delta u = f \ \text{ in } \Omega, \quad u = 0 \ \text{ auf } \Gamma_D, \quad D_\nu u = 0 \ \text{ auf } \Gamma_N.$$

Man bezeichnet das erste Randwertproblem auch als *Dirichlet-Problem*, Γ_D entsprechend als Dirichlet-Rand, das zweite Randwertproblem ($\Gamma_N = \partial\Omega$) heißt auch *Neumann-Problem*, Γ_N demnach Neumann-Rand.

Das schwache Lösungskonzept ist uns bereits in Satz 6.29 begegnet. Für $m = 1$ wird jedes $f \in H^{-1,2}(\Omega)$ dargestellt durch $u \in H_0^{1,2}(\Omega)$ mit $(Du, Dv) = f(v)$. Damit ist $-\Delta : H_0^{1,2}(\Omega) \to H^{-1,2}(\Omega)$ ein isometrischer Isomorphismus, wenn man $H_0^{1,2}$ mit der Norm $\|D\cdot\|_2$ versieht.

7.2 Existenz von Lösungen elliptischer Differentialgleichungen

Wir betrachten den Differentialoperator

$$Lu = -D_i(a_{ij}D_j u) + b_i D_i u + cu \tag{7.4}$$

mit beschränkten und meßbaren Koeffizientenfunktionen a_{ij}, b_i, c. Hier und im folgenden verwenden wir die *Summenkonvention*, über zweifach auftretende kleine lateinische Indizes wird von 1 bis n summiert.

Definition 7.1. *L heißt* gleichmäßig elliptisch, *wenn es eine Konstante $\lambda > 0$ gibt mit*

$$\lambda |\xi|^2 \leq a_{ij}\xi_i\xi_j \quad \forall \xi \in \mathbb{R}^n. \tag{7.5}$$

Der Laplace-Operator $-\Delta$ ist offenbar gleichmäßig elliptisch. Wir ordnen dem Problem eine Bilinearform zu durch

$$a(u,v) = \int_\Omega \left\{ a_{ij}D_j u D_i v + b_i D_i uv + cuv \right\} dx. \tag{7.6}$$

Wie im vorigen Abschnitt ist Γ_D, Γ_N eine Partition des Randes und $H^{1,2}_{0,\Gamma_D}(\Omega)$ der Abschluß von $C^\infty_{0,\Gamma_D}(\Omega)$ in $H^{1,2}(\Omega)$. Es wird vorausgesetzt, daß die Poincaré-Ungleichung 6.21 in $H^{1,2}_{0,\Gamma_D}(\Omega)$ gilt.

Gesucht ist $u \in H^{1,2}_{0,\Gamma_D}(\Omega)$ mit

$$a(u,v) = (f,v) \quad \forall v \in H^{1,2}_{0,\Gamma_D}(\Omega). \tag{7.7}$$

Bei einer klassischen Lösung und genügend glatten Daten entspricht dies dem Randwertproblem

$$Lu = f \ \text{ in } \Omega, \quad u = 0 \ \text{ auf } \Gamma_D, \quad \nu_i a_{ij} D_j u = 0 \ \text{ auf } \Gamma_N.$$

Es hat sich aber eingebürgert, auch im Fall unstetiger a_{ij} die Gleichung in dieser Form zu schreiben, manchmal mit dem Zusatz „in schwacher Form".

Wir wollen (7.7) mit Hilfe des Satzes von Lax-Milgram 2.29, Anmerkung 2.30(i), lösen und setzen daher in der abstrakten Theorie $X = H^{1,2}_{0,\Gamma_D}(\Omega)$, versehen mit dem Skalarprodukt von $H^{1,2}(\Omega)$,

$$(u,v)_1 = (u,v) + (Du, Dv),$$

sowie $f(v) = (f,v)$. Um die Voraussetzungen des Satzes von Lax-Milgram zu erfüllen, ist folgendes zu zeigen:

1. $(f,\cdot)$ ist ein stetiges lineares Funktional auf $H^{1,2}_{0,\Gamma_D}(\Omega)$,

2. Die Bilinearform $a(\cdot,\cdot)$ ist beschränkt und koerziv, d.h. es gibt positive Konstanten c_b, c_e mit

$$|a(u,v)| \leq c_b \|u\|_{1,2}\|v\|_{1,2} \quad \forall u,v \in H^{1,2}_{0,\Gamma_D}(\Omega),$$

$$c_e\|u\|^2_{1,2} \leq a(u,u) \quad \forall u \in H^{1,2}_{0,\Gamma_D}(\Omega).$$

$(f,\cdot)$ ist für $f \in L^2(\Omega)$ ein stetiges lineares Funktional wegen der Cauchy-Ungleichung

$$|(f,v)| \leq \|f\|_2\|v\|_2 \leq \|f\|_2\|v\|_{1,2}.$$

Die Beschränktheit der Bilinearform $a(\cdot,\cdot)$ folgt aus der Beschränktheit der Koeffizientenfunktionen,

$$|a(u,v)| \leq \int_\Omega \left\{|a_{ij}D_juD_iv| + |b_iD_iuv| + |cuv|\right\}dx$$

$$\leq n^2 \max_{i,j\leq n}\|a_{ij}\|_\infty\|Du\|_2\|Dv\|_2 + n\max_{i\leq n}\|b_i\|_\infty\|Du\|_2\|v\|_2 + \|c\|_\infty\|u\|_2\|v\|_2$$

$$\leq c\,\|u\|_{1,2}\|v\|_{1,2}.$$

Offenbar können die Bedingungen an b_i, c noch abgeschwächt werden, wenn man die Sobolev-Ungleichung, Satz 6.11, für u und v anwendet (siehe Aufgabe 7.4).

Zum Nachweis der Koerzivität der Form $a(\cdot,\cdot)$ setzen wir in der Definition der Elliptizität $\xi = Du$ und erhalten nach Integration

$$\lambda\|Du\|^2_2 \leq \int_\Omega a_{ij}D_juD_iu\,dx. \tag{7.8}$$

Nach den bisherigen Voraussetzungen ist $a_{ij}D_juD_iv$ der einzige „definite" Term der Differentialgleichung. Der Nachweis der Koerzivität kann nur gelingen, wenn die Koeffizientenfunktionen b_i, c genügend klein sind oder eine Vorzeichenbedingung erfüllen.

Mit (7.8) und der Poincaré-Ungleichung 6.21 erhalten wir bei kleinen Koeffizienten

$$a(u,u) \geq \lambda\|Du\|^2_2 + \int_\Omega \left\{b_iD_iuu + cu^2\right\}dx$$

$$\geq \lambda\|Du\|^2_2 - n\max_{i\leq n}\|b_i\|_\infty\|Du\|_2\|u\|_2 - \|c\|_\infty\|u\|^2_2$$

$$\geq \lambda\|Du\|^2_2 - nc_P\max_{i\leq n}\|b_i\|_\infty\|Du\|^2_2 - c_P^2\|c\|_\infty\|Du\|^2_2.$$

Wenn also

$$nc_P\max_{i\leq n}\|b_i\|_\infty + c_P^2\|c\|_\infty < \lambda, \tag{7.9}$$

so ist die Form $a(\cdot,\cdot)$ koerziv. Statt (7.9) kann man auch die Bedingung

$$\int_\Omega \left\{\tfrac{1}{2}b_iD_iv + cv\right\}dx \geq 0 \quad \text{für alle } v \in H^{1,1}_{0,\Gamma_D}(\Omega) \text{ mit } v \geq 0, \tag{7.10}$$

verwenden. Im Fall $\Gamma_D = \partial\Omega$ und glatten b_i ist dies äquivalent zu $-\frac{1}{2}D_i b_i + c \geq 0$. Es gilt dann

$$a(u,u) \geq \lambda \|Du\|_2^2 + \int_\Omega \left\{ b_i \frac{1}{2} D_i(u)^2 + cu^2 \right\} dx \geq \lambda \|Du\|_2^2.$$

Insgesamt haben wir bewiesen:

Satz 7.2. *In $H_{0,\Gamma_D}^{1,2}(\Omega)$ sei die Poincaré-Ungleichung 6.21 erfüllt. Ferner sei $f \in L^2(\Omega)$ und der Operator L gleichmäßig elliptisch mit beschränkten Koeffizienten. Ist eine der Bedingungen (7.9) oder (7.10) erfüllt, so besitzt die schwache Formulierung (7.7) genau eine Lösung.*

Natürlich kann man im Falle der Bedingung (7.9) sorgfältiger abschätzen, ebenso kann (7.10) abgeschwächt werden, aber eine Bedingung an c ist wirklich erforderlich, wie schon der eindimensionale Fall $-u'' - u = 0$ in $(0,\pi)$, $u(0) = u(\pi) = 0$, mit Lösung $u(x) = c \sin x$ zeigt. Dagegen wird eine Kleinheitsbedingung an b_i oder eine Vorzeichenbedingung an $D_i b_i$ zwar in vielen Arbeiten verlangt, sie ist aber bei glatten Daten unnötig, wie später in Beispiel 8.38 gezeigt wird.

Im Spezialfall $b_i = 0$, $a_{ij} = a_{ji}$ und $c \geq 0$ kann man den Existenzbeweis auch mit dem Rieszschen Darstellungssatz führen, denn dann gilt $a(u,v) = a(v,u)$ und $a(\cdot,\cdot)$ ist ein zu $(\cdot,\cdot)_1$ äquivalentes Skalarprodukt auf $H_{0,\Gamma_D}^{1,2}(\Omega)$. Die Lösung läßt sich hier variationell charakterisieren durch

$$F(v) = \int_\Omega \left\{ a_{ij} D_j v D_i v + cv^2 - 2fv \right\} dx \;\rightarrow\; \text{Min} \quad \text{in } H_{0,\Gamma_D}^{1,2}(\Omega).$$

7.3 Die Differenzenquotienten-Technik

In diesem Abschnitt studieren wir die schwachen Lösungen $u \in H_0^{1,2}(\Omega)$ von

$$a(u,v) = (f,v) \quad \forall v \in H_0^{1,2}(\Omega) \tag{7.11}$$

mit der Bilinearform $a(\cdot,\cdot)$ wie in (7.6).

Satz 7.3 (Innere Regularität). *Der Operator L in (7.4) sei gleichmäßig elliptisch und für die Koeffizienten gelte $a_{ij} \in C^1(\Omega)$, $b_i, c \in L^\infty(\Omega)$. Ferner sei $u \in H_0^{1,2}(\Omega)$ eine Lösung von (7.11). Dann ist $u \in H^{2,2}(\Omega_0)$ für jedes $\Omega_0 \subset\subset \Omega$ und*

$$\|u\|_{2,2;\Omega_0} \leq c \big(\|f\|_{2;\Omega} + \|u\|_{1,2;\Omega} \big). \tag{7.12}$$

Beweis. Für den Hauptteil von a

$$a_0(u,v) = \int_\Omega a_{ij} D_j u D_i v \, dx$$

gilt

$$a_0(u,v) = (g,v) \quad \forall v \in H_0^{1,2}(\Omega) \tag{7.13}$$

mit

$$g = f - b_i D_i u - cu \in L^2(\Omega), \quad \|g\|_{2;\Omega} \le \|f\|_{2;\Omega} + c\|u\|_{1,2;\Omega}.$$

Wir verwenden den vorwärts- und rückwärtsgenommenen Differenzenquotienten D_k^{+h}, D_k^{-h} aus Abschnitt 5.5. Für eine Abschneidefunktion $\tau \in C_0^\infty(\Omega)$ mit $\tau = 1$ in Ω_0, $\Omega_1 = \mathrm{supp}(\tau) \subset\subset \Omega$, setzen wir $v = D_k^{-h}(\tau^2 D_k^{+h} u) \in H_0^{1,2}(\Omega)$ in (7.13) ein und erhalten mit partieller Summation, Lemma 5.21,

$$\int_\Omega D_k^{+h}(a_{ij} D_j u) D_i(\tau^2 D_k^{+h} u)\, dx = -(g, D_k^{-h}(\tau^2 D_k^{+h} u)).$$

Mit der Produktregel und ihrem diskreten Gegenstück,

$$D_k^{+h}(vw)(x) = v(x + he_k) D_k^{+h} w(x) + D_k^{+h} v(x) w(x),$$

das man leicht nachrechnet, sowie $\|a_{ij}\|_{1,\infty;\Omega_1} \le c$ folgt

$$\int_\Omega a_{ij}(x + he_k) D_k^{+h} D_j u \tau^2 D_k^{+h} D_i u\, dx$$

$$= -\big(g, D_k^{-h}(\tau^2 D_k^{+h} u)\big) - \big(D_k^+ a_{ij} D_j u, D_i(\tau^2 D_k^{+h} u)\big)$$

$$- 2\big(a_{ij}(\cdot + he_k) D_k^{+h} D_j u \tau, D_i \tau D_k^{+h} u\big)$$

$$\le \|g\|_2 \|D_k^{-h}(\tau^2 D_k^{+h} u)\|_2 + c\|Du\|_2 \|D(\tau^2 D_k^{+h} u)\|_2$$

$$+ c\|\tau D_k^{+h} Du\|_2 \|D\tau D_k^{+h} u\|_2.$$

Mit $\|D_k^{\pm h} v\|_{2;\Omega_1} \le \|D_k v\|_2$ aus Lemma 5.22(a) sowie $\|D\tau\|_\infty \le c$, $\tau \le 1$ und der Youngschen Ungleichung erhalten wir

$$\int_\Omega a_{ij}(x + he_k) D_k^{+h} D_j u \tau^2 D_k^{+h} D_i u\, dx$$

$$\le \|g\|_2 \|D_k(\tau^2 D_k^{+h} u)\|_2 + c\|Du\|_2\big(\|D_k u\|_2 + \|\tau D D_k^{+h} u\|_2\big)$$

$$+ c\|\tau D_k^{+h} Du\|_2 \|D_k u\|_2$$

$$\le c(\lambda)\big(\|f\|_2^2 + \|u\|_{1,2}^2\big) + \frac{\lambda}{2}\|\tau D D_k^{+h} u\|_2^2.$$

Auf die linke Seite wird die gleichmäßige Elliptizität mit $\xi_i = D_k^{+h} D_i u$ angewendet,

$$\frac{\lambda}{2} \int_\Omega \tau^2 |D_k^{+h} Du|^2\, dx \le c\big(\|f\|_2^2 + \|u\|_{1,2}^2\big).$$

Die Behauptung folgt aus Satz 5.22(b). $\qquad\square$

Satz 7.3 gilt zwar für beliebiges $\Omega_0 \subset\subset \Omega$, aber die Konstante c in (7.12) hängt vom Abstand zwischen Ω_0 und dem Rande von Ω ab. Der Satz stellt also nur ein lokales Resultat dar.

Um Regularität bis zum Rande zu beweisen, wird $\partial\Omega \in C^2$ vorausgesetzt. Die Beweisidee ist dann, den Rand lokal gerade zu biegen und anschließend ähnlich zu verfahren wie beim Beweis der inneren Regularität. Als kleine Vorüberlegung weisen wir die Elliptizität der transformierten Gleichung nach. Seien U, V Gebiete und sei $g : U \to V$ ein C^2-Diffeomorphismus, also $g \in C^2(\overline{U})^n$ mit g bijektiv und $\det Dg \neq 0$ in $\overline{U}$. Für $u \in H^{1,2}(U)$ setzen wir $u(x) = \tilde{u}(g(x))$ und erhalten nach der Kettenregel mit $y = g(x)$ und $g_{k,i} = D_{x_i} g_k$,

$$D_{x_i} u(x) = D_{y_k} \tilde{u}(y) g_{k,i}(x).$$

Die Terme niederer Ordnung gehen daher in Terme niederer Ordnung über. Der Hauptteil der Bilinearform transformiert sich mit

$$\int_U a_{ij} D_j u D_i v \, dx = \int_V a_{ij} D_l \tilde{u} g_{l,j} D_k \tilde{v} g_{k,i} \, |\det Dg^{-1}| \, dy,$$

daher

$$\tilde{a}_{lk} = a_{ij} g_{k,i} g_{l,j} \, |\det Dg^{-1}|$$

mit

$$\tilde{a}_{lk} \xi_l \xi_k \geq \lambda \, |\det Dg^{-1}| \, |Dg^T \xi|^2 \geq \tilde{\lambda} |\xi|^2,$$

da Dg gleichmäßig regulär ist. Halten wir also fest: Ist $g \in C^2(\overline{U})^n$ ein Diffeomorphismus, so transformiert sich ein elliptischer Operator zweiter Ordnung in einen elliptischen Operator zweiter Ordnung. Ist $a_{ij} \in C^1$, so ist auch $\tilde{a}_{kl} \in C^1$.

Satz 7.4 (Regularität bis zum Rande). *Seien die Voraussetzungen von Satz 7.3 erfüllt. Zusätzlich sei $a_{ij} \in C^1(\overline{\Omega})$ und $\partial\Omega \in C^2$. Dann ist jede schwache Lösung u von (7.11) im Raum $H^{2,2}(\Omega)$ mit*

$$\|u\|_{2,2;\Omega} \leq c\big(\|f\|_{2;\Omega} + \|u\|_{1,2;\Omega}\big).$$

Beweis. Sei U eine der Mengen $U_1, \ldots, U_J$ aus der Definition des C^2-Randes wie in Satz 6.3(b). Dann gibt es einen Diffeomorphismus $g : U \to B_1(0)$ mit $g \in C^2(\overline{U})^n$ und $g|_{U \cap \Omega} = B_1^+(0)$, wobei $B_1^+(0)$ die obere Halbkugel von $B_1(0)$ bezeichnet. Die bezüglich g transformierte Lösung $\tilde{u}(y) = u(g^{-1}(y))$ und der transformierte Operator $\tilde{L}$ sind auf der oberen Halbkugel definiert. Für beliebiges $0 < \alpha < 1$ gibt es eine Abschneidefunktion τ bezüglich $(B_\alpha(0), B_1(0))$. Da $\tilde{u} = 0$ für $y_n = 0$, können wir einen Differenzenquotienten der Form $\tilde{v} = D_k^-(\tau^2 D_k^{+h} \tilde{u}) \in H_0^{1,2}(B_1^+(0))$ für $k \neq n$ in die schwache Formulierung einsetzen. Genauso wie im Beweis der inneren Regularität kontrollieren wir damit alle Ableitungen $D_{kl}^2 \tilde{u}$ für $(k, l) \neq (n, n)$. Aufgrund der Elliptizität gilt $\tilde{a}_{nn} \geq \tilde{\lambda}$, so daß

$$D_{nn}^2 \tilde{u} = -\frac{1}{\tilde{a}_{nn}} \Big(\sum_{(k,l)\neq(n,n)} \tilde{a}_{kl} D_{kl}^2 \tilde{u} + a'(\tilde{u}, D\tilde{u}) \Big) \in L^2(B_1^+(0)),$$

wobei a' die Terme niederer Ordnung enthält. Damit ist $\tilde{u} \in H^{2,2}(B_\alpha^+(0))$ und damit auch $u \in H^{2,2}(\Omega)$ gezeigt. $\qquad\qquad\qquad\qquad\qquad\qquad\qquad\square$

Mit dieser Technik lassen sich unter entsprechenden Voraussetzungen nichtlineare Gleichungen, Probleme mit Nebenbedingungen, Systeme und Gleichungen höherer Ordnung behandeln. Vor allem der letzte Beweisschritt, also die Auflösung der Differentialgleichung nach $D_{nn}^2 u$, wird in vielen Fällen scheitern. Man kann diesen Schritt häufig durch ein Fortsetzungsargument ersetzen, wie es im Falle von Gleichungen höherer Ordnung in [Agm65] dargestellt ist.

Mit gleichem Beweis erhalten wir für $\partial\Omega \in C^m$, $a_{ij} \in C^{m-1}(\overline{\Omega})$, b_i, $c \in C^{m-2}(\overline{\Omega})$, daß $u \in H^{m,2}(\Omega)$ mit

$$\|u\|_{m,2} \leq c\big(\|f\|_{m-2,2} + \|u\|_{1,2}\big), \quad m \geq 2.$$

Die Voraussetzungen an die Koeffizienten können noch etwas abgeschwächt werden. Aufgrund des Einbettungssatzes 6.25 sind die Lösungen elliptischer Gleichungen bei genügend glatten Daten auch klassische Lösungen, bei Daten in C^∞ ist auch die Lösung in C^∞.

Aus dem Beweis von Satz 7.4 geht hervor, daß Regularität eine lokale Eigenschaft ist. Ist ein Teilstück Γ des Randes glatt, so ist die Lösung in Umgebung eines jeden $\Gamma_0 \subset\subset \Gamma$ regulär.

Beim reinen Neumann-Problem $\Gamma_N = \partial\Omega$ wird die $H^{2,2}$-Regularität genauso bewiesen. Dagegen sind beim gemischten Randwertproblem auch bei glatten Rändern keine Lösungen in $H^{2,2}(\Omega)$ zu erwarten. Als Beispiel betrachten wir die Funktion $u(r,\phi) = r^{1/2}\cos(\phi/2)$ auf der oberen Halbebene. Wegen $\Delta = r^{-1}D_r(rD_r) + r^{-2}D_{\phi\phi}^2$ gilt $\Delta u = 0$. Im Nullpunkt wechselt die Randbedingung von Dirichlet ($x_1 < 0$) zu Neumann ($x_1 > 0$).

Beispiel 7.5. Seien Ω_0, Ω glatt berandete Gebiete mit $\Omega_0 \subset\subset \Omega$ und sei $\Omega_1 = \Omega \setminus \overline{\Omega}_0$. Wir betrachten $-\mathrm{div}\,(a(x)Du) = f$ in schwacher Form mit $a(x) = a_0$ in Ω_0 und $a(x) = a_1$ in Ω_1 mit positiven Konstanten a_0, a_1. Obwohl der Koeffizient a unstetig ist, erhält man mit der Differenzenquotienten-Technik ein vollständiges Bild von den Differenzierbarkeitseigenschaften der Lösung. Zunächst beweist man die innere Regularität in Ω_0 und Ω_1. Ferner läßt sich der innere Rand $\partial\Omega_0$ genauso behandeln wie im Nachweis der Randregularität, dies liefert $u\big|_{\Omega_0} \in H^{m,2}(\Omega_0)$, $u\big|_{\Omega_1} \in H^{m,2}(\Omega_1)$, wobei m von den Daten abhängt. Sei m so groß, daß nach dem Einbettungssatz 6.25 auch $u\big|_{\Omega_0} \in C^1(\overline{\Omega}_0)$, $u\big|_{\Omega_1} \in C^1(\overline{\Omega}_1)$ erfüllt ist. Dann folgt für $\phi \in C_0^\infty(\Omega)$ aus der schwachen Gleichung mit partieller Integration

$$(f, \phi) = \int_{\Omega_0} a_0 \, Du D\phi \, dx + \int_{\Omega_1} a_1 \, Du D\phi \, dx$$

$$= -\int_{\Omega} a \Delta u \phi \, dx + \int_{\partial\Omega_0} a_0 \nu Du \phi \, d\sigma + \int_{\partial\Omega_1} a_1 \nu Du \phi \, d\sigma.$$

Wegen $-a\Delta u = f$ und $\nu(\partial\Omega_0) = -\nu(\partial\Omega_1)$ auf $\partial\Omega_0$ folgt hieraus wie bei der Herleitung der natürlichen Randbedingung die Sprungbedingung

$$a_0 D_\nu u_0 = a_1 D_\nu u_1 \quad \text{auf } \partial\Omega_0,$$

wobei mit Du_i die Randwerte von Du auf Ω_i bezeichnet werden. Man beachte, daß die Glattheit des inneren Randes wesentlich für die ganze Argumentation ist. Besitzt er beispielsweise Knicke, so versagt die Technik und es läßt sich zeigen, daß schon $u\big|_{\Omega_0} \in H^{2,2}(\Omega_0)$ i.a. nicht mehr erfüllt ist.

7.4 Regularität auf konvexen Gebieten

Wir betrachten die Gleichung

$$Lu = -D_i(aD_iu) = f \quad \text{in } \Omega, \quad u = 0 \quad \text{auf } \partial\Omega. \tag{7.14}$$

L sei gleichmäßig elliptisch, also

$$0 < a_0 \le a(x) \le a_1 \quad \text{in } \Omega.$$

Das Ziel dieses Abschnitts ist der Beweis von

Satz 7.6. *Sei Ω konvex, $a \in H^{1,p}(\Omega)$ mit $p > n$ und $f \in L^2(\Omega)$. Dann ist die schwache Lösung u von (7.14) im Raum $H^{2,2}(\Omega)$ mit*

$$\|D^2 u\|_{2;\Omega} \le c\|f\|_{2;\Omega} \quad \text{mit } c = 1 \text{ für } L = -\Delta.$$

Für $L \ne -\Delta$ hängt die Konstante c von a_0, $\|a\|_{1,p;\Omega}$, $\mu(\Omega)$, aber nicht von Ω ab.

Da Regularität eine lokale Eigenschaft ist, liegt die Lösung von (7.14) im Raum $H^{2,2}$, sofern das Gebiet stückweise glatt ist und keine einspringenden Ecken oder Kanten besitzt.

Satz 7.6 läßt sich auf den Operator L in (7.4) verallgemeinern. Für $a_{ij} \in C^1(\overline{\Omega})$ gilt auf konvexen Gebieten für schwache Lösungen die Abschätzung

$$\|D^2 u\|_{2;\Omega} \le c(\|Lu\|_{2;\Omega} + \|u\|_{1,2;\Omega}).$$

Der Beweis ist aufwendig, siehe [Lad85, S. 64ff.].

Der Beweis von Satz 7.6 beruht auf einer Abschätzung für den Laplace-Operator, die unabhängig voneinander in [HS67], [Kad64] entdeckt wurde:

Lemma 7.7. *Sei Ω ein konvexes Gebiet von der Klasse C^2. Dann gilt für alle* $u \in H^{3,2}(\Omega) \cap H_0^{1,2}(\Omega)$

$$\|D^2 u\|_{2;\Omega} \leq \|\Delta u\|_{2;\Omega}. \tag{7.15}$$

Beweis. Es gilt (Summenkonvention!)

$$D_{ii}^2 u D_{jj}^2 u - D_{ij}^2 u D_{ij}^2 u = D_i(D_i u D_{jj}^2 u - D_j u D_{ij}^2 u),$$

daher

$$\int_\Omega \left(|\Delta u|^2 - |D^2 u|^2\right) dx = \int_{\partial\Omega} \left(D_\nu u \Delta u - \frac{1}{2} D_\nu |Du|^2\right) d\sigma. \tag{7.16}$$

Nach Verschiebung und Rotation können wir ein Teilstück des Randes in der Form

$$y_n = h(y'), \quad y = (y', y_n), \quad |y'| < R,$$

darstellen, wobei $h \in C^2$ und h konkav ist mit $h(0) = Dh(0) = 0$. Wegen $u = 0$ auf $\partial\Omega$ erhalten wir mit impliziter Differentiation der Gleichung $u(y', h(y')) = 0$ für $i, j = 1, \ldots, n-1$

$$D_i u + D_n u D_i h = 0, \quad D_{ij}^2 u + D_{in}^2 u D_j h + D_n u D_{ij}^2 h + D_i h(D_{nj}^2 u + D_{nn}^2 u D_j h) = 0.$$

Wegen $D_i h(0) = 0$ folgt aus der ersten Gleichung $D_i u(0,0) = 0$ und damit aus der zweiten

$$D_{ij}^2 u(0,0) = -D_n u(0,0) D_{ij}^2 h(0).$$

Für den Integranden auf der rechten Seite von (7.16) gilt daher im Punkt $(0,0)$

$$D_n u D_{ii}^2 u - D_i u D_{in}^2 u = D_n u \sum_{i=1}^{n-1} D_{ii}^2 u = -(D_n u)^2 \sum_{i=1}^{n-1} D_{ii}^2 h \geq 0,$$

weil h konkav ist (siehe Satz A.3). $\qquad\square$

Zum Beweis von Satz 7.6 approximieren wir Ω durch konvexe, glatt berandete Gebiete $\{\Omega_k\}$ mit $\Omega_k \subset \Omega_{k+1} \subset \Omega$. Man kann solche Gebiete konstruieren, indem man den Nullpunkt innerhalb von Ω legt und eine Funktion $\phi : \mathbb{R}^n \to \mathbb{R}$ definiert durch $\phi(0) = 0$ und $\phi(x) = \lambda > 0$ mit $\lambda^{-1} x \in \partial\Omega$ für $x \neq 0$. Diese Funktion ist konvex mit $\overline{\Omega} = \{x : \phi(x) \leq 1\}$. Sei $\varepsilon > 0$. Mit $\phi_\varepsilon = \phi + \varepsilon$ gilt für genügend kleines η, daß $\Omega_{\varepsilon,\eta} = \{x : J_\eta * \phi_\varepsilon \leq 1\} \subset \Omega$. Die Konvexität von $\Omega_{\varepsilon,\eta}$ folgt aus ($t \in [0,1]$)

$$J_\eta * \phi_\varepsilon(t x_1 + (1-t) x_2) = \int J_\eta(z) \phi_\varepsilon(t(x_1 - z) + (1-t)(x_2 - z)) \, dz$$

$$\leq t \int J_\eta(z) \phi_\varepsilon(x_1 - z) \, dz + (1-t) \int J_\eta(z) \phi_\varepsilon(x_2 - z) \, dz$$

$$= t J_\eta * \phi_\varepsilon(x_1) + (1-t) J_\eta * \phi_\varepsilon(x_2).$$

Sei zunächst $a \in C^2(\overline{\Omega})$ und $f \in H^{1,2}(\Omega)$. Sei $u_k \in H_0^{1,2}(\Omega_k)$ die Lösung von

$$\int_{\Omega_k} a Du_k Dv \, dx = \int_{\Omega_k} fv \, dx \quad \forall v \in H_0^{1,2}(\Omega_k).$$

Nach Satz 7.2 ist diese Lösung eindeutig bestimmt mit

$$\|Du_k\|_{2;\Omega_k} \leq c_P \frac{a_1}{a_0} \|f\|_{2;\Omega_k} \leq c(a_0, a_1)\|f\|_{2;\Omega}, \tag{7.17}$$

wobei $c(a_0, a_1)$ nach der Poincaré-Ungleichung 6.13 auch von $\mu(\Omega_k) \leq \mu(\Omega)$ abhängt. Aufgrund der glatten Daten gilt nach dem letzten Abschnitt $u_k \in H^{3,2}(\Omega_k)$. Wir schreiben daher

$$-\Delta u_k = \frac{1}{a}(DaDu_k + f).$$

Dies wird quadriert und integriert. Aus Lemma 7.7 folgt dann

$$\|D^2 u_k\|_{2;\Omega_k} \leq \|\frac{1}{a}(DaDu_k + f)\|_{2;\Omega_k} \leq \frac{1}{a_0}\left(\|a\|_{1,p;\Omega}\|Du_k\|_{q;\Omega_k} + \|f\|_{2;\Omega}\right).$$

Mit Satz 6.19 gilt $\|Du_k\|_q \leq \varepsilon\|D^2 u_k\|_2 + c(\varepsilon)\|Du_k\|_2$, wegen (7.17) daher

$$\|D^2 u_k\|_{2;\Omega_k} \leq c(a_0, \|a\|_{1,p;\Omega})\|f\|_{2;\Omega}. \tag{7.18}$$

Die Funktion u_k wird durch Null zur Funktion $\tilde{u}_k$ fortgesetzt. Da $C_0^\infty(\Omega_k) \subset C_0^\infty(\Omega)$, gilt $\tilde{u}_k \in H_0^{1,2}(\Omega)$ mit $\|D\tilde{u}_k\|_{2;\Omega} = \|Du_k\|_{2;\Omega_k}$. Wegen (7.17) und der Poincaré-Ungleichung ist $\|\tilde{u}_k\|_{1,2;\Omega}$ beschränkt und besitzt eine in $H_0^{1,2}(\Omega)$ schwach konvergente Teilfolge, die genauso bezeichnet wird, also $\tilde{u}_k \rightharpoonup u \in H_0^{1,2}(\Omega)$. Für festes $\phi \in C_0^\infty(\Omega)$ gilt für genügend große k

$$(f, \phi) = \int_\Omega a D\tilde{u}_k D\phi \, dx \;\rightarrow\; \int_\Omega a Du D\phi \, dx.$$

Damit ist u schwache Lösung von $Lu = f$. Nach (7.18) ist auch $\|u_k\|_{2,2;\Omega_l}$ für $k \geq l$ beschränkt. Daher ist wieder für eine Teilfolge $u_k \rightharpoonup u'$ in $H^{2,2}(\Omega_l)$ erfüllt. Aus der Definition der schwachen Konvergenz erschließt man $u' = u|_{\Omega_l}$. Wegen $D^2 u_k \rightharpoonup D^2 u$ in $L^2(\Omega_l)$, folgt aus der schwachen Unterhalbstetigkeit der Norm

$$\|D^2 u\|_{2;\Omega_l} \leq \liminf_{k\to\infty} \|D^2 u_k\|_{2;\Omega_l} \leq c(a_0, \|a\|_{1,p;\Omega})\|f\|_{2;\Omega}.$$

Damit ist auch $\|D^2 u\|_{2;\Omega}$ beschränkt.

Nun zeigen wir die Behauptung für $a \in H^{1,p}(\Omega)$ und $f \in L^2(\Omega)$. Seien $a_k, f_k \in C^\infty(\overline{\Omega})$ mit $a_k \to a$ in $H^{1,p}(\Omega)$ und $f_k \to f$ in $L^2(\Omega)$. Wegen $a_k \to a$ in $L^\infty(\Omega)$ sind die Lösungen $u_k \in H_0^{1,2}(\Omega)$ von

$$\int_\Omega a_k Du_k D\phi \, dx = \int_\Omega f_k \phi \, dx \quad \forall \phi \in H_0^{1,2}(\Omega)$$

in $H^{1,2}(\Omega)$ beschränkt. Mit $u_k \rightharpoonup u$ in $H^{1,2}(\Omega)$ für eine Teilfolge können wir in dieser Gleichung zum Grenzwert $k \to \infty$ übergehen. Da die a-priori-Abschätzungen nur von a_0, $\|a\|_{1,p}$ und $\|f\|_2$ abhängen, ist $\|D^2 u_k\|_{2;\Omega}$ gleichmäßig beschränkt. Dies impliziert die Beschränktheit von $\|D^2 u\|_{2;\Omega}$ und damit die Behauptung.

7.5 Maximumprinzipien

Wir kehren zum Operator (7.4) mit Bilinearform

$$a(u,v) = \int_\Omega \left\{ a_{ij} D_j u D_i v + b_i D_i u v + c u v \right\} dx. \tag{7.19}$$

zurück.

Satz 7.8 (Inversmonotonie für schwache Lösungen). *Sei $\Gamma_D \subset \partial\Omega$. Ferner sei für die Bilinearform in (7.19) die Bedingung $a(u,u) \geq \mu\|u\|_{1,2}^2$, $\mu > 0$, für alle $u \in H_{0,\Gamma_D}^{1,2}(\Omega)$ erfüllt (siehe Satz 7.2). Wenn für $u \in H^{1,2}(\Omega)$ gilt $u \geq 0$ in Γ_D sowie*

$$a(u,v) \geq 0 \quad \text{für alle } v \in H_{0,\Gamma_D}^{1,2}(\Omega) \text{ mit } v \geq 0 \text{ in } \Omega, \tag{7.20}$$

so folgt $u \geq 0$ in Ω.

Anmerkungen 7.9 (i) Man schreibt dafür salopp

$$Lu \geq 0 \text{ in } \Omega, \ u \geq 0 \text{ auf } \Gamma_D \quad \Rightarrow \quad u \geq 0 \text{ in } \Omega.$$

(ii) Bei allen Sätzen dieses Typs erhält man eine Aussage für $Lu \leq 0$, wenn man u durch $-u$ ersetzt, in diesem Fall

$$Lu \leq 0 \text{ in } \Omega, \ u \leq 0 \text{ auf } \Gamma_D \quad \Rightarrow \quad u \leq 0 \text{ in } \Omega.$$

Beweis. Sei $u_- = \min\{u,0\}$ der negative Anteil von u. Nach Satz 5.20 ist dann $u_- \in H_{0,\Gamma_D}^{1,2}(\Omega)$ mit $Du_- = 0$ für $\{x : u(x) \geq 0\}$. Wir setzen daher $v = -u_-$ in $a(u,v) \geq 0$ ein,

$$0 \geq a(u, u_-) - \int_\Omega \left\{ a_{ij} D_j u D_i u_- + b_i D_i u u_- + c u u_- \right\} dx$$

$$= \int_\Omega \left\{ a_{ij} D_j u_- D_i u_- + b_i D_i u_- u_- + c u_- u_- \right\} dx = a(u_-, u_-) \geq \mu\|u_-\|_{1,2}^2,$$

daher $u_- = 0$ in Ω. $\qquad\qquad\square$

Satz 7.10 (Maximumprinzip für schwache Lösungen). *Zusätzlich zu den Voraussetzungen von Satz 7.8 sei $c = 0$ erfüllt. Gilt für $u \in H^{1,2}(\Omega)$ die Bedingung (7.20), so*

$$\inf_\Omega u \geq \inf_{\Gamma_D} u.$$

Beweis. Man verwende im Beweis des letzten Satzes die Funktion $v = -(u - \inf_{\Gamma_D} u)_-$. $\square$

Wir gehen zu klassischen Lösungen über und betrachten den Operator

$$Lu = -a_{ij}(x)D^2_{ij}u + b_i(x)D_iu + c(x)u, \qquad (7.21)$$

unter der Voraussetzung $a_{ij} = a_{ji}$, was wegen des Satzes von Schwarz keine Einschränkung bedeutet. Wie bereits in Abschnitt 7.1 ausgeführt wurde, gibt die Differentialgleichung keine Hinweise auf die natürliche Randbedingung, so daß hier nur das Dirichlet-Problem $\Gamma_D = \partial\Omega$ gestellt wird.

Definition 7.11. *L heißt elliptisch in $x \in \Omega$, wenn es ein $\lambda(x) > 0$ gibt mit*

$$\lambda(x)|\xi|^2 \leq a_{ij}(x)\xi_i\xi_j \quad \forall \xi \in \mathbb{R}^n,$$

Ist $\lambda(x) > 0$ für alle $x \in \Omega$, so heißt L elliptisch in Ω.

Anmerkung 7.12. Man bezeichnet L in (7.4) als Operator *in Divergenzform*, weil sich der Hauptteil als $\text{div}(ADu)$ schreiben läßt mit $A = (a_{ij})$, währenddessen L in (7.21) *in expliziter Form* vorliegt. Beide Formen sind nur bei glatten a_{ij} äquivalent, aber auch dann können die Voraussetzungen für das Maximumprinzip für schwache Lösungen nicht mit denen für das folgende klassische Maximumprinzip in Einklang gebracht werden.

Satz 7.13 (Maximumprinzip für klassische Lösungen). *Der Operator L in (7.21) sei elliptisch in Ω mit $c = 0$. Ferner gebe es eine Konstante b_0 mit*

$$\frac{|b_j(x)|}{\lambda(x)} \leq b_0, \quad \text{für ein } j \in \{1,\ldots,n\}, \quad x \in \Omega. \qquad (7.22)$$

Dann wird für $u \in C^2(\Omega) \cap C^0(\overline{\Omega})$ mit

$$Lu \geq 0 \quad \text{in } \Omega$$

das Minimum auf $\partial\Omega$ angenommen, also

$$\inf_\Omega u = \min_{\partial\Omega} u.$$

Beweis. Sei zunächst $Lu > 0$. Angenommen, u besitzt ein Minimum in $x_0 \in \Omega$. Dann gilt $D_iu(x_0) = 0$ und die Hesse-Matrix im Punkt x_0

$$H = (D^2_{ij}u(x_0))_{i,j=1,\ldots,n}$$

ist positiv-semidefinit. Mit $A = (a_{ij}(x_0))_{i,j=1,\ldots,n}$ gilt

$$\text{spur}\,(AH)) = \text{spur}\,(a_{ij}h_{jk})_{i,k=1,\ldots,n} = a_{ij}h_{ji} = a_{ij}(x_0)D^2_{ij}u(x_0).$$

Da A positiv-definit und H positiv-semidefinit ist, ist $-AH$ zu einer negativ-semidefiniten Matrix ähnlich und

$$-a_{ij}(x_0)D^2_{ij}u(x_0) = \operatorname{spur}(-AH) \leq 0.$$

Daher gilt $Lu(x_0) \leq 0$, was einen Widerspruch zu $Lu > 0$ in Ω bedeutet.

Sei nun $Lu \geq 0$. Dann ist wegen $a_{jj} \geq \lambda$, $|b_j| \leq b_0\lambda$,

$$L(-e^{\gamma x_j}) = (\gamma^2 a_{jj} - \gamma b_j)e^{\gamma x_j} \geq (\lambda\gamma^2 - b_0\lambda\gamma)e^{\gamma x_j} > 0 \quad \text{für } \gamma \text{ genügend groß.}$$

Damit ist $L(u - \varepsilon e^{\gamma x_j}) > 0$ in Ω und nach dem 1. Schritt

$$\inf_{\Omega}(u - \varepsilon e^{\gamma x_j}) = \min_{\partial\Omega}(u - \varepsilon e^{\gamma x_j}) \quad \forall \varepsilon > 0.$$

Die Behauptung folgt durch Grenzübergang $\varepsilon \to 0$. $\qquad\qquad\qquad\square$

Korollar 7.14. *Sei L elliptisch in Ω und die Bedingung (7.22) sei erfüllt. Ferner sei $c \geq 0$. Dann gilt für $u \in C^2(\Omega) \cap C^0(\overline{\Omega})$ mit $Lu \geq 0$*

$$\inf_{\Omega} u \geq \min\Big\{\min_{\partial\Omega} u, 0\Big\}.$$

Beweis. Aus $Lu \geq 0$ folgt

$$-a_{ij}D^2_{ij}u + b_iD_iu \geq -cu \geq 0 \quad \text{in } \Omega^- = \{x \in \Omega : u(x) < 0\}.$$

Damit kann das Maximumprinzip in Ω^- angewendet werden. $\qquad\qquad\square$

Korollar 7.15 (Inversmonotonie für klassische Lösungen). *Seien die Voraussetzungen des letzten Korollars erfüllt. Dann gilt für $u \in C^2(\Omega) \cap C^0(\overline{\Omega})$*

$$Lu \geq 0 \ \ in \ \Omega, \quad u \geq 0 \ \ auf \ \partial\Omega \quad \Rightarrow \quad u \geq 0 \ \ in \ \Omega.$$

Als Beispiel, daß eine Bedingung an die Koeffizienten niederer Ordnung im schwachen wie im klassischen Maximumprinzip notwendig ist, kann wieder $Lu = -u'' - u = 0$ in $(0, \pi)$ mit Lösung $u = \sin x$ genommen werden.

Das klassische Maximumprinzip ist bei unbeschränktem Grundgebiet i.a. nicht erfüllt, während der Beweis des schwachen Maximumprinzips durchgeht.

Die Inversmonotonie, ob klassisch oder schwach, sichert die Eindeutigkeit für das jeweilige Lösungskonzept, denn wenn $Lu_1 = Lu_2 = f$, so gilt $L(u_1 - u_2) = 0$ und damit $u_1 - u_2$. Darüberhinaus folgt aus der schwachen Inversmonotonie die Existenz einer Lösung, was in Abschnitt 8.36 ausgeführt wird.

Beispiel 7.16. Ausnahmsweise soll hier ein etwas aufwendigeres Beispiel besprochen werden, um die Kraft des scheinbar harmlosen Maximumprinzips zu illustrieren. $u = (u_1, u_2, u_3)$ sei die Geschwindigkeit eines stationären Gases mit Dichte ρ. Wir nehmen an, daß für das Gas keine Quellen und Senken vorliegen, es gilt dann die Masseerhaltung

$$\int_{\partial\Omega_0} \nu \cdot (\rho u)\, d\sigma = 0 \quad \forall \Omega_0 \subset \Omega.$$

Mit dem Divergenztheorem folgt hieraus $\operatorname{div}(\rho u) = 0$ in Ω.

Für die Temperatur T in diesem Gas gilt

$$-\operatorname{div}\big(k(T)DT\big) + \operatorname{div}\big(\rho u c_p(T)T\big) = 0. \tag{7.23}$$

Diese Differentialgleichung setzt sich zusammen aus einem Diffusionsterm mit Wärmeleitfähigkeit $k(T) > 0$ und einem Transportterm mit der spezifischen Wärme $c_p(T) \geq 0$.

Es gilt nun

$$\inf_{\partial\Omega} T \leq T \leq \sup_{\partial\Omega} T,$$

denn die Gleichung (7.23) ergibt wegen $\operatorname{div}(\rho u) = 0$

$$-k(T)\Delta T - k'(T)|DT|^2 + \rho u \cdot (c_p'(T)TDT + c_p(T)DT) = 0.$$

Mit

$$a_{ii} = k(T) > 0, \quad i = 1,2,3, \quad a_{ij} = 0, \quad i \neq j$$
$$b_i = -k'(T)D_iT + \rho u_i(c_p'(T)T + c_p(T)), \quad i = 1,2,3, \quad c = 0,$$

sind die Voraussetzungen des klassischen Maximumprinzips erfüllt. Auf diese Weise wird überprüft, ob das Modell sinnvoll gewählt ist, denn wenn die Reibung des Gases nicht berücksichtigt wird, so wird die Temperatur nur durch Diffusion und Transport gesteuert, beides sollte keine Extrema im Inneren des Gebiets aufbauen.

Für gleichmäßig elliptische Operatoren läßt sich das Maximumprinzip noch verschärfen.

Satz 7.17 (Starkes Maximumprinzip für klassische Lösungen). *Sei L in (7.21) gleichmäßig elliptisch mit $c = 0$. Für $u \in C^2(\Omega)$ sei $Lu \geq 0$ erfüllt. Wenn u das Minimum im Inneren von Ω annimmt, so ist u konstant.*

Beweis. siehe Übungsaufgabe 7.16. $\square$

Man kann das starke Maximumprinzip so anwenden: Gilt $Lu \geq 0$ in Ω, $u = 0$ auf $\partial\Omega$ und ist $u \neq 0$, so folgt $u > 0$ in Ω.

Ist ein Operator inversmonoton, so gilt auch ein *Vergleichsprinzip* :

$$Lu \leq Lv \ \text{in} \ \Omega, \ u \leq v \ \text{auf} \ \Gamma_D \quad \Rightarrow \quad u \leq v \ \text{in} \ \Omega.$$

Beispiel 7.18. Hier wollen wir das Verhalten der Lösungen von $-\Delta u = f$ in Umgebung einer Ecke studieren. Wir nehmen an, unser Grundgebiet enthalte den Kegel mit Öffnung $0 < \omega \leq 2\pi$

$$\Omega_\omega = \{(r,\phi) : 0 < r < 1, \, 0 < \phi < \omega\},$$

wobei (r,ϕ) die Polarkoordinaten des $\mathbb{R}^2$ sind. Der Rand von Ω_ω setzt sich zusammen aus den Schenkeln Γ_s und dem Bogen Γ_b. Wir betrachten

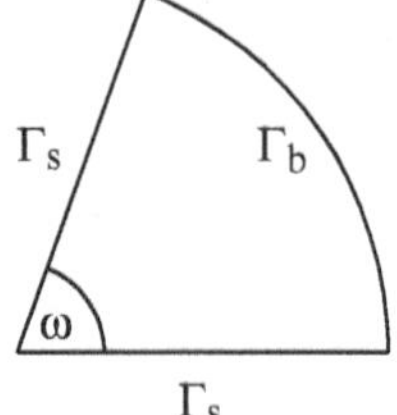

$$-\Delta u = 0 \ \text{ in } \Omega_\omega, \quad u = 0 \ \text{ auf } \Gamma_s, \quad u = g \ \text{ auf } \Gamma_b, \tag{7.24}$$

und setzen g als glatt auf Γ_b voraus mit $g(0) = g(\omega) = 0$

Die Funktion

$$v(r, \phi) = r^{\pi/\omega} \sin \frac{\pi}{\omega} \phi$$

erfüllt $-\Delta v = 0$ in Ω_ω wegen (vergleiche Abschnitt A.6)

$$-\Delta v = -\frac{1}{r} D_r(r D_r v) - \frac{1}{r^2} D_{\phi\phi}^2 v.$$

Ferner gilt $v = 0$ auf Γ_s. Da für glattes g wegen $g(0) = g(\omega) = 0$

$$|g(\phi)| \le c \sin \frac{\pi}{\omega} \phi$$

erfüllt ist, können wir $\pm cv$ als Vergleichsfunktion nehmen und erhalten,

$$|u(r, \phi)| \le c r^{\frac{\pi}{\omega}} \sin \frac{\pi}{\omega} \phi$$

für jede Lösung $u \in C^2(\Omega_\omega) \cap C^0(\overline{\Omega}_\omega)$ von (7.24).

Ist zusätzlich $g > 0$ auf Γ_b erfüllt mit $g'(0), g'(\omega) \ne 0$, so gilt für genügend kleines $m > 0$

$$m \sin \frac{\pi}{\omega} \phi \le g(\phi),$$

also

$$m r^{\pi/\omega} \sin \frac{\pi}{\omega} \phi \le u(r, \phi) \le c r^{\pi/\omega} \sin \frac{\pi}{\omega} \phi.$$

In diesem Fall ist die Lösung nicht regulär, insbesondere $u \notin C^1(\overline{\Omega}_\omega)$, falls $\omega > \pi$.

Ist Ω_ω Teil eines größeren Gebiets Ω und gilt $-\Delta u \ge 0$ in Ω, so folgt aus dem starken Maximumprinzip bereits $g = u|_{\Gamma_b} > 0$ sowie $g'(0), g'(\omega) \ne 0$ (siehe Aufgabe 7.15). Nichtreguläre Lösungen sind bei einspringenden Ecken daher die Regel.

7.6 Die Verfahren von Ritz und Galerkin

Auf einem Hilbert-Raum X mit Produkt $a(\cdot, \cdot)$ betrachten wir für $f \in X'$

$$F(v) = \frac{1}{2} a(v, v) - f(v) \ \rightarrow \ \text{Min} \ \text{ in } X. \tag{7.25}$$

Nach dem Rieszschen Darstellungssatz 2.25 besitzt dieses Problem eine eindeutig bestimmte Lösung $u \in X$, die außerdem die Variationsgleichung

$$a(u, v) = f(v) \quad \forall v \in X \tag{7.26}$$

löst.

Um die Probleme (7.25),(7.26) mit einem Verfahren zu approximieren, setzen wir X als separablen Hilbert-Raum voraus. Dann gibt es endlich dimensionale Unterräume $X_1, X_2, \ldots \subset X$ mit $\dim X_k = k$, die die folgende Eigenschaft besitzen: Zu jedem $v \in X$ und $\varepsilon > 0$ gibt es ein $K \in \mathbb{N}$ und $w_k \in X_k$ mit

$$\|v - w_k\|_X \leq \varepsilon \quad \forall k \geq K. \tag{7.27}$$

Es wird dabei nicht verlangt, daß es eine Inklusion der Form $X_k \subset X_{k+1}$ gibt.

Die *Ritz-Approximation* von (7.25),(7.26) ist definiert durch:

$$\text{Gesucht ist } P_k u \in X_k \text{ mit} \quad a(P_k u, v_k) = f(v_k) \quad \text{für alle } v_k \in X_k. \tag{7.28}$$

Aus der Differenz der Gleichungen (7.26) und (7.28) erhalten wir die *Orthogonalitätsrelation*

$$a(u - P_k u, v_k) = 0 \quad \forall v_k \in X_k,$$

was nichts anderes besagt als $u - P_k u \perp X_k$. Demnach ist $P_k u$ die aus Satz 2.27 wohlbekannte orthogonale Projektion von u in den Raum X_k. Insbesondere ist $P_k u$ die *Bestapproximierende*

$$\|u - P_k u\|_X = \inf_{v_k \in X_k} \|u - v_k\|_X, \tag{7.29}$$

was durch

$$\|u - P_k u\|_X^2 = a(u - P_k u, u - P_k u) = a(u - P_k u, u - v_k) \leq \|u - P_k u\|_X \, \|u - v_k\|_X$$

bewiesen wird. Mit Bedingung (7.27) und Gleichung (7.29) folgt die Konvergenz des Ritzschen Verfahrens $P_k u \to u$ für $k \to \infty$. Ferner ist $P_k u$ auch die Lösung des Minimierungsproblems (7.25) in X_k, denn X_k ist ebenfalls Hilbert-Raum mit dem Skalarprodukt $a(\cdot, \cdot)$.

Für die Berechnung der $P_k u$ verwenden wir eine beliebige Basis $\{\phi_i\}_{i=1,\ldots,k}$ des Raums X_k. Mit $P_k u = \sum_{j=1}^{k} x_j \phi_j$ und den Testfunktionen $v_k = \phi_i$ in (7.28) erhalten wir

$$\sum_{j=1}^{k} a(x_j \phi_j, \phi_i) = f(\phi_i), \quad i = 1, \ldots, k,$$

was äquivalent zur Lösung des linearen Gleichungssystems

$$Ax = b, \quad A = (a(\phi_j, \phi_i))_{i,j=1,\ldots,k}, \quad b = (f(\phi_i))_{i=1,\ldots,k},$$

ist. Wie in Beispiel 2.24 ist die Matrix A symmetrisch und positiv definit. Es dürfte klar sein, daß das Ritzsche Verfahren mehr ein Schema als ein Verfahren ist, weil die Ansatzräume X_k nicht näher spezifiziert sind.

Ist $a(\cdot, \cdot)$ nur eine beschränkte und koerzive Bilinearform auf X, so ist das Problem

$$a(u, v) = f(v) \quad \forall v \in X$$

nach dem Satz von Lax-Milgram 2.29 ebenfalls eindeutig lösbar, allerdings gibt es keine variationelle Charakterisierung wie im symmetrischen Fall. Für endlich dimensionale Unterräume X_k ist die Lösung $P_k u \in X_k$ des *Galerkin-Verfahrens* (eigentlich „Galjorkin") definiert durch

$$a(P_k u, v_k) = f(v_k) \quad \forall v_k \in X_k.$$

Existenz und Eindeutigkeit folgen wieder aus dem Satz von Lax-Milgram. Entwickelt man $P_k u$ nach einer Basis des Raumes X_k, so löst der Koeffizientenvektor das Gleichungssystem $Ax = b$ mit einer nun nicht mehr notwendig symmetrischen Matrix A. Da wir im vorliegenden reellen Fall für die Bilinearform $a(u, u) > 0$ für $u \neq 0$ annehmen können, gilt $(Ax, x) > 0$ für $x \neq 0$. Das Galerkin-Verfahren ist keine orthogonale Projektion, es gilt aber $a(u - P_k u, v_k) = 0$ für alle $v_k \in X_k$ und damit

$$c_e \|u - P_k u\|_X^2 \leq a(u - P_k u, u - P_k u_k) = a(u - P_k u, u - v_k)$$

$$\leq c_b \|u - P_k u\|_X \|u - v_k\|_X,$$

also

$$\|u - P_k u\|_X \leq \frac{c_b}{c_e} \inf_{v_k \in X_k} \|u - v_k\|_X, \tag{7.30}$$

was auch *Ceas Lemma* genannt wird.

7.7 Finite Elemente

Wir kehren zur konkreten Bilinearform

$$a(u, v) = \int_\Omega a_{ij} D_j u D_i v \, dx$$

zurück. Ω ist im folgenden ein ebenes Gebiet und die $a_{ij} \in L^\infty(\Omega)$ seien gleichmäßig elliptisch,

$$\lambda |\xi|^2 \leq a_{ij} \xi_i \xi_j \leq \Lambda |\xi|^2 \quad \forall \xi \in \mathbb{R}^2. \tag{7.31}$$

Für $f \in L^2(\Omega)$ existiert dann die schwache Lösung $u \in H_0^{1,2}(\Omega)$ von

$$a(u, v) = (f, v) \quad \forall v \in H_0^{1,2}(\Omega) \tag{7.32}$$

nach Satz 7.2. Das *Finite Elemente Verfahren* zur Approximation von (7.32) ist das Galerkin-Verfahren mit stückweise polynomialen Ansatzfunktionen, eben den Finiten Elementen, von denen die einfachste Variante im folgenden besprochen wird.

Dazu wird Ω in abgeschlossene Dreiecke $\{\Lambda\}$ unterteilt, $\overline{\Omega}_h = \cup \Lambda$, so daß die folgende Bedingung an die Unterteilung und an die Dreiecke erfüllt ist:

Bedingung R: *Der Durchschnitt zweier Dreiecke ist leer oder besteht aus einer gemeinsamen Kante oder einem gemeinsamen Eckpunkt. Die Eckpunkte auf $\partial\Omega_h$ sind in $\partial\Omega$ enthalten. Jedes Dreieck Λ enthält einen Kreis vom Radius $c_R^{-1}h$ und ist in einem Kreis vom Radius $c_R h$ enthalten, wobei die Konstante c_R unabhängig von der Schrittweite h ist.*

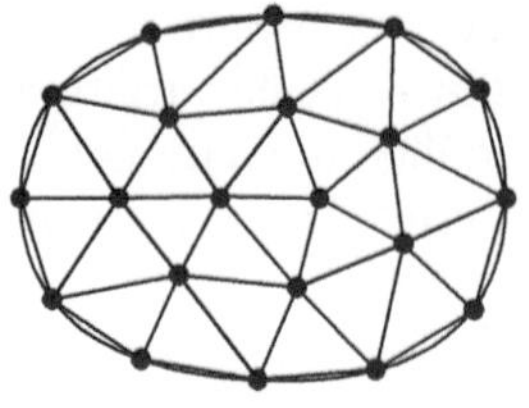

Diese Bedingung schließt Degenerierungen der Dreiecke für $h \to 0$ aus, insbesondere sind die Innenwinkel der Dreiecke nach unten beschränkt durch ein $\alpha > 0$ und nach oben durch ein $\beta < \pi$.

Für konvexes Ω gilt offenbar $\Omega_h \subset \Omega$. In all unseren Abschätzungen darf die generische Konstante c von c_R, aber nicht vom Diskretisierungsparameter h abhängen.

Der einfachste Finite Elemente Raum ist definiert durch

$$S_0 = \left\{ v_h \in C(\overline{\Omega}_h) : v_h|_\Lambda \text{ ist linear und } v_h|_{\partial\Omega_h} = 0 \right\}. \tag{7.33}$$

Wir setzen zunächst $\Omega = \Omega_h$ voraus, was man für jedes polygonale Gebiet Ω erreichen kann. Der allgemeine Fall wird später behandelt. Die Finite Elemente Approximation von (7.32) ist definiert durch: Gesucht ist $P_h u \in S_0$ mit

$$a(P_h u, v_h) = (f, v_h) \quad \forall v_h \in S_0. \tag{7.34}$$

Die *natürliche* oder *nodale Basis* des Raums S_0 läßt sich folgendermaßen konstruieren. Seien $P_1, \ldots, P_N$ die Eckpunkte der Triangulierung $\{\Lambda\}$, die im Inneren von Ω liegen, und seien $\varphi_{h,i} \in S_0$ die Funktionen mit

$$\varphi_{h,i}(P_j) = \delta_{ij},$$

wobei δ_{ij} das Kroneckersche δ bedeutet. Da jede stetige, stückweise lineare Funktion durch ihre Werte an den inneren Eckpunkten und die Nullrandbedingung eindeutig bestimmt ist, sind die $\varphi_{h,i}$ eindeutig festgelegt. Aus dem gleichen Grunde bilden die $\{\varphi_{h,i}\}_{i=1,\ldots,N}$ eine Basis des Raums S_0 und jedes $v_h \in S_0$ kann in der Form

$$v_h(x) = \sum_{i=1}^{N} v_h(P_i)\varphi_{h,i}(x)$$

dargestellt werden. Daher ist die Dimension des Raumes S_0 durch die Anzahl N der inneren Eckpunkte gegeben.

Wegen Satz 5.7 gilt $S_0 \subset H_0^{1,2}(\Omega)$ und (7.34) ist das Galerkin-Verfahren mit dem speziellen Ansatzraum S_0. Zur Bestimmung von $P_h u$ muß wieder $Ax = b$ gelöst werden mit $a_{ij} = a(\varphi_{h,j}, \varphi_{h,i})$ und $b_i = (f, \phi_{h,i})$. Der Träger eines jeden $\varphi_{h,i}$ besteht aus den Dreiecken adjazent zu P_i, sodaß $a(\varphi_{h,j}, \varphi_{h,i})$ verschwindet, wenn die Punkte P_i, P_j nicht benachbart sind. Wenn ein Eckpunkt P_i N_i Nachbarpunkte besitzt, dann enthält die i-te Zeile von A nicht mehr als $N_i + 1$ nichtverschwindende Elemente, demnach ist die Matrix schwach besetzt. Bei konstanten Koeffizienten ist der Integrand von $a(\phi_j, \phi_i)$ stückweise konstant, a_{ij} daher leicht zu berechnen. Bei variablen Koeffizienten und für (f, ϕ_i) werden die Integrale näherungsweise mit einer Kubaturformel berechnet (siehe Aufgabe 6.8).

Für $u \in C(\overline{\Omega})$ definieren wir die *Interpolierende* $I_h u \in S_0$ durch

$$I_h u(x) = \sum_{i=1}^{N} u(P_i) \varphi_{h,i}(x).$$

Die Interpolierende ist die eindeutig bestimmte Funktion in S_0, die mit u in den inneren Knotenpunkten übereinstimmt und am Rande von $\partial\Omega$ verschwindet.

Satz 7.19. *Sei für das Dreieck Λ die Bedingung R erfüllt. Für $u \in H^{2,2}(\Lambda)$ gilt die Fehlerabschätzung*

$$\|D(u - I_h u)\|_{2;\Lambda} \le c_I h \|D^2 u\|_{2;\Lambda}, \tag{7.35}$$

wobei die Konstante c_I nicht von h, aber von c_R aus Bedingung R abhängt.

Beweis. Mit $y_i = h^{-1} x_i$ wird Λ auf ein Dreieck $\hat{\Lambda}$ vom Durchmesser c transformiert. $\hat{\phi}_1, \hat{\phi}_2, \hat{\phi}_3 \in \mathbb{P}_1(\hat{\Lambda})$ seien die zugehörigen lokalen Basisfunktionen mit $\hat{\phi}_i(\hat{P}_j) = \delta_{ij}$, wobei $\hat{P}_i$ die Eckpunkte des Dreiecks $\hat{\Lambda}$ bezeichnet. Die Interpolierende ist dann definiert durch $\hat{I}\hat{u}(y) = \sum \hat{u}(\hat{P}_i)\hat{\phi}_i(y)$. Bedingung R sorgt dafür, daß die so entstehenden Dreiecke gleichmäßig lipschitz sind, d.h. die Lipschitzkonstanten der h_j in der Definition des Lipschitzgebiets hängen nur von c_R ab. Nach Satz 6.11 und Satz 6.25 gilt daher $\|\hat{u}\|_{\infty;\hat{\Lambda}} \le c\|\hat{u}\|_{2,2;\hat{\Lambda}}$, woraus die *Stabilität* der Interpolierenden folgt,

$$\|D\hat{I}\hat{u}\|_{2;\hat{\Lambda}} = \Big\| \sum_{i=1}^{3} \hat{u}(\hat{P}_i) D\hat{\phi}_i \Big\|_{2;\hat{\Lambda}} \le c\|\hat{u}\|_{\infty;\hat{\Lambda}} \le c\|\hat{u}\|_{2,2;\hat{\Lambda}}.$$

Für lineares $\hat{p}$ gilt wegen $\hat{I}\hat{p} = \hat{p}$

$$\|D(\hat{u} - \hat{I}\hat{u})\|_{2;\hat{\Lambda}} \le \|D(\hat{u} - \hat{p})\|_{2;\hat{\Lambda}} + \|D\hat{I}(\hat{u} - \hat{p})\|_{2;\hat{\Lambda}}$$

$$\le (1 + c)\|\hat{u} - \hat{p}\|_{2,2;\hat{\Lambda}}.$$

Wir wählen $\hat{p}$ so, daß $\int D^\alpha \hat{u}\, dy = \int D^\alpha \hat{p}\, dy$ für $|\alpha| \le 1$ (siehe Aufgabe 6.7a)). Dann folgt aus der Poincaré-Ungleichung 6.23 und $D^2\hat{p} = 0$

$$\|D(\hat{u} - \hat{I}\hat{u})\|_{2;\hat{\Lambda}} \le c\|D^2\hat{u}\|_{2;\hat{\Lambda}} \quad \forall \hat{u} \in H^{2,2}(\hat{\Lambda}).$$

Rücktransformation liefert wegen $D_y = hD_x$ die behauptete Abschätzung. $\qquad\Box$

Dieser Beweis verwendet nur konstruktiv bewiesene Sätze. Die Konstante c_I in (7.35) ist daher moderat.

Durch Quadrieren von (7.35) und Summation über Λ folgt

$$\|D(u - I_h u)\|_{2;\Omega} \leq c_I h \|D^2 u\|_{2;\Omega}. \tag{7.36}$$

Satz 7.19 läßt sich auf Dreiecke verallgemeinern, deren größter Innenwinkel von π wegbeschränkt ist (siehe [AD92]). Von der Bedingung an den größten Innenwinkel kann man jedoch nicht abgehen, wie das folgende Beispiel zeigt. Wir betrachten das Dreieck mit den Eckpunkten

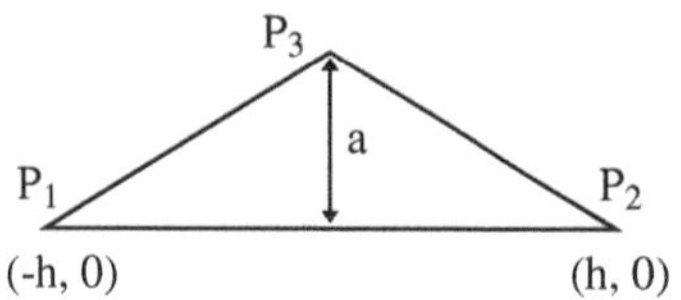

$P_1 = (-h, 0)$, $P_2 = (h, 0)$ und $P_3 = (0, a)$. Für $a \ll h$ hat dieses Dreieck im Punkt P_3 einen großen Innenwinkel. Für die lineare Interpolierende $I_h u$ der Funktion $u(x_1, x_2) = x_1^2$ gilt $D_2 I_h u = -h^2/a$, wegen $D_2 u = 0$ also

$$D_2(u - I_h u) = \frac{h^2}{a} \to \infty \quad \text{für } a \to 0.$$

Definition 7.20. *Das Problem (7.32) heißt* 2-regulär, *wenn für jedes $f \in L^2(\Omega)$ die schwachen Lösungen u, u' von*

$$a(u, v) = (f, v) \quad \forall v \in H_0^{1,2}(\Omega), \quad a(v, u') = (f, v) \quad \forall v \in H_0^{1,2}(\Omega),$$

existieren und im Raum $H^{2,2}(\Omega)$ liegen mit $\|D^2 u\|_{2;\Omega}, \|D^2 u'\|_{2;\Omega} \leq c_r \|f\|_{2;\Omega}$.

Da Ω noch als Polygongebiet vorausgesetzt ist, können wir nur Satz 7.6 anwenden. Demnach ist $-D_i(a D_i u) = f$ 2-regulär, wenn Ω konvex und $a \in H^{1,p}(\Omega)$, $p > 2$, ist. Im Fall des Laplace-Operators gilt $c_r = 1$.

Wie in Beispiel 8.19(i) gezeigt wird, folgt die Existenz von $u' \in H_0^{1,2}(\Omega)$ aus einem allgemeinen Prinzip und braucht nicht vorausgesetzt zu werden, sofern die schwache Lösung u immer existiert[1].

c_b sei eine Schranke für die Bilinearform a. Ist a symmetrisch, so kann wegen der Cauchy-Ungleichung $c_b = \Lambda$ mit Λ aus (7.31) gewählt werden.

Satz 7.21. *Sei die Elliptizitätsbedingung (7.31) erfüllt. Ist das Problem (7.32) auf dem Polygongebiet Ω 2-regulär, so gelten für das Finite Elemente Verfahren (7.34) die Fehlerabschätzungen*

---

[1] Dagegen ist es eine offene Frage, ob die Regularität von u in $H^{2,2}(\Omega)$ auch die Regularität von u' nach sich zieht. In der Literatur wird dies meist als richtig angesehen und z.B. aus [LM72, S. 155ff.] entnommen. Dort werden jedoch der Rand des Gebiets und die Koeffizienten als unendlich oft differenzierbar vorausgesetzt. Bei praktischen Anwendungen wie der Konvergenz der Finite Elemente Methode spielt die Differenzierbarkeit der Daten aber eine große Rolle. In dieser Hinsicht erweist sich der Beweis aus [LM72] als ausgesprochen ungünstig, es ist daher besser, mit den in den vorigen Abschnitten dargestellten Methoden die Regularität von u' separat zu beweisen.

$$\|D(u - P_h u)\|_{2;\Omega} \leq \frac{c_0}{\lambda} h \|f\|_{2;\Omega}, \quad \|u - P_h u\|_{2;\Omega} \leq \frac{c_0^2}{\lambda} h^2 \|f\|_{2;\Omega},$$

mit $c_0 = c_b c_I c_r$.

Beweis. Die Elliptizität (7.31) liefert für die Bilinearform

$$\lambda \|Du\|_{2;\Omega}^2 \leq a(u, u),$$

daher mit Cea's Lemma (7.30) sowie (7.36) und der 2-Regularität

$$\|D(u - P_h u)\|_{2;\Omega} \leq \frac{c_b}{\lambda} \inf_{v_h \in S_0} \|D(u - v_h)\|_{2;\Omega} \leq \frac{c_b}{\lambda} \|D(u - I_h u)\|_{2;\Omega}$$

$$\leq \frac{c_b}{\lambda} c_I h \|D^2 u\|_{2;\Omega} \leq \frac{c_b}{\lambda} c_I c_r h \|f\|_{2;\Omega}.$$

Für die L^2-Abschätzung verwenden wir das sogenannte Dualitätsargument. Sei $w \in H_0^{1,2}(\Omega)$ die Lösung von

$$a(v, w) = (u - P_h u, v) \quad \forall v \in H_0^{1,2}(\Omega). \tag{7.37}$$

w existiert und ist eindeutig bestimmt, aus der 2-Regularität folgt ferner $w \in H^{2,2}(\Omega)$ mit

$$\|D^2 w\|_{2;\Omega} \leq c_r \|u - P_h u\|_{2;\Omega}. \tag{7.38}$$

Wir setzen $v = u - P_h u$ in (7.37) ein und nutzen die Fehlerbeziehung $a(u - P_h u, v_h) = 0$ aus,

$$\|u - P_h u\|_{2;\Omega}^2 = a(u - P_h u, w) = a(u - P_h u, w - I_h w)$$

$$\leq c_b \|D(u - P_h u)\|_{2;\Omega} \|D(w - I_h w)\|_{2;\Omega}.$$

Mit der Interpolationsfehlerabschätzung (7.36) und (7.38) folgt

$$\|u - P_h u\|_{2;\Omega}^2 \leq c_b c_I h \|D(u - P_h u)\|_{2;\Omega} \|D^2 w\|_{2;\Omega}$$

$$\leq c_b c_I c_r h \|D(u - P_h u)\|_{2;\Omega} \|u - P_h u\|_{2;\Omega}.$$

Division durch $\|u - P_h u\|_{2;\Omega}$ liefert die behauptete Fehlerabschätzung. $\qquad \square$

In Beispiel 8.43 wird gezeigt, daß diese Fehlerabschätzung abgesehen von einem konstanten Faktor von keinem anderen Ansatzraum X_k des Galerkin-Verfahrens übertroffen werden kann. Es sei noch angemerkt, daß die L^2-Fehlerabschätzung ein grundlegendes Prinzip der Numerik verletzt, daß nämlich die Konvergenzeigenschaften nur durch das Verfahren, aber nicht durch das zu approximierende Problem bestimmt werden („Aus Stabilität und Konsistenz folgt sogleich die Konvergenz", Stabilität und Konsistenz sind Eigenschaften des Verfahrens). Die reduzierten Konvergenzraten bei einspringenden Ecken in Aufgabe 7.20 stellen sich bei numerischen Tests genau ein, sie sind daher nicht beweistechnisch bedingt.

Betrachten wir nun allgemeinere Gebiete Ω. Ist Ω konvex, so gilt $\Omega_h \subset \Omega$ und wir können die Elemente von S_0 in der Definition (7.33) durch Null auf Ω fortsetzen. Damit gilt $S_0 \subset H_0^{1,2}(\Omega)$ und die Finite Elemente Methode ist immer noch ein Galerkin-Verfahren, insbesondere gilt Cea's Lemma und damit die Fehlerabschätzung für den Gradienten. Für allgemeinere Ω verläßt die Finite Elemente Methode den Kontext des Galerkin-Verfahrens, weil nun die Räume S_0 und $H_0^{1,2}(\Omega)$ inkompatibel sind. Man nennt das Verfahren dann *nichtkonform*. Bei 2-regulären Problemen bleibt Satz 7.21 dennoch richtig, weil die kontinuierliche Randbedingung durch das Verfahren nur leicht verletzt wird (siehe [Dob, S. 43ff.]).

Jedes Verfahren zur Approximation von Differentialgleichungen besteht aus einem Ansatzraum und einem Variationsprinzip, durch das die diskrete Lösung im Ansatzraum bestimmt wird. Für eine Übersicht über weitere mögliche Variationsprinzipien sei auf [Bra92], [Cia78] und [Vel76] verwiesen.

Aufgaben

7.1. (2) Eine stationäre Wärmeverteilung kann durch die Poisson-Gleichung

$$(*) \qquad\qquad -k\Delta u = 0$$

beschrieben werden. Oft (z. B. bei Gasen) hängt die Wärmeleitfähigkeit k auch von der Temperatur ab, als Modell kommt daher

$$-\operatorname{div}(k(v)\nabla v) = 0$$

in Betracht mit einer Funktion $k : \mathbb{R} \to \mathbb{R}$, $k > 0$. Diese Gleichung ist nun nichtlinear in v. Wie läßt sie sich auf die lineare Gleichung $(*)$ transformieren?

Hinweis: Verwenden Sie $u(x) = \int_0^{v(x)} k(\xi)\, d\xi$.

7.2. (3) Sei $\Omega \subset \mathbb{R}^3$ ein Körper im Ruhezustand, der unter einer Kraft f ausgelenkt wird, $u = Id + v$ sei die zugehörige Abbildung, $v = (v_1, v_2, v_3)^T$ heißt *Verschiebung*. Im einfachsten Fall genügt v dem Variationsprinzip

$$F(v) = \int_\Omega \left\{ \lambda |\operatorname{div} v|^2 + 2\mu |\underline{D}v|^2 - 2fv \right\} dx \;\longrightarrow\; \text{Min}$$

unter der Randbedingung $v = 0$ auf $\partial\Omega$. $\mu, \lambda > 0$ sind hier Materialkonstanten, $\underline{D}u = \frac{1}{2}(Du + Du^T)$ ist der symmetrische Anteil von Du.

a) Bestimmen Sie eine Konstante $m > 0$ mit

$$m \int_\Omega |Du|^2\, dx \leq \int_\Omega |\underline{D}u|^2\, dx \quad \forall u \in H_0^{1,2}(\Omega)^3.$$

b) Beweisen Sie Existenz und Eindeutigkeit für das Variationsproblem und leiten Sie die notwendige Bedingung in starker und schwacher Form her.

Bemerkung: In starker Form erhalten wir ein System von drei partiellen Differentialgleichungen, die *elastische Gleichungen* genannt werden.

In a) ist bemerkenswert, daß 9 partielle Ableitungen von nur 6 Termen in $\underline{D}u$ kontrolliert werden.

7.3. (3) Für das reine Neumann-Problem

$$-\Delta u = f \quad \text{in } \Omega, \quad D_\nu u = 0 \quad \text{auf } \partial\Omega,$$

beweise man: Für $f \in L^2(\Omega)$ mit $\int_\Omega f(x)\,dx = 0$ gibt es eine schwache Lösung u, die bis auf eine Konstante eindeutig bestimmt ist. Für $\int_\Omega f(x)\,dx \neq 0$ ist das Neumann-Problem unlösbar.

Hinweis: Verwenden Sie den Raum

$$X = \{u \in H^{1,2}(\Omega) : \int_\Omega u\,dx = 0\}.$$

7.4. (2) Sei $\Omega \subset \mathbb{R}^3$. Man bestimme die optimalen r und s, so daß die Bilinearform

$$a(u,v) = \int_\Omega \{a_{ij} D_j u D_i v + b_i D_i u v + cuv\}\,dx$$

für $b_i \in L^r$, $c \in L^s$ auf $H_0^{1,2}(\Omega)$ beschränkt ist.

7.5. (3) Im unendlichen Streifen $\Omega = (0,1) \times \mathbb{R} \subset \mathbb{R}^2$ betrachten wir das Problem $-\Delta u = f$ in Ω, $u = 0$ auf $\partial\Omega$.

a) Zeigen Sie: Für $f \in L^2(\Omega)$ hat das Problem genau eine schwache Lösung $u \in H_0^{1,2}(\Omega)$ mit $\|u\|_{1,2;\Omega} \leq c\|f\|_{2;\Omega}$.

b) Geben Sie unendlich viele linear unabhängige Lösungen $u \in C^2(\overline{\Omega})$ für das homogene Problem $-\Delta u = 0$ in Ω, $u = 0$ auf $\partial\Omega$ an.

7.6. (4) Seien (r,ϕ) Polarkoordinaten des $\mathbb{R}^2$ und sei

$$\Omega = \{x = (r,\phi) : 0 < r < \infty, 0 < \phi < \omega\}$$

der unendliche Kegel mit Öffnung $0 < \omega \leq 2\pi$. Zeigen Sie, daß die Aufgabe $-\Delta u = f$ in Ω, $u = 0$ auf $\partial\Omega$ für alle $f \in C_0^\infty(\Omega)$ unter der Bedingung $Du \in L^2(\Omega)^2$ eindeutig lösbar ist.

7.7. (3) Für $k \in \mathbb{N}$ lautet das erste Randwertproblem für den *polyharmonischen Operator* in starker Form

$$(-1)^k \Delta^k u = f \quad \text{in } \Omega, \quad D^\alpha u = 0 \quad \text{auf } \partial\Omega \quad \text{für } 0 \leq |\alpha| \leq k-1.$$

Man schreibe dieses Problem in schwacher Form und beweise Existenz und Eindeutigkeit für $f \in L^2$.

7.8. (3) Sei für $1 < p < \infty$

$$F(v) = \int_\Omega \left(\frac{1}{p}|Dv|^p - fv\right) dx.$$

Zeigen Sie, daß das Problem $F(v) \to \text{Min}$ in $H_0^{1,p}(\Omega)$ für $f \in L^\infty(\Omega)$ eine Lösung besitzt. Bestimmen Sie auch die zugehörige Variationsgleichung und starke Formulierung.

7.9. (2) Für $f_i \in L^2(\Omega)$ sei $u \in H_0^{1,2}(\Omega)$ die eindeutig bestimmte Lösung von

$$(Du, Dv) = (f_i, D_i v) \quad \forall v \in H_0^{1,2}(\Omega).$$

Seien $N^{s,p}(\Omega)$ die Nikolski-Räume aus Abschnitt 6.13. Beweisen Sie: Für $\partial\Omega \in C^2$ und $f_i \in N^{s,2}(\Omega)$, $0 < s \leq 1$, liegt die Lösung u im Raum $N^{1+s,2}(\Omega)$ mit $\|u\|_{N^{1+s,2}(\Omega)} \leq c \max_i \|f_i\|_{N^{s,2}(\Omega)}$.

7.10. (3) In dieser Aufgabe wollen wir das Verhalten von Lösungen elliptischer Gleichungen in Umgebung von Kanten untersuchen. Als Modellproblem betrachten wir das Kantengebiet

$$\Omega = K_{\omega,R} \times (-1, 1)$$

mit

$$K_{\omega,R} = \{(r,\phi) \;:\; 0 < r < R, \quad 0 < \phi \leq \omega\}$$

und $0 < \omega \leq 2\pi$. $u \in H^{1,2}(\Omega)$ erfülle

$$(Du, Dv) = (f, v) \quad \forall v \in H_0^{1,2}(\Omega).$$

Wir untersuchen die Regularität bezüglich der Kante nur lokal, also zum Beispiel in $\Omega_0 = K_{\omega,R/2} \times (-\frac{1}{2}, \frac{1}{2})$. Sei $f \in H^{m,2}(\Omega)$. Welche Ableitungen liegen in $L^2(\Omega_0)$? Was läßt sich über die Singularitäten von u aussagen?

7.11. (3) Seien $F_0, F_1, \ldots, F_n : \mathbb{R}^n \to \mathbb{R}$ stetig differenzierbare Funktionen. Für das Problem $-D_i F_i(Du) = F_0(Du)$ gelten die Elliptizitäts- und Wachstumsbedingungen

$$\lambda|\xi|^2 \leq F_{ij}(p)\xi_i\xi_j \leq \Lambda|\xi|^2 \quad \forall \xi \in \mathbb{R}^n \quad \forall p \in \mathbb{R}^n,$$

$$|F_0(p)| \leq c(1 + |p|) \quad \forall p \in \mathbb{R}^n,$$

wobei

$$F_{ij}(p) = \frac{\partial}{\partial p_j} F_i(p).$$

$u \in H^{1,2}(\Omega)$ sei eine schwache Lösung, d.h.

$$(F_i(Du), D_i v) = (F_0(Du), v) \quad \forall v \in H_0^{1,2}(\Omega).$$

Zeigen Sie für $\Omega_0 \subset\subset \Omega$, daß $u \in H^{2,2}(\Omega_0)$.

Hinweis: Verwenden Sie Differenzenquotienten und die Profi-Version des Mittelwertsatzes

$$f(x) - f(y) = \int_0^1 Df(tx + (1 - t)y)(x - y)\, dt.$$

7.12. (2) Sei $\Omega \subset \mathbb{R}^2$ konvex. Zeigen Sie, daß dann die Norm

$$\|u\|_{2,2}'' = (\|\Delta u\|_2^2 + \|u\|_2^2)^{1/2}$$

zur $\|\cdot\|_{2,2}$-Norm auf $H^{2,2}(\Omega) \cap H_0^{1,2}(\Omega)$ äquivalent ist.

7.13. (3) Eine reguläre Matrix $A \in \mathbb{R}^{n \times n}$ heißt *inversmonoton*, wenn für die Lösung $x \in \mathbb{R}^n$ von $Ax = b$ mit $b \geq 0$ ebenfalls $x \geq 0$ gilt. Das Zeichen $\geq$ ist hier komponentenweise zu verstehen. Die Inversmonotonie ist offenbar zu $A^{-1} \geq 0$ äquivalent. Ein einfaches, allerdings nur hinreichendes Kriterium dazu bietet der folgende Satz:

Satz. *$A \in \mathbb{R}^{n \times n}$ genüge den Bedingungen:*

(a) *A regulär,*   (b) *$a_{ii} > 0$, $a_{ij} \leq 0$ für $i \neq j$,*   (c) *$a_{ii} \geq \sum\limits_{j \neq i} |a_{ij}|$.*

Dann ist A invers monoton.

Beweisen Sie den Satz!

7.14. (3) Sei $Lu = -a_{ij}(x)D_{ij}^2 u + b_i(x)D_i u$ elliptisch. Der zugehörige *parabolische Operator* ist dann $u_t + Lu$, der definiert ist für Funktionen $u(x,t)$, $x \in \Omega$, $t \geq 0$, mit u stetig bis zum Rand, einmal stetig differenzierbar bezüglich t und zweimal stetig differenzierbar bezüglich x. Interpretiert man das elliptische Problem $Lu = f$ als stationäre Wärmeverteilung, so beschreibt das parabolische Problem den Wärmefluß in der Zeit. Beweisen Sie für den parabolischen Operator das Maximumprinzip in der Form

$$u_t + Lu \geq 0 \quad \Rightarrow \quad \inf_{\Omega \times (0,T)} u \geq \inf_{\Omega \times \{0\} \cup \partial\Omega \times [0,T]} u,$$

Schließen Sie hieraus, daß das Anfangs-, Randwertproblem

$$u_t + Lu = f \ \text{ in } \Omega \times (0,T], \quad u = g \ \text{ auf } \partial\Omega \times [0,T], \quad u(x,0) = u_0(x) \ \text{ in } \Omega,$$

höchstens eine Lösung besitzt.

7.15. (4) Sei $\Omega \subset \mathbb{R}^n$ ein Gebiet. Ein Punkt $x_0 \in \partial\Omega$ genügt einer *Innenkugelbedingung*, wenn es eine offene Kugel $B \subset \Omega$ gibt mit $x_0 \in \partial B$.

Sei $Lu = -a_{ij}(x)D_{ij}^2 u + b_i(x)D_i u$ gleichmäßig elliptisch mit beschränkten Koeffizienten und für $u \in C^2(\Omega)$ sei $Lu \geq 0$ in Ω. Weiter seien die folgenden Bedingungen erfüllt:

(a) $x_0 \in \partial\Omega$ genügt einer Innenkugelbedingung,

(b) $u(x_0) < u(x)$ für alle $x \in \Omega$,

(c) u ist stetig in x_0.

Zeigen Sie, daß dann $D_\nu u(x_0) < 0$ erfüllt ist, sofern die Normalableitung existiert. *Hinweis:* Sei $B_R(y) \subset \Omega$ die von der Innenkugelbedingung garantierte Kugel mit Randpunkt x_0. Verwenden Sie die Funktion

$$v(x) = \mathrm{e}^{-\alpha r^2} - \mathrm{e}^{-\alpha R^2},$$

wobei $r = |x - y|$. Zeigen Sie, daß für genügend großes α gilt $Lv < 0$ in $B_R(y) \setminus B_\rho(y)$ für ein ρ zwischen 0 und R. Untersuchen Sie dann die Funktion $u(x) - u(x_0) - \varepsilon v$ in $B_R(y) \setminus B_\rho(y)$.

7.16. (3) Beweisen Sie das starke Maximumprinzip 7.17 mit Hilfe von Aufgabe 7.15 mit einem indirekten Beweis.

7.17. (3) Sei L der Operator in (7.21). Es wird vorausgesetzt, daß er beschränkte Koeffizienten besitzt, der Bedingung $c \geq 0$ genügt, sowie gleichmäßig elliptisch ist,

$$a_{ij}(x)\xi_i\xi_j \geq \lambda|\xi|^2 \quad \forall \xi \in \mathbb{R}^n \ \forall x \in \Omega.$$

Beweisen Sie für jede klassische Lösung von $Lu = f$ die Abschätzung

$$\|u\|_{\infty;\Omega} \leq \|u\|_{\infty;\partial\Omega} + c\|f\|_{\infty;\Omega}.$$

7.18. (2) Sei $\Omega \subset \mathbb{R}^2$ im Einheitskreis enthalten. Geben Sie eine von $K = \|f\|_{\infty;\Omega}$ abhängende Abschätzung der Form $|u(x)| \leq v(x)$ an für die Lösung u des Problems

$$-\Delta u = f \ \text{ in } \Omega, \quad u = 0 \ \text{ auf } \partial\Omega,$$

Bemerkung: Im Gegensatz zur Aufgabe 7.17 soll man hier realistische Abschätzungen anstreben und für v ein quadratisches Polynom verwenden. Weicht das Grundgebiet nicht sehr vom Kreis ab, erhält man einen guten Eindruck von der Größenordnung der Lösung. Man teste das Ergebnis an $-\Delta u = 1$ im Einheitsquadrat mit Nullrandbedingung, im Mittelpunkt gilt dann $u = 0.07\ldots$.

7.19. (3) Beweisen Sie für einen reellen, separablen Hilbert-Raum den Satz von Lax-Milgram mit dem Galerkin-Verfahren.

7.20. (4) Das Polygongebiet $\Omega \subset \mathbb{R}^2$ besitze eine einspringende Ecke im Nullpunkt mit innerem Winkel ω, $\pi < \omega < 2\pi$. O.B.d.A. kann vorausgesetzt werden, daß $B_1(0)$ den Rand von Ω nur in den anliegenden Schenkeln der einspringenden Ecke schneidet. Sei τ eine Abschneidefunktion bezüglich $\{\tilde{B}_{1/2}(0), B_1(0)\}$. Für die Lösung von $-\Delta u = f$ in Ω, $u = 0$ auf $\partial\Omega$, ist in diesem Fall bekannt, daß

$$u = ks + w \quad \text{mit } s(r,\phi) = \tau(r)r^{\pi/\omega}\sin\frac{\pi}{\omega}\phi,$$

mit dem *Spannungskonzentrationsfaktor* $k = k(f) \in \mathbb{R}$, der *Singulärfunktion s* und dem *regulären Anteil* $w \in H^{2,2}(\Omega)$. Es gilt

$$\|D^2 w\|_{2;\Omega} + |k(f)| \leq c\|f\|_{2;\Omega}.$$

a) Beweisen Sie für die Finite Elemente Methode auf einer Triangulierung, die der Bedingung R genügt, die Fehlerabschätzungen

$$\|D^k(u - P_h u)\|_{2;\Omega} \leq ch^{(2-k)\pi/\omega}\|f\|_{2;\Omega}, \quad k = 0, 1.$$

b) Erweitern Sie S_0 um s und beweisen Sie für die Finite Elemente Approximation $\tilde{P}_h u$ im Raum $S_0 \oplus s$

$$\|D^k(u - \tilde{P}_h u)\|_{2;\Omega} \leq ch^{(2-k)}\|f\|_{2;\Omega}, \quad k = 0, 1.$$

Einführung in die Operatorenrechnung und Spektraltheorie

8.1 Spektrum und Resolventenmenge

In diesem Abschnitt bezeichnen wir mit X, Y komplexe Banach-Räume.

Eine Grundfrage, die zur Entwicklung der Spektraltheorie führt, ist die Lösungstheorie für die Gleichung $Tx - \lambda x = y$ für $T \in \mathcal{L}(X)$. Im $\mathbb{C}^n$ entspricht dies dem linearen Gleichungssystem $Ax - \lambda x = y$ mit einer $(n \times n)$-Matrix A. Die Lösungstheorie ist hier einfach. Mit $\mathcal{N}(B)$ bezeichnen wir den Nullraum einer Matrix B und setzen $B^H = \overline{B}^T$. Dann gilt:

Es gibt immer genau eine Lösung, wenn die Matrix $A - \lambda Id$ regulär ist, wenn also λ kein Eigenwert von A ist. $\qquad(8.1)$

Ist λ ein Eigenwert von A, so ist $Ax - \lambda x = y$ genau dann lösbar, wenn $y \perp \mathcal{N}(A^H - \overline{\lambda}Id)$ ist. $\qquad(8.2)$

Implizit wird in dieser Theorie an zahlreichen Stellen verwendet, daß der $\mathbb{C}^n$ ein endlich dimensionaler Raum ist. Z.B. ist eine lineare Abbildung schon dann bijektiv, wenn sie injektiv oder surjektiv ist.

Es fragt sich also, inwieweit diese Theorie auch auf Operatoren im Banach-Raum X übertragen werden kann. Die Aussage (8.1) ist jedenfalls in dieser allgemeinen Form nicht richtig. Als Gegenbeispiel nehmen wir den Folgenraum l_2 und den Shiftoperator

$$(S_r x)(i) = x(i-1) \ \text{ für } i \geq 2, \quad (S_r x)(1) = 0 \qquad(8.3)$$

(vergleiche Aufgabe 2.14). Offenbar ist die Gleichung $S_r x = e_1$ unlösbar, aber $\lambda = 0$ ist kein Eigenwert von S_r. Damit ist die Aussage, daß ein nichtregulärer Operator den Eigenwert $\lambda = 0$ besitzen muß, nicht richtig. Die folgende Definition schafft hier Klarheit.

Definition 8.1. *Sei $T \in \mathcal{L}(X)$ und $T_\lambda = T - \lambda Id$. Wenn T_λ injektiv ist, so bezeichnen wir mit R_λ die Inverse von T_λ. R_λ ist dann auf dem Bildbereich von T_λ definiert und heißt* Resolventenoperator.

M. Dobrowolski, *Angewandte Funktionalanalysis*, Springer-Lehrbuch Masterclass, 2nd ed., DOI 10.1007/978-3-642-15269-6_8, © Springer-Verlag Berlin Heidelberg 2010

Sei $T \in \mathcal{L}(X)$. $\lambda \in \mathbb{C}$ heißt regulär *bezüglich T, wenn der Resolventenoperator R_λ auf ganz X definiert ist. Wegen des Satzes vom inversen Operator ist R_λ in diesem Fall stetig, daher $R_\lambda \in \mathcal{L}(X)$. Die Menge*

$$\rho(T) = \big\{ \lambda \in \mathbb{C} : \lambda \text{ ist regulär bezüglich } T \big\}$$

heißt Resolventenmenge *von T.*

Das Komplement der Resolventenmenge $\sigma(T) = \mathbb{C} \setminus \rho(T)$ heißt Spektrum *von T, die Elemente von $\sigma(T)$ heißen* Spektralwerte. *$\sigma(T)$ wird in drei disjunkte Mengen unterteilt:*

(a) Punktspektrum:

$$\sigma_p(T) = \big\{ \lambda \in \sigma(T) : R_\lambda \text{ existiert nicht, d.h. } T_\lambda \text{ ist nicht injektiv} \big\}$$

Da T_λ linear ist, gilt für den Nullraum in diesem Fall $\mathcal{N}(T_\lambda) \neq \{0\}$. $\lambda \in \mathbb{C}$ heißt daher Eigenwert *von T, $\mathcal{N}(T_\lambda)$ ist der* Eigenraum *zu λ, $\dim \mathcal{N}(T_\lambda)$ ist die* Vielfachheit *von λ.*

(b) Kontinuierliches Spektrum:

$$\sigma_c(T) = \big\{ \lambda \in \sigma(T) : R_\lambda \text{ existiert, ist auf einer dichten Teilmenge von } X$$
$$\text{definiert und dort unstetig} \big\}$$

(c) Residuenspektrum:

$$\sigma_r(T) = \big\{ \lambda \in \sigma(T) : R_\lambda \text{ existiert, ist aber nicht auf einer dichten Teilmenge}$$
$$\text{von } X \text{ definiert} \big\}$$

Jeder Eigenwert ist damit Spektralwert, aber die Umkehrung ist nach dem obigen Beispiel falsch.

Es gilt nun

$$\sigma(T) = \sigma_p(T) \cup \sigma_c(T) \cup \sigma_r(T)$$

mit drei disjunkten Mengen auf der rechten Seite. Zum Beweis dieser Identität sei angemerkt, daß der Fall eines dicht definierten, aber stetigen Resolventenoperators nicht vorkommen kann. Nach Satz 2.14 kann nämlich dann der Resolventenoperator zu einem stetigen Operator $\tilde{R}_\lambda$ auf ganz X fortgesetzt werden. Zu $y \in X \setminus \mathcal{R}(T_\lambda)$ gibt es eine Folge $y_k \in \mathcal{R}(T_\lambda)$ mit $y_k \to y$. Wegen der Stetigkeit von $\tilde{R}_\lambda$ folgt $x_k = \tilde{R}_\lambda y_k \to \tilde{R}_\lambda y = x$. Die Stetigkeit von T_λ führt dann zu $T_\lambda x_k \to T_\lambda x = y$ und damit zu einem Widerspruch.

Beim Residuenspektrum wird keine Aussage darüber gemacht, ob der Resolventenoperator auf dem Bildbereich von R_λ stetig ist oder nicht. Der Name „Kontinuierliches Spektrum" rührt daher, daß solche Spektralwerte meist kontinuierlich vorkommen, beispielsweise ein ganzes reelles Intervall einnehmen können.

Beispiele 8.2 (i) Sei $X = l_2$ und S_r der Shiftoperator aus (8.3). Offenbar ist S_r injektiv, aber nicht surjektiv und es gilt $\|S_r\|_{l_2 \to l_2} = 1$. Die Inverse ist auf der Menge der $x \in l_2$ mit $x(1) = 0$ definiert und dort auch stetig, aber dieser Definitionsbereich liegt nicht dicht in l_2. Demnach gehört $\lambda = 0$ zum Residuenspektrum von S_r.

(ii) Sei $X = C^0(\overline{\Omega})$ für ein beschränktes Gebiet $\Omega \subset \mathbb{R}^n$ und sei $T : X \to X$ definiert durch $Tu = uv$ für ein $v \in X$. Es gilt

$$\|Tu\|_\infty = \|uv\|_\infty \le \|v\|_\infty \|u\|_\infty.$$

Daher ist $T \in \mathcal{L}(X)$ mit $\|T\| \le \|v\|_\infty$. Der Wertebereich von v auf $\overline{\Omega}$ besteht aus einer kompakten Menge $A \subset \mathbb{C}$. Die Gleichung

$$(v - \lambda)u = w \tag{8.4}$$

besitzt die formale Lösung $u = w/(v-\lambda)$. Damit ist $\sigma(T) = A$ und $\rho(T) = \mathbb{C} \setminus A$. Wenn $v^{-1}(\lambda)$, also die Urbildmenge von λ, ein nichtleeres Inneres besitzt, so sind alle Funktionen mit Träger in diesem Inneren Eigenvektoren. λ ist daher Eigenwert. Andernfalls ist die Gleichung (8.4) höchstens für diejenigen $w \in X$ lösbar mit $w(x) = 0$ für $x \in v^{-1}(\lambda)$. Diese Menge liegt aber nicht dicht in X. Damit gehören diese λ zum Residuenspektrum von T.

8.2 Struktur der Resolventenmenge und des Resolventenoperators

Der folgende Störungssatz zeigt, daß die Menge der bijektiven Operatoren offen in $\mathcal{L}(X, Y)$ ist.

Lemma 8.3. *Der Operator $A \in \mathcal{L}(X, Y)$ sei bijektiv. Wenn für $B \in \mathcal{L}(X, Y)$ gilt*

$$\|A - B\|_{X \to Y} < \frac{1}{\|A^{-1}\|_{Y \to X}},$$

so ist auch B bijektiv und

$$B^{-1} = \sum_{k=0}^{\infty} \left(A^{-1}(A - B)\right)^k A^{-1}. \tag{8.5}$$

Beweis. Wir können B darstellen durch

$$B = A(Id - A^{-1}(A - B)) = AS$$

und müssen zeigen, daß die beiden Faktoren bijektiv in $\mathcal{L}(X, Y)$ beziehungsweise in $\mathcal{L}(X)$ sind. Von A wurde dies vorausgesetzt, für S verwenden wir die Neumannsche Reihe und setzen

$$R_k = \sum_{i=0}^{k} \left(A^{-1}(A - B)\right)^i.$$

Wegen

$$\|R_k\| \le \sum_{i=0}^{k} \|A^{-1}\|^i \|A - B\|^i \le \sum_{i=0}^{k} \alpha^i \quad \text{mit } \alpha < 1$$

ist die Reihe konvergent, also $R_k \to R$. Wie bei der geometrischen Reihe erschließt man, daß

$$SR_k = R_k S = R_k(Id - A^{-1}(A-B)) = Id - (A^{-1}(A-B))^{k+1} \to Id \ \text{ für } k \to \infty.$$

Damit ist S invertierbar mit Inverser R. $\qquad\qquad\qquad\qquad\qquad \Box$

Definition 8.4. *Sei $D \subset \mathbb{C}$ eine offene Menge und sei A_λ für $\lambda \in D$ eine Menge von Operatoren in $\mathcal{L}(X)$. Wir sagen, daß A_λ analytisch von λ abhängt, wenn es für jedes $\lambda_0 \in D$ eine Umgebung $U = U(\lambda_0)$ und Operatoren $A_k \in \mathcal{L}(X)$ gibt mit*

$$A_\lambda = \sum_{k=0}^{\infty} (\lambda - \lambda_0)^k A_k \quad \text{für alle } \lambda \in U.$$

Satz 8.5. *Sei $T \in \mathcal{L}(X)$. Dann ist das Spektrum $\sigma(T)$ nichtleer, kompakt und in der Menge*

$$\{\lambda \in \mathbb{C} : |\lambda| \le \|T\|\}$$

enthalten. Der Resolventenoperator $R_\lambda = R_\lambda(T)$ hängt auf der nichtleeren, offenen Menge $\rho(T) \subset \mathbb{C}$ analytisch von λ ab mit

$$R_\lambda = \sum_{k=0}^{\infty} (\lambda - \lambda_0)^k R_{\lambda_0}^{k+1}$$

und die Reihe ist normkonvergent mindestens im Kreis

$$|\lambda - \lambda_0| < \frac{1}{\|R_{\lambda_0}\|}. \tag{8.6}$$

Beweis. Für invertierbares T_λ ist nach dem vorigen Lemma auch $T_{\lambda'}$ invertierbar, sofern $|\lambda - \lambda'|$ genügend klein ist. Damit ist $\rho(T)$ offen.

$\quad \sigma(T)$ ist als Komplement von $\rho(T)$ abgeschlossen. Für $\lambda > \|T\|$ setzen wir in Lemma 8.3 $A = -\lambda Id$, $B = T_\lambda$, und erhalten

$$\|A - B\| = \|T\| < |\lambda| = \frac{1}{\|A^{-1}\|}.$$

Damit ist T_λ bijektiv. $\sigma(T)$ ist abgeschlossen und beschränkt, also kompakt.

$\quad$ Nun zeigen wir, daß R_λ in $\rho(T)$ analytisch von λ abhängt. Wir wählen in Lemma 8.3 $A = T_{\lambda_0}$, $B = T_\lambda$ für λ wie in (8.6). Dann ist R_λ bijektiv mit

$$R_\lambda = T_\lambda^{-1} = \sum_{k=0}^\infty \left(T_{\lambda_0}^{-1}(T_{\lambda_0} - T_\lambda)\right)^k T_{\lambda_0}^{-1} = \sum_{k=0}^\infty R_{\lambda_0}^k (\lambda - \lambda_0)^k R_{\lambda_0}.$$

Angenommen, $\sigma(T)$ wäre leer. Dann ist R_λ in ganz $\mathbb{C}$ stetig, insbesondere auf der Menge $|\lambda| \leq 2\|T\|$ beschränkt. Für $|\lambda| > 2\|T\|$ folgt aus $((Id - A)^{-1} = \sum_k A^k)$

$$R_\lambda = -\lambda^{-1}\left(Id - \frac{1}{\lambda}T\right)^{-1} = -\sum_{k=0}^\infty T^k \lambda^{-k-1}$$

die Abschätzung

$$\|R_\lambda\| \leq \sum_{k=0}^\infty \|T\|^k |\lambda|^{-k-1} = \frac{1}{|\lambda| - \|T\|} \leq \frac{1}{\|T\|}.$$

Also ist R_λ in ganz $\mathbb{C}$ beschränkt. Für beliebige $x \in X$, $x' \in X'$, ist auch $\langle R_\lambda x, x'\rangle$ analytisch und beschränkt in $\mathbb{C}$. Nach dem Satz von Liouville (siehe Satz A.11) ist damit $\langle R_\lambda x, x'\rangle$ in $\mathbb{C}$ konstant, was angesichts von $R_\lambda = (T - \lambda Id)^{-1}$ ein Widerspruch ist. $\qquad\square$

8.3 Kompakte Operatoren

Seien X, Y Banach-Räume. Einen Operator $T : X \to Y$ hatten wir *kompakt* genannt, wenn er beschränkte Mengen auf relativ kompakte Mengen abbildet. Weil relativ kompakte Mengen beschränkt sind, ist ein kompakter linearer Operator stetig. Die linearen kompakten Operatoren bilden damit eine Teilmenge von $\mathcal{L}(X, Y)$, die wir mit $\mathcal{K}(X, Y)$ bezeichnen. Da in endlich dimensionalen Räumen beschränkte Mengen relativ kompakt sind, sind alle linearen Operatoren mit endlich dimensionalem Bild kompakt.

Da im Banach-Raum Kompaktheit und Folgenkompaktheit äquivalent sind, ist ein Operator genau dann kompakt, wenn er beschränkte Folgen auf Folgen abbildet, die eine konvergente Teilfolge besitzen.

Satz 8.6. *Der Raum $\mathcal{K}(X, Y)$ ist ein abgeschlossener Unterraum von $\mathcal{L}(X, Y)$. Insbesondere folgt aus $T_k \to T$ in $\mathcal{L}(X, Y)$ mit T_k kompakt, daß auch T kompakt ist.*

Beweis. Daß die kompakten Operatoren einen linearen Raum bilden, weist man direkt aus der Definition nach. Sei $T_k \to T$ in $\mathcal{L}(X, Y)$ mit T_k kompakt und sei (x_i) eine beschränkte Folge in X, also $\|x_i\|_X \leq c$. Es muß gezeigt werden, daß (Tx_i) eine konvergente Teilfolge enthält. Durch Auswahl der Diagonalfolge (siehe Beispiel 2.18) erhalten wir eine Teilfolge, die wieder mit (x_i) bezeichnet wird, so daß $(T_k x_i)_{i \in \mathbb{N}}$ konvergent ist für jedes $k \in \mathbb{N}$. Zu vorgegebenem $\varepsilon > 0$ sei k so groß, daß $\|T_k - T\| \leq \varepsilon/(3c)$ ausfällt. Weiter gibt es ein I, so daß $\|T_k x_i - T_k x_j\|_Y \leq \varepsilon/3$ für alle $i, j > I$. Für diese i, j, k folgt aus der Dreiecksungleichung,

$$\|Tx_i - Tx_j\|_Y \leq \|Tx_i - T_kx_i\|_Y + \|T_kx_i - T_kx_j\|_Y + \|T_kx_j - Tx_j\|_Y$$

$$\leq \|T - T_k\|\|x_i\|_Y + \frac{\varepsilon}{3} + \|T - T_k\|\|x_j\|_Y \leq \frac{\varepsilon}{3c}c + \frac{\varepsilon}{3} + \frac{\varepsilon}{3c}c = \varepsilon.$$

Damit ist die Folge (Tx_i) eine Cauchy-Folge und konvergiert in Y. $\qquad\square$

8.4 Adjungierte Operatoren, Annihilatoren und Gelfandscher Dreier

Für Banach-Räume X, Y bezeichnen wir mit $\langle \cdot, \cdot \rangle$ das duale Paar in X beziehungsweise Y, also $\langle x, x' \rangle = x'(x)$ für $x \in X$ und $x' \in X'$.

Definition 8.7. *Seien X, Y Banach-Räume und $T \in \mathcal{L}(X, Y)$. Dann heißt $T' \in \mathcal{L}(Y', X')$ mit*

$$\langle Tx, y' \rangle = \langle x, T'y' \rangle \quad \forall x \in X,\, y' \in Y' \tag{8.7}$$

der adjungierte Operator *zu T.*

Der folgende Satz rechtfertigt diese Definition.

Satz 8.8. *Durch (8.7) ist ein eindeutiger Operator $T' \in \mathcal{L}(Y', X')$ bestimmt. Ferner gilt:*

(a) Der Operator $' : \mathcal{L}(X, Y) \to \mathcal{L}(Y', X')$ ist eine lineare Isometrie, insbesondere gilt $\|T\| = \|T'\|$ für alle $T \in \mathcal{L}(X, Y)$.

(b) Sind X, Y, Z Banach-Räume und $T \in \mathcal{L}(X, Y)$, $S \in \mathcal{L}(Y, Z)$, so $(ST)' = T'S'$.

(c) Ist $T \in \mathcal{L}(X, Y)$ invertierbar, so ist auch $(T')^{-1} \in \mathcal{L}(X', Y')$ mit $(T')^{-1} = (T^{-1})'$.

Beweis. Die Definition in (8.7) ergibt für $y' \in Y'$

$$T'y' = y' \circ T \in X'.$$

(a) Zum Nachweis von $\|T\| = \|T'\|$ verwenden wir die Identität aus Lemma 3.20

$$\|x\|_X = \sup_{x' \in X',\, \|x'\|_{X'} \leq 1} |\langle x, x' \rangle|,$$

also

$$\|T\| = \sup\left\{ \langle Tx, y' \rangle : \|x\|_X \leq 1,\, \|y'\|_{Y'} \leq 1 \right\}$$

$$= \sup\left\{ \langle x, T'y' \rangle : \|x\|_X \leq 1,\, \|y'\|_{Y'} \leq 1 \right\} = \|T'\|.$$

Aufgrund der Definitionsgleichung (8.7) ist $' : T \mapsto T'$ linear.

(b) $\langle STx, z \rangle = \langle Tx, S'z \rangle = \langle x, T'S'z \rangle.$

(c) Ist T invertierbar, so $T^{-1} \in \mathcal{L}(Y,X)$ mit $Id_X = T^{-1}T$, $Id_Y = TT^{-1}$. Aus $Id'_X = Id_{X'}$ und (b) folgt dann

$$Id_{X'} = (T^{-1}T)' = T'(T^{-1})', \quad Id_{Y'} = (TT^{-1})' = (T^{-1})'T'.$$

Wegen $T'(T^{-1})'x' = x'$ folgt aus der ersten Gleichung $\mathcal{R}(T') = X'$ und aus der zweiten $\mathcal{N}(T') = \{0\}$. Damit ist T' invertierbar mit $(T')^{-1} = (T^{-1})'$.   □

Definition 8.9. *Sei X ein Banach-Raum, M ein Unterraum von X und N ein Unterraum von X'. Die* Annihilatoren *von M und N sind dann*

$$M^{\perp} = \{x' \in X' : \langle x, x' \rangle = 0 \text{ für alle } x \in M\},$$

$$N_{\perp} = \{x \in X : \langle x, x' \rangle = 0 \text{ für alle } x' \in N\}.$$

Die Annihilatoren sind offenbar Unterräume von X' bzw. X. $N_{\perp}$ ist als Durchschnitt von Nullräumen stetiger Funktionale abgeschlossen in X. $M^{\perp}$ läßt sich als Durchschnitt der Nullräume der $i(x)$, $x \in M$, schreiben. Da die $i(x)$ stetig bezüglich der schwach*-Topologie von X' sind, ist $M^{\perp}$ sogar schwach* abgeschlossen in X'.

Satz 8.10. *Ist M ein Unterraum eines Banach-Raums X, so $(M^{\perp})_{\perp} = \overline{M}$.*

Beweis. Ist $x \in M$, so gilt $\langle x, x' \rangle = 0$ für alle $x' \in M^{\perp}$, daher $x \in (M^{\perp})_{\perp}$. Da $(M^{\perp})_{\perp}$ abgeschlossen ist, enthält es die Menge $\overline{M}$. Sei nun $x \notin \overline{M}$. Nach dem Trennungssatz 3.15 gibt es ein $x' \in M^{\perp}$ mit $\langle x, x' \rangle \neq 0$, daher $x \notin (M^{\perp})_{\perp}$.
  □

Entsprechend stimmt $(N_{\perp})^{\perp}$ mit dem Abschluß von N in der schwachen* Topologie von X' überein (siehe [Rud74, S. 91]), was hier aber nicht benötigt wird.

Satz 8.11. *Seien X,Y Banach-Räume und $T \in \mathcal{L}(X,Y)$. Dann gilt:*

(a) $$\mathcal{N}(T') = \mathcal{R}(T)^{\perp} \quad und \quad \mathcal{N}(T) = \mathcal{R}(T')_{\perp}.$$

(b) *Es gilt $\overline{\mathcal{R}(T)} = \mathcal{N}(T')_{\perp}$, insbesondere ist der adjungierte Operator injektiv, wenn das Bild von T dicht ist in Y.*

Beweis. (a) $y' \in \mathcal{N}(T')$ ist äquivalent zu $\langle x, T'y' \rangle = 0$ für alle $x \in X$. Nach Definition des adjungierten Operators ist dies äquivalent zu $y' \in \mathcal{R}(T)^{\perp}$. Die zweite Behauptung beweist man analog.

(b) Aus (a) und Satz 8.10 folgt

$$\mathcal{N}(T')_{\perp} = (\mathcal{R}(T)^{\perp})_{\perp} = \overline{\mathcal{R}(T)}.$$

  □

Der letzte Satz liefert ein einfaches Kriterium für die Lösbarkeit der Gleichung $Tx = y$. Besitzt T ein abgeschlossenes Bild, so folgt aus (b) die Bedingung $y \in \mathcal{N}(T')_{\perp}$. Mit der Frage, wann ein Operator ein abgeschlossenes Bild besitzt, beschäftigen wir uns in Abschnitt 8.6.

Satz 8.12. *Seien X, Y Banach-Räume und $T \in \mathcal{L}(X, Y)$. Dann ist T genau dann kompakt, wenn der adjungierte Operator T' kompakt ist.*

Beweis. Sei T kompakt. Sei (y'_k) eine beschränkte Folge in Y', $\|y'_k\|_{Y'} \leq K$. Die y'_k sind auf der kompakten Menge $A = \overline{T(B_1(0))}$ gleichmäßig beschränkt wegen

$$|y'_k(y)| \leq \|y'_k\|_{Y'} \|y\|_Y \leq Kc,$$

und sie sind auf A gleichgradig stetig wegen

$$|y'_k(y_1) - y'_k(y_2)| \leq \|y'_k\|_{Y'} \|y_1 - y_2\|_Y \leq K \|y_1 - y_2\|_Y.$$

Nach dem Satz von Arzela-Ascoli gilt $y'_k \to y'$ in $C(A)$ für eine Teilfolge, die genauso bezeichnet wird. Aus $\sup_{y \in A} |y'_k(y) - y'_l(y)| \leq \varepsilon$ für alle $k, l \geq K$ folgt

$$\|T'y'_k - T'y'_l\|_{X'} = \sup_{\|x\|_X = 1} \langle x, T'y'_k - T'y'_l \rangle = \sup_{\|x\|_X = 1} \langle Tx, y'_k - y'_l \rangle \leq \varepsilon.$$

Damit ist $(T'y'_k)$ Cauchy-Folge in X' und der Operator T' kompakt.

Die umgekehrte Richtung wird mit den gleichen Argumenten bewiesen.

$\square$

Im Hilbert-Raum kann der adjungierte Operator mit Hilfe des Skalarprodukts dargestellt werden.

Definition 8.13. *Seien X, Y Hilbert-Räume und $T \in \mathcal{L}(X, Y)$. Dann heißt $T^* \in \mathcal{L}(Y, X)$ mit*

$$(Tx, y)_Y = (x, T^*y)_X \quad \forall x \in X, y \in Y \tag{8.8}$$

die Hilbert-Adjungierte *zu T. Ist $T \in \mathcal{L}(X)$ mit*

$$T = T^*,$$

so heißt T selbstadjungiert.

Diese Definition erinnert an den adjungierten Operator, der genaue Zusammenhang wird im folgenden herausgearbeitet. Mit $j_X : X \to X'$ bezeichnen wir die Abbildung, die jedem $x \in X$ das Funktional $l(y) = j_X(x)(y) = (y, x) \in X'$ zuordnet. Nach dem Rieszschen Darstellungssatz 2.25 ist j_X eine antilineare Isometrie. Gleichung (8.8) können wir schreiben als $j_Y(y)(Tx) = j_X(T^*y)(x)$ und, weil dies für jedes $x \in X$ richtig ist,

$$j_Y(y) \circ T = j_X \circ T^*y \quad \forall y \in Y. \tag{8.9}$$

Andererseits liefert Gleichung (8.7) $j_Y(y)(Tx) = T'j_Y(y)(x)$ oder $j_Y(y) \circ T = T' \circ j_Y(y)$, zusammen mit (8.9)

$$T^* = j_X^{-1} \circ T' \circ j_Y. \tag{8.10}$$

Hilbert-Adjungierte und adjungierter Operator unterscheiden sich nur in der Darstellung des Dualraums.

Satz 8.14. *Durch (8.8) ist ein eindeutiger Operator $T^* \in \mathcal{L}(Y, X)$ bestimmt. Ferner gilt:*

(a) *Der Operator* $* : \mathcal{L}(X, Y) \to \mathcal{L}(Y, X)$ *ist eine antilineare Isometrie, also*

$$\|T\| = \|T^*\| \quad \forall T \in \mathcal{L}(X, Y),$$

sowie

$$(\lambda_1 T_1 + \lambda_2 T_2)^* = \overline{\lambda_1} T_1^* + \overline{\lambda_2} T_2^* \quad \text{für alle } T_1, T_2 \in \mathcal{L}(X, Y), \ \lambda_1, \lambda_2 \in \mathbb{K}.$$

(b) *Sind X, Y, Z Hilbert-Räume und $T \in \mathcal{L}(X, Y)$, $S \in \mathcal{L}(Y, Z)$, so*

$$(ST)^* = T^* S^*, \quad T^{**} = T.$$

(c) *Wenn $T \in \mathcal{L}(X, Y)$ regulär, so ist $(T^*)^{-1} \in \mathcal{L}(X, Y)$ mit $(T^*)^{-1} = (T^{-1})^*$. Insbesondere gilt*

$$\lambda \in \sigma(T) \quad \Leftrightarrow \quad \overline{\lambda} \in \sigma(T^*).$$

(d) *T ist genau dann kompakt, wenn T^* kompakt ist.*

Beweis. Die Behauptungen folgen aus Lemma 8.8, Satz 8.12 und der Darstellung (8.10). $\qquad\square$

Beispiel 8.15. Sei $X = \mathbb{C}^n$, $Y = \mathbb{C}^m$. Eine lineare Abbildung $T : \mathbb{C}^n \to \mathbb{C}^m$ wird mit einer $(m \times n)$-Matrix T identifiziert. Mit $(x, y) = \sum_{k=1}^{n} x_k \overline{y_k}$ folgt aus der Definition des adjungierten Operators

$$(Tx, y) = \sum_k \sum_l t_{kl} x_l \overline{y_k} = (x, T^H y),$$

also ist $T^* = T^H = \overline{T}^T$ die *adjungierte Matrix* zu T.

Wie Satz 8.11 beweist man:

Satz 8.16. (a) *Für $T \in \mathcal{L}(X, Y)$ gilt*

$$\mathcal{N}(T^*) = \mathcal{R}(T)^\perp \quad \text{und} \quad \mathcal{N}(T) = \mathcal{R}(T^*)^\perp.$$

(b) *Es gilt $\overline{\mathcal{R}(T)} = \mathcal{N}(T^*)^\perp$, insbesondere ist der adjungierte Operator injektiv, wenn das Bild von T dicht ist in Y.*

Seien X, Y Hilbert-Räume mit $X \to Y$ dicht. Nach Satz 8.11 besitzt auch die adjungierte Identität $Id' : Y' \to X'$, $Id' : y' \mapsto y'|_X$, dichtes Bild. Ist die Einbettung $X \to Y$ zusätzlich kompakt, was in den Anwendungen fast immer der Fall ist, so ist nach Satz 8.12 auch $Id' : Y' \to X'$ kompakt. Identifizieren wir Y mit Y', so bekommen wir folgendes Schema:

$$
\begin{array}{ccccccc}
X & \overset{Id}{\to} & Y & \hookrightarrow & Y' & \overset{Id'}{\to} & X' \\
x & \mapsto & x & & (\cdot, y)_Y & \mapsto & (\cdot, y)_Y|_X
\end{array}
\tag{8.11}
$$

Das Bild von Id' wird natürlich mit der Norm von X' versehen, die in diesem Zusammenhang *negative Norm* genannt wird,

$$\|y\|_{-1} = \|(\cdot, y)\|_{X'} = \sup_{x \in X} \frac{(x, y)_Y}{\|x\|_X}, \quad y \in Y. \tag{8.12}$$

Es gilt $\|y\|_{-1} \leq K\|y\|_Y$ bereits aufgrund der Herleitung, die negative Norm kann auch direkt abgeschätzt werden unter Verwendung von $\|x\|_Y \leq K\|x\|_X$. Nach dem Rieszschen Darstellungssatz gibt es zu jedem $y \in Y$ ein $x_y \in X$ mit $(\cdot, y)_Y = (\cdot, x_y)_X$. Durch eine elementare Rechnung weist man nach, daß das Supremum in (8.12) für $x = x_y$ angenommen wird mit $\|y\|_{-1} = \|x_y\|_X$. Ist $X \to Y$ kompakt, so kann die negative Norm sehr anschaulich durch eine Fourier-Reihe charakterisiert werden (siehe Seite 204).

Die Identifizierung von Y mit Y' ist keinesfalls harmlos, denn nun darf X nicht mehr mit X' identifiziert werden. Da dieser Fehler schon Arbeiten zu Fall gebracht hat, soll er an einem Spezialfall erläutert werden.

Beispiel 8.17. Für ein beschränktes Gebiet Ω des $\mathbb{R}^n$ setzen wir

$$(X, (\cdot, \cdot)_X) = (H_0^{1,2}(\Omega), (D\cdot, D\cdot)), \quad (Y, (\cdot, \cdot)_Y) = (L^2(\Omega), (\cdot, \cdot)).$$

Da die Einbettung $H_0^{1,2}(\Omega) \to L^2(\Omega)$ dicht und kompakt ist, ist auch $L^2(\Omega)' \to H_0^{1,2}(\Omega)'$ dicht und kompakt. Die zugehörige negative Norm wird dann mit

$$\|u\|_{-1,2;\Omega} = \sup_{v \in H_0^{1,2}(\Omega)} \frac{\int_\Omega v\overline{u}\, dx}{\|Dv\|_{2;\Omega}}, \quad u \in L^2(\Omega),$$

bezeichnet, was angesichts der Tatsache, daß $H^{-1,2}(\Omega)$ ein anderer Raum ist, zumindest verwirrend ist. Die negative Norm ist die Norm der Funktionale auf $H_0^{1,2}(\Omega)$, die sich durch L^2-Funktionen darstellen lassen. Für $w \in H_0^{1,2}(\Omega)$ mit $(Dv; Dw) = (v, u)$ für alle $v \in H_0^{1,2}(\Omega)$ gilt wie oben ausgeführt $\|u\|_{-1} = \|Dw\|$. Gleichzeitig ist w die Darstellung von $(\cdot, u)$ durch das Produkt in $H_0^{1,2}(\Omega)$.

Nach dem Rieszschen Darstellungssatz kann $H^{-1,2}(\Omega)$ mit den Funktionalen $(D\cdot, Dw)$ identifiziert werden mit $w \in H_0^{1,2}(\Omega)$. Der Raum $\mathcal{R}(Id')$ besteht dagegen aus den Funktionalen mit Darstellung durch ein $w \in H_0^{1,2}(\Omega)$ mit $u = -\Delta w \in L^2(\Omega)$. Die Identifizierung von $H_0^{1,2}(\Omega)$ mit $H^{-1,2}(\Omega)$ würde bei Beibehaltung des Schemas (8.11) eine Identifizierung von $H^{-1,2}(\Omega)$ mit dem echten Unterraum $\mathcal{R}(Id')$ bedeuten.

Ganz analog definiert man $\|u\|_{-m} = \sup_{v \in H_0^{m,2}} (v, u)/\|D^m v\|$. Man erhält eine Vielzahl von schwachen Normen, die sich in der Numerik partieller Differentialgleichungen großer Beliebtheit erfreuen.[1]

---

[1] Die vielleicht schönste Anwendung der negativen Norm in der Konvergenzanalyse der Finite Elemente Methode soll hier skizziert werden. Das erste Randwertproblem von $-\Delta u = f$ wird unter Verwendung stückweise quadratischer Elemente diskretisiert, wobei hier alle Räume als reell vorausgesetzt sind. Die genaue

Definition 8.18. *Für Hilbert-Räume X, Y heißt das Schema*

$$X \to Y \to X',$$

wobei beide Einbettungen dicht sind, Gelfandscher Dreier.

Nach den obigen Ausführungen genügt schon die dichte Einbettung $X \to Y$ für einen Gelfandschen Dreier.

Beispiel 8.19. Wir betrachten wie in (7.4) den Differentialoperator

$$Lu = -D_i(a_{ij}D_j u) + b_i D_i u + cu \tag{8.13}$$

mit beschränkten und meßbaren Koeffizientenfunktionen a_{ij}, b_i, c, und das zugehörige erste Randwertproblem $Lu = f$ in Ω, $u = 0$ auf $\partial\Omega$. Je nach Wahl des funktionalanalytischen Rahmens erhalten wir unterschiedliche adjungierte Operatoren.

(i) In der schwachen Formulierung ist eine Funktion $u \in X = H_0^{1,2}(\Omega)$ gesucht mit

---

Konstruktion solcher Elemente ist hier unwichtig, sondern nur die Approximationsabschätzung für den zugehörigen Raum S_0, nämlich $\inf_{v_h \in S_0} \|D(u - v_h)\| \leq ch^2\|D^3 u\|$. Die Poisson-Gleichung sei 3-regulär (vgl. Definition 7.20): Zu jedem $g \in H_0^{1,2}$ ist die Lösung von $-\Delta w = g$ in $H^{3,2}$ mit $\|D^3 w\| \leq c\|g\|_{1,2}$. Für $(DP_h u, Dv_h) = (f, v_h)$ folgt dann wie in Satz 7.21 die Fehlerabschätzung $\|D^k(u - P_h u)\| \leq ch^{3-k}\|f\|_{1,2}$, $k = 1, 2$. Für die negative Norm bekommen wir aber mehr: Für $g \in H_0^{1,2}$ sei $-\Delta w = g$ die Lösung des ersten Randwertproblems. Dann gilt mit einer Approximierenden v_h von w

$$(u - P_h u, g) = (D(u - P_h u), Dw) = (D(u - P_h u), D(w - v_h))$$

$$\leq \|D(u - P_h u)\|\, \|D(w - v_h)\| \leq ch^2\|D^3 u\|\, ch^2\|D^3 w\|$$

$$\leq ch^4\|f\|_{1,2}\|g\|_{1,2}.$$

Mit $\|g\|_{1,2} \leq \|Dg\|$ erhalten wir nach Division und Übergang zum Supremum die Abschätzung $\|u - P_h u\|_{-1} \leq ch^4\|f\|_{1,2}$, also eine Ordnung mehr als in L^2.

Mit dieser Erkenntnis läßt sich eine interessante Folgerung über das Verhalten des Fehlers $u - P_h u$ ziehen. Für $\Omega_0 \subset\subset \Omega$ sei τ eine nichtnegative Abschneidefunktion bezüglich $\{\overline{\Omega_0}, \Omega\}$. Für eine Funktion $v > 0$ in Ω läßt sich die negative Norm von v mit Hilfe von τ abschätzen zu $\|v\|_{-1} \geq m(\tau, v) \geq m\int_{\Omega_0} v\, dx$, wobei $m > 0$ von Ω_0 und Ω abhängt. Diese Überlegung gilt auch für Teilbereiche von Ω. Da die Konvergenzrate in L^1 mit der in L^2 übereinstimmt, ist eine bessere Rate in $H^{-1,2}$ gegenüber L^2 nur möglich, wenn der Fehler ständig oszilliert. Für die Methode mit stückweise linearen Elementen beobachtet man auf dem Einheitsquadrat bei $-\Delta u = 1$, daß $u - P_h u > 0$ und daß die Konvergenz in Umgebung des Mittelpunkts monoton ist. Anschaulich kann man sagen, daß die linearen Elemente nicht so biegsam sind wie die Membran selbst, was der Ingenieur als „steif" bezeichnet. Daß der obige Beweis für lineare Elemente scheitert, reflektiert also die Tatsachen.

$$a(u, v) = f(v) \quad \forall v \in H_0^{1,2}(\Omega),$$

wobei

$$a(u, v) = \int_\Omega \{a_{ij} D_j u D_i \overline{v} + b_i D_i u \overline{v} + cu\overline{v}\}\, dx, \quad f(v) = \int_\Omega f_i D_i \overline{v}\, dx,$$

mit $f_i \in L^2(\Omega)$. Sei zunächst alles reell. Da die Bilinearform in $X \times X$ beschränkt ist, bildet der schwache Operator $Lu(v) = a(u, v)$ den Raum X stetig auf X' ab. Identifizieren wir X mit X'', so gilt für den adjungierten Operator $L'v(u) = a(u, v)$ ebenfalls $L' \in \mathcal{L}(X, X')$. Ist L bijektiv zwischen den angegebenen Räumen, was unter den Voraussetzungen von Satz 7.2 erfüllt ist, so ist nach Satz 8.8(c) das adjungierte Problem $L'v = f$ in Ω, $v = 0$ auf $\partial\Omega$, ebenfalls eindeutig lösbar.

Ist das Ausgangsproblem nicht reell, so muß es in den entsprechenden komplexen Sobolev-Räumen untersucht werden. Der Operator L bildet nun X auf den Antidualraum X^* ab, der aus den stetigen, antilinearen Funktionalen auf X besteht. Wie in Anmerkung 2.30(ii) ausgeführt ist, gilt der Satz von Lax-Milgram auch in dieser leicht geänderten Situation. Ist L bijektiv, so ist der adjungierte Operator $L' : X \to X'$, der nun antilinear ist, ebenfalls bijektiv.

Man kann die Einführung des Antidualraums vermeiden, indem man das zu lösende Problem komplex konjugiert und in der Form $b(v, u) = \overline{f}(v)$ schreibt. Der adjungierte Operator wird dann definiert durch

$$L'v(u) = b^*(u, v) = \overline{b(v, u)}.$$

mit der adjungierten Sesquilinearform b^*.

(ii) Nun setzen wir voraus, daß der Operator L in (8.13) den Raum $X = H^{2,2}(\Omega) \cap H_0^{1,2}(\Omega)$ bijektiv auf $Y = L^2(\Omega)$ abbildet, was gemäß Satz 7.4 bei einem elliptischen Operator und genügend glatten Daten der Fall ist. Um die Diskussionen aus (i) zu vermeiden, betrachten wir nur den reellen Fall. Als funktionalanalytischen Rahmen nehmen wir den Gelfandschen Dreier $X \to Y \to X'$. Nach Satz 6.28 besitzt jedes $f \in X'$ die Darstellung $f(u) = \sum_{|\alpha| \le 2} \int_\Omega f_\alpha D^\alpha u\, dx$ mit $f_\alpha \in L^2(\Omega)$. Damit gibt es zu jeder Vorgabe von $f_\alpha \in L^2(\Omega)$ ein eindeutig bestimmtes $v \in L^2(\Omega)$ mit

$$L'v(u) = \int_\Omega v L u\, dx = \sum_{|\alpha| \le 2} \int_\Omega f_\alpha D^\alpha u\, dx \quad \forall u \in X. \tag{8.14}$$

und $\|v\|_{2;\Omega} \le c \sum_\alpha \|f_\alpha\|_{2;\Omega}$.

Betrachten wir nun den Spezialfall $L = -\Delta$. Da die Lösung von (8.14) eindeutig ist, stimmt sie für $f \in H^{-1,2}$ mit der schwachen Lösung überein. Durch (8.14) wird daher $-\Delta$ auf den Raum $Y = L^2(\Omega)$ eindeutig fortgesetzt. Durch ein Beispiel zeigen wir, daß diese Fortsetzung tatsächlich nur dann möglich ist, wenn die Lösungen der Poisson-Gleichung für $f \in L^2(\Omega)$ im Raum $H^{2,2}(\Omega)$ liegen. Sei $n = 2$, Ω sei ein Polygongebiet, das eine einspringende Ecke im

Nullpunkt mit innerem Winkel ω enthält. Dann gilt für $s_- = r^{-\alpha}\sin\alpha\phi$, $\alpha = \pi/\omega < 1$, daß $-\Delta s_- = 0$. Mit einer Abschneidefunktion τ, die in Umgebung von 0 gleich 1 ist, ist dann $-\Delta(\tau s_-) = f$ in Ω, $\tau s_- = 0$ auf $\partial\Omega$. Da $f \in L^2(\Omega)$, hat die Gleichung (8.14) eine Lösung $v \in H_0^{1,2}(\Omega)$. Man rechnet leicht nach (vgl. Beispiel 5.6), daß auch $\tau s_- \in L^2(\Omega)$, $\tau s_- \notin H^{1,2}(\Omega)$, eine Lösung im Sinne von (8.14) ist.

(iii) In der Theorie partieller Differentialgleichungen wird für gewöhnlich der adjungierte Operator anders definiert als in (i) oder (ii). Allgemein bezeichnet man einen Differentialoperator L^* als *formal adjungiert* zu L, wenn $(Lu, v) = (u, L^*v)$ für alle $u, v \in C_0^\infty(\Omega)$. In unserem Fall erhält man aus der Greenschen Formel für $u, v \in C_0^\infty(\Omega)$,

$$(Lu, v) = \int_\Omega a_{ij}D_j u D_i \overline{v}\, dx = -\int_\Omega u D_j(a_{ij}D_i\overline{v})\, dx \overset{!}{=} (u, L^*v), \qquad (8.15)$$

daher $L^*v = -D_j(\overline{a_{ij}}D_i v)$. Ist das Randwertproblem $Lu = f$, $Bu = 0$ auf $\partial\Omega$, mit einem linearen Randoperator B vorgegeben, so heißt das Paar (L^*, B^*) *das adjungierte Randwertproblem*, wenn $(Lu, v) = (u, L^*v)$ für alle genügend oft differenzierbaren Funktionen mit $Bu = 0$ und $B^*v = 0$ auf $\partial\Omega$. Die in der Rechnung (8.15) für allgemeine u, v auftretenden Randintegrale müssen also durch die homogenen Randbedingungen $Bu = 0$ und $B^*v = 0$ verschwinden. Zur Randbedingung $u = 0$ gehört offenbar die adjungierte Randbedingung $v = 0$ und zu $\nu_i a_{ij}D_j u = 0$ gehört $\nu_j\overline{a_{ij}}D_i v = 0$. Man erhält das gleiche adjungierte Randwertproblem wie in (i) für die Räume $H_0^{1,2}$ bzw. $H^{1,2}$, nur werden sie hier in starker Form geschrieben. Man beachte, daß in (i) die Abbildungseigenschaft $L' : H_0^{1,2} \leftrightarrow H^{-1,2}$ für invertierbares L Bestandteil der Theorie ist, währenddessen es hier unklar ist, ob aus $L : H^{2,2} \cap H_0^{1,2} \leftrightarrow L^2$ auch $L^* : H^{2,2} \cap H_0^{1,2} \leftrightarrow L^2$ folgt.

8.5 Quotientenräume

Sei U ein Unterraum eines Banach-Raums X. Die Äquivalenzklassen $[x] = \{x+U\}$ bilden mit den Operationen $[x]+[y] = [x+y]$, $\alpha[x] = [\alpha x]$, bekanntlich einen linearen Raum, der *Quotientenraum* genannt und mit X/U bezeichnet wird. Auf X/U definieren wir den Ausdruck

$$\|[x]\|_{X/U} = \text{dist}\,(x, U) = \inf_{y\in U} \|x - y\|_X.$$

Satz 8.20. *Sei U ein Unterraum eines Banach-Raums X. Dann ist $\|[x]\|_{X/U}$ eine Halbnorm auf X/U. Ist U abgeschlossen, so ist $\|[x]\|_{X/U}$ eine Norm, Quotientennorm genannt, und $(X/U, \|[x]\|_{X/U})$ ist ein Banach-Raum.*

Beweis. Der Ausdruck $\|[x]\|_{X/U}$ ist offenbar unabhängig vom Vertreter x der Äquivalenzklasse $[x]$. $\|[x]\|_{X/U} \geq 0$ und $\|\alpha[x]\|_{X/U} = |\alpha|\|[x]\|_{X/U}$ sind ebenfalls klar.

Nun zum Beweis der Dreiecksungleichung. Zu $x_1, x_2 \in X$ seien $y_1, y_2 \in U$ mit $\|x_i - y_i\|_X \leq \mathrm{dist}\,(x_i, U) + \varepsilon$. Dann

$$\|[x_1] + [x_2]\|_{X/U} = \|[x_1 + x_2]\|_{X/U} = \inf_{y \in U} \|x_1 + x_2 - y\|_X$$

$$\leq \|x_1 + x_2 - (y_1 + y_2)\|_X \leq \|x_1 - y_1\|_X + \|x_2 - y_2\|_X$$

$$\leq \|[x_1]\|_{X/U} + \|[x_2]\|_{X/U} + 2\varepsilon.$$

Damit ist die Dreiecksungleichung gezeigt.

Ist U abgeschlossen, so gilt $\mathrm{dist}\,(x, U) > 0$ genau dann, wenn $x \notin U$. Daher $\|[x]\|_{X/U} = 0$ genau dann, wenn $[x] = 0$.

Zum Beweis der Vollständigkeit verwenden wir das Kriterium aus Aufgabe 2.1. Sei $\sum_k \|[x_k]\|_{X/U} < \infty$. Wir können in jeder Äquivalenzklasse einen Vertreter mit $\|x_k'\|_X \leq \|[x_k]\|_{X/U} + 2^{-k}$ wählen. Dann gilt auch $\sum_k \|x_k'\|_X < \infty$ und wegen der Vollständigkeit von X gibt es ein $x \in X$ mit $x = \sum_k x_k'$. Daher

$$\left\| [x] - \sum_{i=1}^k [x_i] \right\|_{X/U} = \left\| \left[x - \sum_{i=1}^k x_i \right] \right\|_{X/U} \leq \left\| x - \sum_{i=1}^k x_i' \right\|_X,$$

womit die Konvergenz der Reihe in X/U bewiesen ist. $\qquad\square$

Eine wichtige Anwendung der Quotientenräume ist das Herausfaktorisieren des Nullraums eines Operators.

Lemma 8.21. *Seien X, Y Banach-Räume und $T \in \mathcal{L}(X, Y)$. Dann ist der Operator $\tilde{T} : [x] \mapsto Tx$, $\tilde{T} : X/\mathcal{N}(T) \to \mathcal{R}(T)$ stetig und bijektiv zwischen den angegebenen Räumen.*

Beweis. Da der Nullraum $\mathcal{N}(T)$ abgeschlossen ist, ist nach Satz 8.20 der Quotientenraum $(X/\mathcal{N}(T), \|\cdot\|_{X/\mathcal{N}(T)})$ ein Banach-Raum. $\tilde{T}$ ist stetig, weil für geeignet gewähltes $z \in \mathcal{N}(T)$ gilt

$$\|Tx\|_Y = \|T(x - z)\|_Y \leq K\|x - z\|_X \leq K\|[x]\|_{X/\mathcal{N}(T)} + \varepsilon.$$

Die Bijektivität von $\tilde{T}$ folgt aus der Konstruktion. $\qquad\square$

8.6 Operatoren mit abgeschlossenem Bild

In Satz 8.11(b) hatten wir für die Lösbarkeit der Operatorgleichung $Tx = y$ das Kriterium $\overline{\mathcal{R}(T)} = \mathcal{N}(T')_\perp$ bewiesen. Allerdings kann dieses nur sinnvoll angewendet werden, wenn man bereits weiß, daß T ein abgeschlossenes Bild besitzt.

Um eine erste Bedingung für die Abgeschlossenheit des Bildes eines Operators herzuleiten, benötigen wir zwei einfache Tatsachen.

Satz 8.22. *Sei X ein Banach-Raum und X_0 ein endlich dimensionaler Unterraum von X. Dann existiert eine stetige lineare Projektion P von X auf X_0 mit abgeschlossenem Nullraum $X_1 = \mathcal{N}(P)$. Es gilt $X = X_0 \oplus X_1$ algebraisch und topologisch, d.h. zu jedem $x \in X$ existiert eine eindeutige Zerlegung $x = x_0 + x_1$ mit $x_i \in X_i$ und $\|x_i\|_X \leq K\|x\|_X$ für $i = 0,1$.*

Beweis. Sei $\{b_1, \ldots, b_k\}$ eine Basis von X_0. Dann gibt es lineare Funktionale $\{f_1, \ldots, f_k\}$ auf X_0 mit $f_i(b_j) = \delta_{ij}$. Die f_i können mit Hahn-Banach zu $F_i \in X'$ fortgesetzt werden. $Px = \sum_i F_i(x)b_i$ ist offenbar eine stetige lineare Projektion auf X_0. X_1 ist abgeschlossen, weil P stetig ist. Die Zerlegung $X = X_0 \oplus X_1$ und die behaupteten Abschätzungen folgen aus $x = Px + (Id - P)x$ und der Stetigkeit von P. $\qquad\square$

Man beachte den Unterschied zum Projektionssatz 2.27 für Hilbert-Räume: X_0 ist hier endlich dimensional, die Norm von P hängt von der Dimension von X_0 ab und X_1 hängt wiederum von der Wahl von P ab.

Lemma 8.23. *Seien X, Y Banach-Räume und $T \in \mathcal{L}(X,Y)$. Dann sind äquivalent:*

(a) $\mathcal{R}(T)$ ist abgeschlossen in Y.

(b) Zu jedem $y \in \mathcal{R}(T)$ gibt es ein x mit $Tx = y$ und $\|x\|_X \leq K\|y\|_Y$ mit K unabhängig von y.

Beweis. (a) $\Rightarrow$ (b): Sei $\tilde{T}$ der zugehörige Operator aus Lemma 8.21. Nach dem Satz vom inversen Operator ist $\tilde{T}^{-1}$ stetig, daher $\|[x]\|_{X/\mathcal{N}(T)} \leq \|\tilde{T}^{-1}\|\|Tx\|_X$. Da wir in jeder Äquivalenzklasse einen Vertreter mit $\|x'\|_X \leq 2\|[x]\|_{X/\mathcal{N}(T)}$ finden können, folgt die Behauptung.

(b) $\Rightarrow$ (a): Bedingung (b) bedeutet gerade, daß der Operator $\tilde{T}$ eine stetige Inverse auf $\mathcal{R}(T)$ besitzt. Damit ist $\mathcal{R}(T)$ als Urbild des Banach-Raums $X/\mathcal{N}(T)$ unter der Abbildung $\tilde{T}^{-1}$ abgeschlossen. $\qquad\square$

Satz 8.24. *Seien X, Y, Z Banach-Räume mit $X \to Y$ kompakt und sei $T \in \mathcal{L}(X,Z)$. Dann sind äquivalent:*

(a) Das Bild von T ist abgeschlossen in Z und der Nullraum $\mathcal{N}(T)$ ist endlich dimensional.

(b) Es existiert eine Konstante K mit

$$\|x\|_X \leq K(\|Tx\|_Z + \|x\|_Y) \quad \forall x \in X. \tag{8.16}$$

Beweis. (a) $\Rightarrow$ (b): Mit $X_0 = \mathcal{N}(T)$ gilt nach Satz 8.22 $X = X_0 \oplus X_1$ mit abgeschlossenen Räumen X_0 und X_1. Da die Einschränkung von T auf X_1 bijektiv zwischen den Banach-Räumen X_1 und $\mathcal{R}(T)$ ist, folgt aus dem Satz vom inversen Operator

$$\|x_1\|_X \leq K_1\|Tx_1\|_Z \quad \forall x_1 \in X_1.$$

Als endlich dimensionaler Raum ist $\mathcal{N}(T)$ auch abgeschlossen in Y, damit ist die Projektion $P : Y \to \mathcal{N}(T)$ (in Y) $\to \mathcal{N}(T)$ (in X) stetig, es gilt also

$$\|Py\|_X \leq K_0 \|y\|_Y \quad \forall y \in Y.$$

Daher

$$\|x\|_X \leq \|x_0\|_X + \|x_1\|_X \leq \|Px\|_X + K_1 \|Tx_1\|_Z$$

$$\leq K_0 \|x\|_Y + K_1 \|Tx\|_Z \leq K(\|Tx\|_Z + \|x\|_Y),$$

also gerade (8.16). Für diese Richtung wurde die Kompaktheit der Einbettung $X \to Y$ nicht benutzt.

(b) $\Rightarrow$ (a): Wir setzen wieder $X_0 = \mathcal{N}(T)$. Auf X_0 reduziert sich (8.16) zu $\|x_0\|_X \leq K\|x_0\|_Y$. Wegen der kompakten Einbettung $X \to Y$ ist dies ist nur möglich, wenn X_0 endlich dimensional ist.

Sei $X = X_0 \oplus X_1$ wie in Satz 8.22. Wir zeigen, daß das Bild von T abgeschlossen ist. Dazu wird mit einem Standardschluß (vgl. den Beweis von Satz 6.21) nachgewiesen, daß

$$\|x\|_X \leq c\|Tx\|_Z \quad \forall x \in X_1 \tag{8.17}$$

gilt. Ist diese Bedingung nicht erfüllt, gibt es eine Folge (x_k) in X_1 mit

$$\|x_k\|_X = 1 \quad \text{und} \quad 1 = \|x_k\|_X \geq k\|Tx_k\|_Z.$$

Wegen der kompakten Einbettung $X \to Y$ gilt $x_k \to x$ in Y für eine Teilfolge. Ferner ist $Tx_k \to 0$ in Z. Aus (8.16) folgt dann, daß (x_k) eine Cauchy-Folge in X ist, also $x_k \to x$ auch in X. Da X_1 abgeschlossen ist, folgt $x \in X_1$ mit $Tx = 0$, daher $x = 0$. Widerspruch zu $x_k \to x$ in X und $\|x_k\|_X = 1$!

Die Behauptung folgt aus (8.17) und Lemma 8.23. $\square$

Beispiel 8.25. Wir betrachten den Differentialoperator L aus Beispiel 8.19. Für genügend glatte Daten und L elliptisch liefert Satz 7.4 die a-priori Abschätzung ($f = Lu$!)

$$\|u\|_{2,2;\Omega} \leq c(\|Lu\|_{2;\Omega} + \|u\|_{1,2;\Omega}).$$

Mit $X = H^{2,2}(\Omega) \cap H_0^{1,2}(\Omega)$, $Y = H_0^{1,2}(\Omega)$ und $Z = L^2(\Omega)$ sind alle Voraussetzungen von Satz 8.24 erfüllt. $\mathcal{N}(L)$ ist daher endlich dimensional und $\mathcal{R}(L)$ ist abgeschlossen in $L^2(\Omega)$.

Satz 8.26 (Satz vom abgeschlossenen Bild, Closed Range Theorem). *Seien X, Y Banach-Räume und $T \in \mathcal{L}(X, Y)$. Dann sind äquivalent:*

(a) $\mathcal{R}(T)$ *ist abgeschlossen in* Y.

(b) $\mathcal{R}(T) = \mathcal{N}(T')_\perp$.

(c) $\mathcal{R}(T')$ *ist abgeschlossen in* X'.

(d) $\mathcal{R}(T') = \mathcal{N}(T)^\perp$.

Für den Beweis benötigen wir das folgende Lemma.

Lemma 8.27. *Gibt es ein $m > 0$ mit $m\|y'\|_{Y'} \leq \|T'y'\|_{X'}$ für alle $y' \in Y'$, so ist T offen.*

Beweis. Sei $U_a = B_a(0) \subset X$ und $V_a = B_a(0) \subset Y$. Wegen der Homogenität linearer Abbildungen genügt es, $V_m \subset T(U_1)$ zu zeigen. Mit der Methode aus Schritt (iii) des Beweises von Satz 3.8 kann dies auf $V_m \subset \overline{T(U_1)}$ zurückgeführt werden. Für einen indirekten Beweis nehmen wir an, es gibt ein $y_0 \in V_m$, also $\|y_0\|_Y < m$, aber $y_0 \notin \overline{T(U_1)}$. Da $\overline{T(U_1)}$ als Abschluß der konvexen Menge $T(U_1)$ konvex ist, können wir die Mengen $\overline{T(U_1)}$ und $\{y_0\}$ mit Hahn-Banach trennen, es gibt ein $y' \in Y'$ mit $\operatorname{Re}\langle y, y'\rangle < \operatorname{Re}\langle y_0, y'\rangle$ für alle $y \in \overline{T(U_1)}$, also $\operatorname{Re}\langle Tx, y'\rangle < \operatorname{Re}\langle y_0, y'\rangle$ für alle $x \in U_1$. Mit der Darstellung $\langle Tx, y'\rangle = \alpha r$, $|\alpha| = 1$, $r \geq 0$, folgt

$$\operatorname{Re}\langle y_0, y'\rangle > \operatorname{Re}\langle T(\overline{\alpha}x), y'\rangle = \operatorname{Re}\overline{\alpha}\langle Tx, y'\rangle = r = |\langle Tx, y'\rangle|,$$

also

$$m\|y'\|_{Y'} \leq \|T'y'\|_{X'} = \sup_{x \in U_1} |\langle x, T'y'\rangle| = \sup_{x \in U_1} |\langle Tx, y'\rangle|$$

$$\leq |\langle y_0, y'\rangle| \leq \|y_0\|_Y \|y'\|_{Y'},$$

daher $\|y_0\|_Y \geq m$ im Widerspruch zu $y_0 \in V_m$. $\square$

Beweis von Satz 8.26. (a) $\Leftrightarrow$ (b) ist Satz 8.11.

(a) $\Rightarrow$ (d): Für $x \in \mathcal{N}(T)$ gilt $0 = y'(Tx) = T'y'(x)$, daher $\mathcal{R}(T') \subset \mathcal{N}(T)^\perp$. Zum Beweis der umgekehrten Richtung definieren wir für $x' \in \mathcal{N}(T)^\perp$ ein Funktional auf $\mathcal{R}(T)$: Zu $y \in \mathcal{R}(T)$ wählen wir ein $x \in X$ mit $Tx = y$ und setzen

$$f(y) = \langle x, x'\rangle.$$

f ist wohldefiniert, denn wenn auch $Tx_1 = y$ erfüllt ist, so ist $x - x_1 \in \mathcal{N}(T)$ und damit $\langle x, x'\rangle = \langle x_1, x'\rangle$ wegen $x' \in \mathcal{N}(T)^\perp$. f ist offenbar linear. Zum Nachweis der Stetigkeit verwenden wir Lemma 8.23. Für $y \in \mathcal{R}(T)$ und x mit $Tx = y$, $\|x\|_X \leq K\|y\|_Y$, gilt

$$|f(y)| = |\langle x, x'\rangle| \leq \|x'\|_{X'}\|x\|_X \leq \|x'\|_{X'}K\|y\|_Y.$$

f wird mit Hahn-Banach zu $F \in Y'$ fortgesetzt. Wegen

$$\langle x, x'\rangle = f(Tx) = F(Tx) = T'F(x) \quad \forall x \in X$$

ist $T'F = x'$. Damit ist $\mathcal{N}(T)^\perp \subset \mathcal{R}(T')$ gezeigt.

(d) $\Rightarrow$ (c): Der Annihilator $\mathcal{N}(T')^\perp$ ist abgeschlossen.

(c) $\Rightarrow$ (a): Sei also $\mathcal{R}(T')$ abgeschlossen. Wir setzen $Z = \overline{\mathcal{R}(T)}$ und definieren $S \in \mathcal{L}(X, Z)$ durch $Sx = Tx$. Für $y' \in Y'$ und $x \in X$ gilt

$$\langle x, T'y'\rangle = \langle Tx, y'\rangle = \langle Sx, y'\big|_Z\rangle = \langle x, S'(y'\big|_Z)\rangle.$$

Diese Identität läßt sich auch von rechts nach links lesen, wenn man y' als eine beliebige Fortsetzung von $y'|_Z$ interpretiert. Damit ist $\mathcal{R}(T') = \mathcal{R}(S')$ gezeigt, insbesondere ist nach Voraussetzung $\mathcal{R}(S')$ abgeschlossen. Da das Bild von S dicht liegt, ist nach Satz 8.11(b) S' injektiv. S' ist also stetig und bijektiv zwischen Z' und $\mathcal{R}(S')$. Da die Inverse von S' stetig ist, folgt $m\|z'\|_{Z'} \leq \|S'z'\|_{X'}$. Nach Lemma 8.27 ist $\mathcal{R}(S) = Z$, daher $\mathcal{R}(T) = Z = \overline{\mathcal{R}(T)}$.   □

8.7 Fredholm-Operatoren und die Spektraltheorie kompakter Operatoren

Definition 8.28. *Seien X, Y Banach-Räume. $T \in \mathcal{L}(X,Y)$ heißt Fredholm-Operator, wenn $\mathcal{N}(T)$ endlich dimensional und die Kodimension von $\mathcal{R}(T)$, also $\operatorname{codim}\mathcal{R}(T) = \dim Y/\mathcal{R}(T)$, ebenfalls endlich ist. Die ganze Zahl $\operatorname{ind} T = \dim\mathcal{N}(T) - \operatorname{codim}\mathcal{R}(T)$ heißt* Index *des Fredholm-Operators.*

Für einen Fredholm-Operator vom Index 0 gilt die *Fredholmsche Alternative*:

Entweder ist die Gleichung $Tx = y$ für alle $y \in X$ eindeutig lösbar, d.h. T ist bijektiv,

oder die Gleichung ist nicht für alle y lösbar. Dann und nur dann gibt es einen endlich dimensionalen Eigenraum von T.

Das Bild eines Fredholm-Operators ist abgeschlossen wegen:

Satz 8.29. *Seien X, Y Banach-Räume. Sei $T \in \mathcal{L}(X,Y)$ mit $\operatorname{codim}\mathcal{R}(T) < \infty$. Dann besitzt T ein abgeschlossenes Bild.*

Beweis. Wie in Lemma 8.21 betrachten wir den stetigen Operator $\tilde{T} : X/\mathcal{N}(T) \to \mathcal{R}(T)$. W sei ein endlich dimensionaler Komplementärraum zu $\mathcal{R}(T)$, also $Y = \mathcal{R}(T) \oplus W$. Setze

$$S : X/\mathcal{N}(T) \times W \to Y, \quad S([x], w) = \tilde{T}[x] + w.$$

Die Abbildung S ist linear, stetig und bijektiv auf dem Banach-Raum $X/\mathcal{N}(T) \times W$, nach dem Prinzip vom inversen Operator ist S^{-1} stetig. Damit ist $\mathcal{R}(T)$ als Urbild der abgeschlossenen Menge $X/\mathcal{N}(T) \times \{0\}$ abgeschlossen.
□

Aus Satz 8.26 folgt daher, daß der adjungierte Operator $T' : Y' \to X'$ eines Fredholm-Operators ebenfalls ein Fredholm-Operator ist mit $\dim\mathcal{N}(T') = \operatorname{codim}\mathcal{R}(T)$ und $\operatorname{codim}\mathcal{R}(T') = \dim\mathcal{N}(T)$, daher $\operatorname{ind} T' = -\operatorname{ind} T$. Nachweisen läßt sich die Fredholm-Eigenschaft eines Operators, indem man die a-priori Abschätzungen in Satz 8.24 für T und T' zeigt, allerdings kann dann nichts über den Index ausgesagt werden. Mehr Informationen erhält man mit dem folgenden Satz.

Satz 8.30 (Riesz-Schauder). *Sei X ein unendlich dimensionaler Banach-Raum und $T \in \mathcal{K}(X)$. Dann gilt:*

(a) *0 ist Spektralwert von T.*

(b) *$T_\lambda = T - \lambda Id$ ist für $\lambda \neq 0$ ein Fredholm-Operator vom Index 0, insbesondere ist jeder Spektralwert Eigenwert.*

(c) *Es gibt höchstens abzählbar viele Eigenwerte, die keinen Häufungspunkt haben außer eventuell Null.*

Der Beweis wird in mehreren Schritten erbracht. Sei $S = Id - T$.

Lemma 8.31. *Der Nullraum von S^n ist endlich dimensional und das Bild von S^n ist abgeschlossen.*

Beweis. Wegen $x = Sx + Tx$ gilt

$$\|x\| \leq \|Sx\| + \|Tx\|.$$

Die Behauptungen für $n = 1$ folgen hieraus wie in Satz 8.24, Richtung (b)$\Rightarrow$(a).

Mit der binomischen Formel erhalten wir

$$S^n = (Id - T)^n = Id + \sum_{k=1}^{n} \binom{n}{k}(-T)^k = Id - T_n,$$

wobei T_n als Summe kompakter Operatoren kompakt ist. Damit folgt die Behauptung für alle n. $\square$

Lemma 8.32. *Wenn $\mathcal{N}(S) = \{0\}$, so ist $\mathcal{R}(S) = X$.*

Beweis. Die Mengen $\mathcal{R}_j = \mathcal{R}(S^j)$ bilden eine fallende Folge abgeschlossener Unterräume von X. Angenommen, $\mathcal{R}_{j+1}$ wäre echter Unterraum von $\mathcal{R}_j$ für alle j. Nach dem Rieszschen Lemma 2.6 gibt es dann ein $y_j \in \mathcal{R}_j$ mit $\|y_j\| = 1$ und $\|y_j - z\| \geq 1/2$ für alle $z \in \mathcal{R}_{j+1}$. Für $j > k$ folgt hieraus

$$Ty_k - Ty_j = y_k + (-y_j - Sy_k + Sy_j) = y_k - z \quad \text{mit einem } z \in \mathcal{R}_{k+1},$$

also $\|Ty_k - Ty_j\| \geq 1/2$, was einen Widerspruch zur Kompaktheit von T bedeutet. Daher $\mathcal{R}_{j+1} = \mathcal{R}_j$ für ein j.

Sei $y \in X$ beliebig gewählt. Wegen $S^j y \in \mathcal{R}_j = \mathcal{R}_{j+1}$ gilt $S^j y = S^{j+1}x$ für ein x. Daher

$$S^j(y - Sx) = 0$$

und wegen $\mathcal{N}(S) = \{0\}$ folgt $Sx = y$. Damit ist S surjektiv. $\square$

Lemma 8.33. *Es gilt* codim $\mathcal{R}(S) = \dim \mathcal{N}(S)$.

Beweis. Wir zeigen zunächst codim $\mathcal{R}(S) \leq \dim \mathcal{N}(S)$. Nach Lemma 8.31 ist $k = \dim \mathcal{N}(S)$ endlich. Wir führen einen indirekten Beweis und nehmen dazu an, daß $\dim \mathcal{N}(S) < \text{codim}\,\mathcal{R}(S)$. Dann gibt es einen k-dimensionalen Raum Y, so daß $Y \oplus \mathcal{R}(S)$ ein echter Unterraum von X ist. Sei $P_\mathcal{N} : X \to \mathcal{N}(S)$ eine stetige Projektion in den endlich dimensionalen Unterraum $\mathcal{N}(S)$ gemäß Satz 8.22. Weiter sei J ein Isomorphismus zwischen den k-dimensionalen Räumen $\mathcal{N}(S)$ und Y. Der Operator

$$\tilde{T} = T - J \circ P_\mathcal{N}$$

ist kompakt, weil T kompakt ist und $J \circ P_\mathcal{N}$ ein endlich dimensionales Bild besitzt. Betrachte $\mathcal{N}(\tilde{S})$ für den Operator

$$\tilde{S} = Id - \tilde{T} = S + J \circ P_\mathcal{N}.$$

Aus $\tilde{S}x = 0$ folgt $x \in \mathcal{N}(S)$ und $x \in \mathcal{N}(J \circ P_\mathcal{N})$, weil die Operatoren Bilder in den komplementären Unterräumen $\mathcal{R}(S)$ bzw. Y besitzen. Nach Lemma 8.32 ist also $\mathcal{R}(\tilde{S}) = X$, andererseits aber auch $\mathcal{R}(\tilde{S}) \subset Y \oplus \mathcal{R}(S)$, was einen Widerspruch zu $Y \oplus \mathcal{R}(S) \neq X$ ergibt.

Die zweite Behauptung beweisen wir durch Übergang zum adjungierten Operator $S' = Id' - T' : X' \to X'$. Da nach Satz 8.12 auch T' kompakt ist, sind die bisher bewiesenen Aussagen auch für T' gültig, insbesondere gilt codim $\mathcal{R}(S') \leq \dim \mathcal{N}(S')$. Nach dem Satz vom abgeschlossenen Bild 8.26 folgt $\dim \mathcal{N}(S) \leq \text{codim}\,\mathcal{R}(S)$. $\square$

Mit diesen Lemmata haben wir die Aussagen (a) und (b) von Satz 8.30 für den Operator

$$T_\lambda = T - \lambda Id = -\lambda(Id - \lambda^{-1}T), \quad \lambda \neq 0,$$

bewiesen. Das nächste Lemma gibt Auskunft über die Struktur der Eigenwerte.

Lemma 8.34. *Ein kompakter Operator hat höchstens abzählbar viele Eigenwerte, die keinen Häufungspunkt in $\mathbb{C}$ besitzen außer eventuell 0. Jeder Eigenwert ungleich 0 hat endliche Vielfachheit.*

Beweis. Als erstes zeigen wir, daß wie im endlich dimensionalen Fall Eigenvektoren zu verschiedenen Eigenwerten linear unabhängig sind. Seien $\lambda_1, \ldots, \lambda_k$ paarweise verschiedene Eigenwerte des kompakten Operators T. Angenommen, für die zugehörigen Eigenvektoren würde

$$x_k = \sum_{i=1}^{k-1} \alpha_i x_i$$

gelten mit linear unabhängigen $x_1, \ldots, x_{k-1}$. Dann folgt nach Anwendung von $T - \lambda_k Id$,

$$0 = \sum_{i=1}^{k-1} \alpha_i (T - \lambda_k Id) x_i = \sum_{i=1}^{k-1} \alpha_i (\lambda_i - \lambda_k) x_i.$$

Wegen $\lambda_i \neq \lambda_k$ widerspricht dies der linearen Unabhängigkeit von $x_1, \dots, x_{k-1}$.

Sei $\lambda \neq 0$ und seien λ_k nicht notwendig verschiedene Eigenwerte mit $\lambda_k \to \lambda$. Nach dem vorigen Beweisschritt können wir annehmen, daß die zugehörigen Eigenvektoren x_k linear unabhängig sind. Auf $X_k = \operatorname{span}\{x_1, \dots, x_k\}$ wenden wir das Rieszsche Lemma 2.6 an: Es gibt ein $y_k \in X_k$ mit $\|y_k\| = 1$ und $\|y_k - z\| \geq 1/2$ für alle $z \in X_{k-1}$. Für $k > l$ gilt

$$\lambda_k^{-1} T y_k - \lambda_l^{-1} T y_l = y_k + (-y_l + \lambda_k^{-1} T_{\lambda_k} y_k - \lambda_l^{-1} T_{\lambda_l} y_l)$$

$$= y_k - z \quad \text{mit einem } z \in X_{k-1},$$

denn der x_k-Anteil in $T_{\lambda_k} y_k$ verschwindet und $T_{\lambda_l} y_l$ bleibt in X_l. Daher

$$\|\lambda_k^{-1} T y_k - \lambda_l^{-1} T y_l\| \geq \frac{1}{2},$$

was wegen der Beschränktheit der Folge $(\lambda_k^{-1} y_k)$ der Kompaktheit von T widerspricht. $\qquad\square$

Damit haben wir Satz 8.30 fast bewiesen – bis auf die Tatsache, daß $\lambda = 0$ immer Spektralwert ist. Das ist jedoch trivial, denn andernfalls wäre $\mathcal{R}(T) = X$, was einen Widerspruch zur Kompaktheit von T bedeutet.

8.8 Integralgleichungen

Auf einem beschränkten Gebiet $\Omega \subset \mathbb{R}^n$ betrachten wir für $K \in L^2(\Omega \times \Omega)$ die Integralgleichung

$$\lambda u(x) = \int_\Omega K(x,y) u(y) \, dy. \tag{8.18}$$

Für den zugehörigen Operator

$$T u(x) = \int_\Omega K(x,y) u(y) \, dy$$

gilt im komplexen Hilbert-Raum $X = L^2(\Omega)$:

Satz 8.35. *$T \in \mathcal{K}(X)$ und der adjungierte Operator berechnet sich zu*

$$T^* v(x) = \int_\Omega \overline{K(y,x)} v(y) \, dy.$$

Beweis. Nach dem Satz von Fubini ist die Funktion $K(x, \cdot)$ für fast alle x aus Ω integrierbar. Für diese x gilt daher

$$|Tu(x)|^2 = \left| \int_\Omega K(x,y)u(y)\,dy \right|^2 \leq \int_\Omega |K(x,y)|^2\,dy \int_\Omega |u(y)|^2\,dy.$$

Wegen $K \in L^2(\Omega \times \Omega)$ ist die Funktion auf der rechten Seite integrierbar. Daher

$$\|Tu\| \leq \|K\|_{L^2(\Omega \times \Omega)} \|u\|$$

und $T \in \mathcal{L}(X)$ mit

$$\|T\| \leq \|K\|_{L^2(\Omega \times \Omega)}. \tag{8.19}$$

Zum Nachweis der Kompaktheit von T wird K in $L^2(\Omega \times \Omega)$ durch eine Funktion $\tilde{K} \in C_0^\infty(\Omega \times \Omega)$ approximiert. Für den zugehörigen Integraloperator gilt

$$|\tilde{T}u(x) - \tilde{T}u(x')| = \left| \int_\Omega \big(\tilde{K}(x,y) - \tilde{K}(x',y) \big) u(y)\,dy \right|$$

$$\leq \sup_{y \in \Omega} |\tilde{K}(x,y) - \tilde{K}(x',y)| \int_\Omega |u(y)|\,dy$$

$$\leq \sup_{y \in \Omega} |\tilde{K}(x,y) - \tilde{K}(x',y)|\, \|u\|\, \mu(\Omega)^{1/2}.$$

Da die Funktion $\tilde{K}$ beschränkte Ableitungen besitzt, ist die Menge $\{\tilde{T}u : \|u\| \leq 1\}$ gleichmäßig beschränkt und gleichgradig stetig. Damit ist $\tilde{T} : X \to C(\overline{\Omega})$ kompakt und wegen $C(\overline{\Omega}) \to X$ auch $\tilde{T} \in \mathcal{K}(X)$. Die Abschätzung (8.19) angewendet auf $T - \tilde{T}$ zeigt überdies, daß T durch $\tilde{T}$ in der Norm von $\mathcal{L}(X)$ approximiert wird. Damit kann T als Grenzwert von kompakten Operatoren dargestellt werden und ist nach Satz 8.6 selber kompakt.

Der Satz von Fubini liefert

$$(Tu, v) = \int_\Omega \Big(\int_\Omega K(x,y)u(y)\,dy \Big) \overline{v(x)}\,dx = \int_\Omega u(x) \Big(\int_\Omega K(y,x)\overline{v(y)}\,dy \Big)\,dx$$

$$= (u, T^* v). \qquad \square$$

Nach dem letzten Abschnitt hat die Gleichung (8.18) nur für abzählbar viele λ nichttriviale Lösungen und die zugehörigen Lösungsräume sind endlich dimensional.

8.9 Gårdingsche Ungleichung

In diesem Abschnitt werden alle Räume als komplex vorausgesetzt. Die Ergebnisse bleiben jedoch sinngemäß auch für reelle Räume richtig (siehe Abschnitt A.7).

Definition 8.36. *Sei* $X \to Y \to X'$ *ein Gelfandscher Dreier mit* $X \to Y$ *kompakt. Eine auf* $X \times X$ *beschränkte Sesquilinearform* $a(\cdot, \cdot)$ *erfüllt eine Gårdingsche Ungleichung, wenn es* $c_e > 0$ *und* $c_0 \in \mathbb{R}$ *gibt mit*

$$c_e \|x\|_X^2 - c_0 \|x\|_Y^2 \leq \operatorname{Re} a(x, x) \quad \forall x \in X. \tag{8.20}$$

Für $f \in X'$ wird im folgenden die Lösbarkeit des Problems

$$a(y, x) = f(y) \quad \forall y \in X \tag{8.21}$$

untersucht.

Satz 8.37. *Die beschränkte Sesquilinearform* $a(\cdot, \cdot)$ *erfülle eine Gårdingsche Ungleichung. Dann gilt:*

(a) Der zugehörige Operator $T : X \to X'$, $x \mapsto a(\cdot, x)$, *ist ein Fredholm-Operator vom Index 0. Insbesondere ist das Problem (8.21) entweder für jedes* $f \in X'$ *eindeutig lösbar, oder es gibt ein* $x \neq 0$ *mit* $a(y, x) = 0$ *für alle* $y \in X$.

(b) Sei (X_k) *eine aufsteigende Folge endlich dimensionaler Unterräume von* X *mit* $\overline{\cup X_k} = X$. *Ist* $x_0 = 0$ *die eindeutige Lösung des homogenen Problems* $a(y, x) = 0$ *für alle* $y \in X$, *so gibt es ein* $K \in \mathbb{N}$, *so daß die Lösung* $P_k x \in X_k$ *des Galerkin-Verfahrens zu (8.21),*

$$a(y_k, P_k x) = f(y_k) \quad \forall y_k \in X_k, \tag{8.22}$$

für alle $k \geq K$ *existiert mit* $P_k x \to x$ *in* X.

Beweis. (a) Die Abbildung

$$J : X \to X', \quad Jx(y) = (y, x)_Y \quad \forall y \in X,$$

ist kompakt, weil $X \to Y$ kompakt ist. Ferner ist nach dem Satz von Lax-Milgram der Operator $T + c_0 J : X \to X'$ bijektiv, weil die Sesquilinearform $a_0(y, x) = a(y, x) + c_0 (y, x)_Y$ beschränkt und koerziv ist. Die Gleichung $Tx = f$ kann daher umgeschrieben werden zu

$$\left(Id - (T + c_0 J)^{-1} c_0 J\right) x = (T + c_0 J)^{-1} f.$$

Als Komposition eines stetigen und eines kompakten Operators ist $(T + c_0 J)^{-1} c_0 J : X \to X$ nach Lemma 2.19 kompakt. Die Behauptung folgt aus Satz 8.30.

(b) Wir zeigen: Unter den Voraussetzungen von (b) gibt es ein $K \in \mathbb{N}$ und eine Konstante $c > 0$ mit

$$c\|x\| \leq \sup_{y \in X_k} \frac{\operatorname{Re} a(y, x)}{\|y\|_X} \quad \text{für alle } x \in X_k \text{ und alle } k \geq K. \tag{8.23}$$

Angenommen, dies wäre nicht richtig. Dann gibt es eine Teilfolge (x_k) mit $x_k \in X_k$ und

$$1 = \|x_k\|_X \geq k \sup_{y \in X_k} \frac{\operatorname{Re} a(y, x_k)}{\|y\|_X}. \tag{8.24}$$

Hieraus folgt wieder für eine Teilfolge $x_k \rightharpoonup x$ in X und $x_k \to x$ in Y. Sei $y \in X$. Dann gibt es nach (7.27) zu jedem $\varepsilon > 0$ ein $l \in \mathbb{N}$ und ein $y_l \in X_l$ mit $\|y - y_l\|_X \leq \varepsilon$. Es gilt $a(y_l, x_k) \to 0$ wegen (8.24) und $a(y_l, x - x_k) \to 0$ wegen $x_k \rightharpoonup x$, daher

$$a(y, x) = a(y - y_l, x) + a(y_l, x - x_k) + a(y_l, x_k) \ \to \ a(y - y_l, x).$$

Wegen $|a(y - y_l, x)| \leq c_b\|y - y_l\| \cdot 1 \leq c_b\varepsilon$ folgt $a(y, x) = 0$ für alle $y \in X$. Aufgrund der vorausgesetzten eindeutigen Lösbarkeit des homogenen Problems gilt $x = 0$. Wegen $x_k \to 0$ in Y folgt aus der Gårdingschen Ungleichung

$$\operatorname{Re} a(x_k, x_k) \geq c_e\|x_k\|_X^2 - c_0\|x_k\|_Y^2 \geq \frac{c_e}{2}$$

für genügend große k. Aus (8.24) für $y = x_k$ folgt $a(x_k, x_k) \to 0$, was einen Widerspruch zur letzten Abschätzung bedeutet. (8.23) ist daher gezeigt.

Mit (8.23) ist die Matrix des Galerkin-Verfahrens (8.22) für genügend große k regulär, denn das homogene Problem ist eindeutig lösbar. Für beliebiges $z_k \in X_k$ gilt mit $a(y_k, x) = a(y_k, P_k x)$

$$\|x - P_k x\|_X \leq \|x - z_k\|_X + \|z_k - P_k x\|_X$$

$$\leq \|x - z_k\|_X + c^{-1} \sup_{y_k \in Y_k} \frac{\operatorname{Re} a(y_k, z_k - P_k x)}{\|y_k\|_X}$$

$$= \|x - z_k\|_X + c^{-1} \sup_{y_k \in Y_k} \frac{\operatorname{Re} a(y_k, z_k - x)}{\|y_k\|_X} \leq (1 + c^{-1}c_b)\|x - z_k\|,$$

daher $P_k x \to x$ in X. $\qquad\qquad\qquad\qquad\qquad\qquad\qquad\qquad\qquad\quad \square$

Beispiel 8.38. Als Anwendung betrachten wir den Operator

$$Lu = -D_i(a_{ij}D_j u) + b_i D_i u + cu$$

auf einem beschränkten Gebiet Ω. Die Koeffizientenfunktionen seien reell, meßbar und beschränkt, der Operator sei elliptisch,

$$\lambda|\xi|^2 \leq a_{ij}\xi_i\xi_j \quad \forall \xi \in \mathbb{R}^n.$$

Die zugehörige Form wird auf natürliche Weise zur Sesquilinearform

$$a(v, u) = \int_\Omega \left\{ a_{ij}D_i v D_j \overline{u} + b_i v D_i \overline{u} + cv\overline{u} \right\} dx$$

auf dem komplexwertigen $H^{1,2}(\Omega)$ fortgesetzt. Wie man leicht nachrechnet oder in Abschnitt A.7 nachschlägt, übertragen sich viele Eigenschaften der reellen Bilinearform auf die auf diese Weise fortgesetzte Form: Der Hauptteil bleibt koerziv und eine beschränkte Form bleibt beschränkt. Es gilt daher

$$\operatorname{Re} a(u, u) \geq \lambda \|Du\|_{2;\Omega}^2 - \int_\Omega \{|b_i D_i u u| + |c u u|\}\, dx$$

$$\geq \lambda \|Du\|_{2;\Omega}^2 - c\|Du\|_{2;\Omega}\|u\|_{2;\Omega} - c\|u\|_{2;\Omega}^2,$$

wobei c von $\|b_i\|_\infty$, $\|c\|_\infty$ abhängt. Mit der Youngschen Ungleichung folgt

$$\operatorname{Re} a(u, u) \geq \frac{\lambda}{2}\|Du\|_{2;\Omega}^2 - c_0\|u\|_{2;\Omega}^2.$$

In Abschnitt 7.2 wurde bereits gezeigt, daß $a(\cdot, \cdot)$ auf $H^{1,2}(\Omega)$ beschränkt ist. Damit kann der letzte Satz für jeden Hilbert-Raum $X \subset H^{1,2}(\Omega)$ angewendet werden, sofern seine Norm mit der Norm in $H^{1,2}(\Omega)$ äquivalent ist. Insbesondere ist das Problem $a(v, u) = f(v)$ schon dann für alle $f \in X'$ eindeutig in X lösbar, wenn die Inversmonotonie für schwache Lösungen 7.8 erfüllt ist.

Sind die Koeffizienten des Hauptteils komplexwertig, so kann man auf die allgemeine Gårdingsche Ungleichung in Satz 9.42 zurückgreifen, in diesem Fall müssen die a_{ij} allerdings stetig sein.

Wir betrachten das Dirichlet-Problem für

$$Lu = -D_i(a_{ij} D_j u) + b_i D_i u$$

unter gleichen Voraussetzungen wie oben. Mit Beispiel 7.16 kann man diesen Operator als ein vereinfachtes Modell für eine stationäre Temperaturverteilung in einem sich bewegenden Medium ansehen, wobei $b = (b_1, \ldots, b_n)$ die Geschwindigkeit dieses Mediums ist. Für das Problem

$$Lu = f \quad \text{in } \Omega, \quad u = 0 \quad \text{auf } \partial\Omega, \tag{8.25}$$

wurde in Abschnitt 7.2 Existenz nur gezeigt, wenn $\|b_i\|_\infty$ klein ist oder $D_i b_i$ eine Vorzeichenbedingung erfüllt. Da der Operator der Fredholmschen Alternative genügt, braucht für die Existenz nur die eindeutige schwache Lösbarkeit des homogenen Problems

$$Lu = 0 \quad \text{in } \Omega, \quad u = 0 \quad \text{auf } \partial\Omega, \tag{8.26}$$

nachgewiesen zu werden. Für jede schwache Lösung u von (8.26) zeigt man bei glatten Daten mit den Methoden aus Abschnitt 7.3, daß sie auch eine klassische Lösung ist, also $u \in C^2(\Omega) \cap C^0(\overline{\Omega})$. Dann wird auf (8.26) für Real- und Imaginärteil das Maximumprinzip für klassische Lösungen, Satz 7.13, angewendet und man erhält in der Tat $u = 0$. Damit ist (8.25) für alle $f \in L^2$ eindeutig schwach lösbar.

8.10 Das abstrakte Eigenwertproblem

Seien $(X, a(\cdot,\cdot))$ und $(Y, (\cdot,\cdot))$ reelle Hilbert-Räume mit kompakter und dichter Einbettung $X \to Y$. Die Normen bezeichnen wir mit $\|\cdot\|_X$ bzw. $\|\cdot\|$. Wir betrachten das Eigenwertproblem

$$a(u,v) = \lambda(u,v) \quad \forall v \in X \qquad (8.27)$$

mit dem Eigenvektor $u \in X$ zum Eigenwert λ.

Satz 8.39 (Courant-Hilbert). *Sei X unendlich dimensional und seien die übrigen Voraussetzungen an X und Y wie angegeben erfüllt. Dann besitzt (8.27) abzählbar unendlich viele Eigenwerte λ_k, $k \in \mathbb{N}$, mit Eigenvektoren $u_k \in X$, $\|u_k\| = 1$, wobei die Eigenwerte zu mehrfachen Eigenvektoren auch mehrfach gezählt werden. Diese haben die Eigenschaften:*

(a) Es gilt $\quad 0 < \lambda_1 \le \lambda_2 \le \ldots \to \infty$, die Eigenwerte besitzen daher endliche Vielfachheiten und es gibt keine Häufungspunkte von Eigenwerten.

(b) Die Eigenvektoren sind sowohl $a(\cdot,\cdot)$-, als auch $(\cdot,\cdot)$-orthogonal,

$$(u_k, u_l) = \delta_{kl}, \quad a(u_k, u_l) = \lambda_k \delta_{kl}.$$

Die Eigenvektoren bilden ein vollständiges System in X und in Y: Zu $v \in Y$ setze

$$c_i = (v, u_i) \quad (= i\text{-ter Fourier-Koeffizient})$$

und

$$v_k = \sum_{i=1}^{k} c_i u_i \quad (= k\text{-ter Fourier-Abschnitt}).$$

Dann gilt $v_k \to v$ in Y sowie $v_k \to v$ in X für $v \in X$ und

$$\|v\| = \Big(\sum_{i=1}^{\infty} c_i^2 \Big)^{1/2}, \quad \|v\|_X = \Big(\sum_{i=1}^{\infty} \lambda_i c_i^2 \Big)^{1/2} \quad \text{falls } v \in X.$$

(c) Die Eigenwerte lassen sich variationell charakterisieren durch

$$\lambda_k = \min_{v \perp_Y E_{k-1}} R(v),$$

mit dem Rayleighquotienten

$$R(v) = \frac{a(v,v)}{(v,v)}$$

und

$$E_{k-1} = \operatorname{span}\{u_1, \ldots, u_{k-1}\},$$

wobei das Minimum für $v = u_k$ angenommen wird (=Rayleighsches Minimumprinzip).

(d) Es gilt das Courantsche Minmax-Prinzip*:*

$$\lambda_k = \min\left\{\max_{v \in M_k} R(v),\ M_k \subset X,\ \dim M_k = k\right\},$$

wobei das Minimum für $M_k = E_k$ angenommen wird.

Anmerkungen 8.40 (i) Der Satz gilt auch für endlich dimensionale Räume, es gibt dann nur $\dim X$ viele Eigenwerte und Eigenvektoren. „X dicht in Y" bedeutet in diesem Fall $X = Y \cong \mathbb{R}^n$. Nach Beispiel 2.24 wird jedes innere Produkt durch eine symmetrische und positiv-definite Matrix erzeugt. Das Eigenwertproblem (8.27) ist daher $Ax = \lambda Bx$ mit symmetrischen und positiv-definiten Matrizen A und B.

(ii) Das Courantsche Minmax-Prinzip hat den Vorteil, daß in der Charakterisierung von λ_k die Eigenvektoren $u_1, \ldots, u_{k-1}$ nicht vorkommen. Gilt beispielsweise für die Rayleighquotienten der Bilinearformen $a_i(\cdot, \cdot)$ die Beziehung $R_1(v) \le R_2(v)$ für alle $v \in X$, so folgt $\lambda_k(a_1) \le \lambda_k(a_2)$ für alle k. Diesen Schluß würde das Rayleighsche Minimumprinzip nur für den ersten Eigenwert gestatten.

(iii) Mit $R : X' \to X$, $a(Rg, v) = g(v)$ für alle $v \in X$, und $J : X \to X'$, $u \mapsto (u, \cdot)$, ist (8.27) äquivalent zu $u = \lambda RJu$ oder $(Id - \lambda RJ)u = 0$. Der Operator $RJ : X \to X$ ist kompakt, weil J kompakt ist. Ferner ist er selbstadjungiert wegen

$$a(RJu, v) = Ju(v) = (u, v) = Jv(u) = a(u, RJv).$$

Das abstrakte Eigenwertproblem ist daher die Spektraltheorie des kompakten selbstadjungierten Operators.

Beweis. Zum Existenzbeweis verwenden wir die Charakterisierung in (c). Sei (v_i) eine mit $\|v_i\| = 1$ normierte Minimalfolge in X für den Rayleighquotienten, also

$$a(v_i, v_i) \searrow \inf_{v \in X} R(v) = \lambda_1.$$

Da die Minimalfolge in X beschränkt und die Einbettung $X \to Y$ kompakt ist, gilt $v_i \to u_1$ in Y für eine Teilfolge. Wegen der Stetigkeit der Norm ist $\|u_1\| = 1$. Mit Hilfe der Parallelogramm-Gleichung erhalten wir

$$\|v_i - v_j\|_X^2 = 2\|v_i\|_X^2 + 2\|v_j\|_X^2 - \|v_i + v_j\|_X^2$$

$$\le 2\|v_i\|_X^2 + 2\|v_j\|_X^2 - \lambda_1\|v_i + v_j\|^2$$

$$= 2\|v_i\|_X^2 + 2\|v_j\|_X^2 - 4\lambda_1\left\|\frac{v_i + v_j}{2}\right\|^2$$

$$\to 2\lambda_1 + 2\lambda_1 - 4\lambda_1\|u_1\|^2 = 0,$$

wegen $\|u_1\| = 1$. Damit ist (v_i) Cauchy-Folge in X und konvergiert wegen der Einbettung $X \to Y$ gegen das gleiche $u_1 \in X$. u_1 ist also das Minimum des Rayleighquotienten und

$$R(u_1 + \varepsilon v) \geq R(u_1)$$

ist für alle $v \in X$ und $\varepsilon > 0$ erfüllt. Dies wird ausgerechnet,

$$\left(\|u_1\|_X^2 + 2\varepsilon a(u_1, v) + \varepsilon^2 \|v\|_X^2\right) \|u_1\|^2 \geq \|u_1\|_X^2 \left(\|u_1\|^2 + 2\varepsilon(u, v) + \varepsilon^2 \|v\|^2\right),$$

und nach Subtraktion, Division durch ε und Grenzübergang $\varepsilon \to 0$ ($\|u_1\|_X^2 = \lambda_1$, $\|u_1\|^2 = 1$),

$$a(u_1, v) \geq \lambda_1(u_1, v)$$

und, weil $\pm v$ eingesetzt werden kann,

$$a(u_1, v) = \lambda_1(u_1, v) \quad \forall v \in X.$$

Damit ist $u_1 \neq 0$ Eigenvektor zum Eigenwert $\lambda_1 > 0$.

Seien Eigenvektoren $u_1, \ldots, u_{k-1}$ zu den Eigenwerten $\lambda_1, \ldots, \lambda_{k-1}$ konstruiert; als Induktionsvoraussetzung nehmen wir an, daß

$$0 < \lambda_1 \leq \lambda_2 \leq \ldots \leq \lambda_{k-1}$$

und daß $u_1, \ldots, u_{k-1}$ orthogonal bezüglich $a(\cdot, \cdot)$ und $(\cdot, \cdot)$ sind mit $\|u_i\|_X^2 = \lambda_i$ und $\|u_i\| = 1$. Mit

$$E_{k-1} = \operatorname{span}\{u_1, \ldots, u_{k-1}\}$$

verfahren wir genauso wie beim Existenzbeweis für u_1, indem wir setzen

$$\lambda_k = \inf_{v \in X,\, v \perp_Y E_{k-1}} R(v) \geq \lambda_{k-1},$$

denn der Raum, in dem das Infimum gesucht wird, ist gegenüber dem letzten Schritt kleiner geworden. Für eine normierte Minimalfolge erhalten wir eine in Y konvergente Teilfolge (v_i), $v_i \to u_k \in Y$. Starke Konvergenz impliziert schwache,

$$0 = (v_i, u_l) \to (u_k, u_l), \quad l = 1, \ldots, k-1,$$

also $u_k \perp_Y E_{k-1}$, und wegen Normkonvergenz $\|u_k\| = 1$. Wie vorher bekommen wir die Konvergenz auch in X, so daß u_k die Lösung des Minimierungsproblems ist. Die notwendige Bedingung für ein Minimum errechnet sich zu

$$a(u_k, v) = \lambda_k(u_k, v) \quad \text{für alle } v \in X \text{ mit } v \perp_Y E_{k-1}.$$

Mit

$$a(u_k, u_l) = \lambda_l(u_k, u_l) = 0, \quad l = 1, \ldots, k-1,$$

ist auch $u_k \perp_X E_{k-1}$. Damit ist $a(u_k, v) = \lambda_k(u_k, v)$ für alle $v \in X$ erfüllt und u_k Eigenvektor zum Eigenwert λ_k.

Da X als unendlich dimensional vorausgesetzt wurde, können wir beliebig fortfahren und erhalten eine monoton wachsende Folge $0 < \lambda_1 \leq \ldots$ von Eigenwerten zu Eigenvektoren $\{u_k\}$. Nach Bemerkung (iii) zu diesem Satz folgt aus Abschnitt 8.7, daß die Eigenwerte sich nicht im Endlichen häufen können, also $\lambda_k \to \infty$.

Nun zeigen wir das Minmax-Prinzip. Mit $E_k = \mathrm{span}\{u_1, \ldots, u_k\}$ liefert $v = \sum_{i=1}^k \alpha_i u_i$

$$R(v) = \frac{\sum_{i=1}^k \lambda_i \alpha_i^2}{\sum_{i=1}^k \alpha_i^2} \leq \lambda_k$$

und daher

$$\min\left\{ \max_{v \in M_k} R(v), \ M_k \subset X \ \dim M_k = k \right\} \leq \lambda_k.$$

Für $M_k \subset X$ mit $\dim M_k = k$ können wir ein $v_0 \in M_k$ finden mit $v_0 \perp_Y E_{k-1}$. Für dieses gilt nach (c)

$$\lambda_k = \min\left\{ R(v), \ v \perp_Y E_{k-1} \right\} \leq R(v_0),$$

womit das Minmax-Prinzip bewiesen ist.

Die Fourier-Entwicklung wird zunächst für $v \in X$ bewiesen. Mit $v_k = \sum_{i=1}^k c_i u_i$ gilt

$$c_i = (v, u_i) = (v_k, u_i),$$

also

$$v - v_k \perp_Y E_k. \tag{8.28}$$

Das Rayleighsche Minimumprinzip liefert

$$\lambda_{k+1} \|v - v_k\|^2 \leq \|v - v_k\|_X^2 = \|v\|_X^2 - 2a\left(v, \sum c_i u_i\right) + a\left(\sum c_i u_i, \sum c_i u_i\right)$$

$$= \|v\|_X^2 - 2\sum c_i \lambda_i (v, u_i) + \sum c_i^2 \lambda_i = \|v\|_X^2 - \sum_{i=1}^k \lambda_i c_i^2.$$

Wegen $\lambda_k \to \infty$ folgt hieraus $v_k \to v$ in Y und die Konvergenz der Reihe $\sum_{i=1}^\infty \lambda_i c_i^2$. Für $k, l \in \mathbb{N}$, $k < l$ gilt

$$\|v_l - v_k\|_X^2 = \sum_{i=k+1}^l \lambda_i c_i^2$$

und damit ist (v_k) Cauchy-Folge in X, $v_k \to v$ auch in X.

Nun wird die Konvergenz der Fourier-Reihe in Y bewiesen. Für $\phi \in Y$ mit $\phi_k = \sum c_i u_i$, $c_i = (\phi, u_i)$ erhalten wir mit (8.28)

$$\|\phi - \phi_k\|^2 = \|\phi\|^2 - \|\phi_k\|^2,$$

demnach

$$\|\phi_k\| \leq \|\phi\|.$$

Sei $v \in Y$ vorgegeben. Da X dicht in Y liegt, gibt es zu $\varepsilon > 0$ ein $w \in X$ mit $\|w - v\| < \varepsilon$. Für die Fourierabschnitte w_k, v_k von w, v folgt mit der letzten Abschätzung

$$\|w_k - v_k\| \le \|w - v\| < \varepsilon,$$

für genügend großes k also auch

$$\|v - v_k\| \le \|v - w\| + \|w - w_k\| + \|w_k - v_k\| < 3\varepsilon.$$

Damit $v_k \to v$ in Y und

$$\sum_{i=1}^{k} c_i^2 = \|v_k\|^2 \;\to\; \|v\|^2.$$

Angenommen, λ wäre ein weiterer Eigenwert mit Eigenvektor u. Dann steht u auf allen Eigenvektoren u_k mit $\lambda_k \ne \lambda$ senkrecht. Wenn u einen schon vorhandenen Eigenraum ergänzt, so können wir auf diesem Eigenraum ein Orthogonalisierungsverfahren anwenden. Damit kann immer

$$u \perp u_k \quad \text{für alle } k \in \mathbb{N}$$

erreicht werden. Die Fourier-Reihe zu u ist der Nullvektor, was ihrer Konvergenz widerspricht. $\qquad\square$

Als erste Anwendung charakterisieren wir die auf Seite 184 definierte negative Norm. Unter den Voraussetzungen des letzten Satzes bildet ja $X \to Y \to X'$ einen Gelfandschen Dreier mit der zusätzlichen Eigenschaft, daß $X \to Y$ kompakt ist. Es ist

$$\|u\|_{-1} = \sup_{v \in X} \frac{(u, v)}{\|v\|_X} = \frac{(u, w)}{\|w\|_X},$$

wobei w die Lösung von $a(w, v) = (u, v)$ für alle $v \in X$ ist. Mit $u = \sum_i = c_i u_i$ und $w = \sum_i \lambda^{-1} c_i u_i$ folgt hieraus

$$\|u\|_{-1} = \Big(\sum_i \lambda_i^{-1} |c_i|^2 \Big)^{1/2}.$$

Die Theorie von Courant-Hilbert wird nun auf das Ritzsche Verfahren zur Approximation des Problems

$$a(u, v) = (f, v) \quad \forall v \in X, \quad f \in Y.$$

angewendet. Für $X_k \subset X$, $\dim X_k = k$, ist die Lösung des Ritzschen Verfahrens $P_k u \in X_k$ definiert durch

$$a(P_k u, v_k) = (f, v_k) \quad \forall v_k \in X_k.$$

Wegen $X \to Y$ gilt $\|u\|_X, \|P_k u\|_X \le c\|f\|$, damit existiert eine Konstante c_k mit

$$\|u - P_k u\|_X \le c_k \|f\| \quad \forall f \in Y. \tag{8.29}$$

Die Frage ist nun, welche Unterräume X_k optimal sind in dem Sinn, daß die Konstante c_k in (8.29) am kleinsten wird. Man beachte, daß die gleiche Frage für allgemeine rechte Seiten $f \in X'$ sinnlos ist, wie das Beispiel $X = l_2$, $f \in l_2' \cong l_2$ zeigt. In diesem Fall gilt $c_k = 1$, denn zu jedem X_k gibt es ein f mit $f \perp X_k$.

Satz 8.41. *Die kleinste Konstante c_k in (8.29) wird bei der Wahl*

$$X_k = E_k = \operatorname{span}\{u_1, \dots, u_k\}$$

angenommen mit $c_k = \lambda_{k+1}^{-1/2}$.

Beweis. Mit den Fourier-Koeffizienten f_i von f gilt $f = \sum_{i=1}^{\infty} f_i u_i$ und daher $u = \sum_{i=1}^{\infty} \lambda_i^{-1} f_i u_i$. Da das Ritzsche Verfahren die orthogonale Projektion als Lösung hat, ist für $X_k = E_k$

$$P_k u = \sum_{i=1}^{k} \lambda_i^{-1} f_i u_i,$$

also

$$\|u - P_k u\|_X = \left(\sum_{i=k+1}^{\infty} \lambda_i (\lambda_i^{-1} f_i)^2\right)^{1/2} \leq \lambda_{k+1}^{-1/2} \left(\sum_{i=k+1}^{\infty} |f_i|^2\right)^{1/2} \leq \lambda_{k+1}^{-1/2} \|f\|.$$

Sei X_k ein beliebiger k-dimensionaler Unterraum von X. Dann gibt es ein $w \in E_{k+1}$ mit $w \neq 0$ und $w \perp_X X_k$. Die Ritz-Projektion $P_k w$ von w ist daher $P_k w = 0$. Aus $w = \sum_{i=1}^{k+1} w_i u_i$ erhalten wir

$$f = \sum_{i=1}^{k+1} \lambda_i w_i u_i, \quad \|f\|^2 = \sum_{i=1}^{k+1} \lambda_i^2 w_i^2, \quad \|w\|_X^2 = \sum_{i=1}^{k+1} \lambda_i w_i^2.$$

Damit gilt

$$\|w - P_k w\|_X = \|w\|_X \geq \lambda_{k+1}^{-1/2} \|f\|.$$

$\square$

Da die Eigenvektoren u_λ im allgemeinen nicht bekannt sind, stellt dieser Satz hauptsächlich eine Meßlatte für andere Unterräume dar, insofern er den bestmöglichen Fall charakterisiert.

8.11 Das Eigenwertproblem für den Laplace Operator

In diesem Abschnitt ist Ω ein beschränktes Gebiet und alle Räume sind reell. Zunächst betrachten wir das Dirichlet-Problem

$$-\Delta u_k = \lambda_k u_k \ \text{ in } \Omega, \quad u_k = 0 \ \text{ auf } \partial\Omega,$$

oder in schwacher Form: Gesucht sind Eigenvektoren $u_k \in H_0^{1,2}(\Omega)$ und Eigenwerte $\lambda_k \in \mathbb{R}$ mit

$$a(u_k, v) = \lambda_k(u_k, v) \quad \forall v \in H_0^{1,2}(\Omega), \tag{8.30}$$

wobei

$$a(u, v) = \int_\Omega Du Dv \, dx.$$

Aufgrund der Poincaré-Ungleichung ist $\|D \cdot \|_2 = a(\cdot, \cdot)^{1/2}$ eine Norm auf $H_0^{1,2}(\Omega)$. Wir können daher $X = H_0^{1,2}(\Omega)$ und $Y = L^2(\Omega)$ wählen und haben wegen der kompakten und dichten Einbettung $H_0^{1,2}(\Omega) \to L^2(\Omega)$ alle Voraussetzungen der abstrakten Theorie erfüllt. Demnach gibt es abzählbar viele Eigenwerte

$$0 < \lambda_1 \le \lambda_2 \ldots \to \infty$$

und die Eigenvektoren $\{u_k\}$ bilden ein vollständiges Orthogonalsystem in $H_0^{1,2}(\Omega)$ und in $L^2(\Omega)$.

Da auf die Gleichungen $-\Delta D^\alpha u_k = \lambda_k D^\alpha u_k$ sukzessive die innere Regularitätstechnik, Satz 7.3, angewendet werden kann, sind die Eigenvektoren unendlich oft differenzierbar in Ω.

Seien Ω_1, Ω_2 zwei Gebiete mit $\Omega_1 \subset \Omega_2$. Wenn auf Ω_1 definierte Funktionen mit Null fortgesetzt werden, gilt $C_0^\infty(\Omega_1) \subset C_0^\infty(\Omega_2)$ und damit $H_0^{1,2}(\Omega_1) \subset H_0^{1,2}(\Omega_2)$. Bezeichnen wir die Eigenwerte der zugehörigen 1. Randwertprobleme mit $\lambda_k(\Omega_j)$, so folgt aus dem Courantschen Minmax-Prinzip $\lambda_k(\Omega_1) \ge \lambda_k(\Omega_2)$, die Eigenwerte sind also *gebietsmonoton*.

Mit Hilfe der Gebietsmonotonie kann die Verteilung der Eigenwerte abgeschätzt werden. Sei $n = 2$ und $Q_1 = (0,1)^2$. Die Funktionen

$$u_{ij} = \sin i\pi x \sin j\pi y$$

sind Eigenfunktionen auf Q_1 zu den Eigenwerten $\lambda_{ij} = \pi^2(i^2 + j^2)$. Laut Aufgabe 8.19 sind dies auch alle Eigenwerte. Sei $K \in \mathbb{N}$. Dann liegen im Intervall $[\frac{K^2}{4}, K^2]$ gerade $0(K^2)$ viele Eigenwerte. Es existieren daher Konstanten $m, M > 0$ mit

$$mk \le \lambda_k \le Mk. \tag{8.31}$$

Die asymptotische Verteilung (8.31) gilt für alle Quadrate $Q_a = (0,a)^2$, nur m, M hängen von a ab. Zu einem Gebiet Ω gibt es Seitenlängen a_1, a_2 und Punkte x_1, x_2 mit

$$x_1 + Q_{a_1} \subset \Omega \subset x_2 + Q_{a_2}.$$

Wenden wir hierauf die Gebietsmonotonie sowie (8.31) an, haben wir bewiesen:

Satz 8.42. *Sei $\Omega \subset \mathbb{R}^2$ ein beschränktes Gebiet. Dann gibt es Konstanten $m = m(\Omega)$, $M = M(\Omega) > 0$, so daß für den k-ten Eigenwert $\lambda_k(\Omega)$ des ersten Randwertproblems gilt*

$$mk \le \lambda_k(\Omega) \le Mk.$$

Dieses Ergebnis bleibt auch für allgemeinere elliptische Gleichungen 2. Ordnung richtig (siehe Aufgabe 8.21).

Beispiel 8.43. Als Anwendung dieses Satzes untersuchen wir die Finite Elemente Methode aus Abschnitt 7.7 zur Approximation von $-\Delta u = f$ in Ω, $u = 0$ auf $\partial\Omega$. In Satz 7.21 wurde für 2-reguläre Probleme die Fehlerabschätzung

$$\|D(u - P_h u)\|_{2;\Omega} \le ch\|f\|_{2;\Omega} \quad \forall f \in L^2(\Omega) \tag{8.32}$$

bewiesen. Für die Fehlerkonstante c_k des optimalen Ansatzraums $X_k = E_k$ hatten wir in Satz 8.41 $c_k = \lambda_{k+1}^{-1/2}$ gezeigt, mit Satz 8.42 folgt daher $c_k \sim k^{-1/2}$. In (8.32) ist andererseits auch $h \sim \dim S_0^{-1/2} = k^{-1/2}$. Damit ist der Fehler der Finite Elemente Methode nur um einen Faktor $c \ne c(k)$ vom optimalen Ansatzraum entfernt. Ein solches Verfahren nennt man *quasioptimal*.

Satz 8.44. *Das Nullstellengebilde der k-ten Eigenfunktion von (8.30) unterteilt das Grundgebiet in höchstens k Teilgebiete. Ferner ist der erste Eigenwert einfach, es gilt also $0 < \lambda_1 < \lambda_2$, und die erste Eigenfunktion kann strikt positiv in Ω gewählt werden.*

Beweis. Seien $\Omega_1, \ldots, \Omega_l$ die Teilgebiete, in denen u_k ein festes Vorzeichen besitzt. Die Funktion v_j stimme auf Ω_j mit u_k überein und verschwinde außerhalb von Ω_j. Nach Konstruktion der v_j ist der Raum $M_l = \mathrm{span}\,\{v_1, \ldots, v_l\}$ l-dimensional und mit Satz 5.20 gilt $M_l \subset H_0^{1,2}(\Omega)$.

Für jedes $v \in M_l$ ist $R(v) = \lambda_k$, daher $l \le k$ wegen des Minmax-Prinzips.

Der erste Eigenvektor kann demnach nichtnegativ gewählt werden. Er erfüllt $-\Delta u_1 = \lambda_1 u_1 \ge 0$ und ist nach dem starken Maximumprinzip, Satz 7.17, strikt positiv in Ω. Wäre $\lambda_2 = \lambda_1$, so hätten wir zwei linear unabhängige Eigenvektoren u_1, u_2 zu λ. Dann gibt es eine Linearkombination von u_1, u_2 mit wechselndem Vorzeichen, was einen Widerspruch zum ersten Teil des Beweises bedeutet. $\qquad\square$

Der obige Beweis versagt bei Gleichungen höherer Ordnung (siehe Aufgaben 7.7 und 8.22), weil der Rayleighquotient in diesem Fall auf einem Unterraum von $H^{m,2}(\Omega)$ mit $m > 1$ definiert ist. Wenn eine Funktion in diesem Raum abgeschnitten wird, so liegt sie i. a. nur noch in $H^{1,2}$.

Für eine Partition (Γ_D, Γ_N) des Randes $\partial\Omega$ betrachten wir

$$-\Delta u_k = \lambda_k u_k \text{ in } \Omega, \quad u_k = 0 \text{ auf } \Gamma_D, \quad D_\nu u_k = 0 \text{ auf } \Gamma_N,$$

oder in schwacher Form: Gesucht ist $u_k \in H_{0,\Gamma_D}^{1,2}(\Omega)$ und $\lambda_k \in \mathbb{R}$ mit

$$a(u_k, v) = \lambda_k(u_k, v) \quad \forall v \in H_{0,\Gamma_D}^{1,2}(\Omega). \tag{8.33}$$

Γ_D sei so beschaffen, daß die Poincaré-Ungleichung 6.21 gilt. Alternativ kann $\Gamma_N = \partial\Omega$ gewählt werden. In diesem Fall setzen wir $\lambda_1 = 0$, u_1 konstant, und wenden die abstrakte Theorie auf den Raum

$$X = \left\{ v \in H^{1,2}(\Omega) : \quad \int_\Omega v\,dx = 0 \right\}$$

an. Da auf X die Poincaré-Ungleichung erfüllt ist (vgl. Bemerkung 6.22), gilt $0 = \lambda_1 < \lambda_2 \leq \dots$.

Die zu (8.33) gehörende Fourier-Entwicklung wird auf die Wärmeleitungsgleichung

$$v_t - \Delta v = 0 \ \text{ in } \Omega \times \mathbb{R}_+, \quad v = 0 \ \text{ auf } \Gamma_D \times \mathbb{R}_+, \tag{8.34}$$

$$D_\nu v = 0 \ \text{ auf } \Gamma_N \times \mathbb{R}_+, \quad v(x,0) = v_0(x) \ \text{ in } \Omega,$$

angewendet. $v(x,t)$ kann man sich als Temperatur eines Körpers im Punkt x zur Zeit t vorstellen, $v_0(x)$ ist die vorgegebene Temperaturverteilung am Anfang. Zunächst suchen wir partikuläre Lösungen der Form $k_i(t)u_i(x)$. Für diese sind die Randbedingungen erfüllt und aus (8.34) folgt die gewöhnliche Differentialgleichung

$$k_i'(t) + \lambda_i k_i(t) = 0$$

mit Lösung $k_i(t) = c_i e^{-\lambda_i t}$. Die zunächst formale Lösung von (8.34) ist daher

$$v(x,t) = \sum_{i=1}^\infty v_{0,i} e^{-\lambda_i t} u_i(x), \tag{8.35}$$

wobei $v_{0,i}$ die Fourier-Koeffizienten von v_0 sind,

$$v_0(x) = \sum_{i=1}^\infty v_{0,i} u_i(x), \quad v_{0,i} = (v_0, u_i).$$

Gleichung (8.35) zeigt sehr schön den glättenden Charakter des Wärmeleitungsprozesses. Ist beispielsweise $v_0 \in L^2$, so konvergieren alle zeitlichen Ableitungen von v für $t > 0$ wegen

$$\sum_{i=1}^\infty |v_{0,i}|^2 \lambda_i^{2k} e^{-2\lambda_i t} \leq c(t,k)\|v_0\|^2.$$

Betrachten wir nun den Fall $\Gamma_N = \partial\Omega$ etwas genauer. Mit (8.35) folgt in diesem Fall $v(x,t) \to v_{0,1}$ für $t \to \infty$. Ingenieure haben beobachtet, daß der heißeste und kühlste Punkt mit der Zeit zum Rand laufen. Da zu λ_1 der konstante Eigenvektor gehört, kann dies nur an u_2 liegen, der im Vergleich zu den anderen Eigenvektoren am längsten lebt. Wir können daher die Vermutung aussprechen, daß Maxima und Minima von u_2 auf dem Rande von Ω angenommen werden. Dies ist auch für viele Gebiete numerisch bestätigt worden, aber ein strenger Beweis steht immer noch aus.

Die schwingende Membran wird durch das Anfangs-, Randwertproblem der Wellengleichung

$$v_{tt} - \Delta v = 0 \ \text{ in } \Omega \times \mathbb{R}_+, \quad v = 0 \ \text{ auf } \Gamma_D \times \mathbb{R}_+, \quad D_\nu v = 0 \ \text{ auf } \Gamma_N \times \mathbb{R}_+,$$

$$v(x,0) = v_0(x) \text{ in } \Omega, \quad v_t(x,0) = v_1(x) \text{ in } \Omega,$$

beschrieben. $v(x,t)$ ist die Auslenkung der Membran im Ort x zur Zeit t. Der gleiche Ansatz für eine partikuläre Lösung wie bei der Wärmeleitungsgleichung führt hier zu $k_i''(t) + \lambda_i k_i(t) = 0$ mit der allgemeinen Lösung

$$k_i(t) = c_i \sin \sqrt{\lambda_i}\, t + d_i \cos \sqrt{\lambda_i}\, t.$$

Die Lösung der Wellengleichung ist daher

$$v(x,t) = \sum_{i=1}^{\infty} \left(c_i \sin \sqrt{\lambda_i}\, t + d_i \cos \sqrt{\lambda_i}\, t \right) u_i(x),$$

wobei c_i, d_i leicht aus den Anfangsbedingungen bestimmt werden können. Im Gegensatz zur Wärmeleitungsgleichung ist die Lösung zu jedem Zeitpunkt so glatt, wie es die Funktionen v_0, v_1 vorgeben.

Beim gemischten Randwertproblem sind die Eigenwerte im allgemeinen nicht gebietsmonoton. Ist aber Γ eine niederdimensionale Menge, so gilt $\lambda_k(\Omega) \geq \lambda_k(\Omega \setminus \Gamma)$, denn die Differenzierbarkeitsbedingung an eine Sobolev-Funktion ist auf $\Omega \setminus \Gamma$ schwächer als auf Ω. Dies gilt für alle Modelle (Gleichungen höherer Ordnung, Systeme usw.), die man der Schwingung zugrunde legen kann.

Das blaue Telephon

Der Dekan der physikalischen Fakultät besucht den Dekan der Mathematik und entdeckt auf dessen Schreibtisch neben dem üblichen grauen auch ein blaues Telephon. Was das für ein Telephon sei, fragt der Physiker. Das Telephon zu Gott, antwortet der Mathematiker. Ob er einmal telephonieren könne, fragt der Physiker. „Leider nein", antwortet der Mathematiker, „ein einziges Gespräch verschlingt den gesamten Jahresetat der mathematischen Fakultät. Das blaue Telephon wird nur für die letzten Fragen der Mathematik benutzt."

Einige Zeit später besucht der Dekan der mathematischen Fakultät den Dekan der Physik und entdeckt auf dessen Schreibtisch neben dem üblichen grauen auch ein blaues Telephon. Was das für ein Telephon sei, fragt der Mathematiker. Das Telephon zu Gott, antwortet der Physiker. Ob er einmal telephonieren könne, fragt der Mathematiker. „Aber natürlich, bei uns ist das ein Ortsgespräch".

Klopft man gegen einen Blumentopf, so müßten Grund- und Obertöne tiefer werden, wenn ein Riß vorliegt. Tatsächlich wird der Ton scheppernd, was möglicherweise dadurch zu erklären ist, daß der Riß die Symmetrien des Körpers zerstört und die Obertöne nicht mehr so gut zum Grundton passen. Aber wird der Grundton tatsächlich tiefer? Ich habe über dieses Paradox mehrere Physiker befragt und dabei verschiedene Antworten bekommen, die unmöglich alle gleichzeitig richtig sein können. Interessanterweise zeigte sich kein Physiker darüber beunruhigt, währenddessen die Mathematik bei einem analogen Beispiel sofort zusammengebrochen wäre.

8.12 Zur Klassifikation partieller Differentialgleichungen

Partielle Differentialgleichungen werden in elliptische, parabolische und hyperbolische klassifiziert, was den grundlegenden Naturvorgängen entspricht: Stationäre Zustände, Diffusionsprozesse und Transport. Vor allem bei Systemen von Differentialgleichungen begegnet man allerdings unterschiedlichen Definitionen, weil die Analysis mehr methoden- als ergebnisorientiert ist. Diesem Phänomen sind wir in Kapitel 7 mehrfach begegnet. Dort wurde der Existenzbeweis mit dem Satz von Lax-Milgram geführt, gleichzeitig erkennt der Leser sofort das allgemeine Prinzip, daß nämlich die Elliptizität in manchen Fällen zu koerziven Bilinearformen führt, und er kann es bei Gleichungen höherer Ordnung oder Systemen von Differentialgleichungen selber anwenden. Die Differenzenquotienten-Technik ist ein weiteres universelles Argument, die Aufgaben dazu geben nur einen kleinen Ausschnitt ihrer möglichen Anwendungen wieder. In allen Fällen tritt das konkrete Resultat hinter dem analytischen Argument zurück. Dies führt oft dazu, daß Autoren die Definition des Typs einer Differentialgleichung umkehren: Elliptisch ist eine Differentialgleichung genau dann, wenn die konkrete „elliptische" Beweistechnik des Autors funktioniert.

Bei Operatoren 2. Ordnung $Lu = -a_{ij}D^2_{ij}u$ stimmen allerdings die meisten Definitionen überein. Der *elliptische* Fall ist der klarste. Dazu muß in unserer Definition die Matrix $A = (a_{ij})$ positiv-definit sein, was äquivalent dazu ist, daß ihre Eigenwerte positiv sind. Verwendet man als Untersuchungsmethode die Fourier-Transformation (siehe Kapitel 9), so nimmt man $a_{ij}\xi_i\xi_j \neq 0$ für alle $\xi \in \mathbb{R}^n \setminus \{0\}$ als Definition. Für $n \geq 2$ ist die Menge $\mathbb{R}^n \setminus \{0\}$ zusammenhängend, die Funktion $a_{ij}\xi_i\xi_j$ hat daher ein Vorzeichen. Bis auf das Vorzeichen sind also die beiden Definitionen äquivalent. Was sagt Elliptizität über die Struktur der Lösungen? Die wichtigste Eigenschaft ist vielleicht die Ausbreitung der Information in allen Richtungen. Wenn die Daten des Problems lokal in einer kleinen Kugel verändert werden, so merkt das die Lösung überall. Ein schönes Beispiel dafür ist das starke Maximumprinzip für klassische Lösungen. Ist die rechte Seite $f > 0$ in einer kleinen Kugel, ansonsten Null, so ist überall $u > 0$ erfüllt.

$Lu = -a_{ij}D^2_{ij}u$ heißt *hyperbolisch*, wenn ein Eigenwert von $A = (a_{ij})$ negativ und die anderen positiv sind. Dies gilt für die Wellengleichung $u_{tt} - \Delta u = 0$. Im Fall $n = 1$ und $\Omega = \mathbb{R}$ lautet die allgemeine Lösung von $u_{tt} - u'' = 0$

$$u(x,t) = F(x - t) + G(x + t), \quad F, G : \mathbb{R} \to \mathbb{R}.$$

Die Funktionen F und G lassen sich offenbar aus den Anfangsbedingungen $u(x,0) = u_0(x)$, $u_t(x,0) = u_1(x)$ eindeutig bestimmen. Ferner gilt die Formel auch für das homogene Randwertproblem, wenn man die zugehörige Fourier-Lösung in der Ortsvariablen auf $\mathbb{R}$ fortsetzt. Damit verläuft der Fluß der Information entlang der *Charakteristiken* $x - t = c$ und $x + t = c$ mit endlicher Geschwindigkeit, insbesondere hängt der Wert von $u(x,t)$ nur von den

Werten der Anfangsbedingungen in zwei Punkten ab. Multiplikation der Wellengleichung $u_{tt} - \Delta u = 0$ mit u_t und Integration über $\Omega \times (0, T)$ ergibt die *Energieerhaltung*

$$E(T) = \frac{1}{2} \int_\Omega \left\{ |u_t(x, T)|^2 + |Du(x, T)|^2 \right\} dx = \text{const.}$$

Die Definition des *parabolischen* Operators allein mit Hilfe der Eigenwerte der Matrix A (einer Null, die anderen positiv), wie es in manchen Büchern geschieht, ist angesichts der Wärmeleitungsgleichung mit umgekehrter Zeitrichtung $-u_t - \Delta u = 0$ mit formaler Lösung $u(x, t) = \sum c_i \exp(\lambda_i t) u_i$ problematisch, denn u existiert auch bei einer glatten Anfangsbedingung nicht notwendig für alle $t > 0$. Diese Gleichung entsteht bei der Rekonstruktion der Vergangenheit eines Diffusionsprozesses und zeigt, daß in der klassischen Physik die Vergangenheit ohne Zusatzannahmen unbestimmt ist. Auch die Schrödinger-Gleichung in Aufgabe 8.23 wäre bei der eingangs erwähnten Definition parabolisch, ähnelt in ihrem Lösungsverhalten aber mehr einer hyperbolischen Gleichung. Gilt für die Anfangsbedingung in der Wärmeleitungsgleichung $u_0 \geq 0$ mit $u_0 \neq 0$, so besagt das starke parabolische Maximumprinzip, daß $u > 0$ überall für $t > 0$. Die Information breitet sich hier mit unendlicher Geschwindigkeit aus, was die Wärmeleitungsgleichung zu einer Gleichung der klassischen, nichtrelativistischen Physik macht. Eine Energieerhaltung gibt es für $u_t - \Delta u = 0$ nur im Vakuum. Integrieren wir die Gleichung über $\Omega \times (0, T)$ und nutzen $D_\nu u = 0$ auf $\partial \Omega$ aus, so folgt $E(T) = \int_\Omega u(x, T)\, dx = \int_\Omega u_0(x)\, dx$.

Aufgaben

8.1. (3) Sei X ein komplexer Banach-Raum und $T \in \mathcal{L}(X)$. Sei $\lambda \in \sigma_c(T)$. Dann gibt es eine Folge (x_k) in X mit $\|x_k\| = 1$ und $\|(T - \lambda Id)x_k\| \to 0$.

8.2. (3) Sei $X = l_2$ und $T : X \to X$ mit $Tx(j) = \alpha_j x(j)$, wobei die Menge $\{\alpha_j\} \subset [0, 1]$ dicht im Intervall $[0, 1]$ liegt. Bestimmen Sie die Mengen $\rho(T), \sigma_p(T), \sigma_c(T), \sigma_r(T) \subset \mathbb{C}$.

8.3. (3) Seien X, Y Banach-Räume und $S : X \to Y$, $T : Y' \to X'$ linear mit

$$\langle Sx, y' \rangle = \langle x, Ty' \rangle \quad \forall x \in X,\, y' \in Y'.$$

Dann sind die Operatoren S und T stetig.

8.4. (3) Beweisen Sie mit Hilfe des Satzes vom abgeschlossenen Graphen: (*Hellinger-Toeplitz*) Ist X ein Hilbert-Raum und $T : X \to X$ linear mit

$$(Tx, y) = (x, Ty) \quad \forall x, y \in X,$$

so ist T stetig.

8.5. (1) Bestimmen Sie die Hilbert-Adjungierten der Operatoren $S_r, S_l, M_y : l_2 \to l_2$ aus Aufgabe 2.14.

8.6. Gibt es einen Operator $T \in \mathcal{K}(X)$ mit $\sigma(T) = \{0\}$ und

a) (1) $\sigma_p(T) = \{0\}$,   b) (3) $\sigma_r(T) = \{0\}$,   c) (4) $\sigma_c(T) = \{0\}$?

8.7. (2) Seien X, Y Banach-Räume und $T : X \to Y$ sei *nuklear*, d.h. es gibt $\lambda_k \in \mathbb{K}$, $x_k' \in X'$, $y_k \in Y$ mit

$$\sum_{k=1}^{\infty} |\lambda_k| < \infty, \quad \|x_k'\|_{X'} = 1, \quad \|y_k\|_Y = 1,$$

so daß

$$Tx = \sum_{k=1}^{\infty} \lambda_k \langle x, x_k' \rangle y_k \quad \text{für alle } x \in X.$$

Zeigen Sie, daß T kompakt ist.

8.8. (3) Sei X ein normierter Raum und U ein Unterraum von X. Sind U und der Quotientenraum X/U Banach-Räume, dann ist auch X ein Banach-Raum.

8.9. (2) Zeigen Sie, daß für jeden Operator $T \in \mathcal{K}(X)$ die Äquivalenz

$$S(Id - T) = Id \quad \Leftrightarrow \quad (Id - T)S = Id$$

gilt.

8.10. (4) Sei $X = L^2((0, \infty))$ und

$$Tu(x) = \frac{1}{x} \int_0^x u(y)\, dy, \quad 0 < x < \infty.$$

Dann ist $T \in \mathcal{L}(X)$, aber $T \notin \mathcal{K}(X)$.

8.11. Beweisen Sie die folgenden Aussagen:

a) (4) Wenn X ein reflexiver Banach-Raum ist, so ist $\mathcal{L}(X, l_1) = \mathcal{K}(X, l_1)$. Insbesondere gibt es keine surjektive stetige lineare Abbildung eines reflexiven Banach-Raums nach l_1.

b) (1) Wenn Y ein reflexiver Banach-Raum ist, so ist $\mathcal{L}(c_0, Y) = \mathcal{K}(c_0, Y)$.

Hinweis: Bei b) können Sie ohne Beweis verwenden, daß ein Banach-Raum genau dann reflexiv ist, wenn sein Dualraum reflexiv ist.

8.12. (1) Geben Sie für jedes $k \in \mathbb{Z}$ ein Beispiel $T_k \in \mathcal{L}(X)$ für einen Fredholm-Operator vom Index k an.

8.13. (3) Bestimmen Sie $\sigma_p, \sigma_c, \sigma_r$ für den Operator

$$Tx(t) = \int_0^t x(\xi)\, d\xi, \quad T \in \mathcal{L}(X)$$

im Grundraum

a) $X = L^2((0, 1))$,   b) $X = C([0, 1])$.

8.14. (3) Sei $\Omega \subset \mathbb{R}^n$ ein beschränktes Gebiet, $K(\cdot,\cdot) \in L^2(\Omega \times \Omega)$ und

$$Tu(x) = \int_\Omega K(x,y)u(y)\, dy$$

der zugehörige Integraloperator. Formulieren Sie eine Bedingung an K, so daß das Problem $u + Tu = f$ für alle $f \in L^2(\Omega)$ eindeutig lösbar ist. Geben Sie ein Beispiel, daß ohne eine solche Bedingung das homogene Problem $u + Tu = 0$ nichttriviale Lösungen besitzen kann.

8.15. (3) Sei K auf $\mathbb{R}$ meßbar und periodisch mit Periode 1 sowie $\|K\|_1 = \int_0^1 |K(x)|\, dx < \infty$. Zeigen Sie: Der Integraloperator

$$Tu(x) = \int_0^1 K(x-y)u(y)\, dy$$

ist in $\mathcal{K}(L^p(0,1))$ für $1 \le p < \infty$ mit einer durch $\|K\|_1$ beschränkten Operatornorm.

8.16. (3) Beim abstrakten Eigenwertproblem konnten die Normen in X und Y mit den Fourier-Koeffizienen c_i der Funktion u charakterisiert werden:

$$\|u\|_X = \Big(\sum_{i=1}^\infty \lambda_i |c_i|^2\Big)^{1/2}, \quad \|u\| = \Big(\sum_{i=1}^\infty |c_i|^2\Big)^{1/2}.$$

Allgemeiner definieren wir für eine Folge λ_i mit

$$0 < \lambda_1 \le \lambda_2 \le \ldots \to \infty$$

das Produkt $(x = (x(1), x(2), \ldots))$

$$(x,y)_\alpha = \sum_{i=1}^\infty \lambda_i^\alpha \big(x(i)\,\overline{y(i)}\big), \quad \alpha \in \mathbb{R}.$$

X^α ist definiert als Raum aller Zahlenfolgen x mit $\|x\|_\alpha < \infty$.

   a) Zeigen Sie, daß $(X^\alpha, (\cdot,\cdot)_\alpha)$ ein Hilbert Raum ist. Man nennt daher $(X^\alpha)_{\alpha \in \mathbb{R}}$ auch eine *Skala* von Hilbert-Räumen.

   b) Für $\alpha < \beta$ existiert die stetige Einbettung $X^\beta \to X^\alpha$ und ist kompakt.

8.17. (2) Sei $n = 1$ und $\Omega = (0,1)$. Die drei wichtigsten Orthonormalsysteme vom Fourier-Typ für diesen Fall erhält man aus dem Eigenwertproblem: Gesucht ist $u_k \in X$ mit

$$(u_k', v') = \lambda_k (u_k, v) \quad \forall v \in X.$$

Bestimmen Sie u_k und λ_k für

a) $X = H^{1,2}(\Omega)$,   b) $X = H_0^{1,2}(\Omega)$,

c) $X = H_{\mathrm{per}}^{1,2}(\Omega) = \{v \in H^{1,2}(\Omega) : v(0) = v(1)\}$.

8.18. (3) Sei $\Omega = \mathbb{R}^2 \setminus B_1(0)$ und $g \in H^{1,2}(0, 2\pi)$ mit $g(0) = g(2\pi)$, $\int_0^{2\pi} g(\phi)\, d\phi = 0$. Man konstruiere die klassische Lösung von

$$-\Delta u = 0 \ \text{ in } \Omega, \quad u = g \ \text{ auf } \partial\Omega, \quad u(x) \to 0 \ \text{ für } |x| \to \infty.$$

Hinweis: Man verwende die Eigenvektoren aus Aufgabe 8.17 und bestimme abklingende Lösungen von $-\Delta u = 0$ der Form $r^{\alpha_k} u_k(\phi)$. Zur Erinnerung: $\Delta = r^{-1} D_r(r D_r) + r^{-2} D_{\phi\phi}^2$.

8.19. (3) Sei $Q = (0,1)^2$ das Einheitsquadrat. Das Eigenwertproblem

$$-\Delta u = \lambda u \ \text{ in } Q, \quad u = 0 \ \text{ auf } \partial Q,$$

besitzt die Eigenvektoren

$$u_{ij}(x,y) = \sin i\pi x \, \sin j\pi y, \quad i,j \in \mathbb{N}.$$

Zeigen Sie, daß dies alle Eigenvektoren sind.

8.20. (2) Sei $f \in C_0^\infty(\Omega)$ und c_i die Fourier-Koeffizienten von f bezüglich der Eigenvektoren u_i des Laplace-Operators. Zeigen Sie, daß

$$\sum_{i=1}^{\infty} \lambda_i^k |c_i|^2 < \infty \quad \forall k \in \mathbb{N}.$$

8.21. (2) Sei $n = 2$ und $L = -D_i(a_{ij}D_j u)$ elliptisch mit $a_{ij} \in L^\infty(\Omega)$ und $a_{ij} = a_{ji}$. Beweisen Sie: Es gibt Konstanten $m, M > 0$, die von a_{ij} und Ω abhängen, so daß für die Eigenwerte von $Lu_k = \lambda_k u_k$ in Ω, $u_k = 0$ auf $\partial\Omega$, die Abschätzung $mk \leq \lambda_k \leq Mk$ gilt.

8.22. Sei $\Omega \subset \mathbb{R}^2$ ein beschränktes Gebiet. Das erste Randwertproblem für die biharmonische Gleichung lautet

$$\Delta^2 u = f \ \text{ in } \Omega, \quad u = D_\nu u = 0 \ \text{ auf } \partial\Omega,$$

oder in schwacher Form: Gesucht ist $u \in H_0^{2,2}(\Omega)$ mit

$$(*) \qquad\qquad (\Delta u, \Delta v) = (f, v) \quad \forall v \in H_0^{2,2}(\Omega).$$

a) (2) Zeigen Sie $\|\Delta v\|_2 = \|D^2 v\|_2$ für alle $v \in H_0^{2,2}(\Omega)$ und beweisen Sie damit die eindeutige Lösbarkeit von $(*)$.

b) (3) Zeigen Sie für das zugehörige Eigenwertproblem

$$(\Delta u_k, \Delta v) = \lambda_k(u_k, v) \quad \forall v \in H_0^{2,2}(\Omega)$$

mit einem einzeiligen Beweis die Abschätzung

$$\lambda_k \geq ck^2.$$

c) (4) Geben Sie auch die Beweisidee für die analoge Abschätzung in b) nach oben an, ohne den sehr technischen Beweis auszuführen.

8.23. (2) Das Anfangs-, Randwertproblem der Schrödinger-Gleichung ist

$$iv_t - \Delta v = 0 \ \text{ in } \Omega \times \mathbb{R}_+, \quad v = 0 \ \text{ auf } \partial\Omega \times \mathbb{R}_+, \quad v(x,0) = v_0(x) \ \text{ in } \Omega,$$

wobei v komplexwertig ist und $i = \sqrt{-1}$. Bestimmen Sie die Lösung mit Hilfe einer Fourier-Reihe. Weisen Sie auch die Erhaltung der Energie $\|v(\cdot, t)\|_2 = \|v_0\|_2$ nach.

8.24. (3) Beweisen Sie, daß das Problem

$$u_{tt} + \Delta u = 0 \ \text{ in } \Omega \times (0,1), \quad u = 0 \ \text{ auf } \partial\Omega \times (0,1),$$

$$u(x,0) = 0 \ \text{ in } \Omega, \quad u_t(x,0) = u_1(x) \ \text{ in } \Omega,$$

nicht für alle $u_1 \in H_0^{1,2}(\Omega)$ lösbar ist.

Bemerkung: Analog zeigt man, daß für $u_{tt} - \Delta u = 0$ das Randwertproblem $u(x,0) = u_0(x)$, $u(x,1) = u_1(x)$ nicht für alle $u_0, u_1 \in H_0^{1,2}(\Omega)$ lösbar ist. Elliptische Probleme sind daher Randwertprobleme und hyperbolische Probleme sind Anfangswertprobleme.

Distributionen und Fourier-Transformation

In diesem Kapitel werden alle Funktionenräume als komplex vorausgesetzt.

9.1 Distributionen

Definition 9.1. *Sei $\Omega \subset \mathbb{R}^n$ ein Gebiet und (ϕ_k) eine Folge in $C_0^\infty(\Omega)$. Wir sagen, (ϕ_k) konvergiert gegen $\phi \in C_0^\infty(\Omega)$ (Schreibweise $\phi_k \xrightarrow{\mathcal{D}} \phi$), wenn es eine kompakte Menge $K \subset\subset \Omega$ gibt mit $\mathrm{supp}(\phi_k)$, $\mathrm{supp}(\phi) \subset K$ und wenn $D^\alpha \phi_k \to D^\alpha \phi$ gleichmäßig in Ω für alle Multiindizes α gilt. $C_0^\infty(\Omega)$ mit diesem Konvergenzbegriff wird mit $\mathcal{D}(\Omega)$ bezeichnet.*

$\phi \in \mathcal{D}(\Omega)$ werden auch als *Testfunktionen* bezeichnet.

Diese Begriffsbildungen lassen vermuten, daß es sich bei $\mathcal{D}(\Omega)$ um einen lokalkonvexen Raum handelt, was in der Tat der Fall ist. Da die Konstruktion der zugehörigen Topologie unanschaulich ist, bauen wir die Theorie nur mit dem Konvergenzbegriff in $\mathcal{D}(\Omega)$ auf. Der an topologischen Fragestellungen interessierte Leser sei auf Abschnitt A.4 verwiesen.

Definition 9.2. *$T : \mathcal{D}(\Omega) \to \mathbb{C}$ heißt* Distribution, *wenn T linear und folgenstetig bezüglich des Konvergenzbegriffs „$\xrightarrow{\mathcal{D}}$" ist, wenn also für alle Folgen (ϕ_k) in $\mathcal{D}(\Omega)$ gilt*

$$\phi_k \xrightarrow{\mathcal{D}} \phi \quad \Rightarrow \quad T(\phi_k) \to T(\phi).$$

Die Menge der Distributionen wird mit $\mathcal{D}'(\Omega)$ bezeichnet.

Aus der Definition folgt sofort, daß die Distributionen mit den punktweisen Operationen einen Vektorraum bilden. Wenn nämlich S und T Distributionen sind, so ist offenbar auch

$$(\alpha S + \beta T)(\phi) = \alpha S(\phi) + \beta T(\phi), \quad \alpha, \beta \in \mathbb{C},$$

eine Distribution.

Die äquivalente Bedingung des nächsten Satzes wird manchmal auch zur Definition der Distribution herangezogen.

M. Dobrowolski, *Angewandte Funktionalanalysis*, Springer-Lehrbuch Masterclass, 2nd ed., DOI 10.1007/978-3-642-15269-6_9, © Springer-Verlag Berlin Heidelberg 2010

Satz 9.3. *Ein lineares Funktional $T : \mathcal{D}(\Omega) \to \mathbb{C}$ ist genau dann eine Distribution, wenn es zu jeder Menge $K \subset\subset \Omega$ Konstanten c und N gibt mit*

$$|T(\phi)| \leq c\|\phi\|_{N,\infty;K} \quad \forall \phi \in \mathcal{D}(K), \tag{9.1}$$

wobei $\mathcal{D}(K)$ aus allen Funktionen in C^∞ mit Träger in K besteht.

Beweis. Ist (9.1) erfüllt, so ist T offenbar folgenstetig bezüglich $\xrightarrow{\mathcal{D}}$ und damit eine Distribution.

Für einen Widerspruchsbeweis nehmen wir an, daß T eine Distribution ist, die (9.1) nicht erfüllt. Dann gibt es eine Menge $K_0 \subset\subset \Omega$, für die wir für jedes $c = N = k$ ein $\phi_k \in \mathcal{D}(K_0)$ finden können mit $|T(\phi_k)| = 1$ und $\|\phi_k\|_{k,\infty;K_0} \leq 1/k$. Damit gilt $\phi_k \xrightarrow{\mathcal{D}} 0$, aber $|T(\phi_k)| = 1$. T ist unstetig und damit keine Distribution. $\qquad\Box$

Wir ordnen einer Funktion $f \in L^1_{\mathrm{loc}}(\Omega)$ das Funktional

$$T_f(\phi) = \int_\Omega f\phi\,dx$$

zu. Wenn $\phi_k \xrightarrow{\mathcal{D}} \phi$, so gilt $\mathrm{supp}(\phi_k)$, $\mathrm{supp}(\phi) \subset K \subset\subset \Omega$ und wegen $f \in L^1(K)$,

$$\left| \int_\Omega f(\phi_k - \phi)\,dx \right| \leq \max_K |\phi_k - \phi| \int_K |f|\,dx \to 0.$$

Damit ist T_f eine Distribution. Die Zuordnung $f \mapsto T_f$ ist injektiv, denn wenn

$$T(\phi) = \int_\Omega f\phi\,dx = \int_\Omega g\phi\,dx \quad \forall \phi \in \mathcal{D}(\Omega),$$

so folgt aus dem Fundamentallemma der Variationsrechnung 5.1 $f = g$ f.ü.

Definition 9.4. *Distributionen, die auf die angegebene Weise einer Funktion $f \in L^1_{\mathrm{loc}}(\Omega)$ zugeordnet sind, heißen* reguläre *Distributionen.*

Definition 9.5. *$T \in \mathcal{D}'(\Omega)$ heißt von* endlicher Ordnung, *wenn es ein c und ein $N \in \mathbb{N}_0$ gibt mit*

$$|T(\phi)| \leq c\|\phi\|_{N,\infty;\Omega} \quad \forall \phi \in \mathcal{D}(\Omega). \tag{9.2}$$

In diesem Fall heißt das minimale N in (9.2) die Ordnung *von T.*

Reguläre Distributionen T_f mit $f \in L^1(\Omega)$ sind von der Ordnung 0.

Reguläre Distributionen und Distributionen von endlicher Ordnung bilden offenbar Unterräume von $\mathcal{D}'(\Omega)$. Erfüllt ein Funktional die Bedingung (9.2), so ist es wegen Satz 9.3 bereits eine Distribution. Ferner ersehen wir aus dem Vergleich mit Satz 9.3, daß anschaulich gesprochen nur das Verhalten am Rande und im Unendlichen dazu führt, daß eine Distribution von unendlicher Ordnung ist.

Wenn es nicht zu Zweideutigkeiten führt, identifizieren wir eine reguläre Distribution T_f mit ihrer Darstellung f.

Beispiele 9.6 (i) Zu $a \in \Omega$ definieren wir die *Dirac-Distribution* durch

$$\delta_a(\phi) = \phi(a) \quad \forall \phi \in \mathcal{D}(\Omega).$$

δ_a ist nicht regulär, denn wenn es ein $f \in L^1_{\mathrm{loc}}(\Omega)$ geben würde mit

$$\delta_a(\phi) = \phi(a) = \int_\Omega f(x)\phi(x)\,dx,$$

so würde aus dem Fundamentallemma folgen $f = 0$ f.ü. in $\Omega \setminus \{a\}$, was gleichbedeutend mit $f = 0$ f.ü. in Ω ist. Wegen $|\delta_a(\phi)| \leq \|\phi\|_\infty$ ist δ_a von endlicher Ordnung und besitzt die Ordnung 0.

(ii) Für $f \in L^1_{\mathrm{loc}}$ und einen Multiindex α ist

$$\tilde{T}_f(\phi) = (-1)^{|\alpha|} T_f(D^\alpha \phi) = (-1)^{|\alpha|} \int_\Omega f D^\alpha \phi\,dx$$

eine Distribution, denn wenn $\phi_k \xrightarrow{\mathcal{D}} \phi$, so

$$|\tilde{T}_f(\phi_k - \phi)| = \left| \int_K f D^\alpha(\phi_k - \phi)\,dx \right| \leq \|D^\alpha(\phi_k - \phi)\|_{\infty;K} \|f\|_{1;K} \to 0.$$

Existiert die α-te schwache Ableitung von f, so ist auch $\tilde{T}_f$ eine reguläre Distribution mit $\tilde{T}_f = T_{D^\alpha f}$, $D^\alpha f \in L^1_{\mathrm{loc}}(\Omega)$.

Für $p \in C^\infty(\Omega)$ definieren wir die *Multiplikation* durch

$$pT(\phi) = T(p\phi) \quad \forall \phi \in \mathcal{D}(\Omega)$$

und für einen Multiindex α die *Differentiation* durch

$$D^\alpha T(\phi) = (-1)^{|\alpha|} T(D^\alpha \phi) \quad \forall \phi \in \mathcal{D}(\Omega).$$

Satz 9.7. (a) *Ist $T \in \mathcal{D}'(\Omega)$, so ist für $p \in C^\infty(\Omega)$ auch $pT \in \mathcal{D}'(\Omega)$.*

(b) *Ist α ein Multiindex, so ist mit $T \in \mathcal{D}'(\Omega)$ auch $D^\alpha T \in \mathcal{D}'(\Omega)$.*

(c) *Ist T_f eine reguläre Distribution, so ist für $p \in C^\infty(\Omega)$ auch $pT_f = T_{pf}$ eine reguläre Distribution.*

(d) *Für $p \in C^\infty(\Omega)$ gilt*

$$D_i(pT) = D_i pT + pD_i T.$$

(e) *Für Multiindizes α, β gilt*

$$D^{\alpha+\beta} T = D^\alpha(D^\beta T) = D^\beta(D^\alpha T).$$

Beweis. (a)–(c) folgen direkt aus den Definitionen.

(d) Es gilt

$$D_i(pT)(\phi) = -pT(D_i\phi) = -T(pD_i\phi) = -T(D_i(p\phi) - D_i p\phi)$$

$$= D_iT(p\phi) + D_i pT(\phi) = pD_iT(\phi) + D_i pT(\phi).$$

(e) Mit Hilfe des Satzes von Schwarz erhalten wir

$$D^{\alpha+\beta}T(\phi) = (-1)^{|\alpha+\beta|}T(D^{\alpha+\beta}\phi) = (-1)^{|\alpha+\beta|}T(D^\alpha(D^\beta\phi))$$

$$= (-1)^{|\beta|}D^\alpha T(D^\beta\phi) = D^\beta(D^\alpha T(\phi)).$$

$\square$

Wie in Beispiel 9.6(ii) gezeigt wurde, unterscheidet sich die schwache Ableitung von der distributionellen Ableitung nur dadurch, daß die abgeleitete Funktion eine reguläre Distribution sein muß. Der Verzicht auf diese Forderung führt dazu, daß jede Distribution beliebig oft differenziert werden kann. Diese schöne Eigenschaft wird jedoch erstens dadurch erkauft, daß die Multiplikation pT für allgemeinere Funktionen als $p \in C^\infty(\Omega)$ nicht definiert ist. Zum zweiten liest man am Raum $H^{-m,q}$ direkt ab, daß seine Funktionale aus der m-ten distributionellen Ableitung einer L^p-Funktion hervorgehen. Die Sobolev-Räume differenzieren die „Glattheit" der Funktionale besser aus.

Beispiele 9.8 (i) Sei $n = 1$ und $\Omega = \mathbb{R}$. Die *Heaviside-Funktion H* ist definiert durch

$$H(x) = \begin{cases} 1 & \text{für } x > 0 \\ 0 & \text{sonst} \end{cases}.$$

Es gilt

$$\frac{d}{dx}T_H(\phi) = -\int_\infty^\infty H\phi'\,dx = -\int_0^\infty \phi'(x)\,dx = \phi(0),$$

daher $T_H' = \delta_0$.

(ii) Für die Dirac-Distribution $\delta_a \in \mathcal{D}'(\Omega)$ erhalten wir

$$D^\alpha\delta_a(\phi) = (-1)^{|\alpha|}\delta_a(D^\alpha\phi) = (-1)^{|\alpha|}D^\alpha\phi(a)$$

und für $p \in C^\infty(\Omega)$,

$$p\delta_a(\phi) = \delta_a(p\phi) = p(a)\phi(a).$$

(iii) Bei der Ableitung einer Distribution muß der Definitionsbereich beachtet werden. Sei $-1 < \lambda < 0$ und $f_\lambda(x) = x^\lambda$ für $x > 0$ und $f_\lambda(x) = 0$ sonst. T_f ist sowohl auf $\Omega = (0,\infty)$ als auch auf $\Omega = \mathbb{R}$ eine reguläre Distribution. Im ersten Fall gilt natürlich $D_x T_{f_\lambda} = T_{f_\lambda'}$, währenddessen für $\phi \in \mathcal{D}(\mathbb{R})$

$$-\int f_\lambda\phi'\,dx = -\lim_{\varepsilon\searrow 0}\int_\varepsilon^\infty x^\lambda(\phi(x) - \phi(\varepsilon))'\,dx = \lambda\int_0^\infty x^{\lambda-1}(\phi(x) - \phi(0))\,dx$$

gilt. Der letzte Grenzübergang ist erlaubt wegen $|\phi(x) - \phi(0)| \le cx$.

Ist Ω_0 ein Teilgebiet von Ω, so ist die *Einschränkung von T* auf Ω_0 definiert durch

$$T|_{\Omega_0}(\phi) = T(\phi) \quad \forall \phi \in \mathcal{D}(\Omega_0).$$

Natürlich ist $T|_{\Omega_0} \in \mathcal{D}'(\Omega_0)$.

Definition 9.9. *Für $T \in \mathcal{D}'(\Omega)$ heißt*

$$\mathrm{supp}(T) = \{x \in \overline{\Omega} : \ \forall \delta > 0 \ \text{ist} \ T|_{\Omega \cap B_\delta(x)} \neq 0\}$$

der Träger *von T.*

Satz 9.10. (a) $\mathrm{supp}(T)$ *ist abgeschlossen und es gilt $T(\phi) = 0$, falls $\mathrm{supp}(T) \cap \mathrm{supp}(\phi) = \emptyset$.*

(b) *Ist T_f regulär, so läßt sich f auf einer Nullmenge so abändern, daß $\mathrm{supp}(T_f) \subset \mathrm{supp}(f)$.*

(c) *Ist T_f regulär mit $f \in C(\Omega)$, so gilt $\mathrm{supp}(T_f) = \mathrm{supp}(f)$.*

Beweis. (a) $x \in \mathrm{supp}(T)^c$ bedeutet, daß es ein $\delta > 0$ gibt mit $T|_{\Omega \cap B_\delta(x)} = 0$. Also ist $\mathrm{supp}(T)^c$ offen.

(b) Ist $x \in \mathrm{supp}(f)^c$, so gibt es ein $\delta > 0$ mit $B_\delta(x) \subset \mathrm{supp}(f)^c$. Dann ist offenbar $T_f(\phi) = 0$ für alle $\phi \in \mathcal{D}(B_\delta(x))$, also $x \in \mathrm{supp}(T_f)^c$.

(c) Wegen (b) braucht nur $\mathrm{supp}(f) \subset \mathrm{supp}(T_f)$ gezeigt zu werden. Die Menge $\Omega' = \{y \in \Omega : f(y) \neq 0\}$ ist offen, weil f stetig ist. Sei $x \in \mathrm{supp}(f) = \overline{\Omega'}$. Zu jedem $\delta > 0$ gibt es ein $y \in B_\delta(x) \cap \Omega'$. Da f stetig und y innerer Punkt von $B_\delta(x) \cap \Omega'$ ist, gilt $\int f(z) J_\varepsilon(y - z)\, dz \neq 0$ für genügend kleine ε. Damit ist $x \in \mathrm{supp}(T_f)$. $\qquad \square$

Satz 9.11. *Besitzt $T \in \mathcal{D}'(\Omega)$ einen kompakten Träger in Ω, so ist T von endlicher Ordnung, es gibt also ein $N \in \mathbb{N}_0$ und ein c mit*

$$|T(\phi)| \leq c\|\phi\|_{N,\infty;\Omega} \quad \forall \phi \in \mathcal{D}(\Omega).$$

Beweis. Dies folgt aus Satz 9.3. $\qquad \square$

Satz 9.12. *Sei $T \in \mathcal{D}'(\Omega)$, $a \in \Omega$ und $\mathrm{supp}(T) = \{a\}$. Dann gibt es ein $N \in \mathbb{N}_0$ und $b_\alpha \in \mathbb{C}$ mit*

$$T(\phi) = \sum_{|\alpha| \leq N} b_\alpha D^\alpha \delta_a(\phi).$$

Beweis. Sei $a = 0$. Nach dem letzten Satz ist

$$|T(\phi)| \leq c \sup_{|\alpha| \leq N} \sup_{x \in \Omega} |D^\alpha \phi(x)|.$$

Mit Lemma 5.12 gibt es $\psi \in C^\infty(\mathbb{R}^n)$ mit

$$0 \le \psi \le 1, \quad \psi(x) = \begin{cases} 1 \text{ für } |x| \ge \varepsilon \\ 0 \text{ für } |x| \le \frac{\varepsilon}{2} \end{cases}, \quad |D^\alpha\psi| \le c\varepsilon^{-k} \text{ für } |\alpha| = k \le N.$$

Sei $\phi \in \mathcal{D}(\Omega)$ eine Funktion mit $D^\alpha\phi(0) = 0$ für $|\alpha| \le N$. Nach Taylor gilt dann wegen $|D^{N+1}\phi| \le c$

$$|D^\alpha\phi(x)| \le c|x|^{N+1-|\alpha|}, \quad |\alpha| \le N + 1.$$

Wegen $T(\phi\psi) = 0$ folgt

$$|T(\phi)| = |T(\phi(1 - \psi))| \le c \sup_{|\alpha|\le N} \sup_{x\in\Omega} |D^\alpha(\phi(1 - \psi))|$$

$$\le c \sum_{|\alpha|+|\beta|\le N} \sup_{|x|\le\varepsilon} |D^\alpha\phi| \sup_{|x|\le\varepsilon} |D^\beta(1 - \psi)|$$

$$\le c \sum_{|\alpha|+|\beta|\le N} c\varepsilon^{N+1-|\alpha|}\varepsilon^{-|\beta|} = c_N\varepsilon.$$

Da $\varepsilon > 0$ beliebig gewählt werden kann, ist $T(\phi) = 0$.

Für beliebiges $\phi \in \mathcal{D}(\Omega)$ erhalten wir aus dem Satz von Taylor

$$\phi(x) = \sum_{|\alpha|\le N} c_\alpha D^\alpha\phi(0)x^\alpha + \phi_1(x)$$

mit $\phi_1 \in C^\infty(\Omega)$ und $D^\alpha\phi_1(0) = 0$ für $|\alpha| \le N$. Mit ψ wie im ersten Teil des Beweises gilt dann

$$T(\phi) = T(\phi(1 - \psi)) = \sum_{|\alpha|\le N} c_\alpha D^\alpha\phi(0)T(x^\alpha(1 - \psi)) + T(\phi_1(1 - \psi)).$$

Wegen $T(\phi_1(1 - \psi)) = 0$ folgt die behauptete Darstellung von T mit

$$b_\alpha = (-1)^{|\alpha|}c_\alpha T(x^\alpha(1 - \psi)).$$

$\square$

Definition 9.13. *Eine Folge (T_k) in $\mathcal{D}'(\Omega)$ konvergiert gegen $T \in \mathcal{D}'(\Omega)$ (Schreibweise $T_k \overset{\mathcal{D}'}{\to} T$), wenn $T_k(\phi) \to T(\phi)$ für alle $\phi \in \mathcal{D}(\Omega)$.*

Den folgenden Satz über die Vollständigkeit des Distributionenraums benötigen wir nicht, er kommt aber in manchen Anwendungen vor.

Satz 9.14. *Sei T_k eine Folge in $\mathcal{D}'(\Omega)$, so daß $(T_k(\phi))$ konvergiert für alle $\phi \in \mathcal{D}(\Omega)$. Dann gibt es ein $T \in \mathcal{D}'(\Omega)$ mit $T_k \overset{\mathcal{D}'}{\to} T$.*

Beweis. Setze $T(\phi) = \lim T_k(\phi)$. Die Linearität von T zeigt man mit Standardargumenten. Da die Stetigkeit von T äquivalent zur Stetigkeit im Nullpunkt ist, muß gezeigt werden, daß aus $\phi_l \xrightarrow{\mathcal{D}} 0$ die Konvergenz $T(\phi_l) \to 0$ folgt. Wir führen einen Widerspruchsbeweis und nehmen dazu an, daß $|T(\phi_l)| \geq c > 0$ für eine Teilfolge. Die Träger der ϕ_l liegen in einer kompakten Teilmenge K von Ω. In K konvergieren alle partiellen Ableitungen der ϕ_l gegen Null. Durch Auswahl einer weiteren Teilfolge erreichen wir $\|\phi_l\|_{l,\infty;K} \leq 4^{-l}$. Für $\psi_l = 2^l \phi_l$ gilt dann $\psi_l \xrightarrow{\mathcal{D}} 0$ und $|T(\psi_l)| \to \infty$.

Wir konstruieren rekursiv eine Teilfolge (T_k') von (T_k) und eine Teilfolge (ψ_l') von (ψ_l). Zunächst wählen wir ψ_1' mit $|T(\psi_1')| > 1$. Wegen $T_k(\psi_1') \to T(\psi_1')$ können wir ein T_1' finden mit $|T_1'(\psi_1')| > 1$. Seien T_j' und ψ_j' für $1 \leq j < k$ bereits konstruiert. Wegen $\psi_l \to 0$ und $|T(\psi_l)| \to \infty$ gibt es ein ψ_k' mit

$$|T_j'(\psi_k')| < 2^{-k+j} \quad \text{für } j = 1, \ldots, k-1, \tag{9.3}$$

$$|T'(\psi_k')| > \sum_{j=1}^{k-1} |T'(\psi_j')| + k. \tag{9.4}$$

Wegen $T_k(\psi) \to T(\psi)$ liefert (9.4) ein T_k' mit

$$|T_k'(\psi_k')| > \sum_{j=1}^{k-1} |T_k'(\psi_j')| + k. \tag{9.5}$$

Die Reihe $\psi = \sum_{l=1}^{\infty} \psi_l'$ konvergiert in $\mathcal{D}(\Omega)$, denn die ψ_l' genügen ebenfalls der Abschätzung $\|\psi_l'\|_{l,\infty;K} \leq 2^{-l}$. Aus (9.5) und (9.3) folgt

$$|T_k'(\psi)| - \left| \sum_{j=1}^{k-1} T_k'(\psi_j') + T_k'(\psi_k') \mid \sum_{j=k+1}^{\infty} T_k'(\psi_j') \right| \tag{9.6}$$

$$\geq |T_k'(\psi_k')| - \left| \sum_{j=1}^{k-1} T_k'(\psi_j') \right| - \left| \sum_{j=k+1}^{\infty} T_k'(\psi_j') \right| > k - 1.$$

Daher existiert der Grenzwert von $T_k'(\psi)$ nicht, was einen Widerspruch bedeutet. $\qquad\square$

Mit einem ähnlichem Argument beweisen wir die Folgenstetigkeit der Bilinearform $\langle \phi, T \rangle = T(\phi)$.

Satz 9.15. *Ist $T_k \xrightarrow{\mathcal{D}'} T$ und $\phi_k \xrightarrow{\mathcal{D}} \phi$, so $T_k(\phi_k) \to T(\phi)$.*

Beweis. Es gilt

$$(T_k - T)(\phi_k - \phi) = T_k(\phi_k) - T(\phi_k) - T_k(\phi) + T(\phi).$$

Wegen $T_k(\phi) \to T(\phi)$ und $T(\phi_k) \to T(\phi)$ muß

$$T_k \xrightarrow{\mathcal{D}'} 0, \quad \phi_k \xrightarrow{\mathcal{D}} 0 \quad \Rightarrow \quad T_k(\phi_k) \to 0.$$

gezeigt werden. Zum Beweis gehen wir wie im letzten Satz vor, indem wir eine Teilfolge der ϕ_k zu einer Folge ψ_k normieren mit $\psi_k \xrightarrow{\mathcal{D}} 0$, $|T_k(\psi_k)| \to \infty$ und $\sum_k \psi_k$ konvergent in $\mathcal{D}$. Hieraus bestimmen wir eine Teilfolge k_l wie folgt: Sind $k_1, \ldots, k_{j-1}$ bereits konstruiert, so wähle k_j so, daß

$$|T_{k_j}(\psi_{k_l})| \quad \text{klein} \quad \text{für } l = 1, \ldots, j-1, \quad (\text{wegen } T_k(\psi) \to 0),$$

$$|T_{k_j}(\psi_{k_j})| \quad \text{groß} \quad (\text{wegen } T_k(\psi_k) \to \infty),$$

$$|T_{k_l}(\psi_{k_j})| \quad \text{klein} \quad \text{für } l = 1, \ldots, j-1, \quad (\text{wegen } \psi_k \to 0).$$

Setze $\psi = \sum_l \psi_{k_l}$. Der Widerspruch $T_{k_l}(\psi) \to \infty$ folgt dann wie in (9.6). $\quad\square$

Im Rest dieses Abschnitts ist das Grundgebiet immer $\Omega = \mathbb{R}^n$. Für stetige Funktionen u, v, von denen eine kompakten Träger hat, ist die *Faltung* definiert durch

$$u * v(x) = \int u(x-y)v(y)\,dy = \int u(y)v(x-y)\,dy = v * u(x). \qquad (9.7)$$

Der Faltung sind wir bereits bei der Glättung von Funktionen begegnet. Dort wurde auch ausgenutzt, daß man sich bei der Differentiation der Faltung aussuchen kann, auf welche Funktion die Ableitung fällt,

$$D^\alpha(u * v) = D^\alpha u * v = u * D^\alpha v,$$

was direkt aus (9.7) folgt. Für eine Funktion $f \in L^1_{\mathrm{loc}}$ und $\phi, \psi \in \mathcal{D}$ liefert (9.7),

$$\int f * \psi(x)\phi(x)\,dx = \int\int f(y)\psi(x-y)\phi(x)\,dy\,dx,$$

was die folgende Definition motiviert.

Definition 9.16. *Für $T \in \mathcal{D}'$ und $\psi \in \mathcal{D}$ ist* die Faltung *definiert durch*

$$(T * \psi)(x) = T(\psi(x - \bullet)),$$

wobei der Punkt die Variable bezeichnet, auf die T wirkt.

Die Faltung ist damit eine Funktion.

Satz 9.17. *Sei $T \in \mathcal{D}'$ und $\psi \in \mathcal{D}$. Dann ist $T * \psi$ in $\mathbb{R}^n$ unendlich oft differenzierbar mit* $\mathrm{supp}(T * \psi) \subset \mathrm{supp}(T) + \mathrm{supp}(\psi)$ *und*

$$D^\alpha(T * \psi) = (D^\alpha T) * \psi = T * (D^\alpha \psi).$$

Beweis. Die Behauptung für den Träger folgt aus $T(\phi) = 0$, wenn $\operatorname{supp}(T) \cap \operatorname{supp}(\phi) = \emptyset$. Wir verwenden den Differenzenquotienten und die Definition der Faltung,

$$\frac{1}{h}\big((T * \psi)(x + he_i) - (T * \psi)(x)\big) = T\Big(\frac{1}{h}\big(\psi(x + he_i - \bullet) - \psi(x - \bullet)\big)\Big).$$

Der Differenzenquotient $(\psi(x + he_i - y) - \psi(x - y))/h$ konvergiert bei festem x in $\mathcal{D}$ gegen $D_i\psi(x - y)$, daher $D_i(T * \psi) = T * (D_i\psi)$ und mit Induktion $D^\alpha(T * \psi) = T * (D^\alpha\psi)$. Die Behauptung folgt aus

$$T * (D^\alpha\psi)(x) = T(D^\alpha\psi(x - \bullet)) = (-1)^{|\alpha|}T(D_\bullet^\alpha\psi(x - \bullet)) = (D^\alpha T) * \psi(x).$$

$\square$

Lemma 9.18. *Für $T \in \mathcal{D}'$ und $\phi, \psi \in \mathcal{D}$ gilt*

$$(T * \phi) * \psi = T * (\phi * \psi).$$

Beweis. Wir approximieren das Integral

$$\phi * \psi(x) = \int \phi(x - y)\psi(y)\, dy$$

durch Riemannsche Summen

$$f_h(x) = h^n \sum_{\alpha \in \mathbb{Z}^n} \phi(x - \alpha h)\psi(\alpha h).$$

Es gilt $f_h \in \mathcal{D}$ und, weil die Riemannschen Summen auch für die Ableitungen konvergieren, $f_h \overset{\mathcal{D}}{\to} \phi * \psi$. Da in der Summe nur endlich viele Summanden nicht verschwinden, können wir die Linearität von T ausnutzen,

$$T * f_h(x) = T\Big(h^n \sum_{\alpha} \phi(x - \alpha h - \bullet)\psi(\alpha h)\Big) = h^n \sum_{\alpha} T(\phi(x - \alpha h - \bullet))\psi(\alpha h)$$

$$\to \int T(\phi(x - y - \bullet))\psi(y)\, dy = (T * \phi) * \psi(x).$$

$\square$

Im folgenden Satz sei an die Identifizierung einer Funktion f mit der zugehörigen Distribution T_f erinnert.

Satz 9.19. *Für alle Distributionen gilt $T * J_\varepsilon \overset{\mathcal{D}'}{\to} T$, insbesondere ist C^∞ dicht in $\mathcal{D}'$ und C_0^∞ ist dicht im Raum der Distributionen mit kompaktem Träger.*

Beweis. Es ist $T(\phi) = T * \phi(-\bullet)(0)$ und daher mit dem letzten Lemma,

$$(T * J_\varepsilon)(\phi) = \big((T * J_\varepsilon) * \phi(-\bullet)\big)(0) = T * (J_\varepsilon * \phi(-\bullet))(0) = T(J_\varepsilon * \phi).$$

Wegen $D^\alpha(J_\varepsilon * \phi) = J_\varepsilon * D^\alpha\phi$ gilt $J_\varepsilon * \phi \overset{\mathcal{D}}{\to} \phi$. Die Behauptung folgt aus der Stetigkeit von T.

$\square$

9.2 Die Fourier-Transformation in $\mathcal{S}$

Definition 9.20. *Setze für* $k, l \in \mathbb{N}_0$

$$p_{k,l}(\phi) = \sup_{x \in \mathbb{R}^n} (|x|^k + 1) \sum_{|\alpha| \le l} |D^\alpha \phi(x)|.$$

Eine Funktion $\phi \in C^\infty(\mathbb{R}^n)$ *heißt* schnell fallend, *wenn*

$$p_{k,l}(\phi) < \infty \quad \forall k, l \in \mathbb{N}_0.$$

Mit $\mathcal{S} = \mathcal{S}(\mathbb{R}^n)$ *wird die Menge der schnell fallenden Funktionen bezeichnet. Wir sagen,* (ϕ_k) *konvergiert gegen* ϕ *in* $\mathcal{S}$ *(Schreibweise* $\phi_k \overset{\mathcal{S}}{\to} \phi$*), wenn*

$$p_{k,l}(\phi_j - \phi) \to 0 \quad \forall k, l \in \mathbb{N}_0.$$

Konvergenz in $\mathcal{S}$ ist damit polynomial gewichtete gleichmäßige Konvergenz aller partieller Ableitungen.

Da die Funktionen in $\mathcal{S}$ lediglich schneller als jedes $|x|^{-k}$ gegen 0 fallen müssen, ist $\phi(x) = \mathrm{e}^{-|x|^2}$ ein Beispiel für eine Funktion, die in $\mathcal{S}$, aber nicht in $\mathcal{D}$ liegt.

Ist τ_R eine Abschneidefunktion bezüglich $\{\tilde{B}_R(0), B_{2R}(0)\}$, so gilt für $\phi \in \mathcal{S}$, daß $\tau_R \phi \overset{\mathcal{S}}{\to} \phi$ für $R \to \infty$. $\mathcal{D}$ ist daher dicht in $\mathcal{S}$.

Definition 9.21. *Sei* $\phi \in \mathcal{S}$*. Dann heißt*

$$\mathcal{F}\phi(\xi) = (2\pi)^{-n/2} \int_{\mathbb{R}^n} \mathrm{e}^{-\mathrm{i}x \cdot \xi} \phi(x)\, dx, \quad \xi \in \mathbb{R}^n$$

die Fourier-Transformierte *von* ϕ*. Der auf* $\mathcal{S}$ *definierte Operator heißt* Fourier-Transformation.

Da für $\phi \in \mathcal{S}$ die Abschätzung

$$|\phi(x)| \le c(1 + |x|)^{-n-1}$$

gilt, folgt

$$|\mathcal{F}\phi(\xi)| \le c \int_{\mathbb{R}^n} |\mathrm{e}^{-\mathrm{i}x \cdot \xi}|(1 + |x|)^{-n-1}\, dx \le c.$$

$\mathcal{F}\phi$ existiert also und ist beschränkt.

Satz 9.22. *Mit* $\phi \in \mathcal{S}$ *sind auch* $x^\alpha \phi$, $D^\alpha \phi$, $\mathcal{F}\phi$, $D^\alpha \mathcal{F}\phi$, $\mathcal{F}(D^\alpha \phi) \in \mathcal{S}$ *und es gilt*

$$D^\alpha \mathcal{F}\phi = (-\mathrm{i})^{|\alpha|} \mathcal{F}(x^\alpha \phi), \quad \xi^\alpha \mathcal{F}\phi = (-\mathrm{i})^{|\alpha|} \mathcal{F}(D^\alpha \phi).$$

Beweis. Natürlich sind $x^\alpha \phi$ und $D^\alpha \phi$ in $\mathcal{S}$. Wir brauchen daher nur die beiden Identitäten nachzuweisen, um zu zeigen, daß auch die Fourier-Transformierte unendlich oft differenzierbar und schnell fallend ist, mithin in $\mathcal{S}$ liegt.

Mit dem Differenzenquotienten

$$D_j^{+h} v(\xi) = \frac{1}{h}(v(\xi + he_j) - v(\xi))$$

folgt

$$D_j^{+h} \mathcal{F}(\phi)(\xi) = (2\pi)^{-n/2} \int_{\mathbb{R}^n} D_j^{+h} \mathrm{e}^{-\mathrm{i}x\cdot\xi} \phi(x)\, dx. \tag{9.8}$$

Der Mittelwertsatz liefert

$$D_j^{+h} \mathrm{e}^{-\mathrm{i}x\cdot\xi} = -\mathrm{i}x_j \mathrm{e}^{-\mathrm{i}x\cdot\eta}$$

mit $\eta \in (\xi, \xi + he_j)$ und daher

$$|D_j^{+h} \mathrm{e}^{-\mathrm{i}x\cdot\xi}| \le |x_j|.$$

Auf der rechten Seite von (9.8) können wir mit der Majorante $|\phi(x)| \le c(1 + |x|)^{-n-2}$ nach dem Satz von Lebesgue zum Grenzwert übergehen,

$$D_j \mathcal{F}(\phi)(\xi) = (2\pi)^{-n/2} \int_{\mathbb{R}^n} -\mathrm{i}x_j \mathrm{e}^{-\mathrm{i}x\cdot\xi} \phi(x)\, dx = -\mathrm{i}\mathcal{F}(x_j\phi).$$

Damit ist der erste Teil der Behauptung gezeigt.

Zum Nachweis der zweiten Identität verwenden wir

$$\xi_j \mathcal{F}\phi(\xi) = (2\pi)^{-n/2} \lim_{R\to\infty} \int_{B_R(0)} (-\mathrm{i})^{-1} D_{x_j} \mathrm{e}^{-\mathrm{i}x\cdot\xi} \phi(x)\, dx, \tag{9.9}$$

denn ϕ ist schnell fallend. Mit partieller Integration folgt

$$\int_{B_R(0)} (-\mathrm{i})^{-1} D_{x_j} \mathrm{e}^{-\mathrm{i}x\cdot\xi} \phi(x)\, dx = \int_{B_R(0)} \mathrm{i}^{-1} \mathrm{e}^{-\mathrm{i}x\cdot\xi} D_{x_j} \phi(x)\, dx$$

$$+ \int_{\partial B_R(0)} (-\mathrm{i})^{-1} \nu_j \mathrm{e}^{-\mathrm{i}x\cdot\xi} \phi(x)\, dx.$$

Wegen $|\phi(x)| \le c|x|^{-n}$ konvergiert das Randintegral gegen 0 für $R \to \infty$ und wir erhalten

$$\xi_j \mathcal{F}\phi(\xi) = (2\pi)^{-n/2} \int_{\mathbb{R}^n} (-\mathrm{i}) \mathrm{e}^{-\mathrm{i}x\cdot\xi} D_{x_j} \phi(x)\, dx = (-\mathrm{i})\mathcal{F}(D_{x_j}\phi)(\xi).$$

$\square$

Satz 9.23. *$\mathcal{F}: S \to S$ ist stetig, d. h.*

$$\phi_k \xrightarrow{\mathcal{S}} \phi \quad \Rightarrow \quad \mathcal{F}\phi_k \xrightarrow{\mathcal{S}} \mathcal{F}\phi.$$

Beweis. Nach dem Beweis des letzten Satzes lassen sich $|\xi|^j D^\alpha \mathcal{F}\phi$ durch die Normen $p_{k,l}(\phi)$ abschätzen. Ersetzen wir hier ϕ durch $\phi_k - \phi$, folgt die Behauptung. $\qquad\square$

Korollar 9.24. *Die Fourier-Transformation ist auch stetig zwischen den Räumen $L^1(\mathbb{R}^n)$ und $C^0(\overline{\mathbb{R}^n})$ mit $\|\mathcal{F}u\|_\infty \leq (2\pi)^{-n/2}\|u\|_1$. Ferner gilt für $u \in L^1(\mathbb{R}^n)$, daß $\lim_{|\xi|\to\infty} |\mathcal{F}u(\xi)| \to 0$.*

Beweis. Die Abschätzung folgt aus der Definition der Fourier-Transformation. Da $\mathcal{S}$ dicht in L^1 ist, liegt $\mathcal{F}u$ im Abschluß von $\mathcal{S}$ im Raum $C^0(\overline{\mathbb{R}^n})$ (vgl. Aufgabe 2.26). $\qquad\square$

Im Fourier-Raum wird eine partielle Ableitung zu einer Multiplikation mit einem Monom, eine lineare partielle Differentialgleichung mit konstanten Koeffizienten wird zu einer Multiplikation mit einem Polynom. Aus der Analysis wird Algebra. Dieses mächtige Instrument Fourier-Transformation kann aber nur verwendet werden, wenn es eine Umkehrtransformation gibt. Die Herleitung dieser Umkehrtransformation beruht auf dem folgenden technischen Lemma.

Lemma 9.25.
$$\mathcal{F}\big(\mathrm{e}^{-|x|^2/2}\big)(\xi) = \mathrm{e}^{-|\xi|^2/2}.$$

Beweis. Sei zunächst $n = 1$. Für die Funktion $h(\xi) = (2\pi)^{1/2}\mathcal{F}(\mathrm{e}^{-x^2/2})(\xi) \in \mathcal{S}$ folgt aus den Regeln für die Fourier-Transformation in Satz 9.22

$$h'(\xi) = (2\pi)^{1/2}\mathcal{F}'(\mathrm{e}^{-x^2/2})(\xi) = -\mathrm{i}(2\pi)^{1/2}\mathcal{F}(x\mathrm{e}^{-x^2/2})(\xi)$$

$$= \mathrm{i}(2\pi)^{1/2}\mathcal{F}(D_x\mathrm{e}^{x^2/2})(\xi) = \frac{\mathrm{i}}{-\mathrm{i}}\xi(2\pi)^{1/2}\mathcal{F}(\mathrm{e}^{x^2/2})(\xi) = -\xi h(\xi).$$

Aus der elementaren Analysis ist bekannt, daß

$$h(0) = \int_{-\infty}^{\infty} \mathrm{e}^{-x^2/2}\,dx = \sqrt{2\pi},$$

also folgt mit

$$\frac{d}{d\xi}\ln h(\xi) = \frac{h'(\xi)}{h(\xi)} = -\xi,$$

daß

$$\ln h(r) - \ln\sqrt{2\pi} = \int_0^r \frac{d}{d\xi}\ln h(\xi)\,d\xi = -\frac{1}{2}r^2,$$

daher

$$h(\xi) = \sqrt{2\pi}\mathrm{e}^{-\xi^2/2}.$$

Im $\mathbb{R}^n$ erhalten wir aus dem Satz von Fubini durch mehrfache Anwendung dieser Identität

$$\mathcal{F}(\mathrm{e}^{-\frac{|x|^2}{2}})(\xi) = (2\pi)^{-n/2} \int \mathrm{e}^{-\frac{x_1^2}{2} - \mathrm{i}x_1\xi_1} \ldots \mathrm{e}^{-\frac{x_n^2}{2} - \mathrm{i}x_n\xi_n}\, dx_1 \ldots dx_n$$

$$= (2\pi)^{-n/2} \sqrt{2\pi}\mathrm{e}^{-\xi_1^2/2} \ldots \sqrt{2\pi}\mathrm{e}^{-\xi_n^2/2} = \mathrm{e}^{-|\xi|^2/2}.$$

$\square$

Satz 9.26. *$\mathcal{F} : \mathcal{S} \to \mathcal{S}$ ist bijektiv und bistetig mit Umkehrabbildung (= inverse Fourier-Transformation)*

$$(\mathcal{F}^{-1}\phi)(x) = (2\pi)^{-n/2} \int \mathrm{e}^{\mathrm{i}x\cdot\xi}\phi(\xi)\, d\xi, \quad \phi \in \mathcal{S}.$$

Anmerkung 9.27. Offenbar ist

$$(\mathcal{F}^{-1}\phi)(x) = (\mathcal{F}\phi)(-x).$$

Demnach ist $\mathcal{F}$ 4-periodisch,

$$\phi \mapsto \mathcal{F}\phi \mapsto \mathcal{F}(\mathcal{F}(\phi)) = \phi(-x).$$

Beweis. Aufgrund der Anmerkung existiert die in der Behauptung angegebene Transformation und bildet $\mathcal{S}$ auf $\mathcal{S}$ ab. Für $\phi, \psi \in \mathcal{S}$ folgt aus dem Satz von Fubini

$$\int \mathcal{F}\phi(\xi)\psi(\xi)\mathrm{e}^{\mathrm{i}x\cdot\xi}\, d\xi = (2\pi)^{-n/2} \int\!\!\int \phi(y)\mathrm{e}^{-\mathrm{i}y\cdot\xi}\psi(\xi)\mathrm{e}^{\mathrm{i}x\cdot\xi}\, dy\, d\xi$$

$$= (2\pi)^{-n/2} \int \phi(y)\Big(\int \psi(\xi)\mathrm{e}^{\mathrm{i}(x-y)\cdot\xi}\, d\xi\Big)\, dy = \int \phi(y)\mathcal{F}\psi(y - x)\, dy.$$

Wir setzen nun $z = y - x$ und haben damit gezeigt

$$\int \mathcal{F}\phi(\xi)\psi(\xi)\mathrm{e}^{\mathrm{i}x\cdot\xi}\, d\xi = \int \phi(z + x)\mathcal{F}\psi(z)\, dz. \tag{9.10}$$

Für die Funktion $\psi(x) = \mathrm{e}^{-\varepsilon^2|x|^2/2}$ erhalten wir mit Hilfe des letzten Lemmas und der Substitution $x_i = y_i/\varepsilon$

$$\mathcal{F}\psi(z) = (2\pi)^{-n/2} \int \mathrm{e}^{-\varepsilon^2|x|^2/2}\mathrm{e}^{-\mathrm{i}x\cdot z}\, dx$$

$$= (2\pi)^{-n/2}\varepsilon^{-n} \int \mathrm{e}^{-|y|^2/2}\mathrm{e}^{-\mathrm{i}y\cdot z/\varepsilon}\, dy$$

$$= \varepsilon^{-n}\mathcal{F}(\mathrm{e}^{-|x|^2/2})(\tfrac{z}{\varepsilon}) = \varepsilon^{-n}\mathrm{e}^{-|z|^2/(2\varepsilon^2)}.$$

Zusammen mit (9.10) folgt hieraus

$$\int \mathcal{F}\phi(\xi)\mathrm{e}^{-\varepsilon^2|x|^2/2}\mathrm{e}^{\mathrm{i}x\cdot\xi}\,d\xi = \varepsilon^{-n}\int \mathrm{e}^{-|z|^2/(2\varepsilon^2)}\phi(z+x)\,dz \qquad (9.11)$$

$$= \int \mathrm{e}^{-|y|^2/2}\phi(x+\varepsilon y)\,dy,$$

wobei wir zum Schluß die Substitution $z_i = \varepsilon y_i$ verwendet haben. Auf beiden Seiten von (9.11) existieren die punktweisen Grenzwerte der Integranden für $\varepsilon \to 0$. Da ϕ und $\mathcal{F}\phi$ schnell fallend sind, können wir den Satz von Lebesgue anwenden und erhalten

$$(2\pi)^{n/2}\mathcal{F}^{-1}(\mathcal{F}\phi)(x) = \int \mathrm{e}^{-|y|^2/2}\phi(x)\,dy = \phi(x)(2\pi)^{n/2},$$

daher $\phi(x) = \mathcal{F}^{-1}(\mathcal{F}\phi)(x)$, insbesondere ist $\mathcal{F}$ injektiv. Genauso zeigt man $\phi(x) = \mathcal{F}(\mathcal{F}^{-1}\phi)(x)$, was die Injektivität von $\mathcal{F}^{-1}$ impliziert. $\qquad\square$

9.3 Die Fourier-Transformation in $\mathcal{S}'$ und in L^2

Mit $\mathcal{S}'$ bezeichnen wir den Raum der linearen Funktionale $T : \mathcal{S} \to \mathbb{C}$, die folgenstetig bezüglich der Konvergenz in $\mathcal{S}$ sind, also

$$\phi_k \xrightarrow{\mathcal{S}} \phi \quad \Rightarrow \quad T\phi_k \to T\phi.$$

Wegen

$$\phi_k \xrightarrow{\mathcal{D}} \phi \quad \Rightarrow \quad \phi_k \xrightarrow{\mathcal{S}} \phi \quad \Rightarrow \quad T\phi_k \to T\phi$$

ist jedes $T \in \mathcal{S}'$ eine Distribution.

Beispiele 9.28 (i) Jede Distribution mit kompaktem Träger kann zu einem Element von $\mathcal{S}'$ fortgesetzt werden wegen

$$|T(\phi)| \le c\|\phi\|_{N,\infty;\Omega} \le cp_{0,N}(\phi).$$

(ii) Für $f \in L^p(\mathbb{R}^n) \subset L^1_{\mathrm{loc}}(\mathbb{R}^n)$ setze

$$T_f(\phi) = \int f\phi\,dx \in \mathcal{D}'.$$

Wir zeigen, daß sich T_f auf $\mathcal{S}$ fortsetzen läßt. Für $p = 1$ ist das sofort klar wegen $|T_f(\phi)| \le \|f\|_1 p_{0,0}(\phi)$. Für $1 < p < \infty$ sei $q = p/(p-1)$ und für $p = \infty$ sei $q = 1$. Es gibt ein $k \in \mathbb{N}$ mit

$$\int (1+|x|)^{-kq}\,dx < \infty,$$

daher folgt für $\phi \in \mathcal{S}$ mit der Hölderschen Ungleichung

$$|T_f(\phi)| \leq \int |f|(1+|x|)^{-k}(1+|x|)^k|\phi|\,dx \leq \int |f|(1+|x|)^{-k}\,dx\; p_{k,0}(\phi)$$

$$\leq \|f\|_p\|(1+|x|)^{-k}\|_q\; p_{k,0}(\phi) \leq c\|f\|_p\; p_{k,0}(\phi).$$

Damit ist $T_f \in \mathcal{S}'$.

(iii) Ist $q(x)$ ein Polynom vom Grade $\leq k$, so gehen wir wie in (ii) vor,

$$|T_q(\phi)| \leq c \int |q|(1+|x|)^{-k-n-1}\,dx\; p_{k+n+1,0}(\phi)$$

$$\leq c \int (1+|x|)^k(1+|x|)^{-k-n-1}\,dx\; p_{k+n+1,0}(\phi) \leq c\, p_{k+n+1,0}(\phi),$$

also $T_q \in \mathcal{S}'$.

(iv) $f(x) = e^{|x|^2}$ ist eine reguläre Distribution, die sich nicht auf $\mathcal{S}$ fortsetzen läßt. Ist nämlich (ϕ_k) eine Folge in $\mathcal{D}$ mit $\phi_k \xrightarrow{\mathcal{S}} f^{-1}$, so $T_f(\phi_k) \to \infty$. Für viele andere reguläre Distributionen mit exponentiellem Wachstum kann analog argumentiert werden.

Aufgrund des letzten Beispiels nennt man $\mathcal{S}'$ den Raum der *langsam wachsenden* oder *temperierten Distributionen*, was aber angesichts von Aufgabe 9.22 irreführend ist.

Definition 9.29. *Für $T \in \mathcal{S}'$ heißt*

$$\mathcal{F}T(\phi) = T(\mathcal{F}\phi)$$

die Fourier-Transformierte *von T.*

Satz 9.30. (a) *Ist $T_\psi \in \mathcal{S}'$ regulär mit $\psi \in \mathcal{S}$, so gilt $\mathcal{F}T_\psi = T_{\mathcal{F}\psi}$.*
(b) *Für $T \in \mathcal{S}'$ ist $\mathcal{F}T \in \mathcal{S}'$.*

Beweis. (a) Für $\phi \in \mathcal{S}$ gilt

$$\mathcal{F}T_\psi(\phi) = (2\pi)^{-n/2}\int e^{-ix\cdot\xi}\phi(x)\psi(\xi)\,dx\,d\xi = \int \phi(x)\mathcal{F}\psi(x)\,dx = T_{\mathcal{F}\psi}(\phi).$$

(b) Wenn $\phi_k \xrightarrow{\mathcal{S}} \phi$, so gilt aufgrund der Stetigkeit von $\mathcal{F}$, Lemma 9.23, $\mathcal{F}\phi_k \xrightarrow{\mathcal{S}} \mathcal{F}\phi$. $\qquad\square$

Mit

$$\mathcal{F}^{-1}T(\phi) = T(\mathcal{F}^{-1}\phi)$$

gilt der

Satz 9.31. *$\mathcal{F}, \mathcal{F}^{-1} : \mathcal{S}' \to \mathcal{S}'$ sind bijektiv mit*

$$\mathcal{F}\mathcal{F}^{-1}T = \mathcal{F}^{-1}\mathcal{F}T = T.$$

Beweis. folgt sofort aus der Definition.   □

Satz 9.32. *Für $T \in \mathcal{S}'$ gilt $\mathcal{F}^{-1}T(\phi(\xi)) = \mathcal{F}T(\phi(-\xi))$ sowie*

T	$\mathcal{F}T$	$\mathcal{F}^{-1}T$
$D^\alpha \delta_0$	$(2\pi)^{-n/2} \mathrm{i}^{|\alpha|} x^\alpha$	$(2\pi)^{-n/2}(-\mathrm{i})^{|\alpha|} x^\alpha$
x^α	$(2\pi)^{n/2} \mathrm{i}^{|\alpha|} D^\alpha \delta_0$	$(2\pi)^{n/2}(-\mathrm{i})^{|\alpha|} D^\alpha \delta_0$
$D^\alpha T$	$\mathrm{i}^{|\alpha|} x^\alpha \mathcal{F}T$	$(-\mathrm{i})^{|\alpha|} x^\alpha \mathcal{F}^{-1}T$
$x^\alpha T$	$\mathrm{i}^{|\alpha|} D^\alpha \mathcal{F}T$	$(-\mathrm{i})^{|\alpha|} D^\alpha(\mathcal{F}^{-1}T)$

Beweis. Alle Aussagen lassen sich leicht aus den bisher bewiesenen Rechenregeln ableiten. Mit

$$\mathcal{F}^{-1}T(\phi) = T(\mathcal{F}^{-1}(\phi(\xi)) = T(\mathcal{F}\phi(-\xi)) = \mathcal{F}T(\phi(-\xi)).$$

brauchen wir nur die Spalte für $\mathcal{F}T$ nachzuweisen.

Es gilt

$$\mathcal{F}\delta_0(\phi) = \delta_0(\mathcal{F}\phi) = \mathcal{F}(\phi)(0) = (2\pi)^{-n/2} \int_{\mathbb{R}^n} \phi(x)\, dx = (2\pi)^{-n/2} T_1(\phi).$$

Für die Ableitung einer Distribution in $\mathcal{S}'$ erhalten wir

$$\mathcal{F}D^\alpha T(\phi) = D^\alpha T(\mathcal{F}\phi) = (-1)^{|\alpha|} T(D^\alpha \mathcal{F}\phi) = \mathrm{i}^{|\alpha|} T(\mathcal{F}(x^\alpha \phi))$$

$$= \mathrm{i}^{|\alpha|} \mathcal{F}T(x^\alpha \phi) = \mathrm{i}^{|\alpha|} x^\alpha \mathcal{F}T(\phi).$$

Die Beziehung $\mathcal{F}(x^\alpha T(\phi)) = (-\mathrm{i})^{|\alpha|} D^\alpha(\mathcal{F}T)(\phi)$ beweist man genauso.   □

Satz 9.33. *Für $\phi, \psi \in \mathcal{S}$ gilt die* Parsevalsche Gleichung

$$(\phi, \psi) = (\mathcal{F}\phi, \mathcal{F}\psi), \tag{9.12}$$

insbesondere

$$\|\phi\|_2 = \|\mathcal{F}\phi\|_2. \tag{9.13}$$

Beweis. Für $\phi, \psi \in \mathcal{S}$ ist wegen $\phi = \mathcal{F}^{-1}\mathcal{F}\phi$

$$\int \phi \overline{\psi}\, dx = (2\pi)^{-n/2} \int \overline{\psi} \int \mathcal{F}\phi(\xi) \mathrm{e}^{\mathrm{i}x \cdot \xi}\, d\xi\, dx$$

$$= (2\pi)^{-n/2} \int \mathcal{F}\phi(\xi) \int \overline{\psi} \mathrm{e}^{\mathrm{i}x \cdot \xi}\, dx\, d\xi = \int \mathcal{F}\phi(\xi) \overline{\mathcal{F}\psi(\xi)}\, d\xi.$$

    □

Gleichung (9.12) gilt wegen $\mathcal{F}^{-1} = \overline{\mathcal{F}}$ auch für $\mathcal{F}^{-1}$. Da $\mathcal{S}$ dicht in L^2 ist, können die auf $L^2 \cap \mathcal{S}$ isometrischen Abbildungen $\mathcal{F}$ und $\mathcal{F}^{-1}$ nach Satz 2.14 eindeutig zu auf L^2 stetigen Abbildungen fortgesetzt werden.

Definition 9.34. *Die eindeutige Fortsetzung von $\mathcal{F}$ auf L^2 heißt* Fourier-Plancherel-Transformation *und wird ebenso mit $\mathcal{F}$ bezeichnet.*

Satz 9.35. *Für die Fourier-Plancherel-Transformation gelten (9.12) und (9.13) für alle $\phi, \psi \in L^2$. Ferner stimmt die Fourier-Plancherel-Transformation, abgesehen von der Identifizierung $T_f \leftrightarrow f$, mit der Fourier-Transformation in $\mathcal{S}'$ überein, es gilt $\mathcal{F}T_f = T_{\mathcal{F}f}$ für alle $f \in L^2$.*

Beweis. Da das innere Produkt stetig ist, bleiben (9.12) und (9.13) auch für den fortgesetzten Operator richtig.

Zu zeigen bleibt, daß die distributionelle Definition von $\mathcal{F}$ in $\mathcal{S}'$ auf L^2 mit der Fourier-Plancherel-Transformation übereinstimmt. Sei $f \in L^2$ und (f_k) eine Folge in $\mathcal{S}$ mit $f_k \to f$ in L^2. Dann gilt für $\phi \in \mathcal{S}$

$$\mathcal{F}T_{f_k}(\phi) = \int f_k \mathcal{F}\phi \, dx \;\to\; \int f \mathcal{F}\phi \, dx = \mathcal{F}T_f(\phi),$$

andererseits mit Satz 9.30,

$$\mathcal{F}T_{f_k}(\phi) = \int f_k \mathcal{F}\phi \, dx = \int \mathcal{F}f_k \phi \, dx \;\to\; T_{\mathcal{F}f}(\phi).$$

$\square$

Wir haben die folgende Übersicht für den Operator $\mathcal{F}$:

Räume	Eigenschaften	Herleitung
$\mathcal{S} \to \mathcal{S}$	bijektiv, bistetig	Definition
$\mathcal{S}' \to \mathcal{S}'$	bijektiv, bistetig	Bildung durch „Dualisierung"
$L^1 \to C^0(\overline{\mathbb{R}^n})$	stetig	Definition und Kor. 9.24
$L^2 \to L^2$	isom. Isomorphismus	Fortsetzung von $\mathcal{F}: \mathcal{S} \to \mathcal{S}$ auf L^2

9.4 Sobolev-Räume und Fourier-Transformation, Spurräume

Die vor allem im nichtganzzahligen Fall unhandlichen Sobolev-Normen lassen sich mit Hilfe der Fourier-Transformation sehr einfach charakterisieren. Wir beginnen mit dem Ganzraumfall $\Omega = \mathbb{R}^n$.

Satz 9.36. *Sei $s \geq 0$. Es gibt Konstanten $c_1, c_2 > 0$, die von s abhängen, mit*

$$c_1 \|u\|^2_{s,2;\mathbb{R}^n} \leq \int_{\mathbb{R}^n} (1 + |\xi|)^{2s} |\mathcal{F}u|^2 \, d\xi \leq c_2 \|u\|^2_{s,2;\mathbb{R}^n}$$

für alle $u \in H^{s,2}(\mathbb{R}^n)$.

Beweis. Sei zunächst $s = m$ ganzzahlig. Für $u \in H^{m,2}(\mathbb{R}^n)$ ist $D^\alpha u \in L^2$ für alle $|\alpha| \leq m$ und mit der Parsevalschen Gleichung folgt

$$\|D^\alpha u\|_2 = \|\mathcal{F}(D^\alpha u)\|_2 = \|\xi^\alpha \mathcal{F}u\|_2.$$

Da es Konstanten $c_1, c_2 > 0$ gibt mit

$$c_1 \sum_{|\alpha| \leq m} |\xi^\alpha|^2 \leq (1 + |\xi|)^{2m} \leq c_2 \sum_{|\alpha| \leq m} |\xi^\alpha|^2,$$

folgt die Behauptung für diesen Fall.

Sei nun $s = \sigma$ mit $0 < \sigma < 1$. Mit $u(x) = \mathcal{F}^{-1}(\mathcal{F}u)(x)$ gilt

$$u(x+z) - u(x) = (2\pi)^{-n/2} \int e^{ix\cdot\xi}(e^{iz\cdot\xi} - 1)\mathcal{F}u(\xi)\, d\xi = \mathcal{F}^{-1}\big((e^{iz\cdot\xi} - 1)\mathcal{F}u\big)(x)$$

und mit der Parsevalschen Gleichung (9.13)

$$\int |u(x+z) - u(x)|^2\, dx = \int |\mathcal{F}u(\xi)|^2 |(e^{iz\cdot\xi} - 1)|^2\, d\xi,$$

daher

$$\int\!\!\int \frac{|u(x+z) - u(x)|^2}{|z|^{n+2\sigma}}\, dx\, dz = \int |\xi|^{2\sigma} |\mathcal{F}u(\xi)|^2 \int \frac{|(e^{iz\cdot\xi} - 1)|^2}{|\xi|^{2\sigma}\, |z|^{n+2\sigma}}\, dz\, d\xi.$$

Im inneren Integral führen wir die Koordinatentransformation $z = |\xi|^{-1}y$ mit $dz = |\xi|^{-n}dy$ durch

$$\int \frac{|(e^{iz\cdot\xi} - 1)|^2}{|\xi|^{2\sigma}\, |z|^{n+2\sigma}}\, dz = \int \frac{|(e^{i\omega\cdot y} - 1)|^2}{|y|^{n+2\sigma}}\, dy = \int \frac{2(1 - \cos(\omega\cdot y))}{|y|^{n+2\sigma}}\, dy, \quad |\omega| = 1.$$

Wie man sich durch eine Drehung des Koordinatensystems überzeugt, hängt dieses Integral nicht von ω ab. Für den Zähler verwenden wir die Abschätzung $2(1 - \cos(\omega\cdot y)) \leq \min\{4, c|y|^2\}$, woraus die Beschränktheit des Integrals folgt. Damit ist

$$|u|^2_{2,\sigma;\mathbb{R}^n} = c_{n,\sigma} \int |\xi|^{2\sigma} |\mathcal{F}u(\xi)|^2\, d\xi$$

gezeigt, wobei sich aus der Herleitung ergibt, daß $c_{n,\sigma} \to \infty$ für $\sigma \to 0, 1$. $\square$

Lassen sich die Sobolev-Funktionen auf einem Gebiet stetig fortsetzen, so kann der Sobolev-Raum ebenfalls durch die Fourier-Transformation charakterisiert werden:

Satz 9.37. *Sei $s \geq 0$. Auf $\Omega \subset \mathbb{R}^n$ gebe es einen stetigen Operator $E : H^{s,2}(\Omega) \to H^{s,2}(\mathbb{R}^n)$ mit $Eu\big|_\Omega = u$. Dann stimmt der Raum $H^{s,2}(\Omega)$ mit der Einschränkung der Funktionen in $H^{s,2}(\mathbb{R}^n)$ auf Ω überein und die Norm*

$$\|u\|'_{s,2;\Omega} = \inf\big\{ \|(1 + |\cdot|)^s \mathcal{F}\tilde{u}\|_{2;\mathbb{R}^n} : \tilde{u} \in H^{s,2}(\mathbb{R}^n) \text{ mit } \tilde{u}\big|_\Omega = u\big\}$$

ist zur Norm in $H^{s,2}(\Omega)$ äquivalent.

Beweis. Mit dem letzten Satz ist das eigentlich klar. Einerseits gilt

$$\|u\|'_{s,2;\Omega} \le \|(1 + |\cdot|)^s \mathcal{F}Eu\|_{2;\mathbb{R}^n} \le c\|Eu\|_{s,2;\mathbb{R}^n} \le c\|u\|_{s,2;\Omega},$$

andererseits für jede $H^{s,2}$-Fortsetzung $\tilde{u}$ von u

$$\|u\|_{s,2;\Omega} \le \|\tilde{u}\|_{s,2;\mathbb{R}^n} \le c\|(1 + |\cdot|)^s \mathcal{F}\tilde{u}\|_{2;\mathbb{R}^n}.$$

Hier bilden wir das Infimum und haben auch diese Richtung gezeigt.   □

Aus dem Fortsetzungssatz 6.38 folgt demnach die Äquivalenz der Normen $\|\cdot\|_{s,2}$ und $\|\cdot\|'_{s,2}$ für beschränkte Gebiete der Klasse $C^{m,1}$. Für ganzzahliges s kann alternativ der Calderonsche Fortsetzungssatz von Seite 109 angewendet werden, der bereits für beschränkte Lipschitzgebiete richtig ist.

Als Anwendung zeigen wir, wie einfach der Beweis einer Sobolev-Ungleichung mit Hilfe der Fourier-Transformation ist.

Satz 9.38. *Sei $s - n/2 = l + \alpha$ mit $l \in \mathbb{N}_0$ und $0 < \alpha < 1$. Gibt es für das Gebiet $\Omega \subset \mathbb{R}^n$ einen stetigen Fortsetzungsoperator $E : H^{s,2}(\Omega) \to H^{s,2}(\mathbb{R}^n)$, so gilt die Einbettung $H^{s,2}(\Omega) \to C^{l,\alpha}(\overline{\Omega})$.*

Beweis. Sei $0 < s - n/2 < 1$, also $l = 0$. $l > 0$ wird auf diesen Fall zurückgeführt, indem man die Ableitungen $D^\beta u$ mit $|\beta| < l$ betrachtet.

Aufgrund der Voraussetzung an Ω und des letzten Satzes können wir $\Omega = \mathbb{R}^n$ annehmen. Aus $u(x + z) - u(x) = \mathcal{F}^{-1}((e^{iz\cdot\xi} - 1)\mathcal{F}u)(x)$ folgt

$$\frac{|u(x + z) - u(x)|}{|z|^{s-n/2}} = \left| \int |z|^{-s+n/2} e^{ix\cdot\xi}(e^{-iz\cdot\xi} - 1)\mathcal{F}u(\xi)\, d\xi \right|$$

$$\le \left(\int |z|^{-2s+n} |e^{-iz\cdot\xi} - 1|^2 (1 + |\xi|)^{-2s}\, d\xi \right)^{1/2} \left(\int (1 + |\xi|)^{2s} |\mathcal{F}u(\xi)|^2\, d\xi \right)^{1/2}.$$

Für den ersten Faktor auf der rechten Seite verwenden wir die Transformation $\xi = |z|^{-1}\xi'$, $d\xi = |z|^{-n}d\xi'$. Mit $\omega \in \mathbb{R}^n$, $|\omega| = 1$, gilt dann

$$\int |z|^{-2s+n} |e^{-iz\cdot\xi} - 1|^2 (1 + |\xi|)^{-2s}\, d\xi = \int |e^{-i\omega\cdot\xi'} - 1|^2 (|z| + |\xi'|)^{-2s}\, d\xi'$$

$$\le \int \min\{4, c|\xi'|^2\}|\xi'|^{-2s}\, d\xi'.$$

Wegen $2 - 2s > -n$ und $-2s < -n$ existieren die Integrale über $|\xi'| < 1$ und $|\xi'| \ge 1$.

Nun zeigen wir $\|u\|_\infty \le c\|u\|_{s,2}$. Wegen $\int (1 + |\xi|)^{-2s}\, d\xi < \infty$ für $s > n/2$ gilt

$$\left(\int |\mathcal{F}u|\, d\xi \right)^2 \le \int |\mathcal{F}u|^2 (1 + |\xi|)^{2s}\, d\xi \int (1 + |\xi|)^{-2s}\, d\xi \le c\|u\|_{s,2}^2,$$

daher $\mathcal{F}u \in L^1$. Die Behauptung folgt aus $\|u\|_\infty \le (2\pi)^{-n/2}\|\mathcal{F}u\|_1$.   □

Wir hatten in Abschnitt 6.11 auf recht technische Art bewiesen, daß es auf einem beschränkten Lipschitzgebiet einen stetigen Spuroperator $S : H^{1,p}(\Omega) \to H^{1-1/p,p}(\partial\Omega)$ und einen stetigen Fortsetzungsoperator $F : H^{1-1/p,p}(\partial\Omega) \to H^{1,p}(\Omega)$ gibt. Für $p = 2$ und allgemeine $s > 1/2$ wollen wir diese Operatoren mittels Fourier-Transformation konstruieren.

Sei $m \in \mathbb{N}_0$, $s = m + \sigma$ mit $0 \leq \sigma < 1$. Sei Ω ein beschränktes Gebiet der Klasse $C^{m,1}$. Die Räume $H^{s,2}(\partial\Omega)$, $s = m + \sigma$ werden wie in Definition 6.40 mit Hilfe der Lokalisierung (U_j, ϕ_j) definiert. Eine Randfunktion u liegt im Raum $H^{s,2}(\partial\Omega)$, wenn die Funktionen $u_j(y') = (\phi_j u)(y', h_j(y'))$ im Raum $H^{s,2}(U_j')$ liegen, wobei $U_j' \subset \mathbb{R}^{n-1}$ der Definitionsbereich des Parameters y' ist. Mit $D^\alpha u_j = D_{y'}^\alpha u_j$ wird $H^{s,2}(\partial\Omega)$ normiert durch

$$\|u\|_{m,2;\partial\Omega}^2 = \sum_{j=1}^{J} \sum_{|\alpha|\leq m} \int_{\partial\Omega} |D^\alpha u_j|^2 \, d\sigma \quad \text{für } \sigma = 0,$$

$$|u|_{\sigma,2;\partial\Omega}^2 = \sum_{j=1}^{J} \int_{\partial\Omega} \int_{\partial\Omega} \frac{|u_j(x) - u_j(y)|^2}{|x - y|^{n-1+2\sigma}} \, d\sigma_x \, d\sigma_y,$$

$$\|u\|_{s,2;\partial\Omega}^2 = \|u\|_{m,2;\partial\Omega}^2 + \sum_{|\alpha|=m} |D^\alpha u|_{\sigma,2;\partial\Omega}^2 \quad \text{für } 0 < \sigma < 1.$$

Satz 9.39 (Spur- und Fortsetzungssatz für $H^{s,2}$-Funktionen). *Sei Ω ein beschränktes Gebiet der Klasse $C^{m,1}$. Sei $s = m + \sigma > 1/2$ mit $0 < \sigma \leq 1$.*

(a) *Der Spuroperator aus Satz 6.15 ist auch stetig zwischen den Räumen $H^{s,2}(\Omega)$ und $H^{s-1/2,2}(\partial\Omega)$.*

(b) *Es existiert ein stetiger Fortsetzungsoperator $F : H^{s-1/2,2}(\partial\Omega) \to H^{s,2}(\Omega)$ mit $SF = Id$.*

Beweis. In beiden Beweisteilen beginnen wir mit dem Halbraum $\mathbb{R}_+^n = \mathbb{R}^{n-1} \times \mathbb{R}_+$ und schreiben wieder $x = (x', x_n)$. Mit $\mathcal{F}'$ bezeichnen wir die Fourier-Transformation bezüglich der Variablen x', entsprechend ist $\mathcal{F}^n$ die Fourier-Transformation bezüglich x_n.

(a) Sei $u \in C^\infty(\overline{\mathbb{R}_+^n})$ mit kompaktem Träger in $\mathbb{R}^n$. u kann wie in Satz 6.10 zu einer Funktion in $C_0^{m+1}(\mathbb{R}^n)$ fortgesetzt werden, die genauso bezeichnet wird. Für

$$u_0(x') = u(x', 0), \quad x' \in \mathbb{R}^{n-1},$$

gilt mit $(\mathcal{F}^n)^{-1}\mathcal{F}^n = Id$

$$u_0(x') = (2\pi)^{-1/2} \int_{\mathbb{R}} e^{i0\cdot\xi_n} \mathcal{F}^n u(x', \xi_n) \, d\xi_n.$$

Mit Fourier-Transformation bezüglich x' folgt

$$\mathcal{F}' u_0(\xi') = (2\pi)^{-1/2} \int_{\mathbb{R}} \mathcal{F}u(\xi', \xi_n) \, d\xi_n,$$

und mit der Hölderschen Ungleichung für das innere Integral

$$\int_{\mathbb{R}^{n-1}} (1+|\xi'|)^{2s-1}|\mathcal{F}'u_0|^2\,d\xi' \le c \int_{\mathbb{R}^{n-1}} (1+|\xi'|)^{2s-1}\Big|\int_{\mathbb{R}} \mathcal{F}u(\xi',\xi_n)\,d\xi_n\Big|^2\,d\xi'$$

$$\le c \int_{\mathbb{R}^{n-1}} (1+|\xi'|)^{2s-1}\int_{\mathbb{R}} (1+|\xi|)^{2s}|\mathcal{F}u(\xi',\xi_n)|^2\,d\xi_n \int_{\mathbb{R}} (1+|\xi|)^{-2s}\,d\xi_n\,d\xi'.$$

Für das letzte Integral verwenden wir die Abschätzung

$$\int_{\mathbb{R}} (1+|\xi|)^{-2s}\,d\xi_n$$

$$\le 2^s \int_{\mathbb{R}} (1+|\xi'|+|\xi_n|)^{-2s}\,d\xi_n = 2^s \frac{2}{2s-1}(1+|\xi'|)^{-2s+1}, \qquad (9.14)$$

daher $\|u_0\|_{s-1/2,2;\mathbb{R}^{n-1}} \le c\|u\|_{s,2;\mathbb{R}^n}$.

Die Anwendung der letzten Abschätzung auf die lokale Situation am Rande erfolgt wie beim Beweis von Satz 6.41(a). Für die gebrochenen Anteile werden die Lemmata 6.35 und 6.39 zu Hilfe genommen.

(b) Für $u_0 \in C_0^\infty(\mathbb{R}^{n-1})$ setze

$$Fu_0(x) = (2\pi)^{-(n-1)/2}\frac{2s-1}{2}\int_{\mathbb{R}^n} e^{ix\cdot\xi}\frac{(1+|\xi'|)^{2s-1}}{(1+|\xi'|+|\xi_n|)^{2s}}\mathcal{F}'u_0(\xi')\,d\xi. \qquad (9.15)$$

Für $x_n = 0$ erhalten wir aus dieser Definition mit Hilfe von (9.14)

$$Fu_0(x',0) = (2\pi)^{-(n-1)/2}\frac{2s-1}{2}\int_{\mathbb{R}^{n-1}} e^{ix'\cdot\xi'}(1+|\xi'|)^{2s-1}\mathcal{F}'u_0(\xi')\times$$

$$\left(\int_{\mathbb{R}} (1+|\xi'|+|\xi_n|)^{-2s}\,d\xi_n\right)d\xi'$$

$$= (2\pi)^{-(n-1)/2}\int_{\mathbb{R}^{n-1}} e^{ix'\cdot\xi'}\mathcal{F}'u_0(\xi')\,d\xi',$$

also $Fu_0(x',0) = u_0(x')$.

Zum Nachweis der Stetigkeit von F interpretieren wir (9.15) so, daß Fu_0 die inverse Fourier-Transformation des Integranden auf der rechten Seite ist. Es folgt

$$\|Fu_0\|_{s,2;\mathbb{R}^n}^2 \le c \int_{\mathbb{R}^n} (1+|\xi'|+|\xi_n|)^{2s}|\mathcal{F}Fu_0(\xi)|^2\,d\xi$$

$$\le c \int_{\mathbb{R}^{n-1}}\int_{\mathbb{R}} \frac{(1+|\xi'|)^{4s-2}}{(1+|\xi'|+|\xi_n|)^{2s}}|\mathcal{F}'u_0(\xi')|^2\,d\xi_n\,d\xi'.$$

Das innere Integral wird mit (9.14) ausgerechnet,

$$\|Fu_0\|_{s,2;\mathbb{R}^n}^2 \le c \int_{\mathbb{R}^{n-1}} (1 + |\xi'|)^{2s-1} |\mathcal{F}'u_0(\xi')|^2 \, d\xi' \le c\|u_0\|_{s-1/2,2;\mathbb{R}^{n-1}}^2.$$

Die Transformation auf die lokale Situation am Rande des Gebiets erfolgt genauso wie im Beweis von Satz 6.41(b). $\qquad\qquad\square$

Beispiel 9.40. Auf dem beschränkten Lipschitzgebiet $\Omega \subset \mathbb{R}^n$ betrachten wir den gleichmäßig elliptischen Operator

$$Lu = -D_i(a_{ij}D_j u), \quad a_{ij} \in L^\infty(\Omega),$$

mit zugehöriger Form (alles reell)

$$a(u,v) = \int_\Omega a_{ij}D_j u D_i v \, dx.$$

(i) Das inhomogene Dirichlet-Problem $Lu = f$ in Ω, $u = g$ auf $\partial\Omega$ ist für $f \in H^{-1,2}(\Omega)$ und $g \in H^{1/2,2}(\Omega)$ eindeutig in schwacher Form lösbar. Mit dem Operator F aus dem letzten Satz bestimmen wir nämlich $u_0 \in H_0^{1,2}(\Omega)$ mit $a(u_0,v) = f(v) - a(Fg,v)$ für alle $v \in H_0^{1,2}(\Omega)$, es ist dann $u = u_0 + Fg$ mit

$$\|u\|_{1,2;\Omega} \le \|u_0\|_{1,2;\Omega} + \|Fg\|_{1,2;\Omega} \le c\|f\|_{-1,2;\Omega} + c\|g\|_{1/2,2;\partial\Omega}.$$

Die schwache Form zur Bestimmung von u_0 kann auch zum Nachweis der Regularität verwendet werden. Für genügend glatte Daten gilt dann $u \in H^{2,2}(\Omega)$ mit $\|u\|_{2,2;\Omega} \le c(\|f\|_{2;\Omega} + \|g\|_{3/2,2;\partial\Omega})$. In diesem Fall läßt sich das Problem funktionalanalytisch auch anders deuten:

$$\mathcal{L} : H^{2,2}(\Omega) \to L^2(\Omega) \times H^{3/2,2}(\partial\Omega), \quad u \mapsto (Lu, Su), \qquad (9.16)$$

wobei S den Spuroperator aus dem letzten Satz bezeichnet, ist bijektiv und bistetig zwischen den angegebenen Räumen.

(ii) Das inhomogene Neumann-Problem, in klassischer Form $\nu_i a_{ij} D_j u = g$, behandelt man, indem man eine Lösung $u \in H^{1,2}(\Omega)$ von

$$a(u,v) = f(v) + g(v) \quad \forall v \in H^{1,2}(\Omega), \quad g(v) = \int_{\partial\Omega} gv \, d\sigma, \qquad (9.17)$$

sucht. Man nutzt hier den Gelfandschen Dreier $H^{-1/2,2}(\partial\Omega) = H^{1/2,2}(\partial\Omega)' \to L^2(\partial\Omega) \to H^{1/2,2}(\partial\Omega)$ und kann das Problem auch für $g \in H^{-1/2,2}(\partial\Omega)$ lösen, wenn man g durch ein offensichtlich zu definierendes inneres Produkt auf $H^{1/2,2}(\partial\Omega)$ darstellt (vergleiche Beispiel 8.17, die Verhältnisse sind hier genauso). Die Bilinearform ist auf $H^{1,2}(\Omega)$ nicht koerziv, es gilt aber die Gårdingsche Ungleichung $\lambda\|u\|_{1,2;\Omega}^2 \le a(u,u) + \lambda\|u\|_{2;\Omega}^2$, wobei λ die Elliptizitätskonstante von L bezeichnet. Das Problem (9.17) ist daher lösbar, wenn die rechte Seite auf dem Nullraum von $L' : v \mapsto a(\cdot, v)$ verschwindet, wegen $\mathcal{N}(L') = \operatorname{span}\{1\}$ also $f(1) + g(1) = 0$. Sind f, g durch L^1-Funktionen darstellbar, bedeutet das $\int_\Omega f\,dx + \int_{\partial\Omega} g\,d\sigma = 0$. Die Notwendigkeit dieser Bedingung kann man auch durch Integration von $Lu = f$ über Ω ableiten. Die Lösbarkeitsbedingung unterstreicht, daß funktionalanalytisch betrachtet eine inhomogene rechte Seite und eine inhomogene Neumann-Randbedingung ein und dasselbe sind. In dieser Hinsicht instruktiv ist Aufgabe 9.30, in der eine rechte Seite in stetiger Weise verschwindet und gleichzeitig in der Randbedingung wiederersteht.

Zum Nachweis der Regularität kann man mit einer Variante des letzten Satzes die inhomogene Neumann-Randbedingung heraustransformieren, alternativ kann man die schwache Form in (9.17) belassen und direkt mit Differenzenquotienten angehen. Für $\partial\Omega \in C^2$, $a_{ij} \in C^1(\overline{\Omega})$, $f \in L^2(\Omega)$ und $g \in H^{1/2,2}(\partial\Omega)$ ist die Lösung dann im Raum $H^{2,2}(\Omega)$ und die zugehörige a-priori-Abschätzung ist erfüllt.

(iii) Mit einem kleinen Trick lassen sich auch allgemeinere Randbedingungen behandeln. Um Rechenarbeit zu sparen, betrachten wir nur den Fall $n = 2$ und $L = -\Delta$. Für $b \in L^\infty(\partial\Omega)$ und $d \in H^{1,\infty}(\Omega)$ definieren wir für $u, v \in H^{1,2}(\Omega)$

$$a(u,v) = \int_\Omega Du\,Dv\,dx + \int_{\partial\Omega} buv\,dx \qquad (9.18)$$

$$+ \int_\Omega \{dD_1uD_2v + D_2dD_1uv - dD_2uD_1v - D_1dD_2uv\}\,dx.$$

Zu $f \in L^2(\Omega)$ ist ein $u \in H^{1,2}(\Omega)$ gesucht mit $a(u,v) = (f,v)$ für alle $v \in H^{1,2}(\Omega)$. Wir integrieren partiell in $a(u,v)$, beachten dabei, daß die Terme im letzten Teil der Bilinearform nur Randintegrale hinterlassen, und erhalten die klassische Form

$$-\Delta u = f \ \text{ in } \Omega, \quad D_\nu u + bu + dD_t u = 0 \ \text{ auf } \partial\Omega, \qquad (9.19)$$

wobei D_t die Tangentialableitung bezeichnet, $t = (-\nu_2, \nu_1)$. Ein Spezialfall ist $d = 0$, was *Randbedingung der dritten Art* genannt wird, und bei Wärmeleitungsproblemen dazu dient, die Aufheizung eines Körpers von außen durch Strahlung zu modellieren. Für $b = 0$ erhält man die weniger bedeutsame, aber bei Mathematikern beliebte *Randbedingung mit schiefer Ableitung.* Da man in (9.19) auch durch b oder d teilen kann, sind nur die Randbedingungen, die keine Normalableitung enthalten, nicht darstellbar. Diese sind mit Ausnahme des reinen Dirichlet-Problems in jeder anderen Theorie elliptischer Differentialgleichungen[1] ebenfalls verboten.

---

[1] Damit ist hauptsächlich die *starke Theorie* elliptischer Operatoren gemeint, in der das Problem ähnlich wie in (9.16) in der Form

$$\mathcal{L} : H^{2m,2}(\Omega) \to L^2(\Omega) \times_{i=1}^m H^{s_i,2}(\partial\Omega), \quad u \mapsto \left(Lu, \times_{i=1}^m B_i u\right),$$

geschrieben wird, wobei L ein Operator der Ordnung $2m$ und B_i Randoperatoren der Ordnung m_i, $0 \le m_i \le 2m-1$, sind. Mit $s_i = 2m - m_i - 1/2$ bildet $\mathcal{L}$ korrekt

Zum Nachweis der Gårdingschen Ungleichung für die Bilinearform a zeigen wir zunächst für jedes $\varepsilon > 0$ die Abschätzung

$$\|u\|_{2;\partial\Omega} \leq \varepsilon\|u\|_{1,2;\Omega} + c(\varepsilon)\|u\|_{2;\Omega} \quad \forall u \in H^{1,2}(\Omega). \tag{9.20}$$

Aus dem letzten Satz folgt für jedes $\eta > 0$, daß $\|u\|_{2;\partial\Omega} \leq \|u\|_{1/2+\eta,2;\Omega}$. Da wir Ω als Lipschitzgebiet vorausgesetzt haben, können wir die Charakterisierung der Sobolev-Räume in Satz 9.37 zur weiteren Abschätzung von $\|u\|_{1/2+\eta,2;\Omega}$ verwenden. Mit der verallgemeinerten Youngschen Ungleichung (A.2) gilt für $\eta < 1/2$

$$(1 + |\xi|)^{1+2\eta} \leq c(1 + |\xi|^{1+2\eta}) \leq \varepsilon|\xi|^2 + c(\varepsilon), \tag{9.21}$$

daher mit der Notation wie in Satz 9.37

$$\|u\|_{1/2+\eta,2;\Omega}^2 \leq c \int (1 + |\xi|)^{1+2\eta} |\mathcal{F}\tilde{u}|^2 \, d\xi \leq c\varepsilon\|Du\|_{2;\Omega}^2 + c(\varepsilon)\|u\|_{2;\Omega}^2,$$

woraus (9.20) folgt. Für die Bilinearform gilt daher

$$a(u,u) \geq \|Du\|_{2;\Omega}^2 - \|b\|_{\infty;\partial\Omega}\|u\|_{2;\partial\Omega}^2 - \|d\|_{1,\infty;\Omega} \int_{\Omega} \{|D_1 u|\,|u| + |D_2 u|\,|u|\} \, dx$$

$$\geq \frac{1}{2}\|u\|_{1,2;\Omega}^2 - c(\|b\|_{\infty;\partial\Omega}, \|d\|_{1,\infty;\Omega})\|u\|_{2;\Omega}^2.$$

Diese Gårdingsche Ungleichung bleibt auch für die ins Komplexe fortgesetzte Form richtig (siehe Abschnitt A.7). Satz 8.37 liefert die Fredholmsche Alternative und damit die Charakterisierung des Bildraums durch den adjungierten Operator.

Erwähnenswert ist vielleicht noch, daß im Fall $d = $const, $b \geq 0$ auf $\partial\Omega$ und $b \geq c_0 > 0$ auf einem offenen Teilstück Γ des Randes, das Problem (9.19) eindeutig lösbar ist, weil dann

$$a(u,u) \geq \|Du\|_{2;\Omega}^2 + c_0\|u\|_{2;\Gamma}^2 \geq c_1\|u\|_{1,2;\Omega}^2, \quad c_1 > 0,$$

erfüllt ist. Die letzte Abschätzung zeigt man wie in Satz 6.21.

---

ab. Unter geeigneten Bedingungen an L und die Randoperatoren wird gezeigt, daß $\mathcal{L}$ ein Fredholm-Operator vom Index 0 ist. Der Beweis besteht im wesentlichen in der Konstruktion von Lösungen im Ganz- und Halbraum mit Hilfe der Fourier-Transformation, stellt daher eine schöne Anwendung der Funktionalanalysis dar (siehe [Wlo82]). Die Methode funktioniert auch bei elliptischen Systemen (siehe [Agm64], [WRL95, Kapitel 9]) und ist spätestens hier der schwachen Theorie an Allgemeinheit überlegen. Gravierender Nachteil der Methode ist die starke Regularitätsanforderung an den Rand ($\partial\Omega \in C^{2m}$), der aber durch eine (ebenfalls starke) Eckentheorie ausgeglichen werden kann (siehe [Kon67, 1. Kapitel], [MNP91]). Insgesamt erhält man eine für die Numerik elliptischer Differentialgleichungen nützliche Theorie auf stückweise glatten Gebieten, die nach geringen Modifikationen auch auf Probleme mit unstetigen Koeffizienten angewendet werden kann, was leider von den Autoren meist nicht erwähnt wird. Alle hier genannten Bücher und Artikel stellen eine Empfehlung zum Weiterlesen dar; der erste Eindruck, daß die schwache Theorie einfach und nützlich, währenddessen die starke nur nützlich ist, verschwindet bald.

9.5 Die Gårdingsche Ungleichung für elliptische Operatoren

In diesem Abschnitt ist Ω ein beschränktes Gebiet des $\mathbb{R}^n$ und alle Räume werden als komplex vorausgesetzt. Wir betrachten Differentialoperatoren der Ordnung $2m$ und definieren:

Definition 9.41. *Sei $m \in \mathbb{N}$ und $a_{\alpha\beta}$ auf Ω definierte komplexwertige Funktionen. Der Differentialoperator*

$$Lu = \sum_{|\alpha|,|\beta| \leq m} (-1)^{|\alpha|} D^\alpha (a_{\alpha\beta} D^\beta u)$$

heißt gleichmäßig elliptisch, wenn es eine Konstante $\lambda > 0$ gibt mit

$$\lambda |\xi|^{2m} \leq \mathrm{Re} \sum_{|\alpha|,|\beta|=m} a_{\alpha\beta}(x)\xi^\alpha \xi^\beta \quad \textit{für alle } x \in \Omega \textit{ und alle } \xi \in \mathbb{R}^n.$$

Wir betrachten das zugehörige Dirichlet-Randwertproblem in schwacher Form: Zu $f \in H^{-m,2}(\Omega)$ ist $u \in H_0^{m,2}(\Omega)$ gesucht mit

$$a(v,u) = f(v) \quad \forall v \in H_0^{m,2}(\Omega), \tag{9.22}$$

wobei

$$a(v,u) = \sum_{|\alpha|,|\beta| \leq m} \int a_{\alpha\beta} D^\alpha v D^\beta \overline{u} \, dx.$$

Bei genügend glatten Daten ist das gleichbedeutend mit $Lu = f$ in Ω und, wegen Satz 6.17, $D^k u = 0$ auf $\partial\Omega$ für $k = 0, \ldots, m-1$.

Satz 9.42. *Sei L gleichmäßig elliptisch mit meßbaren und beschränkten Koeffizienten $a_{\alpha\beta}$. Ferner sei $a_{\alpha\beta} \in C(\overline{\Omega})$ für $|\alpha| = |\beta| = m$. Dann genügt die Sesquilinearform $a(\cdot,\cdot)$ auf $X = H_0^{m,2}(\Omega)$ einer Gårdingschen Ungleichung, es gibt also Konstanten $c_e > 0$ und c_0 mit*

$$c_e \|u\|_{m,2;\Omega}^2 \leq \mathrm{Re}\, a(u,u) + c_0 \|u\|_{2;\Omega}^2.$$

Beweis. Funktionen in $H_0^{m,2}(\Omega)$ können durch Null zu Funktionen in $H^{m,2}(\mathbb{R}^n)$ fortgesetzt werden. Nach Satz 9.36 ist die Norm von $H^{m,2}(\mathbb{R}^n)$ äquivalent zu

$$\int (1 + |\xi|)^{2m} |\mathcal{F}u|^2 \, d\xi.$$

Aus der Hölderschen und der Youngschen Ungleichung mit ε, (A.1), folgt daher, daß es zu jedem $\varepsilon > 0$ ein $c(\varepsilon)$ gibt mit (vergleiche (9.21))

$$\|u\|_{m-1,2} \leq \varepsilon \|u\|_{m,2} + c(\varepsilon)\|u\|_2 \quad \forall u \in H_0^{m,2}(\Omega).$$

Mit dieser Abschätzung brauchen wir uns nicht mehr um die Terme niederer Ordnung zu kümmern,

$$\left| \sum_{|\alpha|+|\beta|<2m} \int a_{\alpha\beta} D^\alpha u D^\beta \overline{u}\, dx \right| \leq \varepsilon \|u\|_{m,2}^2 + c(\varepsilon)\|u\|_2^2.$$

Wir bezeichnen daher mit $a_0(v,u)$ den Hauptteil der Sesquilinearform, der nur die Terme mit $|\alpha| = |\beta| = m$ umfaßt, und betrachten zunächst den Fall konstanter Koeffizienten. Aus der Parsevalschen Gleichung, Satz 9.33, und der gleichmäßigen Elliptizität folgt

$$\mathrm{Re}\, a_0(u,u) = \mathrm{Re} \int \sum_{|\alpha|=|\beta|=m} a_{\alpha\beta} \xi^\alpha \xi^\beta |\mathcal{F}u|^2 \, d\xi$$

$$\geq \lambda \int |\xi|^{2m} |\mathcal{F}u|^2 \, d\xi = \lambda \|D^m u\|_2^2.$$

Spätestens an dieser Stelle erfährt der Leser, warum die Variable ξ in der Definition der Elliptizität so heißt.

Die nun wieder variablen $a_{\alpha\beta}$ sind auf $\overline{\Omega}$ gleichmäßig stetig, insbesondere gibt es endlich viele Kugeln B_i, die $\overline{\Omega}$ überdecken, mit

$$|a_{\alpha\beta}(x) - a_{\alpha\beta}(y)| \leq \eta \quad \forall x,y \in B_i \cap \overline{\Omega}, \tag{9.23}$$

wobei η später genügend klein gewählt wird. Wir verwenden eine etwas modifizierte Zerlegung der Eins bezüglich der B_i, nämlich $\phi_i \in C_0^\infty(B_i)$ mit $0 \leq \phi_i \leq 1$ und $\sum_i \phi_i^2 = 1$ in Ω. Man erhält solche ϕ_i aus einer üblichen Zerlegung der Eins $\{\psi_i\}$, indem man setzt,

$$\phi_i(x) = \left(\frac{\psi_i^2(x)}{\sum_i \psi_i^2(x)} \right)^{1/2}.$$

Nach diesen Vorbereitungen dürfte der Abschluß des Beweises klar sein: Wir streben lokal die bereits bewiesene Gårdingsche Ungleichung für konstante Koeffizienten an und bekommen die Oszillationen der $a_{\alpha\beta}$ mit (9.23) in den Griff. In jedem $B_i \cap \Omega$ wählen wir ein beliebiges x_0 aus und setzen $\hat{a}_{\alpha\beta} = a_{\alpha\beta}(x_0)$. Dann gilt

$$\mathrm{Re}\, a_0(u,u) = \mathrm{Re} \sum_{\alpha,\beta} \int_\Omega a_{\alpha\beta} D^\alpha u D^\beta \overline{u}\, dx = \mathrm{Re} \sum_{\alpha,\beta} \sum_i \int_\Omega a_{\alpha\beta} \phi_i^2 D^\alpha u D^\beta \overline{u}\, dx$$

$$\geq \mathrm{Re} \sum_i \sum_{\alpha,\beta} \int_\Omega a_{\alpha\beta} D^\alpha(\phi_i u) D^\beta(\overline{\phi_i u})\, dx - c\|u\|_{m,2}\|u\|_{m-1,2}$$

$$= \mathrm{Re} \sum_i \sum_{\alpha,\beta} \int_\Omega \{\hat{a}_{\alpha\beta} - (\hat{a}_{\alpha\beta} - a_{\alpha\beta})\} D^\alpha(\phi_i u) D^\beta(\overline{\phi_i u})\, dx - c\|u\|_{m,2}\|u\|_{m-1,2}$$

$$\geq \sum_i \lambda \|D^m(\phi_i u)\|_2^2 - \eta \sum_{\alpha,\beta} \sum_i \int_\Omega |D^\alpha(\phi_i u) D^\beta(\overline{\phi_i u})|\, dx - c\|u\|_{m,2}\|u\|_{m-1,2}.$$

In den beiden ersten Summanden werden die Terme, für die alle Ableitungen auf u fallen, zusammengefaßt und $\sum_i \phi_i^2 = 1$ ausgenutzt,

$$\operatorname{Re} a_0(u,u) \geq \lambda \|D^m u\|_2^2 - \eta \sum_{\alpha,\beta} \int_\Omega |D^\alpha u|\,|D^\beta u|\,dx - c\|u\|_{m,2}\|u\|_{m-1,2}.$$

Nun kann η unabhängig von ϕ_i genügend klein gewählt werden, für den letzten Summanden verwenden wir die Youngsche Ungleichung mit ε, (A.1). $\square$

Für das Problem (9.22) gelten demnach alle Aussagen von Satz 8.37: Es ist genau dann eindeutig lösbar, wenn es keine nichttriviale Lösung des homogenen Problems gibt, und es kann in diesem Fall erfolgreich mit dem Galerkin-Verfahren approximiert werden.

Man beachte den Unterschied zwischen dem vorliegenden Satz und der Gårdingschen Ungleichung für Probleme zweiter Ordnung in Abschnitt 8.9 und in Beispiel 9.40. Dort durften die Koeffizienten des Hauptteils unstetig sein. Ferner war die Gårdingsche Ungleichung auch auf dem Raum $H^{1,2}$ erfüllt. Zumindest die letzte Eigenschaft ist bei Operatoren höherer Ordnung nicht richtig. Als Beispiel betrachten wir für $n = 2$ den biharmonischen Operator $Lu = \Delta^2 u$ mit $a(u,v) = (\Delta u, \Delta v)$. Wegen

$$\sum_{\alpha,\beta} a_{\alpha\beta}\xi^\alpha\xi^\beta = \xi_1^4 + 2\xi_1^2\xi_2^2 + \xi_2^4 = |\xi|^4.$$

ist Δ^2 gleichmäßig elliptisch. Das Problem

$$u \in H^{2,2}(\Omega): \qquad (\Delta u, \Delta v) = (f,v) \quad \forall v \in H^{2,2}(\Omega)$$

besitzt als homogene Lösungen die *harmonischen Funktionen*, also Funktionen $u \in C^2$ mit $\Delta u = 0$. Daher besitzt dieses Problem einen unendlich dimensionalen Nullraum, es ist nicht fredholmsch und die Gårdingsche Ungleichung ist auf $H^{2,2}(\Omega)$ nicht erfüllt.

Aufgaben

9.1. (3) Verallgemeinern Sie Lemma A.7 auf folgenden Fall: Sei $\phi \in C_0^\infty(\mathbb{R}^n)$, $R > 0$ und $m \in \mathbb{N}$. Dann gibt es zu jedem $\varepsilon > 0$ ein Polynom p mit rationalen Koeffizienten mit

$$\|\phi - p\|_{m,\infty;B_R} \leq \varepsilon.$$

9.2. (3) $\mathcal{D}(\mathbb{R}^n)$ ist separabel.

Hinweis: Man wähle eine beliebige Funktion $\psi \in C_0^\infty(\mathbb{R}^n)$ mit $\psi = 1$ in $B_1(0)$. Die Funktionen

$$\phi(x) = p(x)\psi(x/r), \quad p \text{ rationales Polynom}, \quad r \in \mathbb{Q},$$

liegen dann dicht. Verwenden Sie Aufgabe 9.1.

9.3. (3) Sei $\Omega = \mathbb{R}$. Sei $f_k(x) = k$ für $0 < x < 1/k$ und $f_k(x) = 0$ sonst. Ferner sei $\delta(v) = v(0)$ die Dirac-Distribution. Untersuchen Sie auf Konvergenz in $\mathcal{D}'(\mathbb{R})$ und bestimmen Sie gegebenenfalls den Grenzwert:

a) (T_{f_k}),   b) $T_{f_k^2}$,   c) $T_{f_k^2} - k\delta$.

9.4. (2) Eine konvergente Reihe von Distributionen darf gliedweise differenziert werden, $D^\alpha \sum_k T_k = \sum_k D^\alpha T_k$.

9.5. (3) Sei $\Omega = \mathbb{R}$. Zeigen Sie für $f_k(x) = \sin kx$, daß $T_{f_k} \xrightarrow{\mathcal{D}'} 0$, aber $f_k T_{f_k}$ konvergiert in $\mathcal{D}'$ nicht gegen Null.

Bemerkung: Die Multiplikation in $\mathcal{D}'$ ist auch dann keine stetige Operation, wenn sie definiert ist.

9.6. (3) Bestimmen Sie in $\mathcal{D}'(\mathbb{R})$,

$$\lim_{a \searrow 0} \frac{a}{x^2 + a^2}.$$

9.7. (2) Sei $\Omega = (0, \infty)$. Definiere

$$T\phi = \sum_{k=1}^{\infty} D^k \phi\left(\frac{1}{k}\right).$$

a) Zeigen Sie, daß $T \in \mathcal{D}'(\Omega)$.

b) Zeigen Sie, daß T nicht fortgesetzt werden kann zu einer Distribution auf $\mathbb{R}$, es gibt also kein $T_0 \in \mathcal{D}'(\mathbb{R})$ mit $T_0|_\Omega = T$.

9.8. (3) Bestimmen Sie die Ordnung von $T_{x^k} \in \mathcal{D}'(\mathbb{R})$, $k \in \mathbb{N}_0$.

9.9. (3) Hier diskutieren wir die folgende Aussage:

Ist $T \in \mathcal{D}'(\mathbb{R}^n)$ eine Distribution mit kompaktem Träger K, so gilt für $p \in \mathcal{D}(\mathbb{R}^n)$ mit $p = 0$ in K, daß $pT = 0$.

a) Die Aussage ist falsch, wenn K nur aus einem isolierten Punkt besteht.

b) Ist dagegen $K = \tilde{B}_1(0)$, so ist die Aussage richtig.

9.10. (3) Man bestimme die Distributionen $T \in \mathcal{D}'(\mathbb{R})$, die der Gleichung

$$(x - a)(x - b)T = 0$$

genügen, für

a) $a \neq b$,   b) $a = b$

9.11. (3) Definieren Sie zu $T \in \mathcal{D}'(\mathbb{R})$ eine „Stammfunktion" $S \in \mathcal{D}'(\mathbb{R})$ mit der Eigenschaft $S' = T$.

9.12. (4) Sei $\Omega = \cup_{i=1}^{\infty} \Omega_i$ mit Ω_i offen und beschränkt. Für Distributionen $T_i \in \mathcal{D}(\Omega_i)$ sei die Bedingung $T_i|_{\Omega_i \cap \Omega_j} = T_j|_{\Omega_i \cap \Omega_j}$ für alle $i, j \in \mathbb{N}$ erfüllt. Dann gibt es ein eindeutig bestimmtes $T \in \mathcal{D}(\Omega)$ mit $T|_{\Omega_i} = T_i$.

9.13. (3) Sei $\phi \in C_0^\infty(\mathbb{R})$ und $n \in \mathbb{N}$. Es gibt Zahlen $a_0(\phi), \ldots, a_{n-1}(\phi)$ sowie eine beschränkte Funktion ψ mit

$$\int_{x>\varepsilon} \frac{\phi(x)}{x^n}\, dx = \sum_{k=1}^{n-1} \frac{a_k(\phi)}{\varepsilon^k} + a_0(\phi)\ln\varepsilon + \psi(\varepsilon).$$

9.14. (3) Sei $f \in L^1(\mathbb{R}^n)$ mit $\int f\, dx = 1$. Dann gilt

$$f_\lambda(x) = \lambda^{-n} f\left(\frac{x}{\lambda}\right) \xrightarrow{\ \mathcal{D}'\ } \delta_0, \quad \lambda \to 0,$$

wobei $\delta_0(\phi) = \phi(0)$ die Dirac-Distribution ist.

9.15. (3) Ist $f \in L^1(\mathbb{R} \setminus [-a, a])$ für alle $a > 0$, so bezeichnen wir mit

$$Hw \int_{-\infty}^\infty f(x)\, dx = \lim_{a \searrow 0} \left(\int_{-\infty}^{-a} + \int_a^\infty \right) f(x)\, dx$$

den *Hauptwert* von f, sofern der Grenzwert existiert. Für $\phi \in \mathcal{D}(\mathbb{R})$ setze

$$T(\phi) = \int_{-\infty}^\infty \phi(x) \ln|x|\, dx.$$

Zeigen Sie

$$T'(\phi) = Hw \int_{-\infty}^\infty \frac{\phi(x)}{x}\, dx, \quad T''(\phi) = -Hw \int_{-\infty}^\infty \frac{\phi(x) - \phi(0)}{x^2}\, dx.$$

9.16. (3) Bestimmen Sie den Grenzwert in $\mathcal{D}'(\mathbb{R})$ von

$$\lim_{a \to 0} \frac{1}{a}\left(Hw \frac{1}{a+x} - Hw \frac{1}{x-a} \right),$$

wobei der in Aufgabe 9.15 definierte Hauptwert in einem solchen Zusammenhang als Distribution interpretiert wird, $Hwf(\phi) = Hw \int f\phi\, dx$.

9.17. (3) $T \in \mathcal{D}'(0, \infty)$ mit

$$T(\phi) = \int_0^\infty e^{1/x} \phi(x)\, dx$$

läßt sich nicht zu einer Distribution $\tilde{T} \in \mathcal{D}(\mathbb{R})$ mit $\tilde{T}|_{(0,\infty)} = T$ fortsetzen.

9.18. (4) Sei $\Omega \subset \mathbb{R}^n$ ein Gebiet. Geben sie eine Folge meßbarer Funktionen (f_k) an mit $f_k \to 0$ punktweise fast überall und $f_k \to 1$ in $\mathcal{D}'(\Omega)$.

9.19. (3) Sei $f \in L^1_{\mathrm{loc}}(\mathbb{R} \setminus \{0\})$ mit

$$|f(x)| \le c|x|^{-m}, \quad |x| < 1,$$

für ein $m > 0$. Zeigen Sie, daß T_f sich zu einer Distribution auf dem $\mathbb{R}^n$ fortsetzen läßt und bestimmen Sie die Ordnung dieser Distribution.

9.20. (3) Sei für $\phi \in \mathcal{D}(\mathbb{R})$

$$C_\lambda(\phi) = \lim_{\varepsilon \to 0} \int_{|x| \geq \varepsilon} \frac{\cos \lambda x}{x} \phi(x)\, dx, \quad \lambda > 0.$$

a) Zeigen Sie, daß C_λ eine Distribution ist.

b) Bestimmen sie die Grenzwerte $\lambda \to 0$ und $\lambda \to \infty$ in $\mathcal{D}'(\mathbb{R})$.

9.21. (3) Sei $f(x,y) = 1/(x + iy)$.

a) Zeigen Sie $T_f \in \mathcal{D}'(\mathbb{R}^2)$.

b) Bestimmen Sie die Distribution $(D_x + iD_y)f$.

c) Ist $g \in C^\infty(\Omega)$, Ω ein Gebiet des $\mathbb{R}^2$, so sind die distributionellen Lösungen der Gleichung

$$D_x T + iD_y T = g$$

in $C^\infty(\Omega)$.

9.22. (3) Sei $n = 1$. Es ist $\mathrm{e}^x \notin \mathcal{S}'$, aber $\mathrm{e}^x \cos \mathrm{e}^x \in \mathcal{S}'$.

9.23. (2) Eine Distribution $T \in \mathcal{D}'(\mathbb{R}^n)$ heißt *gerade*, wenn $T(\phi(\cdot)) = T(\phi(-\cdot))$, sie heißt *ungerade*, wenn $T(\phi(\cdot)) = -T(\phi(-\cdot))$.

a) Jedes $T \in \mathcal{D}'(\mathbb{R}^n)$ läßt sich eindeutig als Summe einer geraden und einer ungeraden Distribution darstellen.

b) Was läßt sich über $D^\alpha T$ aussagen, wenn T gerade oder ungerade ist?

c) Was läßt sich über $\mathcal{F}T$, $T \in \mathcal{S}'$, aussagen, wenn T gerade oder ungerade ist?

9.24. (3) Sei $f(x) = \mathrm{e}^{-a|x|}$ für $x \in \mathbb{R}$. Dann gilt

$$\mathcal{F}f(\xi) = (2\pi)^{-1/2} \frac{2a}{a^2 + \xi^2}.$$

9.25. (3) a) Zeigen Sie

$$\mathcal{F}(Hw\frac{1}{x})(\xi) = -\mathrm{i}\sqrt{\frac{\pi}{2}}\,\mathrm{sign}\,\xi.$$

Wie in Aufgabe 9.16 wird der Hauptwert auch hier als Distribution interpretiert.

b) Bestimmen Sie $\mathcal{F}H$ für die Heaviside-Funktion H.

9.26. (3) Sei $f \in L^1(\mathbb{R}^n)$ und $\lambda \in \mathbb{C}$ mit $\mathcal{F}f = \lambda f$. Was läßt sich über λ sagen?

9.27. (4) Sei u meßbar in $\mathbb{R}$ mit $|u(x)|\mathrm{e}^{b|x|}$ integrierbar in $\mathbb{R}$ für ein $b > 0$. Dann ist $\mathcal{F}u$ reell-analytisch in $\mathbb{R}$. Insbesondere ist $\mathcal{F}u$ für jedes integrierbare u mit kompaktem Träger reell-analytisch.

Hinweis: Eine auf einem Gebiet $\Omega \subset \mathbb{R}^n$ definierte Funktion heißt reell-analytisch, wenn sie in $C^\infty(\Omega)$ ist und die Taylor-Reihe zu jedem Entwicklungspunkt in einer Umgebung dieses Entwicklungspunktes konvergiert.

9.28. Sei $\Omega = \mathbb{R}$. Wir betrachten für $a > 0$ die Reihen

(i) $T_1 = \sum_{n=0}^{\infty} a^n \delta_n,$ (ii) $T_2 = \sum_{n=-\infty}^{\infty} a^n \delta_n,$

wobei $\delta_n(\phi) = \phi(n)$ die Dirac-Distribution bezeichnet. Untersuchen Sie die Reihen auf Konvergenz und Divergenz in

a) (2) $\mathcal{D}'(\mathbb{R})$,   b) (3) $\mathcal{S}'$.

c) (3) Für die $a > 0$, die in b) zu konvergenten Reihen führen, bestimmen Sie auch die Fourier-Transformation der Reihe.

9.29. (3) Sei $m \in \mathbb{N}_0$. Für $u_0 \in C_0^\infty(\mathbb{R}^{n-1})$ setze $(x = (x', x_n))$

$$Fu(x', x_n) = (2\pi)^{-(n-1)/2} \int_{\mathbb{R}^{n-1}} e^{ix' \cdot \xi'} \mathcal{F}' u_0(\xi') e^{-(1+|\xi'|^2)^{1/2} x_n} \, d\xi', \quad x_n \geq 0.$$

a) Fu erfüllt $-\Delta Fu + Fu = 0$ in $\mathbb{R}_+^n = \mathbb{R}^{n-1} \times \mathbb{R}_+$ und $Fu(x', 0) = u_0(x')$.

b) Es gilt $\|Fu\|_{m,2;\mathbb{R}_+^n} \leq c\|u_0\|_{m-1/2,2;\mathbb{R}^{n-1}}$.

Hinweis und Bemerkung: Für (b) stelle man die rechte Seite der Definition mit Hilfe von $(\mathcal{F}')^{-1}$ dar.

Diese Definition des Fortsetzungsoperators hängt im Gegensatz zu Satz 9.39(b) nicht von m ab und liefert überdies die optimale Fortsetzung für $m = 1$, weil $\|Fu\|_{1,2;\mathbb{R}_+^n}^2$ unter allen Fortsetzungen minimal ist wegen $-\Delta Fu + Fu = 0$. Für nichtganzzahliges s ist die Bestimmung von $\|Fu\|_{s,2;\mathbb{R}_+^n}$ allerdings mühsam.

9.30. (3) Sei $\Omega \subset \mathbb{R}^n$ ein beschränktes Gebiet, $f_k \in C_0^\infty(\Omega)$ mit $f_k \to 1$ in $L^2(\Omega)$. Zeigen Sie, daß die schwache Lösung $u_k \in H^{1,2}(\Omega)$ von

$$-\Delta u_k = D_i f_k \text{ in } \Omega, \quad D_\nu u_k = 0 \text{ auf } \partial\Omega, \quad \int_\Omega u_k \, dx = 0,$$

existiert und daß $u_k \to u$ in $H^{1,2}(\Omega)$. Bestimmen Sie die Differentialgleichung und die natürliche Randbedingung für u und geben Sie u explizit an.

A

Anhang

A.1 Konvexität und elementare Ungleichungen

Definition A.1. *Sei X ein $\mathbb{K}$-Vektorraum ($\mathbb{K} = \mathbb{R}$ oder $\mathbb{C}$).*

(a) *Eine Teilmenge A von X heißt* konvex, *wenn mit $x, y \in A$ auch die Verbindungsstrecke in A liegt, wenn also $tx + (1-t)y \in A$ für alle $t \in [0,1]$.*

(b) *Eine auf einer konvexen Teilmenge A des Vektorraums X definierte reellwertige Funktion f heißt* konvex, *wenn für alle $x, y \in A$ und $t \in [0,1]$ gilt*

$$f(tx + (1-t)y) \leq tf(x) + (1-t)f(y).$$

f heißt konkav, *wenn $-f$ konvex ist.*

(c) *Sind $x_1, \ldots, x_k \in X$ und $t_1, \ldots, t_k \in \mathbb{R}$ mit $0 \leq t_i \leq 1$ und $\sum_i t_i = 1$, so heißt $\sum_i t_i x_i$* Konvexkombination *der x_i.*

(d) *Die* konvexe Hülle *einer Menge $A \subset X$ besteht aus allen Konvexkombinationen von Elementen von A.*

Satz A.2. *Sei X ein $\mathbb{K}$-Vektorraum.*

(a) *Eine Menge $A \subset X$ ist genau dann konvex, wenn alle Konvexkombinationen von Elementen von A in A liegen.*

(b) *Sei $A \subset X$ konvex. Eine Funktion $f : A \rightarrow \mathbb{R}$ ist genau dann konvex, wenn für alle Konvexkombinationen $\sum_i t_i x_i$, $x_i \in A$, gilt*

$$f\left(\sum_{i=1}^{k} t_i x_i\right) \leq \sum_{i=1}^{k} t_i f(x_i).$$

(c) *Die konvexe Hülle einer Menge $A \subset X$ ist konvex.*

Beweis. (a) Für konvexes A ist die Behauptung für $k = 2$ erfüllt. Für $k > 2$ verwenden wir Induktion über k. Für eine Konvexkombination $\sum_{i=1}^{k} t_i x_i$ mit $0 < t_k < 1$ folgt aus

M. Dobrowolski, *Angewandte Funktionalanalysis*, Springer-Lehrbuch Masterclass, 2nd ed., DOI 10.1007/978-3-642-15269-6, © Springer-Verlag Berlin Heidelberg 2010

$$y = \sum_{i=1}^{k-1} \frac{1}{1-t_k} t_i x_i \in A,$$

daß

$$\sum_{i=1}^{k} t_i x_i = (1 - t_k)y + t_k x_k \in A.$$

(b) ist wie (a).

(c) folgt aus der Tatsache, daß eine Konvexkombination von Konvexkombinationen wiederum eine Konvexkombination ergibt. $\qquad\square$

Satz A.3. *Sei $\Omega \subset \mathbb{R}^n$ ein konvexes Gebiet. $f \in C^2(\Omega)$ ist genau dann konvex (konkav), wenn die Matrix $(D^2 f(x))$ für alle $x \in \Omega$ positiv (negativ) semidefinit ist.*

Beweis. Sei $x_0 \in \Omega$ und $y \in \mathbb{R}^n \setminus \{0\}$. Die Funktion $\phi(t) = f(x_0 + ty)$ ist in einer Umgebung von 0 definiert. Wir schreiben den Satz von Taylor in der Form

$$\phi(t) - \phi(0) - \phi'(0)\, t = \frac{1}{2}\phi''(\tau)\, t^2, \quad \tau \in (0, t).$$

Ist f und damit ϕ konvex, so ist die linke Seite nichtnegativ, weil die Tangente einer konvexen Funktion unterhalb ihres Graphen liegt. Division durch t^2 und Grenzübergang $t \to 0$ liefern $\phi''(0) \geq 0$ und damit nach der Kettenregel $y^T D^2 f(x_0) y \geq 0$. Die umgekehrte Richtung zeigt man analog. $\qquad\square$

Die *Youngsche Ungleichung mit ε*

$$ab \leq \frac{\varepsilon}{2}a^2 + \frac{1}{2\varepsilon}b^2 \quad \forall a, b \geq 0,\ \varepsilon > 0, \tag{A.1}$$

läßt sich mit der binomischen Formel beweisen. Die *verallgemeinerte Youngsche Ungleichung*

$$ab \leq \frac{1}{p}\varepsilon^p a^p + \frac{1}{q}\varepsilon^{-q} b^q \quad \forall a, b \geq 0,\ \varepsilon > 0, \tag{A.2}$$

mit $p^{-1} + q^{-1} = 1$, $1 < p, q < \infty$, beweist man für $a, b > 0$, indem man ausnutzt, daß der Logarithmus konkav ist,

$$\ln\left(\frac{1}{p}\varepsilon^p a^p + \frac{1}{q}\varepsilon^{-q} b^q\right) \geq \frac{1}{p}\ln(\varepsilon^p a^p) + \frac{1}{q}\ln(\varepsilon^{-q} b^q) = \ln(ab).$$

Ein anderer Typ von Ungleichung ist die *Cauchy-Ungleichung*

$$|(x, y)| \leq |x|\,|y| \quad \forall x, y \in \mathbb{K}^n, \tag{A.3}$$

die mit einem *Homogenitätsargument* bewiesen wird, das in dieser Form häufig vorkommt. Zunächst ist die Ungleichung richtig, wenn einer der beiden Vektoren verschwindet. Für $\tilde{x}, \tilde{y} \neq 0$ kann man die Cauchy-Ungleichung durch die

Setzung $x = |\tilde{x}|^{-1}\tilde{x}$, $y = |\tilde{y}|^{-1}\tilde{y}$ auf den Fall $|x| = |y| = 1$ zurückführen und dadurch die Homogenität der Cauchy-Ungleichung ausnutzen. Für solche x, y erhalten wir aus der Youngschen Ungleichung mit $\varepsilon = 1$

$$|(x,y)| = \left| \sum_{i=1}^{n} x_i \overline{y_i} \right| \leq \sum_{i=1}^{n} |x_i||\overline{y_i}| \leq \frac{1}{2} \sum_{i=1}^{n} |x_i|^2 + \frac{1}{2} \sum_{i=1}^{n} |y_i|^2 = 1.$$

Die *verallgemeinerte Cauchy-Ungleichung*

$$|(x,y)| \leq \left(\sum_{i=1}^{n} |x_i|^p \right)^{1/p} \left(\sum_{i=1}^{n} |y_i|^q \right)^{1/q} \quad \forall x, y \in \mathbb{K}^n \tag{A.4}$$

mit $p^{-1} + q^{-1} = 1$, $1 < p, q < \infty$, beweist man genauso mit Hilfe der verallgemeinerten Youngschen Ungleichung.

Für die *Ungleichung des geometrischen und des arithmetischen Mittels*

$$\left(\prod_{i=1}^{n} a_i \right)^{1/n} \leq \frac{1}{n} \sum_{i=1}^{n} a_i, \quad a_i > 0, \tag{A.5}$$

gibt es eine Vielzahl von Beweisen. Am elegantesten nutzt man die Monotonie des natürlichen Logarithmus ln aus, (A.5) ist äquivalent zu

$$\frac{1}{n} \sum_{i=1}^{n} \ln a_i \leq \ln \left(\frac{1}{n} \sum_{i=1}^{n} a_i \right).$$

Diese Ungleichung ist richtig, weil der Logarithmus konkav ist.

A.2 Fortsetzung stetiger Funktionen

In diesem Abschnitt beschäftigen wir uns mit der stetigen Fortsetzung von Funktionen, die auf einer Teilmenge eines metrischen Raums definiert sind. Wir benötigen zwei Lemmata:

Lemma A.4. *Sei A eine beliebige Teilmenge eines metrischen Raums X. Dann ist die Abstandsfunktion $f(x) = \operatorname{dist}(x, A)$ lipschitzstetig.*

Beweis. Zu jedem $\varepsilon > 0$ gibt es ein $a \in A$ mit $\operatorname{dist}(y, A) \geq \operatorname{dist}(y, a) - \varepsilon$. Daher

$$d(x, A) - d(y, A) \leq d(x, a) - d(y, a) + \varepsilon \leq d(x, y) + \varepsilon,$$

also $d(x, A) - d(y, A) \leq d(x, y)$. Die umgekehrte Richtung beweist man, indem man die Rollen von x und y vertauscht. $\qquad \square$

Lemma A.5 (Lemma von Urysohn). *Seien A, B nichtleere, abgeschlossene, disjunkte Teilmengen eines metrischen Raums X. Dann gibt es eine reellwertige stetige Funktion $\phi(x) = \phi(x; A, B)$ auf X mit $\phi(x) = 1$ in A, $\phi(x) = -1$ in B und $|\phi(x)| \leq 1$ in X.*

Beweis. Setze

$$\phi(x; A, B) = \frac{\operatorname{dist}(x, B) - \operatorname{dist}(x, A)}{\operatorname{dist}(x, A) + \operatorname{dist}(x, B)}.$$

Nach Aufgabe 1.20a) gilt $\operatorname{dist}(x, A) > 0$ für $x \notin A$, weil A abgeschlossen ist. Der Nenner ist daher immer positiv, die Behauptung folgt aus dem vorigen Lemma. $\qquad\square$

Satz A.6 (Fortsetzungssatz von Tietze).   *f sei reellwertig und stetig auf der abgeschlossenen Teilmenge D eines metrischen Raums X. Dann gibt es eine auf X stetige Fortsetzung F von f mit $\sup_X F = \sup_D f$ und $\inf_X F = \inf_D f$.*

Beweis. Wir zeigen die Behauptung zunächst für beschränktes f. Sei u eine auf D definierte stetige und beschränkte Funktion und $a = \|u\|_{\infty;D}$. Falls $a > 0$ sei A die Menge der Punkte mit $u \geq a/3$ und B die Menge der Punkte mit $u \leq -a/3$. Definiere einen Operator T durch $Tu = 0$ für $a = 0$ und, für $a > 0$,

$$Tu(x) = \begin{cases} \frac{a}{3}\phi(x; A, B) & \text{falls } A \neq \emptyset \text{ und } B \neq \emptyset \\[2mm] -\frac{a}{3} & \text{falls } A = \emptyset \\[2mm] \frac{a}{3} & \text{falls } B = \emptyset \end{cases} \quad , \quad x \in X,$$

wobei $\phi(x; A, B)$ die Funktion aus dem Urysohnschen Lemma ist. Genau eine der drei Alternativen muß im Fall $a > 0$ zutreffen. Es gilt dann

$$\|Tu\|_{\infty;X} = \frac{1}{3}\|u\|_{\infty;D}, \quad \|u - Tu\|_{\infty;D} = \frac{2}{3}\|u\|_{\infty;D}. \tag{A.6}$$

Für eine auf D definierte stetige und beschränkte Funktion u definieren wir den Operator $Su = u - T(u - f)$, für den nach (A.6) gilt

$$\|Su - f\|_{\infty;D} = \|u - f - T(u - f)\|_{\infty;D} \leq \frac{2}{3}\|u - f\|_{\infty;D}. \tag{A.7}$$

Fortgesetzte Anwendung von S verbessert die Approximation von f. Wir setzen daher $u_0 = 0$ und $u_{k+1} = Su_k$. Aus (A.7) folgt $\|Su_1 - f\|_{\infty;D} \leq \frac{2}{3}\|f\|_{\infty;D}$ und

$$\|Su_k - f\|_{\infty;D} \leq \left(\frac{2}{3}\right)^k \|f\|_{\infty;D},$$

daher $u_k \to f$ gleichmäßig in D. Wir zeigen die Existenz einer stetigen Grenzfunktion der u_k auf X. Wegen $u_{k+1} - u_k = -T(u_k - f)$ folgt aus (A.6) und (A.7)

$$\|u_{k+1} - u_k\|_{\infty;X} = \|T(u_k - f)\|_{\infty;X} = \frac{1}{3}\|u_k - f\|_{\infty;D} \leq c\left(\frac{2}{3}\right)^k.$$

Damit ist

$$F = \lim_{k \to \infty} u_k = \sum_{k=1}^{\infty} (u_k - u_{k-1})$$

stetig in X, weil die Reihe $\sum (u_k - u_{k-1})$ gleichmäßig konvergent ist.

Ist f auf D unbeschränkt, wenden wir die gleiche Konstruktion auf $\tilde{f} = \arctan f$ an. Die daraus resultierende Fortsetzung $\tilde{F}$ wird oben und unten durch $\sup_D \tilde{f}$ bzw. $\inf_D \tilde{f}$ abgeschnitten. Die abgeschnittene Funktion ist immer noch stetig. $\qquad\qquad\square$

A.3 Der Weierstraßsche Approximationssatz

Lemma A.7. *Sei $\phi \in C_0^0(\mathbb{R}^n)$ und $R > 0$. Dann gibt es zu jedem $\varepsilon > 0$ ein $k \in \mathbb{N}$ und ein Polynom $p(x) = \sum_{|\alpha| \le k} a_\alpha x^\alpha$ mit rationalen Koeffizienten a_α mit*

$$\|\phi - p\|_{\infty; B_R(0)} \le \varepsilon.$$

Beweis. Wir können $R = 1/2$ und $g \in C_0^0(B_{1/2}(0))$ annehmen, der allgemeine Fall folgt durch eine einfache Streckung des Koordinatensystems. Auf dem Würfel $Q_1 = [-1, 1]^n$ setze

$$\phi_k(x) = \frac{1}{c_k} \prod_{i=1}^{n} (1 - x_i^2)^k \quad \text{mit} \quad c_k = \left(\int_{-1}^{1} (1 - t^2)^k \, dt \right)^n$$

und $\phi_k(x) = 0$ auf $\mathbb{R}^n \setminus Q_1$. Es gilt dann $\int \phi_k \, dx = 1$ und $\phi_k(x) \to 0$, $k \to \infty$, gleichmäßig in $Q_1 \setminus Q_\delta$ für jedes (feste) $\delta > 0$. ϕ_k hat daher ähnliche Eigenschaften wie ein Mollifier und wird im folgenden als solcher verwendet. Wegen $g \in C_0^0(B_{1/2})$ stellt die Funktion

$$\phi_k * g(x) = \int_{\mathbb{R}^n} \phi_k(x - y)g(y)dy = \frac{1}{c_k} \int_{B_{1/2}} \prod_{i=1}^{n} (1 - (x_i - y_i)^2)^k g(y) \, dy$$

ein Polynom im Bereich $|x| \le 1/2$ dar.

Zu zeigen bleibt die Approximationseigenschaft von $\phi_k * g$. Wegen $\int \phi_k \, dx = 1$ gilt

$$\|\phi_k * g - g\|_\infty \le \sup_{x \in \mathbb{R}^n} \int_{\mathbb{R}^n} |g(x - y) - g(x)| \, \phi_k(y) \, dy$$

$$\le \sup_{x \in \mathbb{R}^n, \, |y| \le \delta} |g(x - y) - g(x)| + 2\|g\|_\infty \int_{\mathbb{R}^n \setminus B_\delta(0)} \phi_k(y) \, dy.$$

Zu vorgegebenem $\varepsilon > 0$ können wir wegen der gleichmäßigen Stetigkeit von g das $\delta > 0$ so wählen, daß der erste Term auf der rechten Seite $< \varepsilon/2$ ausfällt. Durch die anschließende Wahl eines genügend großen k wird auch der zweite Term klein.

Jedes Polynom kann auf einer kompakten Menge durch ein Polynom mit rationalen Koeffizienten approximiert werden. Damit ist die Behauptung vollständig bewiesen. $\qquad\square$

Satz A.8 (Weierstraßscher Approximationssatz). *Sei $K \subset \mathbb{R}^n$ kompakt. Dann liegen die Polynome mit rationalen Koeffizienten dicht in $C(K)$.*

Beweis. Jede auf K stetige Funktion kann mit Satz A.6 zu einer auf dem $\mathbb{R}^n$ stetigen Funktion fortgesetzt und anschließend zu einer Funktion in $C_0^0(\mathbb{R}^n)$ abgeschnitten werden. Das vorige Lemma liefert dann die Behauptung. $\qquad\square$

Interessanterweise benötigt man für den Weierstraßschen Approximationssatz nicht den vollständigen Polynomraum. Im Fall $n = 1$ läßt sich dazu eine präzise Aussage machen:

Satz A.9 (Müntz-Theorem). *Ist $0 = n_0 < n_1 < n_2 < \ldots$ eine Folge in $\mathbb{N}$, so liegt $\operatorname{span}\{x^{n_0}, x^{n_1}, x^{n_2}, \ldots\}$ genau dann dicht in $C([0,1])$, wenn $\sum_k 1/n_k = \infty$.*

Beweis. Mit einem schönen und einfachen Argument aus [Gol83] zeigen wir, daß die Bedingung $\sum_k 1/n_k = \infty$ hinreichend ist.

Sei $m \neq n_k$. Definiere Funktionen q_k der Form

$$q_k(x) = x^m - \sum_{i=1}^{k} a_{ik} x^{n_i}, \quad 0 < x \leq 1,$$

durch die Rekursion $q_0(x) = x^m$,

$$q_k(x) = (n_k - m) x^{n_k} \int_x^1 q_{k-1}(t) t^{-1-n_k}\, dt, \quad k = 1, 2, \ldots.$$

Da $\|q_0\|_\infty = 1$ und $\|q_k\|_\infty \leq |1 - (m/n_k)|\, \|q_{k-1}\|_\infty$, gilt

$$\|q_k\|_\infty \leq \prod_{i=1}^{k} |1 - (m/n_i)|.$$

Wegen

$$\ln \prod_{n_i > m} \left(1 - \frac{m}{n_i}\right) = \sum_{n_i > m} \ln\left(1 - \frac{m}{n_i}\right) = -\sum_{n_i > m} \left(\frac{m}{n_i} + O(n_i^{-2})\right)$$

konvergiert das Produkt genau dann gegen Null, wenn $\sum_i 1/n_i = \infty$. $\qquad\square$

A.4 Der lokalkonvexe Raum $\mathcal{D}(\Omega)$

In diesem Abschnitt geben wir Halbnormen an, die auf $\mathcal{D}(\Omega)$ den Konvergenzbegriff „$\overset{\mathcal{D}}{\to}$" erzeugen. In Abschnitt 9.1 hatten wir definiert, daß $\phi_k \overset{\mathcal{D}}{\to} \phi$ genau dann, wenn $\|\phi_k - \phi\|_{l,\infty} \to 0$ für alle l sowie $\mathrm{supp}(\phi_k) \subset K \subset\subset \Omega$. Vor allem die zweite Bedingung bereitet hier Schwierigkeiten. Naheliegend ist die Wahl der Halbnormen $p_{K,l}(\phi) = \|\phi\|_{l,\infty;K}$ für jede kompakte Menge $K \subset \Omega$ und jedes $l \in \mathbb{N}$. Die Konvergenz einer Folge in $C_0^\infty(\Omega)$ bezüglich dieser Halbnormen garantiert aber nicht, daß die Grenzfunktion einen kompakten Träger besitzt. Als Beispiel kann man eine beliebige Funktion $\phi \in C_0^\infty(\mathbb{R})$ nehmen und $\phi_k(x) = \sum_{j=1}^{k} \phi(x + j)/j$ setzen. Wir versehen daher $C_0^\infty(\Omega)$ mit allen auf diesem Raum definierten Halbnormen p mit der Eigenschaft: Für jedes $K \subset \Omega$ gibt es eine Konstante c und ein $l \in \mathbb{N}$ mit $p(\phi) \leq cp_{K,l}(\phi)$ für alle $\phi \in C^\infty(\Omega)$ mit Träger in K. Es gilt dann:

Satz A.10. $C_0^\infty(\Omega)$ *versehen mit den angegebenen Halbnormen ist ein lokalkonvexer Raum* $\mathcal{D}(\Omega) = (C_0^\infty(\Omega), \{p\})$, *dessen Konvergenzbegriff mit* $\overset{\mathcal{D}}{\to}$ *übereinstimmt.*

Beweis. Für eine Folge (ϕ_k) mit $p(\phi_k) \to 0$ sorgen die Halbnormen $p_{K,l}$ dafür, daß alle partiellen Ableitungen gleichmäßig in jeder kompakten Teilmenge konvergieren. Es muß gezeigt werden, daß die ϕ_k einen gemeinsamen kompakten Träger besitzen. Angenommen, dies wäre nicht der Fall. Dann gibt es eine aufsteigende Folge kompakter Teilmengen K_k mit $\cup K_k = \Omega$ und Punkte $x_k \in K_k \backslash K_{k-1}$ mit $\phi_k(x_k) \neq 0$ für eine Teilfolge. $p(\phi) = \sum_k |\phi_k(x_k)|^{-1}|\phi(x_k)|$ ist eine auf $C_0^\infty(\Omega)$ definierte Halbnorm mit $p(\phi) \leq cp_{K,0}(\phi)$ für jedes kompakte $K \subset \Omega$. Es gilt $p(\phi_k) \geq 1$, was der Konvergenz $\phi_k \to 0$ widerspricht. $\qquad\square$

A.5 Harmonische Funktionen und der Satz von Liouville

Wir können Definition 8.4 als Definition der komplexen Differenzierbarkeit einer Funktion $f : D \to \mathbb{C}$ übernehmen. Wie im Reellen zeigt man aufgrund der Darstellung durch eine konvergente Potenzreihe, daß $f = u(x, y) + iv(x, y)$ nach den Variablen x und y reell differenzierbar ist. Ferner gelten die *Cauchy-Riemannschen Differentialgleichungen*

$$D_x u = D_y v, \quad D_y u = -D_x v,$$

weil sie für die einzelnen Glieder der Potenzreihe $(z - z_0)^n$ erfüllt sind. Differenzieren wir die Cauchy-Riemannschen Differentialgleichungen weiter, so folgt $\Delta u = \Delta v = 0$ in D. Der Satz von Liouville besagt, daß eine auf ganz $\mathbb{C}$ komplex differenzierbare und beschränkte Funktion f konstant ist. Er folgt daher aus:

Satz A.11. *Sei $Lu = -D_i(a_{ij}D_j u)$ gleichmäßig elliptisch in $\mathbb{R}^2$ (siehe Definition 7.1) mit beschränkten und meßbaren Koeffizienten a_{ij}. Sei $u \in H^{1,2}_{\mathrm{loc}}(\mathbb{R}^2)$ eine schwache Lösung von $Lu = 0$. Ist u beschränkt, so ist u konstant.*

Beweis. Sei τ eine Abschneidefunktion bezüglich $\{\tilde{B}_R, B_{2R}\}$ mit $|D\tau| \leq cR^{-1}$ in $B_{2R} \setminus B_R$. Wir setzen $v = \tau^2 u$ in die schwache Form ein und erhalten

$$\int a_{ij}D_j u D_i u \tau^2 \, dx = - \int a_{ij} D_j u\, u D_i \tau^2 \, dx.$$

Auf die linke Seite wenden wir die gleichmäßige Elliptizität an und die rechte Seite schätzen wir mit der Hölderschen und der Youngschen Ungleichung ab,

$$\lambda \int |Du|^2 \tau^2 \, dx \leq c \int |Du|\,|u|\tau|D\tau|\, dx \leq \frac{1}{2}\lambda \int |Du|^2 \tau^2 \, dx + c \int |u|^2 |D\tau|^2 \, dx.$$

Mit $|u| \leq M$ erhalten wir hieraus

$$\int_{B_R} |Du|^2 \, dx \leq cM^2 \int_{B_{2R}\setminus B_R} |D\tau|^2 \, dx \leq cM^2.$$

Da die rechte Seite dieser Abschätzung unabhängig von R ist, folgt $Du \in L^2(\mathbb{R}^2)^2$.

Mit der Poincaré-Ungleichung in Bemerkung 6.22 gilt für $u \in H^{1,2}(B_2 \setminus B_1)$

$$\int_{B_2 \setminus B_1} |u - \bar{u}|^2 \, dx \leq c \int_{B_2 \setminus B_1} |Du|^2 \, dx.$$

wobei $\bar{u}$ den Mittelwert von u über $B_2 \setminus B_1$ bezeichnet. Dies wird mit $x = R^{-1}y$, $D_x = RD_y$, transformiert zu

$$\int_{B_{2R}\setminus B_R} |u - \bar{u}|^2 \, dx \leq cR^2 \int_{B_{2R}\setminus B_R} |Du|^2 \, dx. \tag{A.8}$$

Wir testen nun die schwache Gleichung mit $v = \tau^2(u - \bar{u})$, $\bar{u}$ ist der Mittelwert von u über $B_{2R} \setminus B_R$ und τ eine Abschneidefunktion bezüglich $\{\tilde{B}_R, B_{2R}\}$. Völlig analog zum ersten Teil des Beweises erhalten wir

$$\int_{B_R} |Du|^2 \, dx \leq c \int_{B_{2R}\setminus B_R} |D\tau|^2 |u - \bar{u}|^2 \, dx \leq cR^{-2} \int_{B_{2R}\setminus B_R} |u - \bar{u}|^2 \, dx$$

und mit (A.8)

$$\int_{B_R} |Du|^2 \, dx \leq c \int_{B_{2R}\setminus B_R} |Du|^2 \, dx.$$

Wir addieren auf beiden Seiten $c\int_{B_{2R}\setminus B_R} |Du|^2 \, dx$ und erhalten mit einem $\theta < 1$ (=Lochfülltechnik)

$$\int_{B_R} |Du|^2 \, dx \leq \theta \int_{B_{2R}} |Du|^2 \, dx.$$

Diese Abschätzung kann iteriert werden, so daß $\int_{B_R} |Du|^2 \, dx = 0$ bewiesen ist. $\qquad\square$

A.6 Polarkoordinaten

Für $x \in \mathbb{R}^n$ setzen wir $r = |x|$ und $\omega = x/|x|$. Für eine Funktion $u(x) = u(r, \omega)$ folgt dann mit $D_i|x| = |x|^{-1}x_i$ aus der Kettenregel

$$D_i u(x) = D_r u(r, \omega)|x|^{-1}x_i + \sum_{j=1}^{n} D_{\omega_j} u(r, \omega)(|x|^{-1}\delta_{ij} - |x|^{-3}x_i x_j)$$

$$= D_r u\, \omega_i + \frac{1}{r} \sum_{j=1}^{n} D_{\omega_j} u\, (\delta_{ij} - \omega_i \omega_j).$$

Diese Gleichung wird mit dem kanonischen Einheitsvektor e_i multipliziert und über i summiert. Mit der Definition

$$D_\omega u = \sum_{i=1}^{n} \sum_{j=1}^{n} D_{\omega_j} u\, (\delta_{ij} - \omega_i \omega_j)\, e_i$$

und $D = \sum_i e_i D_i$ gilt daher

$$Du = D_r u\, \omega + \frac{1}{r} D_\omega u. \tag{A.9}$$

Bereits aufgrund der Herleitung ist $\omega \cdot D_\omega = 0$, man kann dies mit Hilfe von $\sum_i |\omega_i|^2 = 1$ auch sofort nachrechnen. Aus (A.9) folgt daher die häufig verwendete Beziehung $|Du|^2 = |D_r u|^2 + r^{-2}|D_\omega u|^2$, insbesondere $|D_r u| \le |Du|$.

Wegen $x = r\omega$, $\omega \in S^{n-1}$, gilt

$$\int_{\mathbb{R}^n} u(x)\, dx = \int_0^\infty \int_{S^{n-1}} u(r, \omega)\, r^{n-1}\, d\omega\, dr, \tag{A.10}$$

wobei $d\omega$ das Flächenelement der Einheitssphäre bezeichnet. Für die Funktion $u(x) = |x|^\alpha$, $\alpha \in \mathbb{R}$, ist insbesondere

$$|x|^\alpha \in L^1(B_1(0)) \iff \alpha > -n, \qquad |x|^\alpha \in L^1(\mathbb{R}^n \setminus B_1(0)) \iff \alpha < -n.$$

$|x|^\alpha$ ist damit für kein α über dem $\mathbb{R}^n$ integrierbar.

Mit (A.9) und (A.10) bringen wir die schwache Form des Laplace-Operators auf Polarkoordinaten

$$\int DuDv\, dx = \int \int (D_r u\, \omega + \frac{1}{r} D_\omega u)(D_r v\, \omega + \frac{1}{r} D_\omega v) r^{n-1}\, dr\, d\omega,$$

nach partieller Integration wegen $\omega \cdot D_\omega = 0$

$$-\Delta = -\frac{1}{r^{n-1}} D_r(r^{n-1} D_r) - \frac{1}{r^2} \Delta_\omega$$

mit dem *Laplace-Beltrami-Operator* $-\Delta_\omega = D'_\omega D_\omega$.

In zwei Dimensionen verwenden wir die Parametrisierung $\omega = (\cos\phi, \sin\phi)$ mit $D_\omega u = D_\phi u(-\sin\phi, \cos\phi)$, daher

$$-\Delta = -\frac{1}{r}D_r(rD_r) - \frac{1}{r^2}D_{\phi\phi}^2.$$

Selbstverständlich läßt sich dies auch direkt aus $u(r, \phi) = u(r\cos\phi, r\sin\phi)$ und

$$D_r u = D_1 u \cos\phi + D_2 u \sin\phi, \quad D_\phi u = -D_1 u\, r \sin\phi + D_2 u\, r \cos\phi,$$

herleiten.

A.7 Reelle und komplexe Vektorräume

Die meisten Aussagen aus den Kapiteln 8 und 9 sind nur für komplexe Räume formuliert, sie lassen sich durch die folgende Konstruktion sinngemäß auch auf reelle Räume übertragen. Ist X ein reeller Vektorraum, so setze $\hat{X} = X \times X$. Für $\alpha = a + ib$ und $\hat{x} = (x_1, x_2) = x_1 + ix_2$ definieren wir

$$\alpha x = ax_1 - bx_2 + i(bx_1 + ax_2), \quad \overline{x} = x_1 - ix_2.$$

Zusammen mit der üblichen komponentenweisen Addition wird $\hat{X}$ zu einem komplexen Vektorraum.

Für eine auf X definierte Bilinearform $a(\cdot, \cdot)$ setzen wir

$$\hat{a}(\hat{x}, \hat{y}) = a(x_1, y_1) + a(x_2, y_2) + i(-a(x_1, y_2) + a(x_2, y_1)).$$

$\hat{a}$ ist offenbar sesquilinear auf $\hat{X}$ mit $\hat{a}(\hat{x}, \hat{x}) = a(x_1, x_1) + a(x_2, x_2)$. Koerzivität und Beschränktheit übertragen sich von a auf $\hat{a}$. Ferner wird ein Skalarprodukt a auf X zu einem Skalarprodukt $\hat{a}$ auf $\hat{X}$ mit zugehöriger Norm $\|x\|_{\hat{X}}^2 = \|x_1\|^2 + \|x_2\|^2$. Daher ist $\hat{X}$ ein Hilbert-Raum, wenn X ein Hilbert-Raum ist.

Im Fall eines normierten Raums X definieren wir die Norm auf $\hat{X}$ durch

$$\|\hat{x}\|_{\hat{X}}^2 = \sup_{\alpha \in \mathbb{C},\, |\alpha|=1} \left(\|(\alpha x)_1\|^2 + \|(\alpha x)_2\|^2\right).$$

Auf diese Weise erreichen wir $\|\beta\hat{x}\|_{\hat{X}} = |\beta|\,\|\hat{x}\|_{\hat{X}}$ auch für komplexes β.

Lösungen

Es werden hauptsächlich die Aufgaben besprochen, auf denen im Text Bezug genommen wird.

Aufgaben aus Kapitel 1

1.6 Sei A das Komplement von $G(f)$ in $X \times Y$. Sei $(x_0, y_0) \in A$. Dann ist $y_0 \neq f(x_0)$. Nach dem Trennungsaxiom besitzen y_0 und $f(x_0)$ disjunkte Umgebungen V und W in Y. Da f stetig ist, gibt es eine Umgebung U von x_0 mit $f(U) \subset W$. Die Umgebung $U \times V$ von (x_0, y_0) liegt deshalb in A. Damit ist A offen.

1.7 Für $y = x$ folgt aus (ii) und (i), daß $d(y, z) \leq d(z, y)$, also auch die Symmetrie $d(y, z) = d(z, y)$. Aus (ii) folgt auch

$$d(x, z) \leq d(x, y) + d(y, z) \leq d(x, z) + 2d(y, z),$$

daher $d(y, z) \geq 0$.

1.8 Ist x ein Berührpunkt von A, so gibt es zu jedem $\varepsilon > 0$ ein $y_\varepsilon \in A$ mit $y_\varepsilon \in B_\varepsilon(x)$.

1.10 Sei X ein metrischer Raum mit $\{x_k\}_{k \in \mathbb{N}}$ dicht in X. Zu $A \subset X$ konstruieren wir eine dichte Teilmenge von A, indem wir zu jedem j und k ein $a_{jk} \in B_{1/j}(x_k) \cap A$ wählen, sofern diese Menge nichtleer ist. Die Menge $\{a_{jk}\}_{j,k \in \mathbb{N}}$ ist dann abzählbar. Zu beliebigem $a \in A$ gibt es ein k mit $d(a, x_k) < 1/j$ und ein a_{jk} mit $d(x_k, a_{jk}) < 1/j$. Aus der Dreiecksungleichung folgt dann $d(a, a_{jk}) < 2/j$. Damit ist $\{a_{jk}\}$ dicht in A.

1.11 $\Rightarrow$: Wir wählen aus jedem A_k ein Element x_k aus. Nach Voraussetzung bilden diese Elemente eine Cauchy-Folge, die gegen ein $x \in X$ konvergiert. Da für $l \geq k$ alle x_l in A_k enthalten sind, ist x Berührpunkt aller Mengen A_k. Da diese abgeschlossen sind, gilt $x \in \cap A_k$. Wenn es zwei Punkte x, x' im Durchschnitt der A_k gibt, so folgt $d(x, x') \leq \operatorname{diam} A_k$ für alle k, also $x = x'$.

$\Leftarrow$: Sei (x_k) eine Cauchy-Folge in X. Setze $A_k = \overline{\cup_{i=k}^{\infty}\{x_i\}}$. Die A_k sind nichtleer, abgeschlossen und der Durchmesser konvergiert gegen Null. Nach Voraussetzung gibt es ein x im Durchschnitt dieser A_k, das offensichtlich der Grenzwert der Folge ist.

1.14 Sei $M = \{x_k\}_{k\in\mathbb{N}}$ die dichte Teilmenge des metrischen Raums X. Setze $Tx(i) = d(x_i,x) - d(x_i,x_1)$. Mit der umgekehrten Dreiecksungleichung gilt dann

$$d_\infty(Tx,Ty) = \sup_i |d(x_i,x) - d(x_i,y)| \le d(x,y).$$

Mit $x_i \to x$, $x_i \in M$, erhält man Gleichheit in dieser Abschätzung. $Tx \in l_\infty$ folgt aus

$$\sup |Tx(i)| = d_\infty(Tx,Tx_1) \le d(x,x_1).$$

1.20 a) Ist dist$(x,A) = 0$, so gibt es eine Folge (x_k) in A mit $d(x,x_k) \to 0$. Da A abgeschlossen ist, liegt auch x in A.

b) Sei (x_k) eine Minimalfolge in A, also $d(x,x_k) \to$ dist(x,A). Da A kompakt ist, besitzt (x_k) eine konvergente Teilfolge, die wieder mit (x_k) bezeichnet wird. Aus $x_k \to y$ folgt dann wegen der Stetigkeit der Metrik $d(x,x_k) \to d(x,y)$.

1.23 Wir können die f_k mit einer positiven reellen Zahl multiplizieren und damit $|f_k| \le 1$ in X erreichen. Dann ist

$$d(x,y) = \sum_{k=1}^{\infty} 2^{-k}|f_k(x) - f_k(y)|$$

eine Metrik auf X, weil die f_k die Punkte in X trennen. Da die f_k stetig sind und die Reihe gleichmäßig konvergiert, ist d stetig auf $X \times X$. Insbesondere sind die Kugeln $B_r(x)$ offen. Damit ist die von der Metrik erzeugte Topologie gröber als die Originaltopologie. Die Behauptung folgt aus Satz 1.36.

Aufgaben aus Kapitel 2

2.1 Die Partialsummen einer absolut summierbaren Reihe bilden eine Cauchy-Folge. Ist also X vollständig, so konvergiert die absolut summierbare Reihe. Ist umgekehrt (x_k) eine Cauchy-Folge, so gibt es eine Teilfolge (x_{k_l}) mit

$$\|x_{k_l} - x_{k_{l+1}}\| \le 2^{-l}.$$

Die zugehörige Reihe ist damit absolut summierbar. Da sie nach Voraussetzung auch konvergent ist, konvergiert die Teilfolge (x_{k_l}). Wenn eine Teilfolge einer Cauchy-Folge konvergiert, so konvergiert die gesamte Folge.

2.3 Angenommen, X wäre separabel. Dann gibt es eine abzählbare dichte Menge $S = \{s_i\}_{i\in\mathbb{N}} \subset X$. Zu jedem $i \in \mathbb{N}$ und $n \in \mathbb{N}$ wählen wir ein $u_{in} \in M$ mit

$$\|u_{in} - s_i\| \le \frac{1}{n},$$

sofern ein solches Element existiert. Die Menge $\{u_{in}\}$ ist abzählbar; man beachte, daß für ihre Bildung das Auswahlaxiom verwendet wurde.

Zu vorgegebenem $n \in \mathbb{N}$ und $u \in M$ gibt es ein s_i mit $\|u - s_i\| \le 1/n$. Damit existiert auch ein u_{in} mit $\|u_{in} - s_i\| \le 1/n$. Aus der Dreiecksungleichung folgt $\|u - u_{in}\| \le 2/n$. Damit ist die Menge $\{u_{in}\}$ dicht in M, was einen Widerspruch bedeutet.

2.4   Als M wählen wir die Menge der $\{0,1\}$-Folgen. Diese Menge ist überabzählbar und enthält keine abzählbare dichte Teilmenge.

Die Folgen mit rationalen Gliedern, die nur endlich viele nichtverschwindende Elemente enthalten, liegen dicht in $c_0(\mathbb{N})$ und sind abzählbar.

2.7   a) $X_1 + X_2$ enthält die endlichen Folgen.

b) $x = \sum_{i=1}^{\infty} i^{-1} e_{-i}$ ist in $l_2(\mathbb{Z})$, aber offenbar nicht in $X_1 + X_2$. Wegen a) kann $X_1 + X_2$ nicht abgeschlossen sein.

2.13   Für $f \in X'$, $g \in Y'$ ist $(f,g)(x,y) = f(x) + g(y)$ linear und stetig. Ist umgekehrt l ein stetiges lineares Funktional auf $X \times Y$, so setze $f(x) = l(x,0)$ und $g(y) = l(0,y)$. Die Abbildung $T : (X \times Y)' \to X' \times Y'$, $l \mapsto (f,g)$ ist offenbar ein isometrischer Isomorphismus.

2.17   Beweis durch Induktion über n. Aus $TS^{n-1} - S^{n-1}T = (n-1)S^{n-2}$ folgt

$$TS^n - S^{n-1}TS = (n-1)S^{n-1},$$

daher

$$TS^n - S^nT = nS^{n-1}.$$

Hieraus erhalten wir $n\|S^{n-1}\| \le 2\|S\|\,\|T\|\,\|S^{n-1}\|$, also $\frac{n}{2} \le \|S\|\,\|T\|$ im Widerspruch zu $S, T \in \mathcal{L}(X)$.

2.23   Angenommen, die Bedingung der gleichmäßigen Stetigkeit ist nicht erfüllt. Dann gibt es ein $\varepsilon > 0$ und eine Folge $\delta_k \to 0$, so daß für $x_k, y_k \in X$

$$|u(x_k) - u(y_k)| \ge \varepsilon, \quad d(x_k, y_k) \le \delta_k.$$

Da X kompakt ist, besitzt (x_k) eine konvergente Teilfolge (x_{k_l}) und (y_{k_l}) enthält ebenfalls eine konvergente Teilfolge. Insgesamt bekommen wir konvergente Teilfolgen (x_l) und (y_l) mit $d(x_l, y_l) \le \delta_l$. Es gilt daher $x_l, y_l \to x$, aber

$$|u(x_l) - u(y_l)| \ge \varepsilon,$$

was einen Widerspruch zur Stetigkeit von u im Punkt x bedeutet.

2.26   Sei (u_k) eine Folge in U mit $u_k \to u$ gleichmäßig. Zu beliebigem $\varepsilon > 0$ gibt es ein $k \in \mathbb{N}$ mit $\|u - u_k\|_\infty \le \varepsilon$. Ferner gibt es ein R mit $|u(x)| \le \varepsilon$ für alle $|x| \ge R$. Aus der Dreiecksungleichung folgt $|u(x)| \le 2\varepsilon$ für alle $|x| \ge R$.

Sei τ_R eine Abschneidefunktion bezüglich $\{\tilde{B}_R, B_{R+1}\}$. Für $u \in U$ ist $\tau_R u \in C_0^0(\mathbb{R}^n)$ mit $\|u - \tau_R u\|_\infty \le \|u\|_{\infty;|x|\ge R} \to 0$ für $R \to \infty$.

Aufgaben aus Kapitel 3

3.5 Endlich dimensionale Teilräume eines Banach Raums sind nach Satz 2.5 abgeschlossen. Da sie ferner keine offene Kugel enthalten, sind sie nirgends dicht. Gäbe es eine abzählbare Basis eines Banach Raumes, so könnte man den Raum als abzählbare Vereinigung von endlich dimensionalen Räumen darstellen, was dem Satz von Baire widerspricht.

3.11 Für $X = Y = l_2$ und $T_k x = x(k)e_k$ gilt $\|T_k x\| = |x(k)| \to 0$, aber $\|T_k\| = 1$.

3.12 Sei $x_k \to x_0$ in X und $y_k \to y_0$ in Y. Setze

$$f_k(x) = b(x, y_k).$$

Dann ist $f_k \in X'$ und wegen $f_k(x) \to b(x, y_0)$ folgt aus dem Prinzip der gleichmäßigen Beschränktheit, daß $\|f_k\| \leq K$. Aus

$$b(x_k, y_k) - b(x_0, y_0) = f_k(x_k - x_0) + b(x_0, y_k - y_0)$$

folgt daher $b(x_k, y_k) \to b(x_0, y_0)$.

3.14 $X_1 = (X, \|\cdot\|_1)$ und $X_2 = (X, \|\cdot\|_2)$ sind Banach-Räume mit $Id : X_2 \to X_1$ stetig und bijektiv. Nach dem Satz vom inversen Operator ist auch Id^{-1} stetig.

3.17 Sei $\tilde{f}(x) = f(Px)$, wobei $P : X \to U$ die orthogonale Projektion nach U bezeichnet. $\tilde{f} \in X'$ mit $|\tilde{f}(x)| = |f(Px)| \leq \|f\| \|G\| \|x\|$, also $\|\tilde{f}\| \leq \|f\|$. Wegen $\tilde{f} = f$ in U folgt $\|\tilde{f}\| = \|f\|$.

Sei g eine Fortsetzung von f mit $\|g\| = \|f\|$. Nach dem Rieszschen Darstellungssatz gibt es ein $y \in X$ mit $g(x) = (y, x)$ und $\|g\| = \|y\|$. Wegen der Zerlegung $X = U \oplus U^\perp$ gilt $y = Py + y^\perp$. Da $f = g$ auf U, ist $f(x) = (Py, x)$. Wir erhalten $\|f\|^2 = \|Py\|^2$ sowie $\|g\|^2 = \|Py\|^2 + \|y^\perp\|^2$. Somit ist $\|f\| = \|g\|$ nur möglich, wenn $y^\perp = 0$, was $g = 0$ auf $U^\perp$ impliziert. Durch die Werte auf U und $U^\perp$ ist ein lineares Funktional aber eindeutig bestimmt, also $g = \tilde{f}$.

3.25 Sei $p = 1$, die Argumentation für $p > 1$ verläuft genauso.

Ist $x_k \overset{*}{\to} x$ in l_1, so $\sum_i y(i)x_k(i) \to \sum_i y(i)x(i)$ für alle y in c_0. Setzen wir $y = e_i$, so folgt $x_k(i) \to x(i)$. Die Normbeschränktheit der Folge bekommen wir aus dem Prinzip der gleichmäßigen Beschränktheit.

Sei nun $\|x_k\|_{l_1} \leq M$ und o.B.d.A. punktweise konvergent gegen Null. Sei $y \in c_0$. Zu jedem $\varepsilon > 0$ gibt es ein I_ε mit $|y(i)| \leq \varepsilon/(2M)$ für alle $i \geq I_\varepsilon$. Zu jedem I_ε gibt es ein K_ε mit

$$|x_k(i)| \leq \frac{\varepsilon}{2I_\varepsilon(\|y\| + 1)} \quad \text{für } i = 1, \dots, I_\varepsilon \text{ und alle } k \geq K_\varepsilon.$$

Für $k \geq K_\varepsilon$ gilt

$$\left| \sum_i y(i)x_k(i) \right| \le \sum_{i=1}^{I_\varepsilon} |y(i)|\,|x_k(i)| + \sum_{i=I_\varepsilon+1}^{\infty} |y(i)|\,|x_k(i)|$$

$$\le \|y\| \sum_{i=1}^{I_\varepsilon} |x_k(i)| + \frac{\varepsilon}{2M} \sum_{i=I_\varepsilon+1}^{\infty} |x_k(i)|$$

$$\le \|y\| \sum_{i=1}^{I_\varepsilon} \frac{\varepsilon}{2I_\varepsilon(\|y\|+1)} + \frac{\varepsilon}{2M} \sum_{i=1}^{\infty} |x_k(i)|$$

$$\le \frac{\varepsilon}{2} + \frac{\varepsilon}{2M} M = \varepsilon.$$

3.27 a) Mit $\|x_k\| \le K$ gilt

$$|f_k(x_k) - f(x)| \le |f_k(x_k) - f(x_k)| + |f(x_k) - f(x)|$$

$$\le \|f_k - f\| K + |f(x_k) - f(x)| \to 0.$$

b) Entsprechend folgt aus $\|f_k\| \le K$

$$|f_k(x_k) - f(x)| \le |f_k(x_k) - f_k(x)| + |f_k(x) - f(x)|$$

$$\le K\|x_k - x\| + |f_k(x) - f(x)| \to 0.$$

c) Diese Behauptung ist nicht richtig. In l_2 sei $x_k = e_k$ und $f_k(x) = x(k)$. Dann gilt $f_k(x_k) = 1$, aber $f_k \overset{*}{\to} 0$ und $x_k \rightharpoonup 0$.

3.31 Der Abschluß von M in l_∞ ist c_0, weil die endlichen Abschnitte einer Folge in c_0 gegen diese konvergieren.

Wir müssen zeigen: In jeder schwachen* Umgebung eines $f_0 \in l_\infty$,

$$\cap_{i\in I_0} V_{x_i,r}(f_0) = \{f : |f(x_i) - f_0(x_i)| < r\}, \quad I_0 \text{ endlich},$$

liegt ein $f \in M$. Sei $y_1,\ldots,y_I$ eine Basis von span $\{x_i\}_{i\in I_0}$. Es gibt ein J, so daß auch die Vektoren $(y_i(1),\ldots,y_i(J))$ für $1 \le i \le I$ linear unabhängig sind. Damit besitzt die Matrix $(y_i(j))_{1\le i\le I,\, 1\le j\le J}$ Rang I und das lineare Gleichungssystem $\sum_{j=1}^{J} z(j)y_i(j) = f_0(y_i)$, $1 \le i \le I$, hat eine Lösung. Das zugehörige Funktional $f(y) = \sum_j z(j)y(j)$ erfüllt $f(y_i) = f_0(y_i)$, daher auch $f(x_i) = f_0(x_i)$ für alle $i \in I_0$.

3.32 $\Rightarrow$: Für $g \in Y'$ ist die Menge $T^{-1}(g^{-1}(B_r(\alpha))) = (g \circ T)^{-1}(B_r(\alpha))$ schwach offen in X, weil $g \circ T \in X'$. Da die $B_r(\alpha)$ eine Basis der Topologie auf $\mathbb{K}$ bilden, ist die Behauptung gezeigt.

$\Leftarrow$: Für $g \in Y'$ ist $(g \circ T)^{-1}(B_r(\alpha))$ schwach offen in X, daher $g \circ T \in X'$. Für $\|x\| \le 1$ gilt demnach $|g \circ T(x)| \le K_g$. $\|Tx\| \le K$ für $\|x\| \le 1$ folgt aus Satz 3.21(a).

3.34 a) Für $f \in (c_0)'$ setze $f(i,j) = fe_{ij}$, wobei e_{ij} den kanonischen Einheitsvektor bezeichnet. Für endliche Folgen gilt dann

$$x = \sum_{i,j=1}^{K} x(i,j)e_{ij}, \quad f(x) = \sum_{i,j=1}^{K} x(i,j)f(i,j), \quad \|f\|_{c_0'} \le \sum |f(i,j)|.$$

Damit können wir wegen der Stetigkeit von f den Grenzübergang $K \to \infty$ durchführen. $\|f\| = \sum |f(i,j)|$ beweist man durch die Wahl $x(i,j) = \overline{f(i,j)}/f(i,j)$, falls $f(i,j) \ne 0$.

b) Ist $x_k \to x$ in l_1, so auch $x_k(i,1) \to x(i,1)$ und $\sum_{j=2}^{\infty} x_k(i,j) \to \sum_{j=2}^{\infty} x(i,j)$.

c) Jede schwache$*$ Umgebung eines $f \in l_1$ ist von der Form

$$U = \cap_{k=1}^{K}\{g \in l_1 : |g(x_k) - f(x_k)| < \varepsilon\},$$

wobei $K \in \mathbb{N}$ und $x_1, \ldots, x_K \in c_0$. Wir müssen zeigen, daß in jeder solcher Umgebung ein Element von M liegt. Es gibt ein I, so daß $\tilde{f} \in l_1$ mit

$$\tilde{f}(i,j) = f(i,j) \ \text{ für } i,j \le I, \quad \tilde{f}(i,j) = 0 \ \text{ sonst},$$

der Abschätzung $|\tilde{f}(x_k) - f(x_k)| < \varepsilon/2$, $k = 1, \ldots, K$, genügt, denn es gibt nur endlich viele solcher x_k. Für $l > I$ sei $g_l \in M$ definiert durch

$$g_l(i,j) = f(i,j) \ \text{ für } i,j \le I, \quad g_l(i,l) = ig_l(i,1) - \sum_{j=2}^{I} g(i,j) \ \text{ für } i \le I,$$

für alle anderen (i,j) sei $g(i,j) = 0$. Wegen $x_k(i,j) \to 0$ läßt sich durch die Wahl eines genügend großen l ereichen, daß $|g_l(i,l)x_k(i,l)| < \varepsilon/2$ für alle $k = 1, \ldots, K$. Daher

$$|g_l(x_k) - f(x_k)| \le |g_l(x_k) - \tilde{f}(x_k)| + |\tilde{f}(x_k) - f(x_k)| < \varepsilon.$$

d) Für $g \in B \cap M$ gilt

$$|g(i,1)| \le \frac{\|g\|_{l_1}}{i} \le \frac{1}{i}.$$

Wir wählen $x = e_{i,1}$ und $f = 2e_{i,1}/i$. Dann gilt für die schwache$*$ Umgebung von f

$$U = \{g : |g(i,1) - \frac{2}{i}| < \frac{1}{i}\},$$

daß $g \notin U$ für alle $g \in B \cap M$. Wegen $\|f\| = 2/i$ enthält der schwache$*$ Abschluß von $B \cap M$ keine offene Kugel $B_r(0)$. Für andere Kugeln beweist man das ganz analog.

3.35 Für $i \in \mathbb{N}$ setze $f_i(x) = x(i)$. Dann ist $f_i \in l_\infty'$ mit $\|f_i\| = 1$. Zu jeder Teilfolge (f_{i_k}) gibt es eine $0,1$-Folge x, so daß $f_{i_k}(x) = x_{i_k}$ nicht konvergent ist.

Aufgaben aus Kapitel 4

4.1 Die Schnittmenge der Z_k ist meßbar und besitzt Maß 0. Nach Satz 4.3(c) ist auch A eine Nullmenge.

4.3 Da die Mengen Ω_k meßbar und disjunkt sind, folgt aus der σ-Additivität, daß $\mu(\Omega) = \sum_{k=0}^{\infty} \mu(\Omega_k) > 0$, also auch $\mu(\Omega_k) > 0$ für ein k.

4.12 Seien $\Omega_i \subset \Omega$, $i \in \mathbb{N}$, disjunkte meßbare Mengen mit positivem Maß. Der gesuchte Unterraum sind die Funktionen u mit $u = 0$ außerhalb $\cup \Omega_i$ und u konstant auf jeder Menge Ω_i. Der isometrische Isomorphismus auf diesen Unterraum ist $y \mapsto u(x) = y(i)$ für $x \in \Omega_i$.

4.22 a) Aus der Hölderschen Ungleichung folgt

$$\|u_k v_k - uv\|_1 = \|(u_k - u)v_k + u(v_k - v)\|_1$$

$$\leq \|u_k - u\|_2 \|v_k\|_2 + \|u\|_2 \|v_k - v\|_2 \to 0.$$

b) Für $\phi \in L^\infty(\Omega)$ gilt

$$\int_\Omega (u_k v_k - uv)\phi\, dx = \int_\Omega (u_k(v_k - v) + (u_k - u)v)\phi\, dx$$

$$\leq \|u_k\|_2 \|v_k - v\|_2 \|\phi\|_\infty + \int_\Omega (u_k - u)v\phi\, dx.$$

Der erste Term konvergiert gegen 0 wegen $\|u_k\|_2 \leq M$ und $v_k \to v$ in L^2, der zweite Term wegen $u_k \rightharpoonup u$ und $v\phi \in L^2$.

c) Dies ist nicht richtig, wie das Beispiel $u_k(x) = v_k(x) = \sin kx$ mit $u_k, v_k \rightharpoonup 0$, aber

$$\int_0^\pi u_k v_k \phi\, dx \to d(\phi) > 0 \quad \text{für } \phi > 0,$$

zeigt.

Aufgaben aus Kapitel 5

5.1 Aus dem Satz von Fubini folgt

$$\int u(x) J_\varepsilon * \phi(x)\, dx = \int\int u(x) J_\varepsilon(x - y)\phi(y)\, dx\, dy = \int J_\varepsilon * u(y)\phi(y).$$

Wir setzen $DJ_\varepsilon * \phi = J_\varepsilon * D\phi$ in die Bedingung ein,

$$0 = \int u J_\varepsilon * D\phi\, dx = \int J_\varepsilon * u D\phi\, dx \quad \forall \phi \in C_0^\infty(\Omega).$$

Daher $J_\varepsilon * u = \text{const}$ und wegen $J_\varepsilon * u \to u$ in $L^1_{\text{loc}}(\Omega)$ folgt $u = \text{const}$.

5.11 a) Die Abbildungen $T_\pm u = (u' \pm 1)^2$, $T : H^{1,2} \to L^1$ sind stetig, ebenso ist die Minimumfunktion $\min : L^1 \times L^1 \to L^1$ stetig, daher ist auch F stetig.

b) Wir verwenden die stetige, stückweise lineare Zickzackfunktion u_k, die beständig zwischen $1/k$ und $-1/k$ oszilliert mit Ableitung ± 1. Der Minimumanteil im Funktional F verschwindet für diese Funktionen und es gilt $F(u_k) \to 0$ für $k \to \infty$. Da F nicht konvex ist, entsteht kein Widerspruch zu Satz 3.37.

5.12 Es gilt

$$\max\{u, v\} = (u - v)_+ + v, \quad \min\{u, v\} = (u - v)_- + v.$$

Die Behauptung folgt aus Satz 5.20.

Aufgaben aus Kapitel 6

6.1 Sei $u(x) = x_1^\alpha$ mit $Du = (\alpha x_1^{\alpha-1}, 0)^T$. Dann gilt

$$\int_\Omega |Du|^p \, dx = |\alpha|^p \int_0^1 \int_0^{x_1^2} x_1^{(\alpha-1)p} \, dx_2 \, dx_1 = |\alpha|^p \int_0^1 x_1^{(\alpha-1)p+2} \, dx_1.$$

Das letzte Integral existiert für z. B. $\alpha = -\frac{1}{4}$ und $p = \frac{11}{5}$.

6.3 a) Mit $x = (x_1, x')$ gilt für $u \in C_0^\infty(\mathbb{R}^n)$

$$u(y) = \int_{x_1 < y_1} D_1 u(x_1, y') \, dx_1.$$

Eine analoge Formel kann für den Integranden bezüglich der übrigen Variablen angewendet werden,

$$u(y) = \int_{x < y} D_1 \ldots D_n u(x) \, dx,$$

wobei $x < y$ komponentenweise zu verstehen ist. Das Integral läßt sich offenbar durch $\|u\|_{n,1}$ abschätzen.

b) Wegen Satz 6.7 genügt es, die Abschätzung

$$\|u\|_\infty \le \|u\|_{2,1}$$

für alle $u \in C^\infty(\overline{\Omega})$ zu zeigen. Zu $x \in \overline{\Omega}$ gibt es einen Kegel $C \subset \overline{\Omega}$, der wie in der nebenstehenden Skizze von den linear unabhängigen Einheitsvektoren e_1, e_2 aufgespannt wird. τ sei eine glatte Funktion mit $\tau(x) = 1$ und $\tau = 0$ in einer

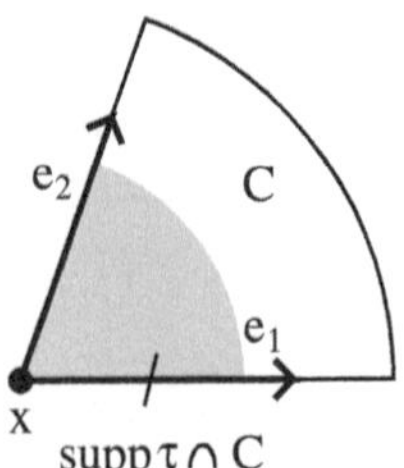

Umgebung des Kegelbogens. Die Funktion $\tilde{u} = \tau u$ wird durch 0 auf den zugehörigen unendlichen Kegel fortgesetzt. Mit diesen Modifikationen kann wie in a) geschlossen werden:

$$\tilde{u}(x) = -\int_0^\infty D_\xi \tilde{u}(x + \xi e_1)\,d\xi = \int_0^\infty \int_0^\infty D_\xi D_\rho \tilde{u}(x + \xi e_1 + \rho e_2)\,d\xi\,d\rho$$

$$= \sum_{i,j} \int_C D_{ij}^2 \tilde{u}\, e_{1,i} e_{2,j}\, |\det(e_1, e_2)|^{-1}\,dx \le c\|D^2 \tilde{u}\|_{1;C} \le c\|u\|_{2,1;C}.$$

Die Konstante c hängt dabei vom Winkel zwischen e_1 und e_2 sowie den Ableitungen von τ ab. Beides kann unabhängig von x gewählt werden.

6.7 a) Die Matrix

$$M_{\alpha\beta} = \int_\Omega D^\alpha x^\beta\,dx, \quad |\alpha|, |\beta| \le m - 1,$$

ist regulär, denn andernfalls gäbe es ein Polynom $p = \sum a_\beta x^\beta \in \mathbb{P}_{m-1}$ mit

$$\int D^\alpha p\,dx = 0, \quad |\alpha| \le m - 1.$$

Hieraus folgt jedoch $p = 0$. Damit ist das lineare Gleichungssystem in $(a_\beta)_{|\beta| \le m-1}$

$$\sum_{|\beta| \le m-1} \int_\Omega D^\alpha(a_\beta x^\beta)\,dx = \int_\Omega D^\alpha u\,dx, \quad |\alpha| \le m - 1,$$

eindeutig lösbar.

b) Wir wählen p wie in a) und erhalten

$$|F(u)| = |F(u - p)| \le c\|u - p\|_{m,p;\Omega}.$$

Wegen $\int D^\alpha(u - p)\,dx = 0$ für $|\alpha| \le m - 1$ können wir die Poincaré-Ungleichung anwenden beginnend mit $|\alpha| = 0$ und erhalten

$$|F(u)| \le c\|D^m u\|_{p;\Omega}.$$

6.10 Setze

$$r_k(x) = \begin{cases} \min\{|\ln|\ln x||, k\} & \text{für } |x| < e^{-1} \\ 0 & \text{sonst} \end{cases}$$

und

$$\tilde{r}_k = 1 - \frac{1}{k} r_k.$$

Dann gilt

$$\tilde{r}_k(x) = \begin{cases} 1 & \text{für } |x| > \mathrm{e}^{-1} \\ 0 & \text{in einer Umgebung von } 0 \end{cases}.$$

Zu $\phi \in C_0^\infty(\Omega)$ setze $\phi_k = \tilde{r}_k \phi$. Es gilt $\phi_k = 0$ in einer Umgebung von 0 sowie

$$\|\phi - \phi_k\|_{1,2} \le c\|1 - \tilde{r}_k\|_{1,2} = \frac{c}{k}\|r_k\|_{1,2}.$$

In Anmerkung 6.12(iii) wird gezeigt, daß $r_k \in H^{1,2}$ mit $\|r_k\|_{1,2} \le c$. Damit ist $J_\varepsilon * \phi_k \in C_0^\infty(\Omega \setminus \{0\})$ die gesuchte Approximation von ϕ.

Aufgaben aus Kapitel 7

7.4 Aus $u,v \in H_0^{1,2}(\Omega)$ folgt $D_i u \in L^2(\Omega)$ und $u,v \in L^6(\Omega)$. Daher

$$D_i u \in L^2,\, v \in L^6 \;\Rightarrow\; \frac{1}{r} + \frac{1}{2} + \frac{1}{6} = 1 \;\Rightarrow\; r = 3,$$

$$u \in L^6,\, v \in L^6 \;\Rightarrow\; \frac{1}{s} + \frac{1}{6} + \frac{1}{6} = 1 \;\Rightarrow\; s = \frac{3}{2}.$$

Damit sind $b_i \in L^3$ und $c \in L^{3/2}$ optimal.

7.5 a) Auf $H_0^{1,2}(0,1)$ gilt die Poincaré-Ungleichung, daher

$$\int_0^1 |u(x_1,x_2)|^2\, dx_1 \le c \int_0^1 |D_1 u(x_1,x_2)|^2\, dx_1.$$

Durch Integration bezüglich x_2 folgt die Poincaré-Ungleichung auf Ω.

b) $u_k(x,y) = \mathrm{e}^{k\pi x} \sin k\pi y$, $k \in \mathbb{Z}$, sind die gesuchten Lösungen.

7.15 Für die im Hinweis definierte Funktion

$$v(x) = \mathrm{e}^{-\alpha r^2} - \mathrm{e}^{-\alpha R^2}$$

gilt aufgrund der Elliptizität von (a_{ij})

$$Lv(x) = -\mathrm{e}^{-\alpha r^2}\{4\alpha^2 a_{ij}(x_i - y_i)(x_j - y_j) - 2\alpha a_{ii}\} - 2\alpha b_i \mathrm{e}^{-\alpha r^2}(x_i - y_i)$$

$$\le -\mathrm{e}^{-\alpha r^2}\{4\alpha^2 \lambda r^2 - 2\alpha a_{ii} - c\alpha r\}.$$

Für genügend großes α ist daher $Lv < 0$ in $A = B_R(y) \setminus B_\rho(y)$. Wegen $u(x) - u(x_0) > 0$ und der Stetigkeit von u gibt es ein $\varepsilon > 0$ mit $u(x) - u(x_0) - \varepsilon v(x) > 0$ auf $\partial B_\rho(y)$. Diese Ungleichung ist ebenso auf $\partial B_R(y)$ erfüllt, da dort $v = 0$ gilt. Also $L(u - u(x_0) - \varepsilon v) \ge 0$ in A und $u - u(x_0) - \varepsilon v \ge 0$ auf ∂A. Nach dem Maximumprinzip ist daher $u - u(x_0) - \varepsilon v \ge 0$ in A. Für die Normalableitung im Punkt x_0 gilt daher

$$D_\nu u(x_0) \le \varepsilon D_\nu v(x_0) < 0.$$

7.16 Angenommen, das Minimum m von u wird im Inneren von Ω angenommen. Setze

$$\Omega^+ = \{x \in \Omega : u(x) > m\}.$$

Nach Voraussetzung gibt es mindestens einen Randpunkt von Ω^+, der innerhalb von Ω liegt. Es gibt daher einen Punkt $y \in \Omega^+$, der näher an einen solchen inneren Randpunkt liegt als an $\partial\Omega$. Die maximale Kugel $B_R(y)$ innerhalb von Ω^+ berührt daher $\partial\Omega^+$ in einem Punkt $x_0 \in \Omega$. Es gilt $u(x_0) < u(x)$ in dieser Kugel. Nach Aufgabe 7.15 gilt daher $D_\nu u(x_0) < 0$ im Widerspruch zur Tatsache, daß x_0 Minimumpunkt von u ist.

7.20 Das einzige Problem bei dieser Aufgabe ist der Beweis der Fehlerabschätzung

$$\|D(s - I_h s)\|_{2;\Omega} \le ch^{\pi/\omega}.$$

Für ein am Nullpunkt anliegendes Dreieck Λ erhalten wir mit $\alpha = \pi/\omega$

$$\|D(s - I_h s)\|^2_{2;\Lambda} \le 2 \int_\Lambda (|Ds|^2 + |DI_h s|^2)\, dx$$

$$\le c \int_0^{ch} r^{2\alpha-2} r\, dr + ch^{2\alpha-2}\mu(\Lambda) \le ch^{2\alpha}.$$

Wegen Bedingung R hängt die Anzahl dieser Dreiecke nur von der Konstanten c_R ab.

Außerhalb der am Nullpunkt anliegenden Dreiecke $(= \Omega_r \subset \Omega)$ verwenden wir die Interpolationsfehlerabschätzung aus Satz 7.19

$$\|D(s - I_h s)\|^2_{2;\Omega_r} \le ch^2 \int_{\Omega_r} |D^2 s|^2\, dx \le ch^2 \int_{ch}^c r^{2\alpha-4} r\, dr \le ch^{2\alpha}.$$

Aufgaben aus Kapitel 8

8.17 In allen Fällen gilt $-u_k'' = \lambda_k u$ in $(0,1)$. Hinzu kommen die erzwungenen und/oder natürlichen Randbedingungen:

a): $u'(0) = u'(1) = 0$,   b): $u(0) = u(1) = 0$,   c): $u(0) - u(1)$, $u'(0) = u'(1)$.

Wir erhalten daher die Eigenfunktionen:

a): $u_k(x) = \cos k\pi x$, $k \in \mathbb{N}_0$,   b): $u_k(x) = \sin k\pi x$, $k \in \mathbb{N}$,

c): $u_k(x) = \cos 2k\pi x$, $k \in \mathbb{N}_0$,   sowie $v_k(x) = \sin 2k\pi x$, $k \in \mathbb{N}$.

Die Eigenvektoren in c) werden gerne komplex geschrieben,

$$\phi_k(x) = \mathrm{e}^{2k\pi\mathrm{i}x}, \quad k \in \mathbb{Z}.$$

Man überlegt sich leicht, daß die ϕ_k vollständige Orthogonalsysteme der komplexen Räume $L^2(0,1)$ und $H^{1;2}_{\mathrm{per}}(0,1)$ sind.

8.19 Für $u(x, y)$ gilt

$$u(x, y) = \sum_{i=1}^{\infty} \sin(i\pi x)\, t_i(y).$$

In die schwache Form des Eigenwertproblems setzen wir diesen Ansatz ein und testen mit $v(x, y) = \sin(j\pi x)\, v_j(y)$,

$$\int_0^1 \left(j^2\pi^2 t_j(y)v_j(y) + t_j'(y)v_j'(y)\right) dy = \lambda \int_0^1 t_j(y)v_j(y)\, dy,$$

also

$$-t_j'' + j^2\pi^2 t_j = \lambda t_j \quad \text{in } (0, 1), \quad t_j(0) = t_j(1) = 0,$$

mit Lösung $t_j(y) = \sin j\pi y$.

8.21 Die zugehörige Bilinearform

$$a(u, v) = \int_\Omega a_{ij} D_j u D_i v\, dx$$

ist symmetrisch mit

$$\lambda \|Du\|_2^2 \le a(u, u) \le \Lambda \|Du\|_2^2.$$

Für den Rayleighquotienten $R_L(u) = a(u, u)/\|u\|^2$ folgt daher $\lambda R_{-\Delta}(u) \le R_L(u) \le \Lambda R_{-\Delta}(u)$. Die Behauptung folgt aus Satz 8.42 und dem Minmax-Prinzip.

8.23 Wie in (8.35) leitet man die Lösungsdarstellung

$$(*) \qquad\qquad v(x, t) = \sum_{i=1}^{\infty} v_{0,i} e^{i\lambda_i t} u_i(x)$$

her. u_i sind die Eigenvektoren des Laplace-Operators und $v_{0,i}$ die Fourier-Koeffizienten von v_0.

Zum Beweis der Energieerhaltung multiplizieren wir die Schrödinger-Gleichung mit $\overline{u}$ und integrieren über Ω. Der Imaginärteil von $\int -\Delta u \overline{u}\, dx = \|Du\|^2$ verschwindet und für die zeitliche Ableitung gilt

$$\text{Im i} \int_\Omega u_t \overline{u}\, dx = \frac{1}{2} \int_\Omega \frac{d}{dt} |u|^2\, dx.$$

Integration bezüglich t liefert die behauptete Gleichung. Man kann dies auch aus $(*)$ herleiten, das hier verwendete Argument gilt auch für allgemeinere Gleichungen.

Aufgaben aus Kapitel 9

9.12 Sei $\phi \in \mathcal{D}(\Omega)$. Da $K = \mathrm{supp}(\phi)$ kompakt ist, gibt es endlich viele Ω_i, sagen wir $\Omega_1, \ldots, \Omega_I$, die K überdecken. Sei $\psi_1, \ldots, \psi_I$ die zugehörige Zerlegung der 1. Setze

$$T(\phi) = \sum_{i=1}^{I} T_i(\psi_i \phi).$$

Diese Definition ist unabhängig von der endlichen Überdeckung $\{\Omega_i\}$. Ist nämlich $\{\Omega_j'\}$ eine andere endliche Überdeckung von K mit Zerlegung der Eins $\{\psi_j'\}$, so setze $\psi_{ij} = \psi_i \psi_j' \in \mathcal{D}(\Omega_i \cap \Omega_j')$. Es gilt dann

$$T(\phi) = \sum_i \sum_j T_i(\psi_{ij}\phi) = \sum_j \sum_i T_j(\psi_{ij}\phi) = \sum_j T_j(\psi_j'\phi).$$

Aus dieser Überlegung folgt auch die Eindeutigkeit von T.

Nun beweisen wir, daß T eine Distribution ist. Sei $\phi_k \xrightarrow{\mathcal{D}} \phi$. Dann gibt es ein $K \subset\subset \Omega$ mit $\mathrm{supp}(\phi_k) \subset K$. K kann mit endlich vielen Ω_i überdeckt werden, sagen wir $i = 1, \ldots, I$. Mit der zugehörigen Zerlegung der Eins $\{\psi_i\}$ folgt dann für diese i, daß $T_i(\psi_i \phi_k) \to T_i(\psi_i \phi)$, denn $\psi_i \phi_k \xrightarrow{\mathcal{D}} \psi_i \phi$. Daher auch $T(\phi_k) \to T(\phi)$.

Wenn $\phi \in \mathcal{D}(\Omega_i)$, so gilt $T(\phi) = T_i(\phi)$, weil Ω_i den Träger von ϕ überdeckt und die Definition von T unabhängig von der Wahl des überdeckenden Mengensystems ist. Daher $T\big|_{\Omega_i} = T_i$.

9.13 Der Träger von ϕ sei nach oben durch $a > 0$ beschränkt. Nach Taylor gilt

$$\phi(x) = p_{n-1}(x) + r(x)$$

mit einem Polynom vom Grade $\leq n-1$ und einer Funktion r mit $|r(x)| \leq cx^n$. Damit ist $\int_\varepsilon^a x^{-n} r(x)\, dx$ als Funktion von ε beschränkt. Für $n > 1$ gilt

$$\int_\varepsilon^a \frac{p_{n-1}(x)}{x^n}\, dx = \frac{1}{-n+1} \int_\varepsilon^a (x^{-n+1})' p_{n-1}(x)\, dx$$

$$= -\frac{1}{-n+1} \int_\varepsilon^a x^{-n+1} p_{n-1}'(x)\, dx + \frac{1}{-n+1} x^{-n+1} p_{n-1}'(x)\Big|_\varepsilon^a.$$

Auf diese Weise wird die Singularität schrittweise beseitigt, für $n = 1$ bekommen wir den Randterm $c\ln x\, p_{n-1}^{(n-1)}(x)\big|_\varepsilon^a$, der den Term $a_0(\phi)\ln \varepsilon$ erzeugt. Die $a_0(\phi), \ldots, a_{n-2}(\phi)$ sind damit Linearkombinationen von Ableitungen $\phi^k(0)$.

9.14 Zu jedem $\varepsilon > 0$ gibt es ein $R = R(\varepsilon)$ mit $\int_{B_R} f\, dx = 1 - \varepsilon$. Sei $\phi \in \mathcal{D}$. Mit Hilfe der Transformation $y = x/\lambda$ folgt

$$\int f_\lambda(x)\phi(x)\,dx = \int \lambda^{-n} f(x/\lambda)\phi(x)\,dx = \int f(y)\phi(\lambda y)\,dy$$

$$= \int_{B_R} f(y)\phi(\lambda y)\,dy + \int_{\mathbb{R}^n \setminus B_R} f(y)\phi(\lambda y)\,dy = A + B.$$

Für den Term A verwenden wir

$$\phi(\lambda y) = \phi(0) + D\phi(\xi)\lambda y.$$

Wegen $|D\phi| \leq c$ folgt dann

$$A \;\to\; \int_{B_R} f(y)\phi(0)\,dy = (1-\varepsilon)\phi(0).$$

Für B gilt

$$|B| \leq \|\phi\|_\infty \int_{\mathbb{R}^n \setminus B_R} f(y)\,dy = \varepsilon\|\phi\|_\infty.$$

9.22 Die Funktion e^{-x} läßt sich in $x < 0$ abschneiden zu einer Funktion $\phi \in \mathcal{S}$. Damit ist $T_{e^x}(\phi)$ nicht definiert.

Mit $\frac{d}{dx}\sin e^x = \cos e^x e^x$ gilt

$$\int e^x \cos e^x \phi(x)\,dx = \int \frac{d}{dx}\sin e^x \phi(x)\,dx$$

$$= -\int \sin e^x \phi'(x)\,dx \leq \|\phi'\|_\infty.$$

9.29 a) $\mathcal{F}'u_0$ ist stark fallend. Daher darf unter dem Integral differenziert werden,

$$-\Delta_{x'}Fu(x', x_n) = (2\pi)^{-(n-1)/2} \int_{\mathbb{R}^{n-1}} e^{ix'\cdot\xi'} |\xi'|^2 \mathcal{F}'u_0(\xi') e^{-(1+|\xi'|^2)^{1/2}x_n}\,d\xi'.$$

Dies hebt sich mit den Termen Fu und $D_{nn}Fu$ in $-\Delta Fu + Fu$ auf.

b) Es gilt

$$(*) \qquad \mathcal{F}'Fu(\cdot, x_n)(\xi') = \mathcal{F}'u_0(\xi') e^{-(1+|\xi'|^2)^{1/2}x_n},$$

daher

$$\int_0^\infty \int_{\mathbb{R}^{n-1}} (1 + |\xi'|)^{2m} |\mathcal{F}'Fu(\cdot, x_n)|^2\,d\xi'\,dx_n$$

$$= \int_0^\infty \int_{\mathbb{R}^{n-1}} (1 + |\xi'|)^{2m} |\mathcal{F}'u_0(\xi')|^2 e^{-2(1+|\xi'|^2)^{1/2}x_n}\,d\xi'\,dx_n.$$

Wir ziehen das Integral bezüglich x_n nach Innen und erhalten

$$\int_0^\infty e^{-2(1+|\xi'|^2)^{1/2}x_n}\,dx_n = \frac{1}{2(1+|\xi'|^2)^{1/2}}.$$

Damit folgt die Behauptung für die Ableitungen $D_1, \ldots, D_{n-1}$. Zum Nachweis von $D^m Fu \in L^2$ differenzieren wir $(*)$ nach x_n und schätzen analog ab.

Literaturverzeichnis

[Ada75]   Adams, R.A.: Sobolev Spaces. Academic Press, New York (1975)

[AF03]   Adams, R.A., Fournier, J.: Sobolev Spaces. Second Edition, Academic Press, New York (2003)

[AD92]   Apel, Th., Dobrowolski, M.: Anisotropic interpolation with applications to the finite element method. Computing, **47**, 277–293 (1992)

[Agm65]   Agmon, S.: Lectures on Elliptic Boundary Value Problems. Van Nostrand, Princeton, N.J. (1965)

[Agm64]   Agmon, S., Douglis, L., Nirenberg, L.: Estimates near the boundary for solutions of elliptic partial differential equations satisfying general boundary conditions II. Comm. Pure Appl. Math., **17**, 623–727 (1964)

[Alt85]   Alt, H.W.: Lineare Funktionalanalysis. Springer, Berlin Heidelberg New York (1985)

[Aub79]   Aubin, J.P.: Applied Functional Analysis. Wiley, New York (1979)

[Bal76]   Balakrishnan, A.V.: Applied Functional Analysis. Springer, Berlin Heidelberg New York (1976)

[Ban32]   Banach, St.: Théorie des Operations Linéaires. Monografje Matematyczne (1932)

[Boa60]   Boas, R.P.: A Primer of Real Functions. The Mathematical Association of America, Wiley, New York (1960)

[Bra92]   Braess, D.: Finite Elemente. Springer, Berlin Heidelberg New York (1992)

[Cia78]   Ciarlet, P.G.: The Finite Element Method for Elliptic Problems. North-Holland, Amsterdam (1978)

[Cla36]   Clarkson, J.A.: Uniformly convex spaces. Trans. Amer. Math. Soc., **40**, 396–414 (1936)

[DiB02]   DiBenedetto, E.: Real Analysis. Birkhäuser, Boston (2002)

[Dob]   Dobrowolski, M.: Finite Elemente. Vorlesungsskript, Würzburg (1996) (unter Internetadresse http://www.mathematik.uni-wuerzburg.de/~do- bro/pub/index.html erhältlich)

[DS58]   Dunford, N., Schwartz, J.T.: Linear Operators. Part I: General Theory. Wiley, New York (1958)

[DS63]   Dunford, N., Schwartz, J.T.: Linear Operators. Part II: Spectral Theory. Wiley, New York (1963)

[DS71]   Dunford, N., Schwartz, J.T.: Linear Operators. Part III: Spectral Operators. Wiley, New York (1971)

[GT77]   Gilbarg, D., Trudinger, N.S.: Elliptic Partial Differential Equations of Second Order. Grundlehren der math. Wiss. **224**. Springer, Berlin Heidelberg New York (1977)

[Gol83]   v. Golitschek, M.: A short proof of Müntz's Theorem. J. Approximation Theory, **39**, 394–395 (1983)

[Hal50]   Halmos, P.R.: Measure Theory. D. van Nostrand, New York (1950)

[HS67]   Hanna, M.S., Smith, K.T.: Some remarks on the Dirichlet problem in piecewise smooth domains. Comm. Pure Appl. Math., **20**, 575–593 (1967)

[Heu92]   Heuser, H.: Funktionalanalysis. Teubner, Stuttgart (1992)

[HS69]   Hewitt, E., Stromberg, K.: Real and Abstract Analysis. Springer, Berlin Heidelberg New York (1969)

[HS71]   Hirzebruch, F., Scharlau, W.: Einführung in die Funktionalanalysis. Bibliographisches Institut, Mannheim Wien Zürich (1971)

[Kad64]   Kadlec, J.: On the regularity of the solution of the Poisson problem on a domain with boundary locally similar to the boundary of a convex open set. Czech. Math. J., **14**, 386–393 (1964)

[Kon67]   Kondrat'ev, V.A.: Boundary problems for elliptic equations in domains with conical or angular points, Trudy Moscov. Mat. Obshch. **16**, 209–292 (1967) [Englische Übersetzung: Trans. Moscow Math. Soc. **16**, 227–313 (1967)]

[Lad85]   Ladyzhenskaja, O.A.: The Boundary Value Problems of Mathematical Physics. Springer, Berlin Heidelberg New York (1985)

[LM72]   Lions, J.L., Magenes, E.: Non-Homogeneous Boundary Value Problems and Applications I. Springer, Berlin Heidelberg New York (1972)

[MNP91]   Mazja, W.G., Nasarow, S.A., Plamenewski, B.A,: Asymptotische Theo- rie elliptischer Randwertaufgaben in singulär gestörten Gebieten I. Akademie-Verlag, Berlin (1991)

[MS64]   Meyers N., Serrin, J.: H=W. Proc. Nat. Acad. Sci. USA, **51**, 1055–1056 (1964)

[RS80]   Reed, M., Simon, B: Methods of Modern Mathematical physics. Academic press, New York.
           I: Functional Analysis. 2. Auflage (1980)
           II: Fourier Analysis, Self-Adjointness (1975)
           III: Scattering Theory (1979)
           IV: Analysis of Operators (1978)

[RN56]   Riesz, F., Nagy, B.Sc.: Vorlesungen über Funktionalanalysis. Deutscher Verlag der Wissenschaften (1956)

[Rud74]   Rudin, W.: Functional Analysis. Tata McGraw-Hill PC (1974)

[Tar07]   Tartar, L.: An Introduction to Sobolev Spaces and Interpolation Spaces. Springer, Berlin Heidelberg New York (2007)

[TL80]   Taylor, A.E., Lay, D.C.: Introduction to Functional Analysis. Wiley, New York (1980)

[Tri72]   Triebel, H.: Höhere Analysis. VEB Deutscher Verlag der Wissenschaften, Berlin (1972)

[Tri92]   Triebel, H.: Theory of Function Spaces. Birkhäuser Verlag, Basel (1992)

[Vel76]   Velte, W.: Direkte Methoden der Variationsrechnung. Teubner Studienbücher, Teubner, Stuttgart (1976)

[Wal72]   Walter, W.: Gewöhnliche Differentialgleichungen. Heidelberger Taschenbücher **110**. Springer, Berlin Heidelberg New York (1972)

[Wei00]   Weidmann, J.: Lineare Operatoren in Hilbert Räumen. Teubner, Stuttgart (2000)

[Wer97]   Werner, D.: Funktionalanalysis. 2. Auflage, Springer, Berlin Heidelberg New York (1997)

[Wlo82]   Wloka, J.: Partielle Differentialgleichungen, Sobolevräume und Randwertaufgaben. Teubner, Stuttgart (1982)

[WRL95]   Wloka, J.T., Rowley, B., Lawruk, B.: Boundary Value Problems of Elliptic Systems. Cambridge University Press (1995)

[Yos65]   Yosida, K.: Functional Analysis. Springer, Berlin Heidelberg New York (1965)

Symbolverzeichnis

Allgemeines

$\mathbb{N}$	natürliche Zahlen
$\mathbb{N}_0$	natürliche Zahlen einschließlich Null
$\mathbb{K}$	$\mathbb{R}$ oder $\mathbb{C}$
i	$\sqrt{-1}$
$\operatorname{Re}\alpha$	Realteil von α
$\operatorname{Im}\alpha$	Imaginärteil von α
$\overline{\alpha}$	komplexe Konjugation
$|\alpha|$	Betrag von $\alpha \in \mathbb{K}$
c	generische Konstante, muß nicht an jeder Stelle den gleichen Wert besitzen
χ_A	charakteristische Funktion der Menge A
δ_{ij}	Kroneckersymbol $\quad (= 0$ für $i = j$, sonst $= 0)$
e_i	kanonische Einheitsvektoren $\quad (e_i(j) = \delta_{ij})$
$\ln x$	reeller natürlicher Logarithmus
e^z	komplexe Exponentialfunktion
Ω	Gebiet des $\mathbb{R}^n$
ν	äußerer Normaleneinheitsvektor
u_+	positiver Anteil der Funktion $u \quad (u_+ = \max\{u, 0\})$
u_-	negativer Anteil der Funktion $u \quad (u_- = \min\{u, 0\})$
$\operatorname{supp}(u)$	Träger der Funktion $u \quad (= \overline{\{x : u(x) \neq 0\}})$
$\operatorname{supp}(T)$	Träger der Distribution T, 219
$u * v$	Faltung der Funktionen u und v, 222
$T * \psi$	Faltung der Distribution T mit ψ, 222
$\mathcal{R}(T)$	Bild der Abbildung T

A^c	Komplement von A
$\mathbb{P}_m$	Raum der Polynome vom Grad $\leq m$

Multiindex und Differentialoperatoren

α	Multiindex $(\in \mathbb{N}_0^n)$, 37
$|\alpha|$	Ordnung des Multiindex $(= \alpha_1 + \ldots + \alpha_n)$
x^α	Monom $(= x_1^{\alpha_1} \ldots x_n^{\alpha_n})$
$\alpha!$	Fakultät des Multiindex $(= \alpha_1! \ldots \alpha_n!)$
$\alpha \leq \beta$	Halbordnung für Multiindizes $(\Leftrightarrow \alpha_i \leq \beta_i)$
D_i	partielle Ableitung nach x_i $(= \frac{\partial}{\partial x_i})$
D	Gradient $(= (D_1, \ldots, D_n)^T)$
D_{ij}^2	partielle Ableitung höherer Ordnung
D^m	Tensor sämtlicher partieller Ableitungen der Ordnung m, 37
D^α	partielle Ableitung nach dem Multiindex α, 37
Δ	Laplace-Operator $(= \sum_{i=1}^n D_{ii}^2)$

Topologische und metrische Räume

$\operatorname{int} A$	Inneres von A, 2
$\overline{A}$	Abschluß von A, 2
∂A	Menge der Randpunkte von A, 2
$d(x, y)$	Metrik
$B_r(x)$	offene Kugel um x vom Radius r
$\tilde{B}_r(x)$	Menge der Punkte y mit $d(x, y) \leq r$
$\operatorname{dist}(A, B)$	Abstand der Mengen A und B, 6
$\operatorname{diam} A$	Durchmesser von A, 16
$D \subset\subset \Omega$	$\overline{D}$ kompakt mit $\overline{D} \subset \Omega$

Lineare Räume

$\mathcal{N}(T)$	Nullraum der linearen Abbildung T
$\dim U$	Dimension des Unterraums U
$\operatorname{codim} U$	Kodimension des Unterraums U, 192
Id	Identität
$\operatorname{span} A$	lineare Hülle von A
$\|x\|$	Norm auf einem Vektorraum, 19
$p(x)$	Halbnorm auf einem Vektorraum, 19
(x, y)	inneres Produkt auf einem Vektorraum, 28

$\langle x, x' \rangle$	Dualitätsabbildung, 53
$\mathcal{L}(X, Y)$	Raum der stetigen linearen Operatoren, 23
$\mathcal{L}(X)$	$\mathcal{L}(X, X)$
$\mathcal{K}(X, Y)$	Raum der kompakten Operatoren, 179
X'	Dualraum des normierten Raums X, 24
X^*	Antidualraum des normierten Raums X, 32
X''	Bidualraum des normierten Raums X, 53
T'	adjungierte Abbildung zu T, 180
T^*	Hilbert-Adjungierte zu T, 182
$x \perp y$	x und y sind orthogonal, 31
$A^{\perp}$	orthogonales Komplement von A, 31
$M^{\perp}, N_{\perp}$	Annihilatoren, 181
j	für einen Hilbert-Raum ist $j : x \mapsto (\cdot, x)$, 31
i	kanonische Inklusion, $i : X \to X''$, 53
T_{λ}	$T - \lambda Id$, 175
R_{λ}	T_{λ}^{-1}, 175

Konkrete Räume und Normen

l	Raum aller Zahlenfolgen, 51
l_p	Raum der in p-ter Potenz summierbaren Zahlenfolgen, 20
$\|x\|_{l_p}$	Norm in l_p
$c = c(\mathbb{N})$	Raum der konvergenten Folgen, 41
$c_0 = c_0(\mathbb{N})$	Raum der Nullfolgen, 20
$\|x\|_{l_\infty}$	Supremumsnorm in l_∞, c, c_0, 20
$c_{00} = c_{00}(\mathbb{N})$	Raum der endlichen Folgen, 64
$C(X)$	stetige Funktionen auf dem kompakten Hausdorff-Raum X
$\|u\|_\infty$	Maximumsnorm in $C(X)$
$C^m(\Omega)$	Raum der m-mal stetig diff'baren Funktionen in Ω, $m \in \mathbb{N}_0$
$C_0^m(\Omega)$	Funktionen in $C^m(\Omega)$ mit kompaktem Träger in Ω
$C^m(\overline{\Omega})$	Funktionen in $C^m(\Omega)$ mit gleichmäßig stetigen Ableitungen, 37
$\|u\|_{m,\infty;\Omega}$	Norm in $C^m(\overline{\Omega})$, 37
$C^{m,\alpha}(\overline{\Omega})$	Hölder- bzw. Lipschitzräume, 38
$|u|_{C^\alpha}$	Halbnorm in $C^\alpha(\overline{\Omega})$, 38
$\|u\|_{C^{m,\alpha}}$	Norm in $C^{m,\alpha}(\overline{\Omega})$, 38
$L^p(\Omega)$	Raum der in p-ter Potenz integrierbaren Funktionen, 71
$\|u\|_{p;\Omega}$	Norm in $L^p(\Omega)$, 71
$L_{\mathrm{loc}}^p(\Omega)$	Raum der Funktionen in $L^p(\Omega_0)$ für alle $\Omega_0 \subset\subset \Omega$

$L^p(\partial\Omega)$	L^p-Raum auf $\partial\Omega$, 112
$H^{m,p}(\Omega)$	Sobolev-Raum, 91
$\|u\|_{m,p;\Omega}$	Norm in $H^{m,p}(\Omega)$
$H^{s,p}(\Omega)$	Sobolev-Raum gebrochener Ordnung, 124
$H^{s,p}(\partial\Omega)$	Sobolev-Raum gebrochener Ordnung auf $\partial\Omega$, 130
$N^{s,p}(\Omega)$	Nikolski-Raum, 141
$\|u\|_{N^{s,p}(\Omega)}$	Norm in $N^{s,p}(\Omega)$, 141
$\mathcal{D}(\Omega)$	Raum der Testfunktionen auf Ω, 215
$\mathcal{D}'(\Omega)$	Raum der Distributionen auf Ω, 215
$\mathcal{S}$	Raum der schnell fallenden Funktionen, 224
$p_{K,l}(\phi)$	Halbnorm in $\mathcal{S}$, 224
$\mathcal{S}'$	Raum der langsam wachsenden Distributionen, 228
$\mathcal{E}(\Omega)$	Raum der Funktionen in C^∞, 51
$\mathcal{F}u$	Fourier-Transformation in $\mathcal{S}$, $\mathcal{S}'$ oder L^2, 224